LES
MINES DE HOUILLE
D'ANICHE

EXEMPLE DES PROGRÈS RÉALISÉS DANS LES HOUILLÈRES
DU NORD DE LA FRANCE PENDANT UN SIÈCLE

PAR

E. VUILLEMIN

INGÉNIEUR ADMINISTRATEUR DE LA COMPAGNIE D'ANICHE

PARIS

DUNOD, ÉDITEUR

LIBRAIRE DES CORPS DES PONTS ET CHAUSSÉES, DES MINES ET DES TÉLÉGRAPHES

49, QUAI DES AUGUSTINS, 49

1878

LES
MINES DE HOUILLE
D'ANICHE

20768. — PARIS, TYPOGRAPHIE LAHURE
Rue de Fleurus, 9

LES
MINES DE HOUILLE
D'ANICHE

EXEMPLE DES PROGRÈS RÉALISÉS DANS LES HOUILLÈRES
DU NORD DE LA FRANCE PENDANT UN SIÈCLE

PAR

E. VUILLEMIN

INGÉNIEUR, ADMINISTRATEUR DE LA COMPAGNIE D'ANICHE

PARIS

DUNOD, ÉDITEUR

LIBRAIRE DES CORPS DES PONTS ET CHAUSSÉES, DES MINES ET DES TÉLÉGRAPHES

49, QUAI DES AUGUSTINS, 49

1878

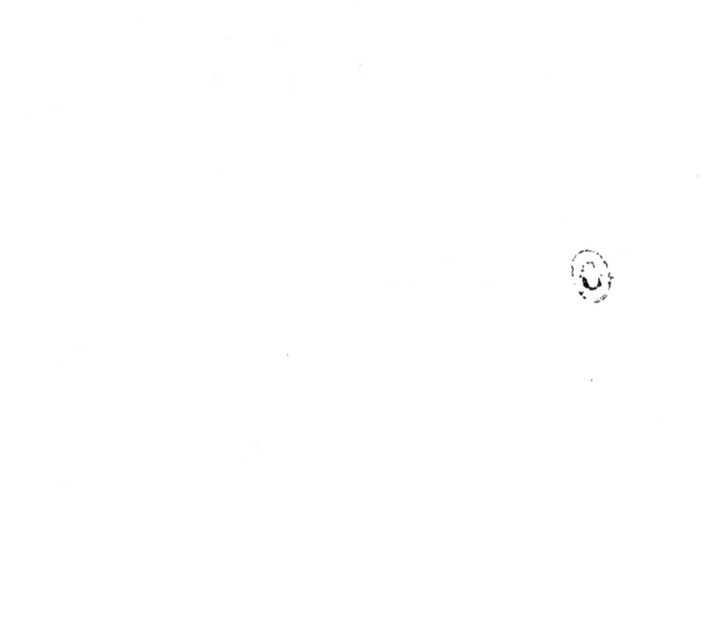

AVANT-PROPOS

La position que j'occupe depuis de longues années à la Compagnie des Mines d'Aniche, m'a obligé de compulser bien souvent les registres et les archives de cette Société qui compte plus d'un siècle d'existence. J'ai été frappé des enseignements qui ressortaient de ces nombreuses pièces, au double point de vue de l'art de l'exploitation des mines, et des efforts prodigieux qu'il a fallu déployer autrefois, et qu'il faut encore déployer de nos jours, pour la création d'une importante houillère.

J'ai donc pensé qu'il y avait quelque utilité à écrire l'Histoire des Mines d'Aniche, et que sa lecture offrirait un certain intérêt aux administrateurs et aux nombreux porteurs de titres des Sociétés houillères, comme aux ingénieurs et aux personnes qui s'occupent d'exploitation.

Mais j'ai compris que pour atteindre ce double résultat, mon récit ne devait pas se borner à citer des faits et à rappeler les phases difficiles, souvent même critiques, par lesquelles avait passé cette entreprise ; qu'il devait surtout montrer, par un exemple pratique, les immenses progrès réalisés pendant un siècle dans l'exploitation des mines de houille d'Aniche, et par analogie dans les houillères en général et tout particulièrement dans celles du nord de la France.

J'ai donc entrepris le présent ouvrage dont la première partie est consacrée à l'exposé historique, complet et détaillé, des actes de la direction générale de la Société depuis son origine jusqu'à ce jour, des nombreux travaux qu'elle a successivement entrepris, des incidents et des circonstances si variés qui se sont produits dans leur exécution, et enfin des résultats qu'ils ont fournis.

Dans la seconde partie, je décris les riches gisements actuellement reconnus et explorés de la concession d'Aniche, les méthodes, les procédés appliqués à leur exploitation, en indiquant les changements progressifs qui ont été successivement apportés à la forme, aux dimensions, aux cuvelages des puits, à la puissance des machines d'extraction et d'épuisement, aux modes d'aérage des travaux, de transport souterrain et d'élévation au jour des produits. Je donne ensuite le salaire journalier des ouvriers et les prix de vente de la houille depuis 1773 jusqu'à 1878, la production annuelle des mines d'Aniche, les dépenses afférentes à leur établissement, les prix comparatifs des matières employées, et les éléments du prix de revient à diverses époques.

Je complète les indications qui précèdent par des renseignements sur les institutions créées par la Compagnie en faveur de ses ouvriers, et par la nomenclature détaillée et circonstanciée de plus de deux cents puits et sondages exé-

cutés par elle et par de nombreuses Sociétés dans le périmètre de sa concession et sur son pourtour.

L'ouvrage est accompagné, en outre, des cartes, plans et
dessins, nécessaires à l'explication du texte, de pièces justificatives offrant par leur origine, leur ancienneté, ou par
d'autres particularités, un intérêt historique et spécial qui
justifie, je pense, leur publication.

LES
MINES DE HOUILLE
D'ANICHE

EXEMPLE DES PROGRÈS RÉALISÉS

DANS LES HOUILLÈRES DU NORD DE LA FRANCE

PENDANT UN SIÈCLE

I

1773-1778

Constitution de la Compagnie d'Aniche. — Statuts. — Premiers travaux. — Première concession. — Fosse de Monchecourt. — Projet d'association avec Anzin. — Carte des veines à charbon du Hainaut. — Ouverture des fosses Sainte-Catherine et Saint-Mathias. — Découverte de la houille.

Encouragées par les succès de la Compagnie d'Anzin, qui était alors dans un grand état de prospérité, de nombreuses entreprises se formèrent dans la seconde moitié du dix-huitième siècle pour rechercher la houille dans le nord de la France. Trois d'entre elles seulement arrivèrent à des découvertes, mais une seule, celle d'Aniche, réussit à créer une exploitation suivie. Et si aujourd'hui cette entreprise a obtenu quelques succès, ce n'est pas sans avoir passé par des phases bien critiques qui l'ont mise, à différentes reprises, à deux doigts de sa ruine, et sans avoir surmonté des difficultés excessives, grâce à la persévérance, à l'opiniâtreté et aux sacrifices de ses fondateurs et de leurs successeurs.

Le marquis de Trainel, lieutenant général des armées du roi, grand-croix de l'ordre royal et militaire de Saint-Louis, grand propriétaire très-considéré dans le Hainaut, où il passait une partie de l'année dans son château de Villers-au-Tertre, et jouissant d'un grand crédit à la cour, avait obtenu par ordonnance du 19 septembre 1773, de l'intendant de la province du Hainaut, conformément aux prescriptions de M. Bertin, ministre des mines et minières de France, la permission d'exploiter pendant un an les mines de charbon de terre *découvertes* par lui (il eût été plus vrai de dire, *à découvrir*) dans ses terres de Villers-au-Tertre, Bugnicourt, Monchecourt et Fressain, châtellenie de Bouchain (pièces justificatives n°s 1 et 2).

Constitution de la Compagnie d'Aniche. — Statuts. — C'est en vertu de cette permission que fut fondée, le 11 novembre 1773, l'association qui est devenue la Compagnie des Mines d'Aniche, et dont les statuts sont reproduits textuellement dans la pièce justificative n° 2.

Ces statuts, conservés intégralement et sans aucun changement, forment encore aujourd'hui la charte de la Compagnie.

A différentes reprises et par des motifs divers, on s'est occupé d'y apporter des modifications, et chaque fois on a été amené à reconnaître qu'elles seraient plutôt nuisibles qu'avantageuses.

Ces statuts, empreints d'un grand esprit de sagesse, présentent, en effet, une concision, une clarté et une précision très-remarquables, et prêtent bien peu aux interprétations et aux équivoques.

Le fonds social est de 25 sous, subdivisés chacun en 12 deniers en 1780.

En 1851 l'administration de la Compagnie adopta la division du denier en 12 douzièmes.

2 sous 6 deniers *ne feront pas fonds*. Ils sont attribués à M. de Trainel, comme obtenteur de l'octroi, et pour abandon du droit d'entre-cens sur ses terres; à M. Desvignes père, en reconnaissance de son travail et de ses voyages; et à d'autres personnes pour le *bien de la chose commune*.

Toutefois les deniers *ne faisant pas fonds* ne toucheront que moitié des dividendes, jusqu'à ce que la moitié ainsi retenue soit égale au versement effectué par chaque *denier faisant fonds*. Cette prescription a été réalisée en 1857. A partir de cette époque, les deniers *sans faire fonds* touchent le même dividende que les deniers *faisant fonds*.

La gestion de la Société est confiée à huit directeurs, non compris le marquis de Trainel, « qui assistera aux délibérations toutes et quantes fois il trouvera convenir ». Les délibérations pour les choses les plus importantes devront être prises et signées par lui et les huit directeurs.

En cas de mort, d'éloignement ou de renonciation de l'un des directeurs, il est remplacé à la pluralité des voix des directeurs restants.

Les directeurs ont les pouvoirs les plus étendus.

Chaque mise ou appel de fonds ne peut dépasser 1000 £ au sol.

Chacun des intéressés peut vendre son intérêt, à condition d'en faire l'offre aux directeurs pour être repris par la Compagnie, si bon leur semble.

Cette disposition constitue ce qu'on appelle le *droit de retrait*.

Chaque associé peut quitter la Compagnie en perdant les fonds versés par lui, et en payant sa quote-part des dettes qui pourront exister au moment de son abandon.

Tous les intéressés connus ont droit d'avoir inspection des comptes au bureau, et sans déplacer.

Les directeurs ne reçoivent aucuns frais de voyage ni vacation, mais seulement les frais de nourriture et de voiture.

Les huit directeurs nommés furent, outre le marquis de Trainel, MM. de Bérenger; Dehault, mayeur de Bouchain; Desvignes père; Dusart, trésorier de la ville de Valenciennes; Desvignes, greffier du magistrat de Valenciennes; Mathias Desvignes, fermier à Hordain; Lenvin, fermier à Fressin; et Degheugnies de Condé.

Premiers travaux. — Les travaux avaient commencé même avant la constitution de la Société par un sondage établi à l'angle du bois de Fressin.

Dès le 22 novembre, on s'occupait d'acheter des bois, des pompes et divers approvisionnements en vue de l'ouverture d'une fosse, et on délibérait la première mise de fonds.

C'est dans cette première séance du Conseil des directeurs qu'on trouve la singulière délibération suivante :

« On demande si on fera opérer différens tourneurs de baguettes en les plaçant sur la veine qu'on croit exister à l'angle du bois de Fressin, et leur faisant suivre les traces de ladite veine jusqu'aux environs de Valenciennes et au delà, pour savoir où ladite veine y tombera, et si on fera commencer la même opération à la veine au plus au nord d'Anzin pour la suivre jusqu'à la chaussée de Cambray à Douay.

« Résolu de faire faire ces opérations. »

Eurent-elles lieu? Quels furent leurs résultats? Les délibérations suivantes restent muettes à ce sujet. Il est certain que l'entreprise du marquis de Trainel et de ses associés présentait un caractère de hardiesse remarquable, non-seulement pour l'époque, mais même pour le moment actuel. Il s'agissait de découvrir, à plus de 20 kilomètres de distance, et sous un manteau de terrain de craie de 140 à 150 mètres d'épaisseur, renfermant des nappes d'eau, avec des moyens d'exécution très-imparfaits, le prolongement des couches de houille connues à Anzin, explorées par des travaux encore peu étendus, et sur lesquelles on ne devait posséder que des renseignements bien incomplets.

En décembre, on décide d'ouvrir de suite deux fosses près du tron de forêt de l'angle du bois de Fressin, à 24 pieds de distance l'une de l'autre; d'y installer une machine de 56 pieds de diamètre couverte en pannes; d'y construire une écurie de 100 pieds de longueur; de donner aux fosses 6 pieds 1/2 de Hainaut en dedans, 6 pouces d'épaisseur au cuvelage hors de l'eau, et 7 pouces à celui qui sera dans l'eau.

On achète du cuvelage, des chevaux, du foin, de la paille; on commande quatre pompes en fer et en cuivre de 11 pieds de longueur sur 7 lignes d'épaisseur et de 1 pied de diamètre, et trois manivelles; on se procure les ouvriers spéciaux, et on fixe leurs salaires.

Pompeur, 6 couronnes par mois.

Foreur de pompe, 16 à 18 patars par journée, ou 1 fr. à 1 fr. 25.

Charpentier, 16 patars par journée, ou 1 fr.

Tourteur et ouvrier du jour, 10 patars, ou 62 c. 5 par journée de 8 heures [1].

Une délibération du 24 avril 1774 porte : « délibéré de faire faire

---

1. Le patar valait 6 centimes 25.

400 marques moitié grandes, moitié petites, comme les modèles

n° 1 et n° 2, et une couronne de marquis au-dessus. »

Ces marques, appelées *monerons* ou *billets*, étaient données aux ouvriers pour constater leur présence sur les travaux ou leur journée.

A la fin de la quinzaine, lors de la paye, elles étaient remises par les ouvriers au payeur, et servaient de contrôle pour la comptabilité.

Cet emploi de jetons pour marquer les journées a duré fort longtemps, non-seulement à Aniche, mais à Anzin, et les vieux mineurs disent encore du prix de certains travaux : *il est payé 1, 1 1/2, 2 billets,* ou le prix correspondant à 1, 1 1/2, 2 journées.

A certains moments, les ouvriers remettaient ces jetons aux boulangers, bouchers et autres marchands pour obtenir des fournitures à crédit, et ceux-ci les échangeaient à la caisse de la Compagnie contre des espèces.

Aux mines de Bessèges (Gard) on fait encore usage de ces jetons pour marquer les journées.

Nous donnons, planche I, le fac-simile des diverses formes de jetons employés aux mines d'Aniche à différentes époques. Nous y joignons les fac-simile du jeton de présence des directeurs aux assemblées, créé en 1854, et de divers timbres de la Compagnie.

Les fosses de Fressin furent abandonnées dans le courant de l'année 1774. On ignore pour quels motifs, et on ne possède aucun détail sur les circonstances que présentèrent les travaux exécutés sur ce point. Mais il est probable que ces fosses ne furent creusées que jusqu'à une faible profondeur.

On continuait cependant le forage de l'angle du bois de Fressin, et on établissait plusieurs autres sondages d'exploration sur la colline de Monchecourt, au Hot des Horbettes, entre Fressin et Bugnicourt, et dans le puits du moulin entre Fressin et Monchecourt, en vue de l'ouverture d'un nouveau puits.

Dans une requête présentée au roi, le marquis de Trainel expose « qu'il a fait sonder le terrain à près de 400 pieds de profondeur, qu'il s'est mis en état d'ouvrir deux fosses, et a commencé les approvisionnements nécessaires pour cet objet, ce qui a déjà constitué le suppliant dans une dépense de plus de 100 000 ₤. »

Première concession. — 10 mars 1774. — Sur cette requête, intervint, le 10 mars 1774, un arrêt du conseil d'État qui « accorde au marquis de Trainel ses hoirs ou ayant cause, la permission exclusive d'exploiter pendant trente années, à compter du 1er janvier 1775, les mines de charbon de terre qui se trouvent ou pourront se trouver comprises dans le terrain situé entre les rivières de la Sensée et de la Scarpe, borné à l'est par la chaussée de Marchiennes et celle de Bouchain, à l'ouest par la Sensée et le canal qui conduit à Douai, au nord par la Scarpe et au midi par la Sensée.» Voir pièce justificative n° 3 et la planche II.

Fosse de Monchecourt. — Ce ne fut toutefois qu'en septembre 1774 qu'on ouvrit une deuxième fosse, « proche la Chapelle qui est sur le chemin conduisant de Villers à Marcq, entre Fressin et Monchecourt. »

A la fin de l'année 1775, cette fosse avait pénétré de 24 pieds dans le rocher. On y ouvrit deux galeries à travers bancs, l'une au nord, l'autre au midi. La dernière rencontra de l'eau et on fut obligé de remonter les pompes.

La fosse de Monchecourt fut abandonnée en avril 1777. Reprise en 1838 par la Société de Monchecourt, une des nombreuses Sociétés de recherches formées à cette époque, qui y exécuta 71 mètres de bowette au nord et 60 mètres de bowette au sud, on y a constaté la présence de schistes verdâtres qui ne paraissent pas pouvoir être rapportés à l'étage du terrain houiller et dont on trouve encore des fragments à la surface du sol.

Cette fosse est actuellement comprise dans le périmètre de la concession d'Azincourt.

La Compagnie avait alors appelé 9 mises de fonds de 1000 ₤ au sol, soit en tout 202 500 ₤.

Projet d'association avec Anzin. — Dans la séance administrative du 16 décembre 1776, M. le marquis de Trainel dénonce à la Compagnie « qu'il lui a été rapporté que M. de Gheugnies a formé un projet d'association avec la Compagnie d'Anzin, qu'il a proposé de signer à différents associés ou directeurs de la compagnie de M. de Trainel; que ce procédé est tout à fait contraire à l'union nécessaire de tous les associés. Mon dit sieur le marquis de Trainel est d'avis qu'il soit remboursé à mon dit sieur de Gheugnies ses mises faites jusqu'à ce jour et qu'il abandonne son intérêt dans la Société. Signé : Trainel. »

M. de Gheugnies n'assistait pas à l'assemblée et on ajourna toute décision jusqu'à ce qu'il eût fourni des explications.

A la séance suivante, M. de Gheugnies donna « les signes de la meilleure intention pour les intérêts de la Compagnie et déclara qu'il n'avait jamais voulu rien faire à l'insu de M. le marquis de Trainel ni des autres directeurs, puisqu'il ne demandait leur souscription à ce qu'il proposait que pour obtenir plus aisément l'aveu de mon dit sieur de Trainel à un avantage qu'il comptait procurer. En conséquence, il déclare qu'il continuerait à jouir de son intérêt de six deniers dans la Compagnie. » Cependant M. de Gheugnies étant parti avant la fin de l'assemblée, « il semble qu'il veuille abandonner la direction. Il sera prié par M. Desvignes de ne plus se trouver aux dites assemblées. » A l'assemblée d'avril 1777, M. Dehaut produit une lettre de M. de Gheugnies par laquelle il le charge « de proposer à MM. les directeurs, qu'attendu l'exclusion qu'ils ont faite de lui dans le nombre des directeurs, d'offrir à la Compagnie l'alternative qu'il leur propose ou de le continuer dans la direction ou de reprendre son intérêt en lui remboursant ses mises. »

Il fut répondu par un refus de l'une et l'autre proposition motivé sur ce « qu'il n'y a jamais eu aucun engagement avec mon dit sieur de Gheugnies pour lui conserver à perpétuité la place de directeur, dont il n'a été privé d'ailleurs que parce qu'il n'assistait point régulièrement aux assemblées; qu'il lui est du reste loisible de vendre son intérêt à qui bon lui semblera. »

L'année suivante, M. de Gheugnies vendit ses parts d'intérêts.

Nous retrouverons plus tard, en 1819, une autre tentative de la Compagnie d'Anzin pour devenir propriétaire des mines d'Aniche.

Carte des veines à charbon du Hainaut. — En vue de l'ouverture d'une nouvelle fosse et pour en choisir convenablement l'emplacement, on fit faire « par le sieur Laurent une carte des veines des fosses à charbon du Hainaut autrichien et français, et notamment des exploitations d'Anzin et de leur direction depuis Charleroy jusqu'à Monchecourt, moyennant 48 écus qu'il avait demandés pour cette opération. »

Ouverture des fosses Sainte Catherine et Saint Mathias à Aniche. — Sur l'examen de la carte de Laurent, vérifiée par Castille, ar-

chitecte, et d'une nouvelle carte dressée par ce dernier (pl. III), et
après exécution de plusieurs forages d'exploration, on décida, le
10 août 1777, d'ouvrir deux fosses « sur un champ appartenant
à M. le marquis de Trainel, proche le chemin de Bouchain
à Douai, à 300 toises environ d'Auberchicourt, en donnant une
distance de 30 toises environ d'une fosse à l'autre. »

Ces deux fosses sont celles qui ont porté depuis les noms de
Sainte-Catherine, désignée souvent aussi sous le nom de Vieille-
Fosse, et de Saint-Mathias.

On transporta le matériel de la fosse abandonnée de Monchecourt sur l'emplacement choisi, et on nomma pour directeur du
fond Prosper Quiquempoix, et pour directeur du jour Célestin
Castille dont il a été parlé ci-dessus.

Découverte de la houille. — Une année après, le 16 septembre
1778, le sieur Quiquempoix présente aux directeurs « du tourtia
dans lequel se trouvait de très-beau charbon de l'épaisseur de
quatre doigts, sans pouvoir néanmoins s'assurer que ce soit une
veine, et pour s'assurer sur cet objet, il a été réglé qu'on continuerait d'approfondir la fosse jusqu'à ce qu'on soit suffisamment
enfoncé dans le roc pour pouvoir bowetter du côté de cet indice
et reconnaître si c'est une veine. Cette trouvaille a été faite la
nuit du 11 au 12 présent mois de septembre. »

Le marquis de Trainel fut chargé « de porter du charbon découvert à M. Bertin, ministre des mines et minières de France,
et de lui demander une prolongation d'octroy et des explications
sur l'article de l'arrêt du Conseil au sujet de l'exemption de tous
les droits comme en jouit la Compagnie d'Anzin, et particulièrement l'exemption expresse du droit de domaine sur le charbon
de 8 sous pour livre du dit droit, ainsi que du vingtième et autres tailles, et aussi d'obtenir, à titre d'encouragement et d'indemnité des dépenses onéreuses faites et à faire pour porter l'établissement à sa plus pleine exploitation, des grâces pécuniaires, ou
concessions de bois dans les forêts de Sa Majesté, ainsi qu'il en
a été accordé à d'autres Compagnies, et notamment à celles
d'Anzin et de Saint-Saulve. »

Il fut chargé en même temps « de solliciter des lettres patentes
pour pouvoir lever à frais, des gens de main-mortes, les sommes
nécessaires pour mettre les ouvrages dans leur perfection et jusqu'à concurrence de 100 000 écus. »

On porta même ce chiffre à 500 00u £, et une ordonnance du roi du 12 mars 1779 donna satisfaction à ce sujet à la demande de la Compagnie. (Voir pièce justificative n° 4.)

Pendant cette période de cinq années, de fin 1773 au commencement de 1779, on avait ouvert 5 fosses, dont 3 infructueuses, et 6 forages. On avait découvert la houille, et la situation de la Compagnie était satisfaisante. Les fonds nécessaires avaient été fournis par onze mises de 1000 £ au sol, qui avaient produit 247 500 £. Il n'avait pas encore été fait d'emprunt. Les dépenses effectuées montaient à 231 984 £ 13ˢ 1ᵈ.

II

1778-1786.

Valeur du denier en 1779. — La découverte de la houille, après cinq années d'attente, était un grand événement. Elle donna confiance aux sociétaires dans le succès définitif de leur entreprise, et fit naître les plus grandes espérances.

Deux des deniers, qui avaient été tenus en réserve par la Compagnie, furent donnés à titre de faveur spéciale à M. Castille, nommé administrateur général, à la condition qu'il acquitterait les mises faites et à faire.

Deux autres furent accordés, en gratification au directeur Quiquempoix, qui fut invité à quitter son établissement de Fresne et à venir résider avec sa famille à Aniche.

Enfin, deux deniers furent cédés à M. de Montchevreuil, receveur des finances de la généralité de Caen, moyennant la somme de 10 000 livres. Ce prix représentait plus de cinq fois le capital versé.

Quelques mois plus tard, M. de Montchevreuil achetait de M. Moreau neuf deniers pour 75 000 livres de France, soit à 8333 livres l'un. En même temps la Compagnie usait de son droit de retrait sur six deniers vendus par M. Desvignes de Valenciennes, à M. le comte de Sainte-Aldegonde, pour 50 000 livres, soit également à 8333 livres le denier.

Le comte de Sainte-Aldegonde, l'un des principaux fondateurs de la Société, achète vers la même époque un certain nombre de deniers au même prix de 8333 livres.

Ouverture des fosses Saint-Laurent et Sainte-Thérèse. — Aussi, malgré que l'on n'eût encore découvert qu'une veine dans les deux fosses exécutées, dès le mois de février 1779, on décidait l'ouverture de deux nouveaux puits : l'un, *Saint-Laurent*, au midi de Saint-Mathias ; l'autre, *Sainte-Thérèse*, à 300 toises au levant du précédent.

On construisait une nouvelle machine à mollettes, un four à chaux, et on traitait avec un entrepreneur pour une fabrication de briques, au prix de 39 patars ou 2 fr. 44 le mille.

Augmentation de la concession de 1774. — La Compagnie avait sollicité une augmentation du périmètre de sa concession, s'étendant dans l'Artois, dont les États avaient institué une prime de 200 000 livres, en faveur de la Société qui « y ouvrirait incessamment une mine de charbon et qui la mettrait en dedans 5 ans en pleine exploitation. »

Dans la séance du 27 avril 1779, il fut communiqué une lettre adressée par les députés des États d'Artois au marquis de Trainel sur cet objet, lettre à laquelle il fut répondu :

« Nous soussignés, directeurs de la Compagnie des fosses à charbon de M. le marquis de Trainel, à Aniche, déclarons consentir et nous soumettre, de faire incessamment et dans le courant d'une année au plus tard de rechercher et forager incessamment dans l'augmentation de démarcation que nous sollicitons au Conseil sur l'Artois, de manière à pouvoir établir dans un canton, des fosses en pleine exploitation dans l'espace de 5 années, date de l'arrêt qui sera expédié pour nous accorder la dite augmentation de démarcation dans la dite province d'Artois. »

Les États consentirent à l'augmentation de la concession demandée, et un arrêt du Conseil du 6 août 1779 accorda « au marquis de Trainel, ses hoirs ou ayant cause, l'augmentation de démarcation demandée, de sorte que la concession d'Aniche fut bornée à l'est par la chaussée de Marchiennes à Bouchain et celle du dit Bouchain à Cambray ; au midi par le

grand chemin de Cambray à Arras jusque vers le village de
Monchy-le-Preux ; à l'ouest par une ligne directe à tirer du dit
chemin de Cambray à Arras et à diriger sur les clochers du dit
Monchy-le-Preux et de Gavrelle jusqu'à la chaussée de Douay à
Arras, depuis le dit village de Gravelle jusqu'au dit Douay, et
par la Scarpe depuis cette dernière ville jusqu'à Marchiennes. »
(Pièce justificative n° 5.) Planche II.

Le 12 octobre, on décida que l'arrêt ci-dessus serait affiché
dans toutes les paroisses de la nouvelle démarcation, et qu'on le
ferait signifier à tous les seigneurs haut justiciers ayant des fiefs
dans lesdites paroisses ; qu'un forage serait ouvert sous l'inspection de l'un des directeurs, M. Bérenger, qui serait maître
d'en choisir l'emplacement.

Ce sondage fut ouvert à Noyelles-sous-Bellonne ; mais si l'on
en juge par le peu de temps qu'on y employa, il ne fut poussé
qu'à une faible profondeur. Le matériel fut ensuite transporté
à Vitry, où l'on exécuta un deuxième sondage. Ces travaux
étaient commandés par la crainte de se voir disputer la partie
de la concession qui s'étendait dans la province d'Artois. Et cette
crainte était jusqu'à un certain point justifiée.

Une Compagnie Havez-Lecellier, succédant à la Société Willaume-Turner, avait antérieurement, de 1752 à 1774, exécuté de
nombreuses recherches, dix sondages et quatre fosses à Equer-
chin, Lambres, Vitry, Rœux, etc., compris dans la nouvelle concession.

Elle avait dépensé dans ces explorations 499 196 livres. On
assurait, en 1779, qu'elle avait repris ses travaux. Aussi la Compagnie du marquis de Trainel, dont l'intérêt était d'éloigner cette
concurrence, s'empressa-t-elle de faire signifier à la Compagnie
Havez-Lecellier l'arrêt du 6 août 1779.

Commencement d'exploitation. — Dès les premiers jours de
l'année 1780, la fosse Saint-Mathias fournissait une petite quantité de charbon, car le 4 janvier on adopte « un projet de registre d'expéditions pour la vente des charbons, et un Journal de
recettes de la dite vente. » Ce n'est toutefois qu'au mois de juin
suivant qu'on commence à en livrer au public.

L'exploitation était très-peu importante. Les veines rencontrées se montraient failleuses, faiblement productives. Assimi-
lant ces veines à celles connues à Anzin, on décida « l'approfon-

dissement de la fosse, jusqu'au-dessous des veines dites *les Voisinnes* ou *Carachoux*, et la poursuite de la bowette au midi jusqu'à la rencontre de la veine dite *Maugretout*. »

Malheureusement l'espérance de retrouver dans les fosses d'Aniche les belles veines reconnues à Anzin, ne se réalisa jamais, du moins dans les vieilles fosses.

Exemption des droits sur les boissons. — L'arrêt du 6 août 1779 accordait aux ouvriers mineurs certaines exemptions d'impôts ; aussi, une délibération des directeurs prescrit-elle, que « pour jouir des exemptions sur les boissons destinées à la consommation des employés et ouvriers des fosses, le sieur Quiquempois ferait incessamment un encavement en bière et vin, et le déclarerait au bureau des domaines de Pecquencourt avec prétention de jouir des exemptions sur ces boissons, en conformité des arrêts du Conseil qui les accordent à la Compagnie, et lesquels ont été signifiés au receveur du dit bureau. »

Établissement d'une machine à feu. — Jusqu'alors on n'avait employé pour le passage des *niveaux* dans le creusement des puits à travers les nappes d'eau de la craie que des *machines à carré*, actionnées par des chevaux, et faisant mouvoir les pompes nécessaires à l'épuisement (voir planche IV). Les niveaux passés et les eaux retenues par le cuvelage et les picotages, les eaux, comme les déblais provenant du fonçage, et les charbons fournis par l'exploitation, étaient élevées au jour dans des tonneaux manœuvrés par des manéges ordinaires (voir planche V).

En 1780, les eaux que laissaient passer les cuvelages des puits, celles que fournissaient les travaux, et particulièrement les galeries à travers bancs dirigées au sud de Saint-Mathias, étaient trop abondantes pour être épuisées par les tonneaux. Aussi se décida-t-on à monter une machine à feu, semblable à celles établies à Anzin.

Ces machines, du système *Newcomen*, avaient été appliquées en France pour la première fois à Fresne, en 1732 ou 1733, par la Compagnie Desandrouin ; elles revenaient à 75 000 livres.

La machine à feu d'Aniche fut commandée à Dorzée de Boussu pour le prix de 45 000 livres ; elle fut installée sur la fosse Saint-Laurent.

Titres d'actions. — Le 30 mars 1780, on arrête le modèle des titres à délivrer aux sociétaires, et on fait exécuter deux planches pour le tirage de ces titres : sur parchemin pour les deniers sans faire fonds ; sur papier ordinaire pour les deniers faisant fonds. (Voir planche VI).

On remarquera que les premiers sont *au porteur*, et contiennent l'engagement par le possesseur du titre de se soumettre à l'acte de société, à ses règlements, et à la condition du droit de retrait.

Les titres des deniers faisant fonds portent la mention spéciale de la soumission par l'actionnaire aux emprunts et aux mises faites et à faire; celle de ne pouvoir vendre ou aliéner sans l'agrément de la Compagnie, laquelle sera libre de retraire; enfin celle de donner hypothèque ou caution à l'apaisement des directeurs associés pour la sûreté des emprunts faits ou à faire.

Cette réserve de ne pouvoir aliéner sans l'agrément de la Compagnie, reçut une application dans la séance des directeurs, du 27 vendémiaire an XI (8 octobre 1802), dont la délibération porte :

« Il a été remis sur le bureau copie authentique d'un acte de vente du 1er fructidor dernier, passé à Bruilles devant le notaire Dumont, suivant lequel le citoyen Hypolite-Antoine Advenier et dame Louise-Eugénie Corbineau son épouse demeurant à Paris, cèdent et transportent au citoyen Nicolas-Joseph Wuibaut, cultivateur à Riculay, le 1/5 de 4 deniers d'intérêt dans l'entreprise contre les frères de ladite dame Corbineau et autres pour les 4 autres cinquièmes, pour le prix de 3000 livres.

« Ledit citoyen Wuibaut demande en conséquence d'être reconnu comme associé dans ladite entreprise pour ledit intérêt.

« Délibéré que ledit citoyen Nicolas-Joseph Wuibaut ne sera pas reconnu comme associé et qu'il restera croupier de ses vendeurs. »

En 1825, on soumettait encore les acheteurs de parts d'intérêt dans la Société à justifier de leur solvabilité, ainsi que le constate la délibération ci-dessous du 28 mars de ladite année :

« Il a été mis sur le bureau un contrat de vente de 2 2/3 deniers fait par M. de Briffœuil à M. Bourgoin.

« Il a été décidé qu'on demanderait à M. Bourgoin quels sont ses biens qui assurent à la Compagnie qu'il peut remplir toutes les clauses et conditions du contrat de Société et des délibérations avant de l'admettre au nombre de ses associés. »

Les titres de 1780 ont été remplacés en 1844 par des certificats constatant l'inscription du propriétaire de deniers ou actions au livre des actionnaires (pièce justificative n° 6). A ces certificats on a substitué, en 1852, une simple lettre d'avis informant le titulaire que par délibération des directeurs il est inscrit au livre des sociétaires comme propriétaire de... douzième de denier. (Pièce justificative n° 7.)

Les douzièmes de denier de la Compagnie d'Aniche ne constituent pas des actions proprement dites, mais des parts d'intérêt dans une entreprise industrielle. La loi ne leur applique pas l'impôt du timbre, mais elle soumet leur transmission aux prescriptions de l'article 1690 du Code Napoléon, c'est-à-dire à la production d'un acte authentique, ou à la signification du transfert.

Visite des travaux par des experts. — En 1781, les travaux d'exploitation ne justifiaient pas les espérances que l'on avait conçues lors de la découverte de la houille. Loin de là, les plus vives inquiétudes sur le succès de l'entreprise se manifestaient chez les directeurs, ainsi qu'on en jugera par les détails ci-dessous.

Dans la séance du 22 mai 1781, il est mis par M. Castille sous les yeux des directeurs « un petit livret de la visite faite des ouvrages en présence des meilleurs ouvriers. » La délibération ajoute : « Il paraît que nous n'avons jusqu'à présent aucune veine exploitable, et que par conséquent il est à craindre que toutes les dépenses que nous avons faites jusqu'aujourd'hui deviennent inutiles, et qu'il conviendrait de faire visiter lesdits ouvrages par des gens connaisseurs et désintéressés de Charleroy qui dresseraient procès-verbal de leur état actuel et nous donneraient des conseils sur la conduite que nous avons à tenir pour rendre lesdits ouvrages utiles à tous les associés de la Compagnie. »

Il fut décidé que MM. Bérenger et de Wavrechain se rendraient incessamment à Charleroy et s'adresseraient à M. Drion pour trouver ces gens.

M. Drion l'aîné, de Gilly, près Charleroy, vint à la fin de mai 1781 avec l'un de ses chefs ouvriers visiter les travaux. Sur son avis, et après avoir entendu contradictoirement le directeur Quiquempoix, il fut décidé, le 30 mai, « attendu que les veines connues sont toutes droiteuses et remplies de failles, ce qui les rend inexploitables, de suspendre toutes exploitations et travaux de charbon, soit dans la fosse Saint-Mathias, soit dans celle de Sainte-Thérèse; de laisser remplir d'eau cette dernière fosse, de discontinuer les travaux de l'avaleresse où doit être placée la machine à feu, en se bornant d'achever la couverture du bâtiment seulement, et de s'attacher uniquement, quant à présent, à continuer les deux boëtes du Nord et du Midi de la fosse de Saint-Mathias, tant que l'aérage le permettra, et jusqu'à ce que l'on ait trouvé dans l'une ou l'autre des deux boëtes le plat des veines. »

En même temps, on décide le renvoi d'une partie des ouvriers et la vente d'une partie des chevaux.

Le marquis de Trainel et les directeurs ne se contentèrent pas de cet avis. « Désireux de connaître l'état de leurs travaux actuels et de prendre avec connaissance de cause un parti pour se mettre à l'abri de tous reproches vis-à-vis de leurs cointéressés, sont convenus avec Florent Quiquempoix, leur directeur particulier du fond, de dénommer trois experts, les sieurs Hiernaux de Gilly, Harmégnies de Dour, Abrassart de Waquigny, tous trois *charbonniers*, lesquels, serment par eux préalablement prêté ès-mains du mayeur d'Aniche, de bien et fidèlement remplir leur mission, seront conduits dans les fosses par Quiquempoix et le porion Stiévenart, y feront la visite des travaux souterrains des fosses, de laquelle ils tiendront procès-verbal et rapport; y énonceront la quantité, qualité des veines et des terrains qui s'y rencontrent, ainsi que de la bonne ou mauvaise exécution des travaux qui y sont faits, y joindront et donneront leur avis sur les travaux à faire aux dites fosses, etc. »

(Convention par-devant les notaires Allart et Bécourt de Flandre, résidant à Douai, du 1er décembre 1781.)

La visite des experts eut lieu le 13 décembre. Elle s'étendit aux trois fosses Sainte-Thérèse, Saint-Laurent et Saint-Mathias. Nous avons sous les yeux leur procès-verbal, dans lequel ils disent : « Le charbon est de bonne qualité, mais toutes les veines sont dans un terrain brouillé et failleux, et leur exploitation serait infiniment plus dispendieuse que lucrative.

« Nous, Hiernaux et Abrassart, disons qu'il serait plus à propos d'abandonner les dites fosses, et moi Harmégnies suis d'avis, avant de faire cet abandon, de ravaler la fosse de Sainte-Thérèse, et couper la veine qui s'y trouve pour voir si elle ne se fera pas meilleure, et ensuite y pousser des chasses, etc.

« Mais nous, Hiernaux et Abrassart, sommes d'avis qu'il est plus expédient d'abandonner le tout et de percer une nouvelle fosse vers le Nord, etc. »

Le sieur Quennesson entreprend l'exploitation de Sainte-Thérèse. — Cependant, le sieur Quennesson proposa de prendre à ses risques et périls l'exploitation de Sainte-Thérèse pendant six mois (voir pièce justificative n° 8). Sa proposition fut acceptée, « non pas aux risques et périls du sieur Quennesson, mais à ceux de la Compagnie, et à différentes conditions. »

On nomma un contrôleur pour vérifier les ventes de charbon qui seraient faites à la fosse Sainte-Thérèse, et au bout des six mois d'essai, la Compagnie rentra en possession de cette fosse.

L'entreprise du sieur Quennesson se traduisit par un excédant des produits sur les dépenses de 400 livres.

Mécontentement du marquis de Trainel. — Le marquis de Trainel qui prenait part à toutes les délibérations des directeurs, était, paraît-il, peu satisfait de la marche de l'affaire.

Dans la séance administrative du 19 décembre 1781, M. Dehault de Lassus communique une lettre « par laquelle le marquis de Trainel le charge de prévenir MM. les directeurs qu'il ne se chargera à l'avenir de la sollicitation et suite des affaires de la Compagnie au Conseil. »

Il fut délibéré « de témoigner à M. le marquis de Trainel la surprise de MM. les directeurs sur sa résolution, persuadés qu'ils sont qu'aucun d'eux, ni leurs associés, ait pu le porter à prendre ce parti qui les affecte sensiblement. Ils s'empressent de le prier avec instance, de continuer à protéger notre entreprise avec le même zèle qu'il a montré jusqu'à cet instant. Il a été arrêté en conséquence, que la présente délibération lui serait envoyée par M. Dehault, accompagnée d'une réponse très-honnête de la part de MM. les directeurs. »

Travaux de 1782 et 1783. — En janvier 1782, le bure de Saint-Mathias découvre une nouvelle veine qui paraît belle et bonne. On cherche à obtenir de cette fosse la plus grande production possible de charbon. On reprend l'approfondissement des fosses

Saint-Laurent et Sainte-Catherine. La situation des travaux paraît meilleure ; mais il n'en est pas de même de la situation financière.

Depuis 1779, on avait emprunté 467 500 livres. Il ne restait plus que 32|500 livres à lever sur l'emprunt autorisé de 500 000 livres. Aussi, fut-on obligé de revenir aux appels de fonds qui avaient été interrompus à partir de 1778, et de les faire à intervalles rapprochés.

D'après un rapport de l'inspecteur des mines Duhamel, les quatre fosses d'Aniche étaient, en 1782, bien boisées et cuvelées. Le directeur, le sieur Quiquempoix, assurait qu'il connaissait déjà cinq veines exploitables, et quatre non exploitables. Les fosses étaient approfondies.

```
Sainte-Catherine à 113 toises (220 mètres),
Saint-Mathias    à 115   »   (224    »   ),
Saint-Laurent    à 120   »   (234    »   ),
Sainte-Thérèse   à  90   »   (175    »   ).
```

Elles communiquaient entre elles et avec la fosse Saint-Laurent, par laquelle s'opérait l'épuisement de leurs eaux au moyen de la machine à feu.

D'après une déclaration faite à l'intendant de la province, à l'appui d'une demande de prolongation de durée de la concession, les trois fosses en exploitation avaient produit en 1783, 31 513 mannes de charbon faisant 91 818 quintaux, ce qui fait ressortir le poids de la manne à 291 livres, et le total de l'extraction à 4000 tonnes. (Livres de 14 onces.)

Le personnel se composait de :

1 directeur des travaux,

1 receveur,

3 porions,

200 ouvriers.

On employait 80 chevaux.

Les prix de vente des charbons étaient :

```
La manne de gros pesant 242 livres — 35 sous             = 16 fr. 66 la tonne.
     »      menu  »   295   »   — 23  »  9 deniers =  9   45      »
     »      sale  »   312   »   — 15  »            =  5   70      »
```

La déclaration ajoutait qu'on avait dépensé en emprunts et mises de fonds plus de 1 500 000 livres.

Ce dernier chiffre était exagéré, ainsi qu'on le verra à la fin de ce chapitre.

Les renseignements qui précèdent montrent que les travaux avaient acquis en 1783 un certain développement. On cherche un sous-directeur pour seconder le directeur Quiquempoix. N'en ayant pas trouvé, on constitue un Comité chargé de la conduite des travaux, et qui est composé de trois administrateurs, MM. le marquis de Jumelles, Desvignes et Quennesson, de Quiquempoix fils, porion, et de six des meilleurs ouvriers.

Droits d'entre-cens. — Les seigneurs haut justiciers possédaient le privilége exclusif d'extraire la houille qui pouvait exister sous leurs terres, et il a été dit précédemment que le marquis de Trainel avait fait abandon de son droit d'entre-cens sur les quatre terres qu'il possédait dans le périmètre octroyé à la Compagnie.

Le prince de Grimberghe, comte de Mastaing, qui possédait partie de la seigneurie d'Aniche, sous laquelle s'étendait les travaux, invoqua son privilége et réclama son droit. De nombreux pourparlers s'engagèrent pour parvenir à un arrangement, et des difficultés furent soulevées de part et d'autre. On finit par transiger pour une redevance annuelle de 1200 £.

Prorogation de la durée de la concession. — La Compagnie ayant appris qu'Anzin venait d'obtenir une prorogation de son privilége pendant trente ans, sollicita la même faveur, « non-seulement pour recouvrer les avances énormes faites, mais pour assurer le succès de l'extraction que la disette de bois rend très-intéressante. »

Cette demande fut accueillie, et un arrêt du conseil d'État du 9 mars 1784 prorogea de trente années la durée des priviléges des 10 mars 1774 et 6 août 1779. (Pièce justificative n° 9.)

1784-1785. — D'après Pajot-Descharmes, pendant ces deux années « les mines d'Aniche avaient deux puits d'extraction qui fournissaient abondamment. Mais le charbon, dit Dieudonné, n'était pas très-pur et renfermait des parties terreuses, il se vendait avec peine, quoiqu'il fût offert à un prix très-inférieur à ceux d'Anzin. »

Il est certain qu'au commencement de l'année 1785 il restait, faute de vente, des charbons sur les terris, et qu'on fit des tentatives pour les écouler par bateaux sur Lille et dans la Flandre.

Au mois d'août de la même année, il y a du tumulte parmi les ouvriers, et on fait venir la maréchaussée de Bouchain. La turbulence ne devait pas être bien grande, ou la crainte de l'autorité était alors bien vive, puisqu'on se borna à conserver sur les fosses, pendant quelques jours, un seul gendarme.

A cette époque, le directeur des travaux, Quiquempoix, donne sa démission; je n'ai pu découvrir pour quel motif. Il est remplacé par le sieur Motte qui remplissait déjà les fonctions de sous-directeur.

De nouvelles veines avaient été découvertes au nord de Sainte-Catherine, et elles se présentaient dans des conditions plus favorables que les veines reconnues jusqu'alors; aussi se préparait-on à ouvrir une nouvelle fosse pour les exploiter, et faisait-on des achats de cuvelage de 6 pieds 1/2 de longueur, 8 pouces d'épaisseur et 10 à 14 pouces de hauteur.

Il existe dans les archives de la Compagnie un plan très-bien exécuté, daté et signé du sieur Milliot, arpenteur juré, qui donne les indications les plus complètes jusqu'au 20 mai 1785 sur les travaux des quatre fosses d'Aniche et sur les découvertes de veines qui y ont été faites. On trouvera (planche VII) la reproduction exacte, à l'échelle de moitié, de l'original de ce plan, qui présente en même temps que des renseignements précieux un véritable intérêt de curiosité.

Inondation des quatre fosses. — Leur abandon. — Au commencement de 1786, la fosse Sainte-Thérèse ne produisait rien. Les terrains que l'on y avait traversés étaient très-brouillés, et les veines reconnues complétement inexploitables. Il aurait fallu, disait le directeur Motte, bowetter au moins 100 toises avant d'atteindre les deux nouvelles veines découvertes au nord de Sainte-Catherine. Le cuvelage était en très-mauvais état et laissait passer tellement d'eau qu'on était obligé de maintenir en marche constamment la machine à feu de Saint-Laurent.

On se décida à abandonner ces deux fosses d'un entretien onéreux, et comme elles étaient en communication avec les deux autres fosses productives de Saint-Mathias et de Sainte-Catherine, il fut convenu qu'on exécuterait un serrement dans la galerie qui établissait cette communication, et que le fond des deux fosses abandonnées serait comblé avec des dièves sur une hauteur de dix toises.

Ces travaux préservatifs ne furent pas exécutés en temps, soit par négligence de la part du sieur Motte, soit, comme le prétendit plus tard ce dernier, par suite d'une interruption accidentelle de la machine à feu.

Quoi qu'il en soit, les eaux montèrent dans la fosse Sainte-Thérèse, puis gagnèrent Saint-Laurent. La machine à feu fonctionna cinq semaines sans parvenir à les faire baisser, et dans la crainte sans doute de perdre les pompes, on s'empressa de les retirer du puits.

Les conséquences de l'arrêt de la machine à feu de Saint-Laurent ne tardèrent pas à se faire sentir sur les fosses Saint-Mathias et Sainte-Catherine. Les eaux envahirent les travaux de ces deux fosses avec une telle abondance qu'il fut impossible de les épuiser avec les moyens imparfaits que l'on possédait : de simples tonneaux manœuvrés par des manéges à chevaux. Ces deux fosses durent aussi être abandonnées. On vendit tous les chevaux, à l'exception des quatre meilleurs, et on renvoya la plupart des porions, employés et ouvriers.

Cet événement était un véritable désastre. Il anéantissait tout à coup les résultats obtenus par treize années d'un travail opiniâtre et des dépenses considérables.

Aussi, le découragement des sociétaires était-il complet. Il se traduisait par des reproches très-vifs contre le directeur des travaux, dont l'incapacité, la négligence, disaient-ils, avaient amené la perte des fosses qui avaient coûté tant d'argent. Ces reproches s'adressaient aussi, paraît-il, aux administrateurs qui s'en préoccupaient fortement. A l'assemblée du 9 juin 1786, ils demandèrent au directeur des travaux un mémoire en réponse à différentes questions précises sur les circonstances qui avaient amené le malheureux événement qui compromettait l'existence de l'entreprise.

Ce mémoire, on le trouvera textuellement aux pièces justificatives, n° 10.

Démission des Directeurs. — Une assemblée générale eut lieu le 19 août. Les reproches contre les directeurs s'y reproduisirent probablement, car ceux-ci donnèrent tous leur démission, « à la charge, demandaient-ils, que la Compagnie approuvera tous les travaux faits jusqu'à ce jour, les dépenses qu'ils ont occasionnées, ensemble, tous les emprunts quelconques constitués jusqu'à ce jour pour pourvoir auxdits travaux et dépenses tant en rentes héritières que viagères et en lettres de change. »

La démission donnée par les directeurs fut acceptée aux conditions proposées, et on nomma à leur place : MM. Desvignes, de Lassus, de Jumelles, de Castille, d'Aubersart, de Vicq, de Bernicourt, de Nédonchel.

Ouverture des fosses Sainte-Barbe et Saint-Vaast. — Les nouveaux directeurs, dès le lendemain de leur entrée en fonctions, décident l'ouverture de deux nouvelles fosses « dans le champ qui fait l'angle du chemin d'Aniche à Auberchicourt, à droite de la chaussée de Douai. »

Ce sont les fosses qui ont porté les noms de Sainte-Barbe et de Saint-Vaast.

On choisit huit ouvriers pour chaque avaleresse, et « on les payera à raison de 15 £ de la toise jusqu'au premier niveau. »

On fait faire des travaillantes en bois blanc foré et des soulevantes en clappes également de bois blanc de 3 à 4 pouces, bien cerclées en fer. On décide qu'on emploiera partie de chaux de Tournay, et partie de chaux du pays, — qu'on fera usage pour le cuvelage, comme cela se pratique aux fosses d'Anzin, de la mousse au lieu de couvertures d'étoupes. On achète 20 chevaux pour le service de la machine à carré.

Le 29 août, les 27 chevaux existant à l'avaleresse sont insuffisants pour tenir les eaux. On en porte le nombre à 36, en attendant le montage de la machine à feu.

C'était la première fois qu'on faisait usage à Aniche d'une machine semblable pour le passage des niveaux. Mais l'essai en avait été pratiqué à Anzin dès 1777, et il avait parfaitement réussi.

La substitution de la machine à feu, montée sur charpente en bois, aux anciennes machines à chevaux, constituait un très-grand progrès, au point de vue économique comme au point de vue de la puissance dont on pouvait disposer pour opérer l'épuisement de forts niveaux.

Visites et Mémoires d'Hassenfratz. — Le 3 novembre 1786, Hassenfratz, sous-inspecteur général des mines de France, écrit du château de Rieulay, habité par le comte de Sainte-Aldegonde, à MM. les directeurs, « qu'étant chargé d'une commission par M. de Laboulaye, intendant général des mines de France, pour

visiter les travaux faits depuis un an aux mines d'Aniche, et ceux
abandonnés à cette époque, et examiner s'il ne serait pas plus
utile de reprendre ces derniers que de poursuivre les autres;
m'étant déjà transporté sur les lieux, y ayant pris la somme de
renseignements nécessaires pour déterminer la question; j'aurais
été charmé, avant de faire mon rapport au ministre, de le communiquer à l'administration des fosses, afin qu'elle puisse juger
par elle-même du résultat de mes observations, et que je puisse
y ajouter celles que MM. les administrateurs trouveront nécessaires de me faire. »

Hassenfratz demandait la convocation d'une assemblée des
directeurs avant le 9 novembre, afin de leur faire sa communication.

M. Dupont de Castille lui répondit que « la Compagnie profi-
tera toujours avec empressement de ses lumières; mais que la
généralité des associés ne peut s'assembler que difficilement; que
les directeurs qui les représentent pour les affaires ordinaires
ne peuvent eux-mêmes s'assembler qu'autant qu'il y ait un certain intervalle entre le jour de leur convocation et celui fixé pour
leur assemblée, que celle qu'il désirerait avant le 9 ne pouvait
donc avoir lieu. »

Il terminait sa lettre en priant M. Hassenfratz de vouloir bien
venir à Douai pour conférer avec plusieurs associés qui y rési-
daient, et qui rendraient compte, à la première assemblée, de
ses observations.

Hassenfratz, d'après l'*Histoire des Mines de houille du Nord de
la France*, d'Édouard Grar, fit deux mémoires sur *l'Exploitation
des Mines de charbon de terre de M. le marquis de Trainel*, l'un le
10 novembre 1786, l'autre en 1787, desquels il résulte que « chargé
par M. de Sainte-Aldegonde de visiter les travaux, il les trouva
très-mal conduits. Il constata le mal et indiqua le remède. Il
insistait surtout sur la possibilité et l'utilité de se servir d'une
seule fosse pour l'extraction et l'aérage, contrairement à l'usage.
Dans le second mémoire, Hassenfratz rend compte de ses relations avec les directeurs qui (la majorité du moins) ne voulurent
pas écouter ses conseils qu'il appuyait de l'opinion conforme à
la sienne, de L. Mathieu, directeur d'Anzin. Il ressort de ce mémoire qu'il y avait dans la direction l'anarchie la plus complète. »

Dépenses faites. — A la fin de 1786, après l'abandon des an-

ciennes fosses, et le passage du niveau de Sainte-Barbe, il avait
été dépensé :

1° 25 mises de 1000 livres au sol, fournis par 22 sous 6 deniers...	562 500	livres.
2° par emprunts..	500 000	»
Total.........................	1 062 500	livres.

Des deniers se vendirent alors à raison de 333 £, mais la Compagnie en effectua le retrait.

On peut juger par ce chiffre de 333 £, comparé à celui de
8333 £, payé en 1779, après la découverte de la houille, du peu
de confiance qui régnait parmi les intéressés des mines d'Aniche.

Dans cette deuxième période de huit ans, de 1778 à 1786, pleine
d'espérances au début, et se terminant par l'abandon de tous les
travaux et un grand découragement, on avait exploité une certaine quantité de houille, mais dans de mauvaises conditions et
sans résultat, dans les deux premières fosses d'Aniche, et dans
deux autres ouvertes à proximité. On avait fait des explorations
dans l'Artois, établi la première machine à feu, obtenu une augmentation d'étendue et de durée de la concession, contracté des
emprunts, et après treize ans de travail, une dépense de plus
d'un million, on en était à peu près au même point qu'à l'époque
de la formation de la Société.

III

1786-1793.

Procès avec le comte de Sainte-Aldegonde. — Le comte de Sainte-Aldegonde, sans doute d'après les renseignements fournis par Hassenfratz sur la marche des travaux, refusa de payer ses mises, et adressa, en avril 1787, une sommation aux Directeurs.

Il était l'un des plus forts intéressés de la Compagnie et possédait originairement.. . . . . 1 ^{sol}.

Par acquisition de MM. A. Bérenger, de Castille, Desvignes, Delfosse, Bouzez, Tresca, Estoret, de Forceville.   3   »

Ensemble. 4 sous ou près du sixième du fonds social.

Il fut décidé qu'il serait poursuivi devant le siége royal de Bouchain, pour le payement des mises qu'il n'avait pas acquittées, à moins qu'il ne préférât abandonner ses intérêts dans l'entreprise, conformément à l'art. 14 des statuts, et en acquittant sa part des emprunts alors contractés et s'élevant à la somme totale de 547 442 £ 10 sous, soit 97 323 £ 2 sous, 2 deniers et 2/3 afférant à ses 4 sous d'intérêt.

Le comte de Sainte-Aldegonde offrit bien « de payer les mises délibérées, mais sous la condition que préalablement il lui serait donné connaissance de tous les comptes et registres, tant en recettes qu'en dépenses.

« En outre, il déclarait s'opposer à la déchéance de ses intérêts, parce que l'article du traité dont les Directeurs se prévalaient n'était que comminatoire et non de rigueur. »

La demande de communication des comptes fut accueillie, mais le comte de Sainte-Aldegonde n'en profita pas.

Le 31 décembre 1789, un jugement du parlement de Flandres condamna le comte de Sainte-Aldegonde à payer les mises délibérées, dans le délai de trois mois, sinon il serait déchu de ses intérêts dans l'entreprise et tenu de payer sa part des dettes sociales. (Pièce justificative n° 11.)

Travaux. — Le percement de la fosse Sainte-Barbe s'effectua sans difficultés, et en 1787, elle traversait une première veine, puis successivement plusieurs autres. En 1788, cette fosse, approfondie à 120 toises, fournit une certaine quantité de charbon, que l'on livre au public aux prix suivants :

Gros.	32 patards	ou 2^r,00 la manne.
Menu	24 patards et 2 doubles..	ou 1,60 —
Sale	12 patards	ou 0,75 —

Mais les terrains traversés par les galeries donnaient une assez grande quantité d'eau, à laquelle venait se joindre celle provenant du cuvelage qui était loin d'être étanche. Il est utile d'observer que les niveaux à Aniche existaient sur une hauteur beaucoup plus considérable qu'à Anzin, 70 mètres au lieu de 40 mètres; que par suite la pression de l'eau sur les cuvelages était près de deux fois plus forte que dans cette dernière localité, et comme on avait adopté à Aniche les mêmes dimensions pour les pièces de cuvelage qu'à Anzin, on devait avoir nécessairement des fuites et des ruptures fréquentes.

Le directeur des travaux, Motte, fut accusé d'incapacité et de négligence, et congédié. On remercia également le receveur Castillo, qui avait vendu les deux deniers d'intérêt qu'il tenait de la Compagnie, et on confia la direction des travaux et les fonctions de receveur à M. Milliot, arpenteur et préposé aux travaux de la navigation à Bouchain, le même qui avait levé et exécuté le plan des anciennes fosses, en 1784 et 1785.

On avait fait visiter les travaux de Sainte-Barbe par le sieur Wolf, directeur d'une exploitation du Borinage, et par le sieur Gouffier fils.

Ils conseillèrent de monter sans aucun retard la machine à feu sur la fosse Saint-Vaast, qui était en bon état, et de rétablir les parties défectueuses du cuvelage de Sainte-Barbe, et de prolonger le creusement de la première fosse également à 120 toises.

Ces conseils furent suivis; l'exploitation, qui avait dû être suspendue pendant quelque temps, fut reprise en août 1789. Le préfet Dieudonné donne, d'après les renseignements de M. Cavillier, qui fut plus tard directeur de la Compagnie, les indications suivantes sur l'exploitation, en 1789 :

```
Production..................   3690 tonnes, charbon marchand.
    —      ...... ...........    141   —       —     sale.
                             ______
         Total.........   3831 tonnes.
```

Nombre d'ouvriers occupés — 80.

M. Cavillier, dont il vient d'être question, était un élève de l'École des mines, que M. de Sainte-Aldegonde avait obtenu, par une autorisation spéciale des administrateurs du district de Douai, du mois de février 1791, « de commettre à ses frais pour suivre l'exploitation des mines d'Aniche, avec le droit de descendre dans les fosses pour en examiner les travaux et en rendre compte à l'administration. »

Sans être attaché à l'établissement, M. Cavillier prit, à partir de ce moment, une part active à la direction des travaux avec M. Milliot.

Extraction, vente et produits de 1791. — Pendant l'année 1791, il fut vendu, d'après les registres de la Compagnie :

```
Gros...... ..............   2 657 mannes...........   6,3 0/0
Menu................. ...  37 946   —    ...........  90,0  »
Sale...................    1 540   —    ...........   3,7  »
                         __________                 ________
      Total.........   42 143 mannes........... 100,0 0/0
```

Le poids de la manne était de 291 livres ou de 125 kil. Ces 42 143 mannes, équivalant à 5267 tonnes, avaient été vendues 55 511 £ 5 sous, ou 1 £ 6ˢ 4ᵈ l'une, ou encore 10 fr. 50 c. la tonne.

Si l'on tient compte de la consommation de la machine à feu, et de quelques autres consommations de charbon indispensables, chauffage, ateliers, etc., on peut évaluer à 6000 tonnes la production totale de 1791.

Le produit de la vente du charbon était loin de suffire aux

dépenses de l'entreprise. On avait appelé, dans les trois années
1787, 1788 et 1789, dix mises de 1000£ au sol qui auraient dû
produire 225 000£. Mais les mises ne rentraient que difficilement,
et l'on ne parvenait à faire face aux dépenses que par des emprunts répétés que l'on arrivait à contracter facilement, par suite
de la responsabilité solidaire des associés.

Abandon de 1 et 1/2 denier par un sociétaire. — Il règne parmi
ceux-ci un grand découragement. L'un d'eux profite même de
la disposition de l'article 14 des statuts, pour quitter la Société,
en lui abandonnant sa portion d'intérêt, 1 et 1/2 denier. Il obtint
toutefois de faire cet abandon, avec décharge de la garantie des
dettes (voir pièce justificative n° 12). On verra plus loin qu'il
n'en fut pas toujours ainsi.

Émigration du Caissier et de Sociétaires. — Les événements
de la Révolution française vinrent ajouter leur influence aux
tristes conditions dans lesquelles se trouvait déjà l'entreprise, et
on se demande comment elle put se maintenir debout pendant
cette époque si troublée.

Dans la séance administrative du 14 septembre 1790, il est
rendu compte que M. Dehault de Lassus, directeur et caissier de la
Compagnie, est absent depuis plus d'un mois; qu'on assure qu'il
s'est embarqué au Havre, et que les scellés ont été mis sur sa
maison de Valenciennes.

Un peu plus tard, MM. Desvignes et Dupont de Castille, directeurs, ayant été informés qu'il était question d'apposer aussi
les scellés sur la maison de M. Dehault de Lassus, à Bouchain,
eurent soin de retirer tous les registres, titres et papiers concernant la Compagnie, qui se trouvaient dans ladite maison.

Le caissier n'était pas alors un simple employé; ses fonctions
comprenaient non-seulement les recettes et les payements, elles
s'étendaient à toute la partie administrative de la Compagnie.
Il rédigeait les délibérations des Directeurs, assurait leur exécution et représentait la Compagnie dans toutes les relations et
avec les Sociétaires et avec l'administration publique. C'était,
à proprement parler, un agent général.

Ainsi M. Dehault, marquis de Lassus, chevalier de Saint-Michel, occupait une haute position : il était conseiller du Roi,
trésorier général du Hainaut et maire héréditaire de Bouchain.
Intéressé dans les mines d'Anzin, il avait été l'un des principaux

inspirateurs et fondateurs de la Compagnie d'Aniche, et il est inscrit dans le contrat de Société comme souscripteur de 12 deniers et comme directeur.

En s'expatriant, M. Dehault restait débiteur envers la Compagnie de 23 621 £ 0ˢ 1ᵈ, qui n'ont jamais été payés. Ses biens furent confisqués par la République, qui abandonna plus tard à la Compagnie les 12 deniers dont il était propriétaire, dans les conditions que l'on verra plus loin.

Il fut remplacé comme caissier par MM. Estoret père et fils, hommes de loi à Douai, qui remplirent ces fonctions jusqu'en 1821. Leur passage à la Compagnie est marqué par un grand esprit d'ordre et de méthode dans la tenue des registres et des archives.

Dans la séance administrative du 20 décembre 1792, il est exposé « que les noms de quelques associés sont compris dans les listes affichées des émigrés ; que l'on est convaincu qu'aucun desdits associés ne doit être réputé émigré, et que si quelques-uns ont fait quelques absences, ce n'a été que pour vaquer à leurs affaires personnelles de commerce ou autres, *peut-être même pour leur instruction particulière dans la manière d'exploiter les mines de charbon dans les Pays-Bas étrangers;* d'où il suit qu'aux termes des décrets, ils ne peuvent être réputés émigrés; que plusieurs néanmoins se trouvent compris, sans doute, mal à propos, dans lesdites listes; il est délibéré : Que les caissiers de la Compagnie seront chargés de s'enquérir incessamment des noms et dernier domicile connu de ceux des associés dont les noms auraient été compris dans les listes affichées des émigrés, et sans qu'on puisse en induire qu'aucun desdits associés puisse être réellement réputé émigré, présenter de suite au secrétariat de l'administration du district du dernier domicile connu desdits associés, la déclaration des droits que la Compagnie entend exercer sur leurs biens — de liquider de gré à gré avec les procureurs généraux, syndics, des départements respectifs, les créances et droits exigibles de la Compagnie, etc. »

Il fut donné suite aux prescriptions de cette délibération, et on trouvera plus loin le récit des conséquences qui en résultèrent.

Accident à la machine à feu de Saint-Vaast. — Emprunt. — Le 2 février 1793, le maître cheviron de la machine à feu casse près du jour ; sa chute entraîne soixante-huit toises de pompes, dont plusieurs sont rompues et les autres endommagées. La réparation des dégâts, d'après Dorzée de Paturages qu'on fit venir, devait coûter 20 054 £ environ, et durer trois mois, pendant lesquels l'extraction de charbon serait suspendue.

Une somme de 59 204 £ était nécessaire pour faire face à cette dépense et aux autres charges de l'entreprise. On ne pouvait compter sur plus de 17 000 £ de rentrées. Chaque mise ne produisait que 13 000 £, par suite de la saisie faite des biens de plusieurs actionnaires. L'appel de nouvelles mises parut tout à fait insuffisant pour soutenir l'entreprise, et une assemblée générale fut convoquée au 4 août, pour aviser au parti à prendre.

Les associés réunis, après examen des comptes et des plans des travaux, déclarèrent que « l'entreprise avait été dirigée avec toute l'économie et l'intelligence que les circonstances pouvaient le faire désirer. » Ils approuvèrent tous les travaux faits et les dépenses auxquelles ils avaient donné lieu, et votèrent un emprunt de 100 000 £.

Ouverture de Sainte-Hyacinthe. — Ils décidèrent en même temps l'ouverture d'une nouvelle fosse, vers le nord, qui a porté depuis le nom de Sainte-Hyacinthe. Il apparaît de cette double délibération, que les actionnaires restés en France étaient peu effrayés des événements, et qu'ils persistaient dans leur confiance au succès de l'entreprise, et se disposaient à en poursuivre courageusement les travaux.

Salaires et prix du charbon payés en assignats. — En juin 1793, il est exposé à l'Assemblée que « les ouvriers des fosses refusaient de continuer leurs travaux, s'ils n'étaient payés à raison de 3 £ par jour, au lieu de 26 sous 3 deniers qu'ils recevaient l'année dernière ; que le prix des bois, du fer, des cordages, de l'huile, des chandelles et des autres objets, grains, fourrages, etc., était accru du quadruple environ, de sorte que l'extraction du charbon, loin d'être profitable aux actionnaires, leur devenait de jour en jour plus onéreuse ; qu'avec le dernier emprunt joint à la somme de 1 700 000 £ environ, dont les actionnaires étaient en avance, outre le produit des ventes de charbon, forme un capital de 1 800 000 £ environ, qui ne leur a pas encore produit un sol de dividende. »

En conséquence, il est délibéré :

1° « De payer aux ouvriers 3 £ par jour, au lieu de 26 sous 3 deniers qu'ils avaient coutume de recevoir ci-devant. »

2° « De vendre le gros charbon au prix de 9 £ la manne. »

> — le menu   —   6   »
> — le sale   —   3   »

Le mois suivant, nouvelle augmentation de 1 £ par journée imposée par les ouvriers, et également de 1 £ à la manne de charbon, à cause de la perte qu'éprouvent les assignats.

Décès du marquis de Trainel. — Le marquis de Trainel, qui avait assisté régulièrement aux assemblées administratives, cesse d'y paraître, à partir de celle du 1er juillet 1793, et son décès est annoncé à l'une des séances suivantes.

Il laissait l'entreprise qu'il avait fondée dans la plus triste situation. Vingt années s'étaient écoulées depuis la constitution de la Société. On n'avait qu'une fosse en exploitation, et près de deux millions avaient été dépensés, sans que les sociétaires eussent l'espoir de rentrer dans leurs avances.

Il est peu probable que le marquis de Trainel ait pressenti, en mourant, l'état de prospérité qu'atteindraient un jour, éloigné il est vrai, après quatre-vingts ans, les mines créées sous ses auspices, et dont il s'était beaucoup occupé.

Des mains étrangères devaient recueillir le fruit de sa création. Son fils et unique héritier, le général d'Harville, mourut en 1815, sans laisser de postérité, et après avoir aliéné les intérêts dans la Compagnie qu'il tenait de son père.

IV

1793-1800.

Invasion du pays par les Autrichiens. — Du 22 juillet 1793 au 8 vendémiaire an III (octobre 1794), il n'est pas tenu d'assemblée des Directeurs. Les Autrichiens venaient d'envahir le pays, et nous trouvons, dans un mémoire du 10 nivôse an IV (janvier 1796), les conséquences qui en résultèrent pour la Compagnie d'Aniche.

« La fosse Sainte-Hyacinthe, qui était arrivée au niveau, dut être abandonnée.

« Le Directeur de la Compagnie fut pillé, les ouvriers mis en fuite et dispersés. Les travaux de Sainte-Barbe (déjà très-développés), abandonnés et noyés, les bois pourris par les eaux et les galeries encombrées par la chute des terres qui n'avaient plus d'appui.

« Ces nouveaux malheurs avaient mis l'établissement et les associés sur la pente de la ruine; les procès-verbaux, tenus par ordre de la Convention, portent les pertes qui en ont été la suite à 325 000 £ environ, et 10 mois d'un travail opiniâtre doivent à peine suffire pour les réparer. »

Quelques chiffres permettront d'apprécier la situation pendant cette période funeste.

Les livres de recettes et dépenses donnent pour le mois de novembre 1793 :

Dépense : Paye des ouvriers et employés. . . . .   3 797 £ 1ˢ 3ᵈ

Recette : Produit de la vente de charbon :

      16 mannes de gros à 57ˢ 6ᵈ.   46 £ 0ˢ 0ᵈ

      3 207 — de menu à 38ˢ » 6 093 6 0   6 139 £ 6ˢ 0ᵈ

Dans le mois de décembre suivant, la paye ne monte plus qu'à. . . . . 1 168 £ 12ˢ 6ᵈ

et le produit de la vente qu'à. 1 229   6 0

La vente du charbon cessa entièrement jusqu'en vendémiaire an III (septembre 1794).

On dut même acheter un bateau de charbon étranger pour faire marcher la machine à feu.

Pendant ce mois de septembre 1794, la paye des ouvriers et employés est de. . . . . 3 245 £ 5ˢ 0ᵈ

et la vente de 971 mannes menu, à 38ˢ, de. . . 1 844 18 0

Demande de secours. Des membres du district siégent dans les assemblées administratives. — On comprendra que dans les conditions exposées ci-dessus, la situation financière de la Compagnie devait être fort gênée. Aussi réclamait-elle du gouvernement des secours, en même temps que diverses mesures propres à la mettre à même de maintenir son exploitation en activité.

Le Directoire du département répondit à ces diverses demandes par un arrêté du 13 fructidor an III (août 1794), dont voici les principaux passages :

« Vu la pétition de la Compagnie d'Aniche, tendant à ce qu'il soit versé dans la caisse de cette entreprise une somme de 60 000 £, par forme d'avance et d'encouragement ; 2° à l'exemption de la réquisition du port d'armes des jeunes gens de dix-huit à vingt-cinq ans, employés en qualité de mineurs ; 3° qu'il soit pourvu au complétement du Directoire de l'exploitation par la nomination de cinq Directeurs pris parmi les administrateurs des affaires de la République, aujourd'hui propriétaire de la majeure partie des actions dans cette entreprise, en remplacement des actionnaires émigrés, etc. »

« Avons arrêté et arrêtons : 1° qu'il sera expédié à la Compagnie d'Aniche, sur la caisse du receveur des domaines de Douai,

une ordonnance comptable de 10 833 £ 6ˢ 8ᵈ, pour être employés
aux besoins les plus urgents de l'entreprise ; 2⁰ sur le second
chef, renvoyons la Compagnie à se pourvoir pour cet objet vers
l'administration du district de Douai, investie de l'autorité révolutionnaire, ou vers les représentants du peuple en mission sur
cette frontière ; 3⁰ provisoirement, le Président, l'agent national
et deux autres membres nommés à cet effet par le Directoire du
district de Douai dans son sein, prendront séance et voix déli-
bérative dans l'assemblée des Directeurs. »

En effet, les membres du district de Douai siégent aux assemblées des Directeurs, tenues du 8 vendémiaire au 19 ventôse
an III (septembre 1794 à février 1795).

Du reste, ils se montrèrent toujours très-bien disposés en faveur de l'entreprise, et firent en toutes circonstances les plus
louables efforts pour la relever d'une ruine qui paraissait immi-
nente, et la maintenir en activité. Ainsi, dans une assemblée tenue en octobre 1794, et à laquelle assistaient trois membres de
l'administration du district, « les citoyens Estoret ayant présenté
différents états, desquels il résultait qu'il était indispensable de
se procurer 101 381 £ 17ˢ 4ᵈ, pour faire face aux payements exigibles, » et ayant demandé les moyens d'y pourvoir, ils arrêtè-
rent « que, avant de prendre une délibération sur cet objet, lesdits états seront communiqués à l'administration supérieure,
qui sera invitée à faire accélérer les secours qui ont été demandés à titre d'encouragement, pour mettre la Compagnie en état
de poursuivre ses travaux ; en attendant, il sera demandé à l'administration du district l'autorisation nécessaire, pour que la
Compagnie puisse se procurer les bois qui lui sont nécessaires,
dans les bois de la République, et notamment à Écaillon ou à
Marchiennes, ainsi que les chevaux de réforme qui doivent être
vendus pour le compte de la République, dont l'entreprise a un
pressant besoin. »

En même temps ils votèrent une nouvelle mise, qui formait la
quarantième, pleine et entière.

Un mois auparavant, le 7 vendémiaire an III (septembre 1794),
les administrateurs du district de Douai avaient adressé au représentant du peuple une demande de 10 833 £ 6ˢ 8ᵈ, pour le
payement de la quinzaine des ouvriers.

Après avoir exposé « qu'au nombre des associés de la Compagnie d'Aniche, il se trouve quatorze émigrés et neuf présumés tels, dont la quotité des intérêts réunis s'élève à 14ᵉ 11ᵈ, dans les 22ˢ 6ᵈ contribuables, et dont la République est propriétaire; que la caisse de la Compagnie est totalement dépourvue de fonds, et ne peut acquitter la quinzaine des ouvriers, » ils ajoutent que « les fosses d'Aniche méritent l'encouragement du gouvernement. L'état de dépérissement de celles d'Anzin, détruites en partie par les deux siéges de Valenciennes, l'impossibilité momentanée d'introduire du charbon de la Belgique, la disette de bois et de tout autre combustible qui se fait vivement sentir, tout doit déterminer à nous autoriser sans délai d'ordonner le versement d'un secours de 10 833 ₤ 6ˢ 8ᵈ dans les mains de la Compagnie d'Aniche, etc. »

Cette demande fut accueillie favorablement par le représentant du peuple Berlier, ainsi qu'une autre de 10 000 ₤ faite ultérieurement (voir pièce justificative, nº 13).

À l'assemblée de décembre, il est exposé « que la dernière mise délibérée n'a produit que 3 441 ₤ 13ˢ 4ᵈ, et que la République a à payer pour la part des actionnaires émigrés 13 058 ₤ 10ˢ 8ᵈ; que pour acquitter les dettes aussi urgentes qu'indispensables, il faudrait 110 757 ₤. » Il fut délibéré : « Le citoyen Suzan est chargé de s'adresser aux représentants du peuple Lacoste et Roger Ducos, pour obtenir un secours provisoire, notamment les 13 058 ₤ 10ˢ 8ᵈ dus par la République, en attendant celui de 300 000 ₤ que l'administration du département du Nord a demandé au gouvernement en forme d'encouragement; de demander aux mêmes représentants du peuple le rappel de quinze ouvriers mineurs partis pour l'armée, dont l'absence cause un préjudice notable à l'entreprise; de solliciter qu'il soit accordé une ou deux machines à feu mobiles, du nombre de celles qui se trouvent à Anzin, et qui, dans le moment actuel, ne sont pas de service, pour faciliter l'approfondissement de la nouvelle fosse commencée à Aniche, en avril 1793, afin d'éviter par ce moyen la nourriture de quatre-vingts chevaux au moins qui seraient indispensables pour cet approfondissement, avec offre de les remettre à la Compagnie d'Anzin en état. »

Mais si les administrations locales se montraient si bien disposées pour les mines d'Aniche, dont elles appréciaient l'utilité pour le pays, il n'en était plus de même de l'administration centrale, qui avait à se préoccuper à cette époque de questions générales bien autrement importantes pour la République.

Aussi les démarches du citoyen Suzan, pas plus que celles du citoyen Quennesson à Paris, quelques mois plus tard, n'aboutirent à aucun résultat, et les secours, les indemnités, promis et si impatiemment attendus, se bornèrent aux 20 833 £ accordées, en assignats, bien entendu, par le représentant du peuple Berlier.

Première cession à la Compagnie des intérêts des émigrés. — Le 18 ventôse an III (3 février 1795) a lieu une assemblée générale, « pour savoir si les associés consentiront à se charger pour leur compte de la masse de l'actif et du passif de la Société, et d'entretenir en activité le présent établissement, conformément à l'article 4 du décret de la Convention nationale du 17 frimaire dernier[1]. »

Cette proposition fut acceptée, et le citoyen Estoret fut chargé « d'en faire la déclaration par écrit entre les mains de l'administration du district de Douai, et de solliciter le directeur des domaines nationaux du département du Nord de nommer deux arbitres versés dans les affaires de commerce pour, conjointement avec ledit citoyen Estoret et le sieur Dorzée, entrepreneur de machines à feu à Hornu, que lesdits associés déclarent nommer à cet effet, procéder à l'estimation des marchandises, effets et immeubles servant à l'usage de la Société, et d'en dresser l'état de l'actif et du passif; se pourvoir ensuite au Directoire du district, à effet de prendre un parti pour ce qui concerne la part des intéressés, dont les biens se trouvent confisqués au profit de la République, etc. »

Le procès-verbal de l'estimation dont il a été question ci-dessus fut présenté à l'assemblée du mois de mai 1795. Il constatait que le passif excédait l'actif de 424 733 £ 18ˢ, dont 233 397 £ 9ˢ 10ᵈ à la charge de la République, pour les parts des émigrés qu'elle représentait. (Pièce justificative, n° 14.)

Dans la réunion suivante (en juin), les Directeurs ayant appris

---

1. Ce décret autorisait les citoyens intéressés dans les établissements de commerce ou de manufactures, dont un ou plusieurs associés avaient été frappés de confiscation, à racheter de la nation les portions confisquées sur leurs sociétaires, à la charge d'entretenir ces établissements en activité et de demeurer seuls soumis aux dettes sociales.

« que la Compagnie d'Anzin avait obtenu, d'après l'article 9 de
la loi du 17 frimaire an III, acte d'abandon de la part de la République pour les portions des émigrés qui étaient confisquées
au profit de la nation, » chargent le caissier Estoret de s'a-
dresser à l'administration du département pour obtenir un acte
semblable.

Cette demande fut favorablement accueillie, et un arrêté du
3 fructidor an III (août 1795) autorise « le district de Douai à
donner à la Compagnie d'Aniche acte de cession et abandon de
toutes les propriétés dudit établissement, à charge par elle
d'acquitter la totalité des créances qui existent à sa charge, et
en outre de l'entretenir en activité. » (Pièce justificative, nᵒ 15.)

Cette cession fut en conséquence réalisée par le district de
Douai, le 22 fructidor an III (septembre 1795). (Pièce justificative, nᵒ 16.)

Il m'a paru utile d'entrer dans les développements qui précèdent, afin d'établir d'une manière incontestable, qu'en se chargeant des parts d'intérêts confisquées par la République, les sociétaires de la Compagnie d'Aniche restés en France n'avaient
jamais eu la pensée de dépouiller leurs associés. Ils ne se soumi-
rent à cette mesure qu'à contre-cœur et pour sauver l'entreprise.
La charge qu'ils assumaient était très-lourde : 766 662 ₶ de
dettes à payer, en présence d'un actif de 344 079 ₶ seulement,
et l'obligation de maintenir l'établissement en activité. Aussi ne
demandaient-ils qu'à faire partager leur responsabilité par le
plus grand nombre d'associés émigrés, ainsi que le témoignent
les nombreuses et actives démarches tentées près de leurs familles, pour les amener à reprendre possession de leurs parts d'intérêts.

A l'appui de cette opinion, je citerai le fait suivant :

**Un sociétaire abandonne 6 deniers, en payant à la Compagnie
39 766 ₶ 13ˢ 9ᵈ.** — Au mois de mars 1795, Mme veuve le Boulanger d'Ostracrde, de Lille, propose à la Compagnie l'abandon
des 6 deniers qu'elle possède dans l'entreprise, en demandant
une modération sur sa quote-part de dettes contractées, et à laquelle elle est tenue, en vertu du contrat de Société.

On lui répond que les associés restés en France, s'étant chargés de la masse de l'actif et du passif de la Société, sa proposition ne peut être acceptée qu'autant qu'elle payera sa quote-

part des dettes, proportionnellement aux 9^s 8^d qui restent sujets à faire fonds, et en perdant ses mises, conformément à l'article 14 des statuts.

Mme d'Ostracrde consentit à se soumettre à ces dures conditions ; elle déclara en août qu'elle voulait quitter totalement et sans réserve la Société, paya 39 766 £ $13^s 9^d$ pour sa quote-part des dettes, et de plus sa mise en numéraire.

Son désistement fut accepté, et il lui fut donné décharge de toute obligation relative à la Société (pièce justificative, n° 17).

Faits particuliers à la Compagnie d'Anzin, au sujet des émigrés. — J'ai cherché à connaître ce qui s'était passé aux mines d'Anzin, relativement aux actionnaires émigrés, et voici les renseignements que j'ai recueillis à ce sujet :

Les membres non émigrés de cette société ne voulurent d'abord pas profiter du droit de rachat que leur offrait la loi du 17 frimaire an III. Ils se bornèrent à présenter au Comité de salut public une pétition, par laquelle ils demandaient (avec des indemnités pour les pertes que la guerre leur avait occasionnées) que les mines devenues communes entre eux et la nation, fussent partagées entre elle et eux, de manière à séparer le tiers qu'ils croyaient par approximation leur en revenir, des deux tiers devenus nationaux.

Mais le Comité de salut public, par un arrêté du 5 nivôse an III, refusa cette demande, et exigea l'accomplissement des formalités prescrites par la loi du 17 frimaire.

La Compagnie avait trop souffert pour racheter les portions confisquées. M. Desandrouin s'en chargea pour son compte particulier, sauf à rétrocéder ensuite, comme il le fit, le bénéfice de sa faculté de rachat à des capitalistes dont la fortune fut en état de faire face, et au payement du prix qui en reviendrait à la nation, et à la restauration de l'entreprise commune.

Des experts furent nommés. Il résulte de leur procès-verbal, en date du 9 pluviôse an III :

1° Que liquidation faite de l'actif et du passif, l'excédant d'actif est de . . . . 4 105 337 £ $16^s 9^d$;

2° Que les parts confisquées par l'État sur les propriétaires émigrés s'élèvent à 14 sous 1 denier et 12/19 de denier, dont la valeur est fixée à. . . . . 2 418 505 £ $18^s 5^d$.

Le directoire du district de Valenciennes, dans un avis du

18 germinal an III, contesta l'estimation précédente et réclama une nouvelle expertise. Il motivait son avis sur ce que « Cernay, propriétaire de 2 sous 1 denier 5/19, a reçu pour sa part, dans le profit de ces mêmes usines, année commune, depuis 1764 jusqu'en 1783, 47 474 £, suivant un petit registre écrit de la main de ce défunt propriétaire, déposé au secrétariat de ce district, etc. »

Il concluait, d'après l'augmentation des établissements nouveaux créés par la Compagnie, depuis 1783 jusqu'à l'invasion de l'ennemi, que l'expertise donnait à la République une somme inférieure de plus de 1 560 000 £, à celle qui devait réellement lui revenir.

Par ordre du Comité de salut public, il fut passé outre à cette réclamation ; et un arrêté du Directoire du département du Nord, du 22 prairial an III, puis un autre arrêté du directoire du district de Valenciennes, du 23 du même mois, donnèrent acte de cession et d'abandon aux sieurs Desaudrouin et Renard, de toutes les parts dévolues à l'État, dans la Société des mines d'Anzin, moyennant la somme de 2 418 506 £ 18^s 5^d, payable en assignats [1]. La situation d'Aniche était, comme on le voit d'après ces détails, bien différente de celle d'Anzin, qui avait atteint une grande prospérité.

Demande aux sociétaires de leur quote-part des dettes. — Assignats. — Cependant il fallait se procurer les ressources nécessaires pour le payement des ouvriers et des fournisseurs. Un emprunt fut tenté, mais il ne put être réalisé. On prit le parti de s'adresser aux sociétaires, et, dans une délibération de juillet 1795, on décida :

« Il est reconnu que le seul moyen de parvenir à l'acquittement des dettes, qui s'élèvent à 768 812 £ 18^s 11^d, ou 79 533 £ 7^s 6^d au sol d'intérêt, est que chaque associé fournisse sa quote-part au prorata des intéressés. Il sera, en conséquence, adressé une circulaire aux intéressés qui sont dans la République française, leur demandant leur réponse dans la quinzaine à cette proposition. Leur silence sera considéré comme un refus, et les autres intéressés qui auront fourni leur quote-part seront subrogés à leurs droits et actions. »

Cette mesure violente ne reçut, du reste, pas d'application.

---

1. Extrait des papiers de M. Ed. Gras, de Valenciennes.

Ainsi, un sociétaire, le citoyen Montchevreuil, ayant envoyé en septembre une somme de 59 650 £ en assignats, pour le payement de sa quote-part de dettes, cette somme lui fut retournée, par ce motif « qu'un décret de la Convention nationale venait de suspendre les remboursements aux particuliers en papier-monnaie. »

La dépréciation des assignats s'accentuait de plus en plus. Ainsi, en décembre 1795, il est annoncé à l'Assemblée « la conclusion de deux emprunts faits par la Compagnie pour payer 180 500 £, montant de l'estimation des bois provenant des forêts de la République, le premier de 150 000 £ pour 60 louis en numéraire métallique, et le deuxième de 75 884 £ à raison de 5000 £ du louis. »

Les prix de vente du charbon qui étaient en mai 1795

Gros.. 20 £ la manne.
Menu... 10 £ —

puis un peu plus tard

Gros.. 26 £ la manne
Menu... 18 £ —

atteignent en décembre

Gros................... 60 £ en assignats, ou 5 £ en argent.
Menu................... 35 £ —   ou 1 £ 15^s —

La vente de ce dernier mois est de 2848 mannes pour 73 490 £ en assignats, ou 7317 £ 10^s en argent.

La paye des ouvriers et employés, qui s'effectue en argent, monte à 7213 £ 10^s.

Mémoire au département et au conseil des Mines. — Au commencement de l'année 1796, sur la demande du Directoire exécutif, un mémoire détaillé concernant l'exploitation des mines d'Aniche fut adressé par les Directeurs et au département du Nord et au président du conseil des mines de la République.

Ce mémoire donne un résumé historique succinct de l'entreprise. Il constate que depuis la découverte de la houille à Aniche en septembre 1778, et pendant huit années, c'est-à-dire jusqu'à la fin de 1786, les quatre anciennes fosses ont produit 12 000 quintaux de charbon par décade; qu'en 1786, toutes les veines étaient tombées successivement en faille, et que la Compagnie prit la détermination d'abandonner ces quatre fosses, alors approfondies à 120 toises, et d'en ouvrir deux nouvelles plus au nord; qu'au moment de l'invasion des Autrichiens, en août 1793, l'exploitation de Sainte-Barbe, et le creusement d'une troisième fosse, Sainte-Hyacinthe, avaient été complétement arrêtés par l'ennemi, la maison du Directeur pillée, les ouvriers mis en fuite et dispersés, les travaux abandonnés et noyés; que les procès-verbaux tenus par ordre de la Convention portent la perte qui en est résultée pour la Société à 325 000 ₤ environ; qu'il a fallu dix mois d'un travail opiniâtre pour réparer les désastres.

Il est dit aussi dans ce mémoire qu'au commencement de 1796, l'extraction du charbon a repris à Sainte-Barbe une grande activité; qu'elle fournit 69 800 quintaux par décade, qu'on y emploie 122 ouvriers, et qu'on y connaît sept couches exploitables.

Après avoir fait l'exposé des avantages résultant de l'exploitation des mines d'Aniche, les Directeurs ajoutent que le seul moyen de les développer consiste dans l'ouverture de trois ou quatre fosses nouvelles; que chaque fosse, approfondie à 120 toises et mise en état d'extraction coûte 300 000 ₤ environ; que les ressources de la Société sont épuisées par les travaux des vingt-deux dernières années; que la dépense faite depuis l'origine jusqu'à ce jour monte à 2 200 625 ₤, laquelle somme est provenue :

1° Des mises..	945 000	₤
2° Des emprunts.....................................	645 790	
3° De la vente du charbon..........................	609 833	
Total........................	2 200 625	₤

Le mémoire se termine ainsi :

« Ils osent espérer que l'administration du département du Nord, bien convaincue des motifs d'utilité publique qui se réunissent en faveur de l'établissement d'Aniche, voudra bien renouveler ses instances auprès du ministre de l'intérieur, pour faire obtenir à cet établissement l'indemnité qui a été fixée par le procès-verbal tenu par ordre de la Convention, à la somme de 325 000 ₤, et les secours qu'il attend depuis longtemps de la justice du gouvernement. »

Rapport de l'inspecteur des mines Baillet. — Nous avons sous les yeux le rapport du 25 pluviôse an IV (février 1796) de l'inspecteur des mines Baillet au conseil des mines, sur ce mémoire. Il y est dit :

« L'importance et l'utilité des mines d'Aniche ne peuvent être mises en doute ; leur position est aussi favorable que celle des mines d'Anzin pour les débouchés et les moyens de transport. Leur état n'est ni florissant ni prospère.

« Il est urgent de faire de nouvelles fosses et de nouvelles recherches. Une grande faute paraît avoir été commise à l'origine. On a placé les quatre premières fosses dans le même lieu, sur les mêmes veines. On s'est attaché à ces seules veines.

« La Compagnie a reconnu cette faute, et reporté ses travaux plus au nord. Elle projette d'ouvrir d'autres fosses.

« Je ne fais aucun doute qu'elles ne concourent à faire prospérer les mines d'Aniche. Celles d'Anzin n'auraient pas acquis l'extension qu'elles ont depuis longtemps, si cette Compagnie n'avait consacré successivement des sommes considérables en fosses nouvelles, placées sur divers points.

« Il est probable qu'en se portant plus au nord, on découvre des veines plus puissantes, plus réglées, et de bonne qualité. (Cette assertion a été confirmée par les nouveaux travaux ouverts depuis 1839.)

« En résumé, les mines d'Aniche n'ont jamais été prospères, les fosses ayant toujours été peu nombreuses.

« Elles sont précieuses pour le Nord de la République et susceptibles de devenir aussi importantes que celles de Valenciennes.

« Il est essentiel de multiplier les recherches, de continuer Sainte-Hyacinthe, et d'ouvrir même de nouvelles fosses.

« La Compagnie réclame 325 000 ₤ comme indemnité des pertes que la guerre lui a fait éprouver, et qui lui sont nécessaires pour soutenir son établissement.

« Je pense que le gouvernement doit s'empresser de saisir cette occasion d'exercer sa justice et de secourir une branche importante de l'industrie nationale. »

Malgré cet avis si favorable, malgré les nombreuses réclamations de la Compagnie, il ne lui fut accordé aucune autre indemnité ou secours que les 20 833 ₤ 6ˢ 8ᵈ dont il a été parlé plus haut.

Réduction de la concession à 6 lieues carrées. — La loi du

28 juillet 1791 avait prescrit la réduction à 6 lieues carrées des concessions dont l'étendue dépassait cette limite.

La concession d'Aniche était dans ce cas. Celle qui avait été octroyée en 1774 présentait une superficie d'au moins dix lieues carrées, et cette superficie avait été presque doublée en 1779.

La Compagnie fut appelée à présenter un projet de délimitation de sa concession réduite à 6 lieues carrées (11 850 hectares).

Ce projet fut adopté par arrêté de l'administration du département du Nord du 6 prairial an IV (mai 1796), approuvé le 4 messidor an V (juin 1797) par le Directoire exécutif. (Voir pièce justificative, n° 18.)

Les limites de la concession d'Aniche qui sont les limites actuelles, furent fixées par ces arrêtés de la manière suivante :

« A l'est, par la chaussée de Marchiennes à Bouchain, depuis Marchiennes jusqu'à 460 toises au midi de la rive droite du vieux chemin qui conduit de Douai à Valenciennes ; au midi, par une ligne droite qui part de ce dernier point (460 toises), se dirige sur le clocher d'Erchin et se prolonge sur celui de Brebières jusqu'au chemin de Douai à Arras ; à l'ouest, par ledit chemin d'Arras à Douai jusqu'à cette dernière ville, et de ce point en suivant la rive droite de la Scarpe jusqu'au Pont-à-Raches ; au nord, en suivant ladite rive droite de la Scarpe, du Pont-à-Raches jusqu'à Marchiennes. »

Cette délimitation était très-bonne, et les personnes qui l'avaient proposée semblent avoir eu une idée exacte de l'allure du bassin houiller dans la région Aniche-Douai. Abandonnant les terrains stériles du sud-ouest, elle renfermait toute l'étendue de la zone houillère, sauf une faible partie au sud-est, où la houille a été trouvée en 1838, et qui est comprise dans la concession d'Azincourt.

Travaux. — Une délibération du mois de juillet 1795 avait appelé à la direction des ouvrages l'un des administrateurs, M. Cordier, « qui réunit les plus parfaites connaissances sur l'exploitation des mines, et en qui nous avons la plus grande confiance. » Il vint s'installer à Aniche ; mais déjà fort âgé, il n'y resta pas longtemps.

Dès le mois de novembre, il annonçait à l'assemblée générale qu'en tirant nuit et jour on pouvait extraire à Sainte-Barbe 100 paniers de charbon par 24 heures, et que cette extraction suffirait aux dépenses de l'exploitation et à celles de l'avaleresse de Sainte-Hyacinthe.

Au mois de février suivant, il rendait compte de l'état satisfaisant des travaux qui permettaient de tirer par 24 heures 130 paniers équivalant à 455 mannes (le panier contenait donc 3 mannes 1/2, ou 500 kilogrammes environ). Mais l'écoulement du charbon ne se faisait que très-difficilement. Il restait 3000 mannes sur le carreau, et l'on était dans l'embarras pour se procurer l'argent nécessaire à la paye des ouvriers et des fournisseurs.

On fut obligé de suspendre les travaux de l'avaleresse, de vendre des chevaux, de renvoyer des ouvriers et d'en réduire le nombre à 115, non compris les employés, et enfin d'appeler une mise de fonds en espèces qui formait la quarante-troisième.

Un peu plus tard, faute d'argent, on en est réduit à payer les ouvriers en charbon.

Le 9 frimaire an V (novembre 1796), a lieu une assemblée générale dans laquelle on lit un rapport du citoyen Cavillier, ingénieur des mines, « sur les travaux intérieurs des fosses, d'où il constate qu'il n'est plus permis de concevoir de doutes sur le succès de l'entreprise. »

Mais des états déposés sur le bureau, « il résulte que la vente du charbon des six derniers mois a produit 49 636 £ 10ˢ et que les frais d'extraction se sont élevés à 66 042 £ 5ˢ 9ᵈ, d'où il s'ensuit que la dépense a excédé la recette de 16 405 £ 15ˢ 9ᵈ, compris les cours de rentes. »

« Il est bien constant que l'extraction actuelle du charbon, loin d'être profitable à la Société, lui est infiniment onéreuse. »

On conclut à la création de nouvelles fosses, « une seule ne pouvant subvenir aux frais, surtout lorsque les veines en exploitation se trouvent à une longue distance de l'ouverture. »

Mise en vente de la moitié des intérêts des sociétaires. — Il fut délibéré que « le salut de l'entreprise dépendant du sacrifice d'une partie des intérêts de la Société, pour subvenir aux frais d'ouverture de nouvelles fosses, il serait exposé en vente la moitié des intérêts de tous les sociétaires faisant fonds, comme ne faisant pas fonds. »

Malgré l'opposition de quelques associés, une nouvelle assemblée générale tenue le 25 pluviôse an V (février 1795) confirma la délibération précédente. En même temps, elle décida « que déro-

geant à cet égard au contrat de Société, celle-ci serait composée
à l'avenir de 50 sols, dont 25 sols seraient vendus au profit de la
Compagnie aux conditions susmentionnées dans un prospectus
répandu dans le public. » (Voir pièce justificative, n° 19.)

Il ne se présenta aucun acquéreur à ces conditions. Aussi, en
décembre 1797, réduisit-on à 2000 £ le prix à payer par sol, chiffre
plus de vingt fois inférieur à celui des mises faites par les
anciens associés.

On ne trouva pas davantage d'acheteur à ce prix réduit, tellement l'entreprise était tombée en discrédit.

La dernière vente de parts d'intérêts connue était du commencement de 1797. Elle s'appliquait à 3 deniers cédés moyennant
250 £ en numéraire, prix qui correspondait à 1000 £ le sol. Les
assignats n'avaient plus de valeur à cette époque, et une délibération mentionne que « le caissier est autorisé à convertir en
numéraire une somme de 31 150 £ de mandats qu'il avait en
caisse, à raison de 25 sols du cent, ce papier étant menacé d'une
baisse encore plus considérable. »

Ouverture de la fosse Aglaé. — Au commencement de janvier
1798, le prix de vente du charbon est porté à 34 sols la manne
au lieu de 30.

A l'assemblée générale de septembre 1798, on constate « que le
bénéfice des deux veines, n°ˢ 7 et 10 à Sainte-Barbe, a monté
depuis quatorze mois, à 68 000 £, frais d'extraction déduits. »

En conséquence, on décide « de suspendre l'avalage de la fosse
Sainte-Hyacinthe, et d'en ouvrir une nouvelle pour continuer
l'exploitation des deux veines, n°ˢ 7 et 10. »

Cette fosse, dite Aglaé, fut ouverte sur Auberchicourt. D'après
la proposition du citoyen Cavillier, elle devait avoir « la forme
d'un carré long, renfermant dans son intérieur trois carrés, à
la suite les uns des autres, dont deux de chacun 4 pieds d'ouverture en carré, séparés par une traverse, et le troisième de
2 pieds d'ouverture sur 4, séparé du carré du milieu par une
seconde traverse, suivant le plan remis sur le bureau par ledit
citoyen Cavillier. »

Mais « après réflexion que cette forme pourrait peut-être
éprouver dans l'exécution des difficultés plus que dans la forme
usitée devant, » on donna à la fosse « la forme d'un carré long
de 7 pieds de France sur 5 pieds 6 pouces. » Jusqu'alors, la

forme des puits avait été celle d'un carré de 6 pieds de côté.

Cependant, dès le mois de mai 1799, on dut abandonner cette fosse « à cause de l'abondance des eaux qui empêche son approfondissement sans qu'on puisse espérer de tirer ces eaux même avec 80 à 100 chevaux » (on en avait employé 66), et on reprit la fosse Sainte-Hyacinthe avec 36 de ces chevaux.

On fit marché avec les ouvriers pour le passage du niveau de cette fosse, au prix de 72₤ la toise Hainaut, tant qu'il n'y aurait que deux pompes en activité.

On songea aussi à reprendre Sainte-Catherine, mais ce projet n'eut pas de suite pour le moment.

M. Cavillier est nommé directeur des travaux. — M. Cordier avait quitté la direction des travaux en 1797, et avait été remplacé momentanément par le sieur Libotton.

En 1799, M. Cavillier, ingénieur des mines, fut nommé par l'assemblée générale directeur des travaux, avec 100 louis de fixe par an, et un intérêt dans les bénéfices.

M. Cavillier était l'élève de l'École des mines, que le comte de Sainte-Aldegonde avait obtenu du district de Douai, en 1791, de commettre à ses frais pour suivre l'exploitation d'Aniche, et auquel il avait donné 3 deniers « pour l'affection qu'il lui portait, et pour les services qu'il lui avait rendus relativement à son intérêt dans les fosses d'Aniche », à la condition de veiller à la conduite de l'exploitation.

M. Cavillier rétablit l'ordre dans les travaux, et rendit des services signalés à la Compagnie jusqu'en 1810, époque à laquelle il quitta la direction des travaux, à la suite d'un procès dont les détails laissent percer, de la part de quelques-uns des administrateurs, une animosité injuste.

La période de 1793 à 1800 fut pénible à traverser. La Révolution, l'invasion, l'émigration, tout s'était réuni pour faire sombrer l'entreprise, et il fallut un véritable courage aux sociétaires restés en France pour la maintenir à flots. Inutile de dire que cette période ne donna, comme les précédentes, que des résultats désastreux.

V

1800-1810.

Émigrés. Deuxième cession de leurs intérêts à la Compagnie. Lorsque la tourmente révolutionnaire se fut apaisée, en 1794, plusieurs des associés émigrés étaient rentrés en France. Ils parurent dans les assemblées générales; certains d'entre eux réoccupèrent leurs fonctions de directeurs, prirent part aux décisions et votèrent de nouvelles mises de fonds dont la plupart effectuèrent même le payement.

Mais en exécution de la loi du 19 fructidor an V (7 novembre 1797) les émigrés rentrés en France durent de nouveau s'expatrier, et les sociétaires d'Aniche se trouvèrent, à leur égard, dans la même situation qu'avant la cession de l'an III.

Craignant que la réadmission des émigrés ne donnât lieu, de la part de la République, à une nouvelle intervention dans les affaires de la Société, et sur l'avis du citoyen Chauveau, ancien jurisconsulte à Paris, on adressa à l'Administration centrale du département du Nord une demande de confirmation de la cession de l'an III, et, en tant que de besoin, un nouvel acte d'abandon. (Pièce justificative n° 20.)

Cette demande fut accueillie, et un arrêté du 29 fructidor an

VII (août 1799) autorisa l'Administration municipale de Lewarde à donner acte d'abandon et de nouvelle cession des intérêts des émigrés sortis du territoire de la République, en vertu de la loi du 19 fructidor an V, après estimation et conformément aux dispositions de la loi du 17 frimaire an III. (Voir pièce justificative nº 21.)

Il fut procédé par des experts à l'estimation de l'actif et du passif, de laquelle il résulta que le passif excédait l'actif de 432 606 fr. 33. (Pièce justificative nº 22.)

Un arrêté de l'Administration du canton de Lewarde du 24 frimaire an VII (décembre 1799) donna aux intéressés en l'entreprise des mines à charbon d'Aniche, acte d'abandon et de nouvelle cession des intérêts des émigrés, à charge par lesdits intéressés d'acquitter la totalité des dettes incombant à leur établissement et de l'entretenir en activité. (Pièce justificative nº 23.)

Cet arrêté fut confirmé par celui de l'Administration centrale du département du Nord du 13 nivôse suivant (janvier 1800). (Pièce justificative nº 24.)

Partage des intérêts des émigrés. — L'Assemblée générale, par sa délibération du 15 pluviôse an VIII (4 février 1800), accepta l'abandon aux conditions stipulées, et en même temps décida « qu'il serait convoqué une nouvelle assemblée générale dans le délai de six mois, et plus tôt s'il est possible, dans laquelle les directeurs rendront compte des acceptations et refus des intérêts des émigrés cédés à la Compagnie par le gouvernement, soit de la part de leurs parents, auxquels les directeurs devront proposer de reprendre leurs intérêts et les inviter à répondre sous un court délai ».

Dans l'assemblée générale du 28 fructidor an VIII (septembre 1800), il est rendu compte par les directeurs « qu'aucun intéressé émigré ni aucun de leurs parents ne se sont présentés pour la reprise de leurs intérêts quoiqu'il leur a été offert ».

En conséquence, il est délibéré : « 1º de faire le partage des intérêts des émigrés ainsi que de ceux retraits et abandonnés au profit de la Compagnie, entre les intéressés faisant fonds, à proportion de l'intérêt que chacun des intéressés actuels a dans l'entreprise, en sorte que la répartition faite, chaque denier d'intérêt a augmenté d'un denier et de 2/3 de denier, et il est resté à la masse 2/3 de denier non partageables et 10 deniers sans faire fonds. »

Ce partage fut effectué conformément à la liste reprise dans la pièce justificative n° 25.

Sujets divers. — On décide, en même temps, « de compléter en numéraire les quarante-troisième et quarante-quatrième mises, proportionnellement à l'intérêt acquis à chacun des associés par le partage ci-dessus. »

On décide également de demander une nouvelle concession, s'étendant jusqu'à Arras, et d'acheter les agrès que met en vente la Société de Tilloy.

Le 29 vendémiaire an IX (octobre 1800), à la profondeur de 71 toises, en entrant dans le rocher, on découvre à Sainte-Hyacinthe une veine de 6 à 7 paumes.

On adopte la mesure d'Anzin, qui était plus faible que celle d'Aniche, 250 livres au lieu de 261, et on réduit les prix de vente à

Gros .... 55 sols la manne.
Menu .... 32 —   —

Mais le charbon s'écoulait mal. Il y avait des stocks en magasin malgré une nouvelle réduction du prix à 30 sols la manne.

En février 1801, on rencontre de l'eau dans les quérelles du fond de la fosse Sainte-Hyacinthe

On fait frapper 1200 grands billets en cuivre et 600 petits pour servir au payement des ouvriers. (Planche I.)

Le charbon s'écoule de moins en moins; il y a en terri 20 000 mannes. On abaisse le prix de vente à 27 sols.

En avril 1801, on fait l'acquisition de la ferme Lempereur, sur Auberchicourt, pour servir de chantier. C'est sur ce point qu'aujourd'hui encore sont établis les bureaux, l'administration et les ateliers de réparations du matériel de la Compagnie.

Le mois suivant, il est vendu 3 deniers pour 9000 francs, soit 3000 francs le denier. Ce chiffre indique une reprise de confiance dans le succès de l'entreprise.

En juin 1801, l'assemblée générale s'engage, sur la demande des préfets du Nord et du Pas-de-Calais, à entretenir en pleine activité l'ancienne concession et la nouvelle qu'elle sollicite et qui est aux affiches conformément aux articles 10 et 11 de la loi du 28 juillet 1791.

Création d'une caisse de secours. — Il est créé une caisse « pour secourir les ouvriers blessés, les vieux ouvriers, invalides ou infirmes, les veuves et orphelins des ouvriers morts au service de la Compagnie. Elle sera alimentée par une retenue de 1/6 de sol que l'on perçoit par manne pour les pilles-patards ou chargeurs de charbon, sans cependant rien innover à l'égard des ouvriers du fond, des moulineurs ainsi que de leurs enfants, qui continueront à payer la même somme qu'ils sont accoutumés de payer pour le chirurgien. »

Un règlement de cette caisse fut fait et affiché sur les fosses.

Telle fut l'origine de la caisse de secours des mines d'Aniche qui n'a pas cessé de fonctionner depuis 1801 jusqu'à ce jour, et c'est la première application, à ma connaissance, de cette utile institution, aujourd'hui si généralement répandue dans les houillères et qui rend de si grands services à la population ouvrière.

On aura sans doute remarqué la dénomination de pilles-patards, appliquée aux chargeurs de charbon. Cette appellation leur venait de l'habitude qu'ils avaient de recevoir des acheteurs sur le carreau des puits, outre leur salaire d'un sol par manne, une gratification en monnaie, ou patard, pour charger les voitures en beau et bon charbon, avec le plus de morceaux possible. Cette habitude a résisté à toutes les punitions infligées par une surveillance active ; seulement, aujourd'hui que la vente par voitures sur les puits est très-restreinte, elle n'a plus l'influence fâcheuse à tous égards d'autrefois.

Première application d'une machine à vapeur à l'extraction. — Dans l'assemblée administrative du 14 floréal an X (avril 1802), il est question pour la première fois de l'application de la machine à vapeur à l'extraction du charbon, qui s'opérait jusqu'alors avec des baritels à chevaux, et comme appréciation de l'importance de ce changement, je reproduis les termes mêmes du procès-verbal de cette assemblée :

« Il a été représenté qu'il est de l'intérêt de la Compagnie d'adopter la nouvelle machine à tirer le charbon, inventée par Perrier et qui est déjà en activité à Fresnes avec succès. Il a été remis sur le bureau les motifs qui doivent [déterminer ladite Compagnie à placer cette machine sur la fosse Sainte-Hyacinthe, d'après lesquels il est démontré bien clairement qu'il en résulterait un bénéfice annuel d'environ 14 000 livres. L'on propose en conséquence d'envoyer une personne à Paris pour voir le citoyen Perrier et traiter avec lui pour l'acquisition de ladite machine.

« Délibéré de faire choix du citoyen Cavillier, directeur des travaux, qui, réunissant les connaissances nécessaires dans cette partie, est plus en état que tout autre de faire cette acquisition, et qui sera en même temps chargé de solliciter l'affaire de la nouvelle concession auprès du ministre de l'intérieur. »

On trouvera, pièce justificative n° 26, la note dans laquelle M. Cavillier faisait ressortir, avec chiffres à l'appui, les motifs qui devaient faire adopter cette machine, laquelle fut mise en marche en août 1803. Un peu plus tard on y adapta « un contrepoids à chaîne qui sera reçu sur un planchage pratiqué dans un angle de la fosse, pour rendre son mouvement uniforme et gagner de la vitesse. »

Il paraît que le poids des tonneaux de 7 mannes, et les chocs à leur enlèvement et à leur rencontre, amenaient à l'origine des ruptures des engrenages.

Projet de modifications au contrat de société. — Dans l'assemblée générale de 1802, il est proposé « de rédiger un nouveau contrat de société pour parer aux inconvénients de celui du 11 novembre 1773 relativement à la responsabilité de chacun des associés et aux hypothèques qui ont été prises sur les biens de plusieurs intéressés par les créanciers de la Compagnie, ainsi que pour tous les objets qui paraîtraient intéresser la société ».

Des commissaires nommés à cet effet préparèrent un projet sous forme d'articles supplémentaires, au nombre de quinze, qui fut soumis à l'assemblée générale de janvier 1803.

Plusieurs intéressés s'opposèrent énergiquement à la moindre atteinte au contrat primitif, dans le moment présent, comme dans l'avenir, et le projet de modifications fut ajourné, puis définitivement rejeté dans l'assemblée générale suivante.

Réclamations d'émigrés. — L'entreprise étant entrée dans une situation meilleure, plusieurs anciens émigrés réclamèrent leurs intérêts qui avaient été compris dans le partage de l'an VIII. Leurs réclamations firent l'objet de plusieurs délibérations qui n'amenèrent aucune décision. C'est alors que MM. Cordier de Caudry et Cordier d'Haupret somment par des notaires la Compagnie « de déclarer si elle est dans l'intention de leur rendre les portions d'intérêts dans l'entreprise que possédait feu leur père, ancien directeur de la Compagnie. »

Les directeurs répondent à MM. Cordier « que cette affaire regarde le pouvoir administratif de qui la Société tient ses droits. »

C'était une réponse officielle. En effet, après la clôture des délibérations de l'assemblée générale de 1803, plusieurs membres avaient témoigné le désir de remettre à la Compagnie la portion d'intérêts qu'ils tenaient du partage fait en l'an VIII des intérêts des émigrés (sous la condition cependant d'être remboursés des avances de fonds faites pour raison desdits intérêts), à l'effet d'en former une masse pour être divisée et partagée avec la plus grande équité entre tous lesdits émigrés qui témoigneraient le désir de rentrer dans la Société, au prorata des intérêts que chacun d'eux avait ci-devant. Une circulaire fut adressée à cet effet le 1er messidor an XI (20 juin 1803). Quelques sociétaires envoyèrent leur acceptation de cette proposition; d'autres refusèrent. En fin de compte, le partage de l'an VIII fut maintenu.

Travaux. — L'adoption des mesures métriques avait été prescrite par une loi, et en septembre 1802, on substitua, dans la vente des charbons, l'hectolitre à la manne.

La nouvelle mesure était un peu moins grande que l'ancienne; pleine de charbon menu, elle pesait 246 livres, tandis que la manne pesait 261 livres, poids de 14 onces.

Les prix de vente à l'hectolitre furent fixés :

```
Gros...........   54 sols.
Menu..........    28  —  1/2, et 26 sols 1/2 pour les marchands.
Sale ..........   15  —
```

Mais le 20 mai 1803, la Compagnie d'Anzin ayant augmenté ses prix « par suite du renchérissement de toutes choses », les prix ci-dessus furent portés à

```
Gros......................   58 sols.
Menu......................   31  — , et 29 sols aux marchands.
```

Les prix de vente étaient en janvier 1804 :

```
Gros............................................   3 fr. l'hectolitre.
Menu...........................................   32 sols   —
```

et à la fin de 1805 :

```
Gros.................................................  3 £
Menu...............................................  35 sols.
Sale .........................  ............................  20 —
```

Les hercheurs quittaient volontiers les fosses pendant l'été
pour travailler dans les champs. En vue d'éviter cet inconvénient on augmente le prix de leur journée et on le porte de 30 sols
à 32 sols 1/2. Malgré cette augmentation on manquait souvent
de cette classe d'ouvriers, et on accorde « une gratification de
6 livres à toute personne qui procurera un hercheur, mais seulement après deux mois de travail. »

En 1806, le sous-préfet de Douai offre « de procurer des prison-
niers prussiens pour les employer comme ouvriers dans les travaux. » On en accepte « une cinquantaine choisis parmi les plus
jeunes et ceux qui ont l'usage des travaux dans les mines. »

En 1804, la fosse Sainte-Hyacinthe ne répondait pas aux espérances que l'on avait conçues lors de son ouverture.

Il fut décidé de l'approfondir de 50 toises « pour, à cette profondeur, se livrer à de nouvelles recherches et de continuer la
bowette nord de Sainte-Barbe jusqu'à Sainte-Hyacinthe pour en
prendre les eaux aussi bas que possible, et servir aussi de voie
d'extraction. »

L'approfondissement terminé, on reprit l'exploitation de cette
fosse à la fin de 1806.

En août 1806, sur le compte rendu par le directeur des travaux
« que différentes saisies avaient été faites au bureau des fosses
pour dettes dues par des ouvriers des fosses à des cabaretiers-
débitants d'Anzin, d'Aniche et des communes voisines; que ces
saisies étaient préjudiciables à l'intérêt de l'entreprise, en ce que
les ouvriers, après avoir fait pour une certaine somme de dettes,
quittaient l'entreprise et voltigeaient d'établissement à autre
dans l'espérance de ne point payer; » il est délibéré « qu'à l'avenir aucune saisie autre que pour pain ou viande ne sera admise;
que copie de la présente délibération sera envoyée aux maires
des communes voisines de l'entreprise avec invitation d'en donner
connaissance aux cabaretiers-débitants de leur commune respective. »

Alors comme aujourd'hui, on voit les cabaretiers encourager

par la vente à crédit, les ouvriers à dépenser chez eux le gain de leur travail.

Reprise des vieilles fosses. — M. Cavillier proposa en 1804 de reprendre les fosses Sainte-Catherine et Saint-Mathias, abandonnées en 1786. On transporta sur cette dernière la machine à rotation Perrier, établie à Sainte-Hyacinthe que l'on était occupé à approfondir.

Cette reprise des vieilles fosses présenta des difficultés, ainsi que le constate le procès-verbal de l'assemblée générale du 23 juin 1806.

« M. Cavillier rend compte qu'il vient des eaux dans le fond de la fosse Saint-Mathias, qui sont étrangères à ladite fosse Saint-Mathias et à la fosse Sainte-Catherine, et qu'il est à craindre qu'elles ne viennent de la fosse Saint-Laurent et de la fosse Sainte-Thérèse avec lesquelles elles communiquaient autrefois ; que la machine à rotation est insuffisante pour extraire les eaux à une plus grande profondeur ; que d'ailleurs il serait impossible d'y faire une exploitation suivie, sans avoir une machine à feu. »

Il fut décidé « de faire l'acquisition des pièces nécessaires pour compléter la machine à feu ancienne, et de la monter sur Saint-Mathias, plutôt que sur Saint-Laurent, afin d'achever promptement les travaux déjà commencés depuis plus d'un an, et de ne pas être forcé à la reprise entière des travaux des deux autres fosses dites Saint-Laurent et Sainte-Thérèse. » On fit une acquisition de pompes en cuivre.

Les serrements, exécutés à Saint-Laurent, laissaient passer les eaux du niveau, et on fut contraint d'y porter remède.

A la fin de 1807 on installe à Saint-Mathias, pour le service de la machine à feu, une chaudière en cuivre du prix de 12 000 francs, et on remet la fosse Sainte-Catherine en extraction.

Premier dividende en 1805. — A l'assemblée générale du 1er messidor an XIII (20 juin 1805), il est annoncé « que la position de l'entreprise qui se trouve avoir en caisse la somme de 31 253£ 10ˢ 11ᵈ, résultant du bénéfice qu'elle a fait dans le courant de l'année, a donné lieu à la motion de se partager un dividende.

« Cette motion, qui a paru très-utile pour assurer la confiance que l'on doit avoir sur le succès de cette entreprise, a été adoptée généralement. En conséquence, il a été délibéré qu'il serait pris sur les fonds existant en caisse la somme de 20£ 16ˢ 8ᵈ qui sera payée à chaque propriétaire d'un denier d'intérêt, faisant partie des 22ˢ 5ᵈ 1/3 qui sont compris dans le tableau de la nouvelle répartition qui a été arrêtée en l'assemblée générale du 28 fructidor an VIII (7 septembre 1800). De plus, M. Estoret, caissier, est autorisé à payer à chaque actionnaire non faisant fonds et membre actuel de ladite Société, la somme de 10£ 8ˢ 4ᵈ, lesdits actionnaires ne faisant fonds ne devant avoir d'après l'article 3 de l'acte de Société que la moitié de ce qui se partagera aux actionnaires faisant fonds, et l'autre moitié sera due par accroissement de dividende aux actionnaires faisant fonds. »

Le montant total de la répartition fut de 5527£ 15ˢ 6ᵈ.

Après trente-deux ans d'attente, les actionnaires recevaient enfin une bien faible (1/2 pour 100) rémunération de l'argent qu'ils avaient engagé dans l'entreprise.

Il avait été appelé, en effet, quarante-quatre mises de 1000 livres au sol, soit 3666£ 13ˢ 4ᵈ par denier.

Le 22 juin 1807, il est exposé à l'assemblée générale que « les charbons en terri représentent 87 200£. Les dettes montent seulement à 45 362£, attendu que la recette présente depuis plusieurs années un excédant sur la dépense, et on propose de faire une répartition de bénéfice. »

Délibéré « qu'il sera fait une répartition de 40 000£, qui sera payée après l'extinction des dettes actuellement exigibles, et qu'il se trouvera un encaisse de 10 000£ au moins, au-dessus des 40 000£, pour que le service de l'entreprise ne souffre pas de la pénurie de fonds. Un huitième de la recette sera déposé chaque mois dans la caisse du caissier de la Compagnie et formera partie du dividende de chaque année, et l'excédant de la recette seulement pourra être employé en améliorations. »

Cette résolution ne put être mise en exécution, et toute distribution de dividende fut ajournée jusqu'en 1813.

Dans cette même séance, on exerce le droit de retrait sur 2 deniers et 2/3, vendus 2000 francs.

La Société prend le nom de Compagnie d'Harville. — Dans la même assemblée générale, il est proposé « qu'en reconnaissance des services rendus par feu M. le marquis de Trainel, comme fondateur de cette société, M. le général sénateur d'Harville, chevalier d'honneur de Sa Majesté l'impératrice, grand-croix de la Légion d'honneur et de l'ordre de Wurtemberg, sera prié de permettre que la Société pour l'entreprise des fosses d'Aniche porte le nom de Compagnie d'Harville, et qu'il sera invité à vouloir bien lui accorder bienveillance et protection, à l'imitation de M. son père, dont elle chérira et révérera toujours la mémoire »

Copie de cette délibération fut adressée à M. d'Harville, qui accepta avec plaisir l'offre qui lui était faite, ainsi que le constate sa lettre du 2 juillet 1808, reproduite pièce justificative n° 27.

Mais en 1813, le général d'Harville avait été contraint de vendre ses intérêts, et la Société reprit la seule dénomination de Compagnie d'Aniche.

M. d'Harville était fils unique du marquis de Trainel. Il mourut en 1815, sans laisser de postérité. On trouvera sa biographie dans les pièces justificatives, n° 28.

Recherches en vue d'une concession nouvelle. — La Compagnie qui possédait une concession de six lieues carrées, ou de 11 850 hectares, ne trouvait pas encore suffisant ce vaste champ d'explorations.

On a vu que dès 1800 elle sollicitait une nouvelle concession, ou plutôt une permission de recherches qui s'étendait dans le Nord et le Pas-de-Calais jusqu'à Arras.

Cette permission lui fut accordée pour un an, puis renouvelée successivement par différents arrêtés ministériels. Elle portait la condition expresse que les recherches seraient immédiatement entreprises.

Un sondage fut donc ouvert à Vitry sous la surveillance directe du citoyen Suzan, l'un des directeurs. Il avait atteint en mai 1805 la profondeur de 56 toises « sans avoir rencontré les dièves. » On l'abandonna pour se reporter entre Corbehem et Brebières.

En 1806, l'on revint dans les environs de Vitry établir un deuxième sondage qui fut poussé au moins jusqu'à 122 mètres dans les dièves.

Dans l'assemblée du 29 décembre 1806, le Directeur des travaux expose « qu'il serait avantageux de faire des recherches au nord, de l'autre côté de la Scarpe, parce que le terrain se relève plus près du jour et donne à espérer d'heureuses découvertes. » On délibère « de faire des demandes en concession pour établir des fouilles dans les départements du Nord et du Pas-de-Calais, d'après les plans de démarcation que le Directeur des travaux a présentés. »

Cette demande de concession portait sur une surface de 98 kilomètres carrés. Elle s'étendait de Flines à Ostricourt, Oignies, jusqu'à Pont-à-Vendin, Annœulin, Mons-en-Pévèle, Beuvry, Coutiches, sur des terrains renfermant le terrain houiller et qui ont depuis été accordés en concession à diverses Compagnies houillères.

Un arrêté du ministre de l'intérieur du 3 décembre 1808, rendu après affiches et enquêtes, accorda à la Compagnie d'Aniche une permission provisoire d'un an pour poursuivre ses recherches dans les terrains ci-dessus désignés.

Ces recherches s'opéraient au moyen de sondages de trop minime importance. Ainsi, une lettre du Conseil des mines du 30 juin 1808, en accusant réception de l'état des différents forages, au nombre de vingt et un, exécutés par la Compagnie sur les territoires de Brebières, Lambres et Escrechin, observe que « ces travaux de recherches lui paraissent bien insuffisants; que l'on s'est borné partout à des sondages superficiels, au lieu de les poursuivre au delà de la marne dure et du terrain mort jusqu'à la rencontre de la houille; qu'il invite la Compagnie à utiliser ses travaux, plutôt qu'à les multiplier. »

Il fut répondu par M. Cavillier « que les sondages à Vitry avaient été poussés au delà de soixante toises, qu'ils avaient été arrêtés par le bris des sondes, mais que ces sondages avaient suffi pour montrer une grande épaisseur de morts-terrains; qu'alors on avait voulu se rapprocher de Douai, mais que là on avait constaté des terrains superficiels sans consistance, pénétrés d'eau, et que l'on avait dû renoncer à y faire une fosse d'essai exigeant de 150 000 à 200 000 francs. »

Au commencement de 1809, on adressa à l'administration supérieure une demande d'une autre nouvelle concession touchant à celles de Vitry et de Faumont.

Un arrêté du ministre de l'intérieur, du 11 août de la même année, accorda une permission provisoire d'un an pour suivre les recherches dans les terrains demandés, s'étendant sur 94 kilomètres carrés, 5, jusqu'à Lens, la route d'Arras à Béthune, terrains qui depuis 1852 ont été concédés aux Compagnies de

Courrières, Lens, Bully-Grenay, Nœux, etc., etc., et sont exploités aujourd'hui avec tant de succès.

Malheureusement les recherches d'alors s'effectuaient avec peu de persévérance, avec des procédés très-imparfaits, et si la Compagnie d'Aniche avait possédé alors les ressources en capitaux et en moyens d'exploration que l'on possède actuellement, elle aurait découvert depuis plus de soixante ans le riche bassin houiller du Pas-de-Calais.

Hypothèques prises sur les biens des sociétaires. — Plusieurs intéressés, entre autres MM. de Bernicourt, de Cambronne, le général d'Harville, etc., avaient donné hypothèque sur leurs biens en garantie de certains emprunts faits pour le compte de la Compagnie ; de plus, divers créanciers avaient voulu prendre des hypothèques générales sur d'autres membres de la Société habitant le pays ; mais ces hypothèques générales avaient été déclarées nulles par les tribunaux, et ils s'étaient adressés au caissier et à un certain nombre de sociétaires pour obtenir des hypothèques spéciales, avec menace de les y contraindre.

Cette situation fâcheuse fut exposée à l'assemblée générale du 20 juin 1808, et il y fut décidé :

« Toute la dette en constitution de rentes héritières sur la Société sera remboursée.

« En conséquence, il ne sera délibéré aucune ouverture de nouvelle fosse, ni aucune dépense extraordinaire, ni dividende, jusqu'à l'extinction totale de la dette constituée, qui monte à la somme de 392 572 francs, à laquelle on emploiera entièrement les bénéfices de chaque année.

« Il sera fait un appel de fonds aux 270 deniers faisant fonds, à raison de 1457 francs par chaque denier, contre reconnaissance portant intérêt à 5 pour 100, et les sommes provenant de cet appel seront employées de suite à rembourser les rentes constituées.

« Néanmoins, les actionnaires qui le préféreront pourront donner hypothèques spéciales sur leurs propriétés ou sur celles d'étrangers qui y consentiront. »

Etc., etc.

Diverses protestations se produisirent contre cette décision, qui du reste ne fut pas mise à exécution.

L'assemblée générale du 17 juin 1811, en vertu de la nouvelle loi sur les mines du 10 avril 1810, portant, « article 2, que les mines sont immeubles; sont aussi immeubles les bâtiments, puits, machines, galeries et autres travaux établis à demeure, conformément à l'article 524 du Code Napoléon; sont aussi immeubles par destination les chevaux, agrès, outils et ustensiles servant à l'exploitation »; l'assemblée délibère « qu'il sera fait un inventaire estimatif des mines, bâtiments, machines, puits, galeries et autres objets servant à l'exploitation, dont le montant servira, avec les biens fonds appartenant à la Société, pour donner en hypothèque aux crédirentiers de la Compagnie qui en font la demande avec titre nouvel. » Cet inventaire estimatif se monta à 951 289 francs 70 centimes.

C'est ainsi qu'on sortit enfin de cette situation pénible pour les sociétaires de la garantie individuelle des dettes de la Société.

Expéditions de charbon à Paris par voitures. — En 1808, l'exploitation fournissait abondamment, mais l'écoulement des charbons se faisait très-difficilement. Ainsi, au milieu de cette année, il existait au moins 60 000 hectolitres sur les *terris*, et on abaissa le prix de vente du menu à 31 sols, qui était le prix d'Anzin.

On fut forcé de suspendre l'extraction de Sainte-Hyacinthe, de renvoyer des ouvriers et de ramener le salaire des hercheurs de 32 sols 1/2 à 30 sols.

On fit, à cette époque, des envois de charbon à Paris par voitures. Le transport coûtait, par ce mode de véhicule, 3 francs l'hectolitre comble, ce qui correspondait à 28 francs la tonne. Que l'on compare ce prix à celui payé aujourd'hui, de 5 francs à 5 francs 50 centimes par bateau et 7 francs 40 centimes par chemin de fer, et on jugera de la différence de situation des houillères pour l'écoulement de leurs charbons.

Le mode d'expéditions sur Paris par voitures attelées de sept chevaux et auxquelles on venait d'appliquer pour la première fois des essieux en fer au lieu des essieux en bois, en usage jusqu'alors, ne put être continué longtemps à cause des difficultés de toute sorte qu'il présentait et du haut prix, 4 francs 50 centimes l'hectolitre, auquel il mettait le charbon rendu à Paris.

On finit, jusqu'au moment de l'ouverture du canal de Saint-Quentin, à la fin de 1810, par transporter les charbons en voitures jusque dans cette ville, où on les mettait en bateau à destination de Paris.

Un marché de 8000 hectolitres fut conclu en février 1809, avec un maître de verrerie, au prix de 4 fr. 30 l'un, équivalant à 40 francs la tonne, rendu au port de la gare d'Ivry.

Révocation de M. Cavillier. — Une délibération du 29 septembre 1809 développe très-longuement, contre le Directeur des travaux, M. Cavillier, de nombreux griefs, entre autres celui de vouloir toujours innover, et qui paraissent inspirés par des sentiments de haine contre cet ingénieur de la part de certains administrateurs. Leurs collègues, sans doute par faiblesse, cédèrent à leurs suggestions et se laissèrent entraîner à prononcer la révocation de M. Cavillier. Celui-ci protesta de toutes ses forces contre ces accusations, et refusa de se soumettre à cette décision et de quitter ses fonctions.

« Nommé par l'assemblée générale des sociétaires, je ne puis, disait-il, être révoqué que par une assemblée générale. »

La contestation fut portée devant le tribunal de commerce de Valenciennes, qui, par un jugement en date du 10 mars 1810, déclara « illégale et contraire à l'acte de société, et par conséquent nulle la délibération des Directeurs révoquant la nomination de M. Cavillier faite par l'assemblée générale. »

Appel de ce jugement était pendant devant la cour de Douai, lorsque plusieurs intéressés de Paris, parmi lesquels M. d'Harville, intervinrent auprès des administrateurs et de M. Cavillier, qu'ils tenaient en grande estime, pour mettre fin à des débats pénibles pour tous et qui paraissaient devoir se prolonger. Celui-ci renonça à ses prétentions, cessa ses fonctions, et l'assemblée générale du 25 juin 1810 lui accorda un secours de 750 francs par an pendant deux ans.

M. Cavillier vendit en 1811 les 10 deniers 2/3 qu'il possédait dans l'entreprise pour le prix de 32 000 francs. Mais l'administration, persistant dans son esprit d'hostilité à son égard, ne voulut pas reconnaître son acheteur, par la raison « que l'avoir dudit acheteur est inconnu. »

Voici l'appréciation que l'on trouve dans un mémoire autographié, intitulé : *Historique des mines d'Aniche*, sans date ni nom d'auteur, mais qui est attribué à l'un des administrateurs de la Compagnie en 1824 :

« Dès la nomination de M. Cavillier comme Directeur des travaux, les affaires prennent une nouvelle face, les emprunts et mises de fonds cessent, l'ordre se rétablit dans quelques branches de l'administration, etc.

« Cette conduite devait lui attirer des ennemis et fut cause de sa perte, après onze ans d'exercice.

« Que l'on compare présentement ces onze années dans un temps bien difficile avec les neuf précédentes et celles qui suivent.

« Je rougirais et ne me pardonnerais jamais d'avoir signé la délibération qui le destitua ; mais comment a-t-on pu signer des considérants qui, loin de lui nuire, font son éloge et la condamnation de ceux mêmes qui s'érigèrent en juges et qui n'avaient aucun droit pour l'être.

« Ce malheureux, mort de chagrin, n'a pu emporter au tombeau que sa propre conscience et l'estime d'un petit nombre de gens instruits. Aujourd'hui, l'opinion publique l'a vengé. »

VI

1810-1820.

Travaux. — Au commencement de 1810, la Compagnie d'Aniche avait cinq fosses, dont trois étaient en extraction et deux servaient à l'épuisement. Sur ces fosses étaient montées deux machines à feu pour l'épuisement, une machine à rotation et deux manéges à chevaux pour l'extraction.

Les anciens paniers ou tonneaux d'extraction, qui ne contenaient que 3 mannes et 1/2, environ 400 kilogrammes, avaient été portés par M. Cavillier à 8 hectolitres combles, ou 840 kilogrammes. Ils furent ramenés, en 1810, à 6 hectolitres, ou 630 kilogrammes, « ce qui permettra d'employer cinq chevaux au lieu de six par chaque relais de six heures et économisera quatre chevaux par jour. »

M. Milliot, qui était attaché à la Compagnie depuis longtemps, comme conducteur de travaux, avait été appelé à remplacer M. Cavillier comme Directeur. C'était un brave homme, mais sans instruction spéciale, et par suite sans autorité près des administrateurs, aux idées desquels il se soumettait sans résistance, même lorsque ces idées étaient fausses.

Émigrés. — Deuxième réclamation des héritiers Cordier. — Les héritiers Cordier, qui déjà en 1802 avaient réclamé les deniers de leur père, confisqués par la République comme biens d'émigrés, intentent à la Compagnie, devant le tribunal civil de Valenciennes, une action en revendication de ces deniers.

Ce tribunal, par un jugement du 11 juillet 1810, se déclara incompétent et les renvoya devant l'autorité administrative, qui avait ordonné la cession des intérêts des émigrés à la Compagnie.

L'affaire vint devant le Conseil de préfecture du Nord, qui, par arrêté motivé, en date du 10 juillet 1811, rejeta la réclamation des héritiers Cordier comme ne pouvant être accueillie (pièce justificative n° 29).

Magasin de charbon à Paris. — En 1810, on établit, sous la direction d'un agent spécial, un magasin de charbon à Paris, en vue d'augmenter l'extraction des fosses par la création de nouvelles ventes.

Les charbons y étaient expédiés par bateaux. Cet établissement ne donna que des pertes à la Compagnie, très-probablement à cause d'une mauvaise gestion, que les délibérations du conseil permettent d'apprécier. Ainsi, on y voit mentionnés des achats de 2000 hectolitres gros et de 15 000 hectolitres tout venant belges pour mélanger avec les charbons d'Aniche, et satisfaire ainsi à des engagements de ventes contractés légèrement.

Une délibération du 8 mars 1819 supprima ce magasin :

« Cet établissement continue d'être onéreux à l'entreprise ; malgré l'amalgame des charbons achetés pour rendre le placement de ceux d'Aniche plus facile, il vend encore aujourd'hui au-dessous du prix des mines. »

Résultats de l'année 1812. — L'année 1812 donna des résultats très-favorables, et les documents qui existent dans les archives de la Compagnie me permettent d'établir exactement les conditions dans lesquelles ils furent obtenus.

Il fut extrait :

Gros	10 767 hectolitres		3,8 0/0
Menu	250 872 —		88,2 »
Sale	22 757 —		8,0 »
Total	284 296 hectolitres		100,0 0/0

A raison de 105 kilogrammes l'hectolitre, ce chiffre représente 29 851 tonnes.

Les charbons se vendaient :

Gros.................... 3f,00 l'hectolitre = 28f,57 la tonne.
Menu.................... 1,475 — = 14,05 —
Sale.................... 0,75 — = 7,14 —

À ces prix la vente produisait . . . . 419 257 fr. 45
ou en moyenne 14 fr. 04 la tonne.

Les dépenses s'élevaient à . . . . 316 183 fr. 29
ou 10 fr. 57 la tonne.

Le bénéfice était donc de . . . . 103 074 fr. 16
ou 3 fr. 45 par tonne.

J'aurai l'occasion de donner plus tard le détail de ces dépenses.

Le personnel occupé se composait de :

Employés........... { 1 directeur, 2 receveurs et commis,
1 contrôleur, 1 piqueur,
1 chef porion et 5 porions.
Total 11

Ouvriers du jour.... { 3 mesureurs, 7 maréchaux,
7 charpentiers, 7 machinistes,
6 chauffeurs, 4 brondisseurs,
11 gardes, 5 palefreniers,
3 pique-chevaux, 8 moulineurs,
3 charretiers, 7 scieurs de bois,
6 hommes à divers services.
Total 77

Ouvriers du fond.... { 56 ouvriers à la veine,
56 ouvriers aux voies et bowettes,
122 hercheurs, 175 restapleurs,
14 tourniquoteurs,
8 chargeurs à la tonne.
Total 431

Total général..... 519

Il leur fut payé en salaires . . . . 179 557 fr. 06
Le salaire annuel moyen de l'ouvrier était donc alors de 345 francs
et la main-d'œuvre figurait pour 6 francs dans le prix de revient de
la tonne de charbon.

La production annuelle moyenne était :

de 69 tonnes par ouvrier du fond
de 57 — — de toute sorte.

Il y avait en extraction trois fosses qui produisirent respectivement :

Sainte-Barbe	152 911	hectolitres.
Sainte-Catherine.........................	83 322	—
Sainte-Hyacinthe	48 863	—
Ensemble	284 296	hectolitres.

Ces fosses avaient les profondeurs suivantes :

Sainte-Barbe	291ᵐ	(carré de 2 mètres de côté).
Sainte-Catherine........	204ᵐ	(carré de 2 mètres de côté).
Sainte-Hyacinthe........	241ᵐ	(rectangle de 2ᵐ,50 sur 2 mètres).

Il existait vingt-quatre chasses d'un développement de 12 170
mètres, ayant 1ᵐ,18 de largeur sur 1ᵐ,18 de hauteur, et quinze
bowettes d'ensemble 1912 mètres de longueur, ayant 1ᵐ,48 de largeur sur 1ᵐ,48 de hauteur; un bure de 30 mètres et deux fonce-
ments ou vallées de 16 mètres chaque.

Seize tailles de 8 mètres de hauteur sur 0ᵐ,49 d'épaisseur
étaient en activité.

Les machines se composaient : de trois machines à moulettes,
dont deux à chevaux et une machine à vapeur avec piston de
0ᵐ,44 de diamètre; deux machines à feu dont les cylindres
avaient 1ᵐ,189 de diamètre, et trois tourniquets à l'intérieur.

On occupait vingt-quatre chevaux aux machines à moulettes
et douze aux charrois.

Deuxième et troisième dividendes. — Les résultats favorables
qui viennent d'être exposés, décidèrent l'assemblée générale de
juin 1813 à voter un dividende de 100 francs par denier. C'était le
deuxième depuis l'origine de la Société.

A l'assemblée générale du 27 juin 1814, il est rendu compte que
les recettes de l'exploitation pendant le dernier exercice excèdent
les dépenses de 81 407 fr. 04; que les rentes restant dues ne s'é-
lèvent plus qu'à 212 283 francs en capital; en conséquence on décide un troisième dividende de 100 francs par denier payable en
1815.

Valeur du denier — Cependant la valeur du denier ne suivait
pas la progression des bénéfices. Ainsi, à la fin de 1809, M. d'Harville avait vendu huit deniers à raison de 2000 francs l'un. En juin

1812, plusieurs ventes étaient déclarées à la Compagnie à 750, 1000 et 1500 francs. En octobre 1814, des ventes furent réalisées à 1400 francs ; et à la fin de 1815, la Compagnie usa de son droit de retrait sur deux deniers cédés à 1333 francs l'un.

Le denier tombe à 1000 francs en 1817.

Fosses de la Paix et de l'Espérance. — Au commencement de 1815 on ne peut suffire aux demandes de charbon. L'exploitation de Sainte-Hyacinthe ne présente pas d'avantages. On décide d'ouvrir une nouvelle fosse au couchant et sur l'allure des veines n°ˢ 4, 7 et 10 de Sainte-Barbe et qui portera le nom de *la Paix*. Et comme les eaux paraissent devoir y être abondantes, on y monte la deuxième machine à rotation nouvellement construite. L'ouverture de cette fosse empêcha la répartition en dividende de l'encaisse existant fin juin 1815, qui ne montait du reste qu'à 24 000 francs.

A l'assemblée générale de 1816, les Directeurs exposaient la situation de la Compagnie dans les termes suivants :

« Malgré les contrariétés éprouvées pour causes des événements politiques, l'extraction s'est soutenue avec autant d'avantages, et le résultat des comptes présente un excédant de recettes de 30 400 francs dans lequel est compris ce qui reste dû à cause des réquisitions fournies pour approvisionnement de siége et autres.

« Les difficultés inattendues rencontrées dans l'approfondissement de la fosse de la Paix qui a déjà coûté au moins 60 000 francs ont déterminé l'administration à tenir en réserve l'excédant des recettes pour être en mesure de parer à tous les événements et de ne pas proposer de dividende au moins jusqu'au moment où cette fosse cessera de donner des inquiétudes. »

(Il avait été livré par réquisition, pour approvisionnement de siége de la ville de Douai, pour 9634 francs de charbon, et Aniche avait été occupé par les troupes alliées.)

La fosse de la Paix était approfondie jusqu'à la base du niveau en octobre 1816. « Une des pièces du cuvelage ayant de nouveau manqué, le Directeur des travaux, pour mettre de l'ensemble dans la résistance de toutes les pièces de bois qui composent le cuvelage dans la partie basse du niveau où la compression est prodigieuse, propose de garnir chaque face de la fosse, sur une hauteur de 60 pieds, de barres de fer, qui seraient fortement attachées au boisage avec des vis à bois, et rendraient aux parties faibles la force qu'elles emprunteraient de leurs voisines. »

Ce travail fut exécuté.

Mais le 16 mars 1817, un éclat se détacha d'une pièce de cuvelage dans la partie inférieure du niveau. En vingt minutes la fosse fut remplie.

A la suite de cet événement, les Directeurs adressèrent une pétition au préfet, en vue d'obtenir la remise de la redevance proportionnelle pour les années 1817 et 1818, à titre d'encouragement ou d'indemnité pour la dépense exceptionnelle qu'ils avaient à supporter par le fait de cet accident. (Pièce justificative n° 30.)

On abandonna le projet de reprendre la fosse de la Paix, et on se décida à ouvrir à côté un nouveau puits sur lequel on installerait une machine à feu.

Sur l'avis de M. Tournelle, directeur du mécanisme à la Compagnie d'Anzin, on convint de donner à la nouvelle fosse, qui a porté depuis le nom de fosse de l'Espérance, la forme octogone « qui offre le double avantage 1° d'une économie dans l'emploi des bois, d'un quart et plus ; 2° celui d'offrir une résistance triple de celle que présentent les carrées. »

L'adoption de la forme octogone pour la section des puits offrait des avantages incontestables, et constituait un très-grand progrès surtout à l'Espérance où la hauteur des niveaux atteignait près de 80 mètres.

Le puits avait 2ᵐ,50 de diamètre à l'intérieur du cuvelage, et celui-ci comprenait huit pièces de 1ᵐ,035 de longueur. Les puits carrés, exécutés précédemment, avaient 2 mètres de côté et les quatre pièces qui constituaient le cuvelage également 2 mètres.

Ces chiffres permettent d'apprécier la différence considérable de résistance qu'offrait le cuvelage dans l'une et l'autre forme.

Dans l'assemblée générale du 23 juin 1817, fut mise en discussion la possibilité de faire un dividende avec l'excédant des recettes en caisse, 21 348 fr. 41.

Prenant en considération l'événement arrivé à la fosse de la Paix, l'ouverture de la fosse de l'Espérance qui exige l'acquisition d'une nouvelle machine à feu, il fut reconnu qu'il serait imprudent de ne pas conserver en réserve cette somme.

Cette troisième machine d'épuisement fut construite par MM. Perrier de Chaillot.

Disette de 1817. — Il y eut une disette effrayante en 1817 ; le prix du blé atteignit un taux exorbitant, et les ouvriers mineurs, comme le reste de la population, éprouvaient de grandes souffrances. La Compagnie fit ce qu'elle put pour leur venir en aide. Elle mit à la disposition du Directeur des travaux une somme de 50 fr. par jour à distribuer en pain aux plus nécessiteux, à ceux qui étaient chargés d'une nombreuse famille, et elle fit l'abandon des loyers des trente maisons qu'elle possédait.

C'est en 1817 que mourut M. Lanvin, maire d'Aniche, l'un des administrateurs de la Compagnie qui depuis quelques années exerçait le plus d'influence dans la gestion de l'entreprise. Il était chargé spécialement de la surveillance sur l'ensemble des travaux et tenait le bureau de recettes.

Négociations en vue d'une association avec Anzin. — Dans l'assemblée générale du 28 juin 1819, M. de Montchevreuil fait un rapport « de différentes conférences qu'il a eues avec M. Scipion Périer, dont le résultat a été que la Société d'Anzin pourrait bien s'associer avec celle d'Aniche pour un certain nombre d'actions. »

Il fut délibéré « d'écouter les propositions qui pourraient être faites par la Société d'Anzin et M. Périer, relativement à l'association en question. »

Des pourparlers s'engagèrent avec MM. Périer et de Rœux, régisseurs de la Compagnie d'Anzin, sur cette base : la Compagnie d'Anzin ferait l'acquisition d'un certain nombre d'actions d'Aniche « dont le prix serait employé à donner à l'entreprise toute l'extension possible et parvenir par ce moyen à procurer aux actionnaires un dividende annuel. »

M. Renard, l'un des régisseurs et agent général de la Compagnie d'Anzin, avait reçu de son administration « tous pouvoirs pour traiter avec la Compagnie d'Aniche, pourvu néanmoins qu'au préalable cette dernière ait fait des arrangements avec les émigrés de ladite entreprise, afin d'éviter et d'être à l'abri de toutes difficultés qui pourraient survenir avec eux par la suite. »

Deux directeurs, MM. Tieffries et Desvignes, se rendirent chez M. Renard, qui leur répéta que le traité à intervenir « n'aurait lieu qu'autant qu'on transigeât avec les intéressés ci-devant émigrés. » Il ajouta : « La Compagnie d'Anzin demande l'abandon de la moitié au moins des actions ; une régie composée en nom-

bre égal d'administrateurs ; la prépondérance en cas de partage
dans les opinions et la direction exclusive. A ces conditions, Anzin se chargerait de verser et d'employer 300 000 francs en travaux.
Ou bien, elle demande l'acquisition en totalité de l'entreprise
sous la réserve de laisser aux sociétaires la faculté de rester actionnaires pour le prix qui leur reviendrait de leurs actions. »

Cette dernière proposition était préférée par les sociétaires
d'Aniche.

M. Renard fit visiter les travaux par les employés d'Anzin. Ils
lui rendirent compte de leur état, qui, suivant eux, était des plus
tristes.

Nous avons trouvé dans les archives de la Compagnie d'Aniche une pièce assez longue, sans date ni nom d'auteur, mais qui
paraît être un rapport fait par M. Renard aux régisseurs de la
Compagnie d'Anzin, et qui offre un véritable intérêt, parce qu'il
expose, avec exagération il est vrai, la situation perplexe dans
laquelle se trouvaient les mines d'Aniche en 1819.

Cette pièce est reproduite *in extenso* aux pièces justificatives,
n° 31.

Les négociations continuèrent entre les Compagnies, mais elles
ne purent aboutir. La plupart des sociétaires d'Aniche voulaient
bien traiter, avec certaines modifications des conditions très-
dures posées par la Compagnie d'Anzin ; mais il y avait des opposants, et l'on ne pouvait espérer obtenir l'unanimité des adhésions, qui paraissait indispensable.

Difficultés de la situation, en 1819. — Le rapport de M. Renard, même en tenant compte de l'intérêt qu'il avait à déprécier
l'entreprise d'Aniche, présente la situation sous un aspect très-
défavorable. Cependant, grâce aux préparations de travaux de
M. Cavillier, la production annuelle, depuis 1810, se maintenait
entre 25 000 et 30 000 tonnes ; les prix de vente étaient élevés ; on
réalisait des bénéfices, et on avait pu même distribuer deux dividendes. Mais les dépenses de la fosse de la Paix et de l'Espérance, depuis 1815, absorbaient et au delà ces bénéfices, et les
exploitations préparées s'épuisaient. En 1819, la situation était
donc difficile, et l'on s'explique le désir des sociétaires de sortir
d'une affaire qu'on ne pouvait pas asseoir d'une manière stable.

Ainsi, le 9 août 1819, une délibération constate que « la dépense de la fosse l'Espérance est beaucoup plus considérable

qu'on ne s'y était attendu ; qu'il a fallu un emprunt de 10 975 fr. 76 c. pour payer les deux quinzaines de juillet dues aux ouvriers, et qu'il est indispensable de faire un nouvel emprunt de 20 000 à 30 000 francs pour payer les 33 000 francs dus à des fournisseurs. »

En octobre, la situation s'était encore aggravée. Il était dû « plusieurs quinzaines aux ouvriers, qui menaçaient de quitter l'entreprise, et les livranciers refusaient même de fournir les objets indispensables. »

Un nouvel emprunt de 30 000 francs fut autorisé.

VII

1820-1830.

Anémie. — L'exploitation de Sainte-Hyacinthe n'avait fourni que très-peu de charbon et dans de mauvaises conditions. On l'avait suspendue, et on avait même fermé le puits par un serrement au-dessous du niveau.

En 1820, on reconnut la nécessité de reprendre cette fosse, « afin d'assainir l'air dans l'extraction de Sainte-Barbe. »

On transporte donc la machine à feu de l'Espérance sur la fosse Sainte-Hyacinthe; on épuise les eaux au-dessus du serrement, répare le cuvelage et enlève ledit serrement.

On a vu, par le rapport de M. Renard, combien l'aérage laissait à désirer dans l'exploitation d'Aniche, et les conséquences fâcheuses qui en étaient résultées pour les ouvriers.

L'anémie, ou maladie des mineurs anciennement, avait atteint un grand nombre d'ouvriers, et elle laissa des traces dans quelques familles, jusque dans les générations suivantes.

A cause de la difficulté et de la dépense de creusement du puits, l'exploitation s'étendait à de grandes distances, plus grandes qu'à Anzin, où l'anémie exista aussi pendant longtemps. L'aérage se faisait difficilement dans ces galeries sinueuses, étroites, où il ne pénétrait qu'un faible volume d'air, par suite de la petite section des puits, et le manque de moyens mécaniques pour activer cet aérage.

L'anémie a entièrement disparu actuellement des mines du Nord, et la population des houillères est aujourd'hui plus forte, plus vigoureuse que celle des autres industries du pays.

Cet heureux résultat a été obtenu par l'agrandissement de la section des puits et des galeries d'exploitation, l'emploi d'appareils de ventilation très-puissants, la suppression du travail pénible des hercheurs, grâce à l'application des plans automoteurs et des chevaux dans le roulage, et enfin par une amélioration considérable dans le bien-être et la nourriture des mineurs, due à des salaires beaucoup plus élevés.

Personnel. — L'ancien personnel disparaît petit à petit. M. Milliot père, Directeur des travaux depuis 1810, est obligé, à raison de son âge, de prendre sa retraite; il est remplacé par son fils.

M. Estoret père, caissier depuis trente ans, mourut en 1821. Son fils le remplaça également, mais pour peu de temps.

Continuera-t-on l'entreprise ? — Deuxième projet de modification du contrat. — A cette époque, les sociétaires de Paris, préoccupés des embarras dans lesquels se trouvait l'entreprise, effrayés des conséquences que pouvait avoir pour eux la solidarité établie par le contrat de société, demandent à l'administration de réunir une assemblée générale, à l'effet de s'assurer s'il convient de continuer l'entreprise, et, en ce cas, d'apporter au contrat de société les modifications reconnues nécessaires pour le mettre en rapport avec la législation commerciale actuelle. Ils demandaient notamment le changement du mode de recrutement des administrateurs, et la nomination d'un agent général.

Ils songeaient aussi, paraît-il, à faire entrer Lafitte dans la Société, en créant pour lui de nouvelles actions, et à lui faire apporter une somme d'environ 400 000 francs, pour l'extinction de la dette et le développement des travaux. De longs débats s'ouvrirent sur ces propositions, mais n'aboutirent pas.

Proposition de location des mines. — Il en fut de même pour une proposition faite par quelques personnes de louer les mines pour un laps de cinq années, à différentes conditions, parmi lesquelles se trouvaient les suivantes :

Les locataires offraient de payer les dettes par billets, montant à la somme de 73 000 francs ; de distribuer aux actionnaires un dividende de 100 francs par denier, pendant la première année, et 200 francs pendant chacune des quatre années suivantes, etc., etc.

Ces conditions, relativement avantageuses, ne parurent pas acceptables aux sociétaires, qui craignaient que les locataires ne leur laissassent en fin de bail que des fosses épuisées, et dans lesquelles il faudrait faire des dépenses plus considérables que les dividendes reçus.

Agent général. — Toutefois on donna suite à la proposition de nommer un agent général, et l'on appela à remplir ces fonctions M. Desvignes, l'un des directeurs influents, et qui, depuis de nombreuses années, avait pris une part prépondérante, mais infructueuse, dans les affaires de la Société.

M. Schacher. — En 1824, il est remplacé par M. Schacher, qui était chef de la comptabilité depuis deux ans, et qui avait introduit la tenue des livres en partie double.

M. Schacher a rempli les fonctions d'agent général jusqu'en 1839, époque à laquelle de nouveaux Sociétaires remplacèrent à peu près entièrement les anciens.

Prix des machines et des chaudières. — Dans l'assemblée générale du 18 juin 1822, on décide l'installation d'une machine à rotation sur la fosse l'Espérance. C'était la troisième que faisait construire la Compagnie.

Elle fut commandée à MM. Perrier frères et Cⁱᵉ, de Chaillot, moyennant le prix de 22 000 francs ; sa force garantie était de 10 chevaux.

Les chaudières dont on s'était servi autrefois avaient été construites en tôle de cuivre et revenaient à un prix excessif. Plus tard on les construisit en tôle de fer. Elles étaient de la *forme à tombeau.*

En 1823, MM. Perrier proposèrent des chaudières en fonte, à bouilleurs, au prix de 90 francs les 100 kilogrammes. Pour une machine de 10 chevaux, cette forme de chaudière revenait à 6000 francs. C'est le prix auquel reviennent actuellement les chaudières de 70 chevaux.

Ces chaudières en fonte étaient très en usage à Anzin, et en 1842, j'y en ai vu encore un très-grand nombre qui fournissaient

la vapeur aux machines d'extraction du système Woolf, de la force
de 12 chevaux.

Ce n'est guère qu'à partir de cette époque que la Compagnie
d'Anzin les a remplacées successivement par des chaudières à
bouilleurs en tôle.

Bénéfices. — Dividendes en charbon. — A partir de 1822, contrairement à l'exposé fait par M. Renard, en 1819, de la situation
critique des mines d'Aniche, leur exploitation donne des bénéfices même assez importants.

Ainsi les bilans arrêtés constatent des excédants de recettes
sur les dépenses :

Pour l'exercice	1822-23, de................	132 837ᶠ,52
—	1823-24, de.........................	129 038 ,95
—	1824-25, de...............	143 433 ,59
—	1825-26, de.........................	74 268 ,64
—	1826-27, de.........................	50 159 ,90

Pendant ces cinq exercices :
l'extraction varie entre les limites de 280 000 à 360 000 hectolitres
combles de 105 kilogrammes, ou entre 30 000 et 37 000 tonnes.

Le prix de revient brut d'exploitation, de	10ᶠ,10 à 12ᶠ,00	par tonne.
Le prix de vente brut, de.....	13 ,90 à 15 ,90	—
Le bénéfice brut, de	2 ,20 à 5 ,80	—
Le bénéfice net, de	1 ,50 à 4 ,80	—

Aussi distribue-t-on des dividendes.

En 1823, de................................	100 fr.	par denier.
1825, de................................	100	—
1826, de................................	66	—

Mais il faut dire que les deux derniers furent remplis par la
livraison de 100 et de 66 hectolitres de vieux charbons que l'on
ne parvenait pas à vendre, et qui encombraient les terris.

Les sociétaires avaient un délai de quatre mois pour enlever
les quantités de charbon qui leur étaient ainsi attribuées en dividendes, et ils étaient tenus de ne les vendre qu'au delà d'un
rayon de vingt lieues, de manière à ne pas faire concurrence à la
vente sur les fosses.

Cette répartition de dividendes en nature ne profita que bien
peu aux actionnaires. Ils devaient payer les frais de transport

et d'embarquement à Bouchain, les expédier au loin, et les vendre au prix qu'ils pouvaient obtenir, quel qu'il fût. Certains d'entre eux, paraît-il, ne trouvèrent pas, dans le produit de la vente de ces vieux charbons, le remboursement des frais qu'ils avaient payés pour s'en procurer l'écoulement.

Malheureusement, les bénéfices constatés par les bilans devaient être réduits par une perte considérable, 144 593 fr. 05 sur des ventes faites à un sieur Kromer de Paris, dont la faillite ne donna pas le moindre recouvrement.

Recherches au midi de la concession. — Au commencement de 1827, on s'occupe de la demande en concession formée par MM. Dumas et Cⁱᵉ, des terrains « situés entre Aniche et Bouchain, et depuis cette ville jusqu'à Cambrai ». Cette Compagnie avait déjà fait des travaux de recherches à Marquette. On s'effraye des conséquences qu'aurait pour la Compagnie d'Aniche le succès de la Société Dumas, conséquences qui seraient la ruine. On décide de faire une demande en concession en concurrence, et de l'appuyer sur deux sondages à entreprendre de suite, un sur le canal, près Bouchain, et l'autre près du Pont à Saux.

On exécuta seulement le premier, à Étrun. Il fut abandonné à la profondeur de 135ᵐ,60 dans un grès grisâtre très-dur, qui ne présentait pas d'analogie avec le terrain houiller.

M. Henri. — M. Henri, ancien élève de l'École polytechnique, élève externe de l'École des mines, est appelé à la direction des travaux. Il n'occupa ces fonctions que pendant un peu plus d'un an, et les quitta par raison de santé. Son passage fut marqué par d'importantes améliorations.

Il établit une école pour les jeunes ouvriers et pour les enfants, où fut appliqué l'enseignement mutuel, alors très en faveur. Cette école produisit d'excellents résultats, et j'ai pu constater que la génération de cette époque possédait un degré d'instruction bien supérieur à celui des générations d'ouvriers antérieure et postérieure.

Première application des chemins de fer. — Il commença l'application des chemins de fer, en remplacement des chemins de bois, pour le transport souterrain. On comptait que cette substitution amènerait une économie de 50 pour 100 dans le roulage.

Dès 1822, la Compagnie d'Anzin avait employé des chemins de fer à *ornières en fonte*, et avait remplacé par des *bacs à roues*, les traîneaux ou *esclittes* jusqu'alors en usage dans le roulage intérieur.

A Aniche, on adopta de suite les rails saillants. Ils se composaient de barres de fer de 18 lignes de hauteur, sur 5 lignes d'épaisseur, pesant 3^k,51 le mètre courant, et qu'on payait alors 53 francs les 100 kilogrammes.

Les traverses étaient en fonte.

C'est à la fosse l'Espérance que furent appliqués ces chemins de fer pour la première fois.

Le docteur Buisson. — C'est aussi M. Henri qui appela M. Buisson à Aniche pour prendre le service de santé de l'établissement. Cet excellent docteur, aussi habile que désintéressé et dévoué, n'a cessé jusqu'à sa mort, en 1877, pendant un demi-siècle, de consacrer ses soins à la population ouvrière de la contrée, qui l'entourait d'égards et de respect, et le considérait comme un bienfaiteur.

M. Henri mit aussi de l'ordre dans la tenue des carnets de paye, qui, auparavant, laissaient beaucoup à désirer.

Incendie à Sainte-Hyacinthe. — Un grave accident arriva à la fosse Sainte-Hyacinthe. Le 7 février 1827, par un froid excessivement rigoureux, les flammes du foyer d'aérage communiquèrent le feu aux planches formant la cloison du *goyau*, et une épaisse fumée envahit les deux compartiments du puits. Au cri de *sauve qui peut*, les quarante-six ouvriers qui se trouvaient dans les travaux se précipitent dans les bures pour remonter au jour. Mais, par un malheur inouï, l'un de ces ouvriers ouvrit une porte donnant dans la fosse; les fumées se répandirent aussitôt dans les bures où se trouvaient tous les ouvriers qui y restèrent à moitié asphyxiés, jusqu'au moment où le feu ayant cessé de lui-même, des hommes courageux pénétrèrent jusqu'à eux et parvinrent à les remonter sur leur dos, par les échelles. Trente-sept furent ainsi sauvés; neuf perdirent la vie.

Le porion, Joseph Descamps, montra un courage et un dévouement au-dessus de tout éloge. C'est à ses efforts, et surtout à son exemple, que trente-sept ouvriers durent la vie.

Le ministre de l'intérieur, et plus tard la Société d'encouragement, récompensèrent, par des médailles, ce chef ouvrier méritant qui n'a cessé jusqu'à sa mort, en 1863, de rendre des services très-appréciés à la Compagnie.

A M. Henri succéda, comme Directeur des travaux, M. Dufresne, élève de l'École des mines, qui occupa ces fonctions jusqu'en 1832.

La Compagnie envoie, à ses frais, le fils de M. Schacher, suivre les cours de l'École des mines à Paris.

Machines et dépenses de l'extraction. — La machine à rotation de Sainte-Barbe étant insuffisante au service de la fosse, M. Hallette, constructeur à Arras, proposa « de la remplacer à ses frais, risques et périls, par une nouvelle pouvant extraire au moins 600 hectolitres par 24 heures, moyennant une rétribution de 0 fr. 30 par hectolitre payable en charbon pendant la durée de 10 ans, l'année calculée par 260 jours de travail, en sorte que la rétribution à lui payer porterait sur 1 560 000 hectolitres, soit 468 000 fr. »

Tous les frais de marche, de consommation, d'entretien, etc., étaient, bien entendu, à la charge de M. Hallette.

La machine qui était alors établie à Sainte-Barbe, et qui ne pouvait tirer que 400 hectolitres par 24 heures, occasionnait une dépense journalière de 88 fr. 80, soit. . . . . . . 22ᶜ 1/5 par hect.,
prix auquel il faut ajouter. . . . . 11ᶜ » —
« pour les frais à faire pour chercher le charbon
en bas de la fosse et le placer au niveau actuel. »

Total. . . . 33ᶜ 1/5 par hect.

Cette dépense de 88 fr. 80 par jour s'établissait ainsi :

Consommation de 16 hectolitres charbon menu, à 1ᶠ,50	24ᶠ,00
et de 32 hectolitres charbon sale à 0ᶠ,90	28 ,80
4 machinistes à 1ᶠ,50	6 ,00
4 moulineurs à 1ᶠ,50	6 ,00
2 conduiseurs à 1ᶠ,25	2 ,50
2 chargeurs à tonne à 1ᶠ,25	2 ,50
2 tiseurs à 1ᶠ,25	2 ,50
2 cordes par année, dont la valeur ensemble est de 1200 fr. ; ce prix, divisé par 260 journées, donne par jour	5 ,00
La machine estimée 30 000 francs, et prenant le 1/10 pour le prix d'entretien annuel, c'est 3000 francs à diviser par 260 journées, ou par jour	11 ,50
Total de la dépense journalière	88ᶠ,80

La proposition de M. Hallette parut acceptable, et fut soumise à l'assemblée générale, qui refusa cependant d'y souscrire.

On commanda toutefois une machine d'extraction à M. Hallette, mais pour un prix déterminé. Cette machine était du système Woolf à deux cylindres, forme adoptée alors exclusivement par les mines d'Anzin.

Nouvelles négociations pour la vente de l'établissement. — A l'ouverture de l'assemblée générale du 30 juin 1827, il fut donné lecture d'une lettre du marquis d'Août, l'un des Directeurs, dans laquelle « il émettait le vœu de vendre l'établissement et de dissoudre la Société. »

L'assemblée « ne croyant pas devoir, quant à présent, prononcer sur une proposition aussi importante, a été unanimement d'avis de renvoyer au conseil d'administration pour faire un rapport sur cette proposition à la prochaine assemblée générale. »

Les Directeurs firent en effet des démarches à l'effet d'opérer la vente en question.

MM. le comte de Caze, receveur général du département du Pas-de-Calais, et Garnier, ingénieur en chef des mines, informés de cette circonstance, et après s'être sérieusement renseignés sur la situation de l'entreprise, firent des ouvertures aux Directeurs sur les bases suivantes :

1° Que la Société serait convertie en Société anonyme ;

2° Qu'elle se composerait de 600 actions ;

3° Qu'il leur en serait alloué 360 moyennant le prix de 600 000 francs qu'ils verseraient à la caisse sociale ; les 240 autres actions restant aux anciens sociétaires ;

4° Qu'ils seraient nommés administrateurs.

Ces conditions furent repoussées, comme trop désavantageuses aux anciens actionnaires.

MM. de Caze et Garnier firent alors une nouvelle proposition. Ils offraient d'acquérir l'établissement moyennant 500 000 francs ou 1800 francs par chaque denier en circulation, en se chargeant de l'actif et du passif, et se substituant pour le tout aux lieu et place des actionnaires.

Cette seconde proposition fut soumise à l'assemblée générale du 23 juin 1828 qui, après avoir de nouveau constaté l'intention de vendre par un vote émis à la majorité de 81 voix sur 87, décida que l'offre était prise en considération, et nomma cinq commissaires, choisis dans son sein, avec mission de consulter sur les moyens légaux d'opérer la vente, de recueillir toutes propositions qui seraient faites, de lever enfin toutes difficultés.

La commission avait d'abord pensé que le moyen le plus efficace consistait à annoncer la vente par affiches et dans les feuilles publiques; mais il résulta des consultations auxquelles elle eut recours, que l'établissement, vendu dans son ensemble, constituait un véritable immeuble, passible des jugements et des formalités préalables que la loi indique dans l'intérêt des mineurs et des absents, et que les frais et les difficultés qui en seraient la suite ne pourraient être évités que par la cession faite individuellement et par chaque intéressé de l'action qu'il possédait.

Cette dernière circonstance ayant été communiquée par la commission à MM. de Caze et Garnier, ce dernier se retira tout à fait. M. de Caze, consulté pour savoir si, au lieu d'acquérir l'établissement en entier pour la somme de 500 000 francs, en se chargeant de l'actif et du passif, consentirait à la même condition à rembourser à ceux des intéressés, qui se décideraient à vendre, la somme de 1800 francs qui en résultait pour chaque action, demanda à réfléchir, puis déclara ensuite qu'il accepterait ou refuserait cette modification, d'après les renseignements qui lui seraient soumis sur le nombre des actions dont la cession serait consentie.

C'est dans cet état que l'affaire fut présentée à l'assemblée générale extraordinaire du 6 octobre 1828.

Les propriétaires de 211 deniers se prononcèrent pour la cession de leurs intérêts dans les conditions ci-dessus rappelées. Mais les possesseurs de 72 deniers se prononcèrent contre, ou refusèrent de se prononcer.

Ce résultat fut communiqué à M. de Caze, avec invitation de donner une réponse dans le courant d'un mois.

Le 17 février 1829, nouvelle assemblée générale extraordinaire, pour conclure définitivement avec M. de Caze. Il y est rendu compte que ce dernier est toujours prêt à donner suite à sa proposition d'acquérir les actions d'Aniche, « si on parvient à réunir dans le même sentiment tous les actionnaires. » Deux actionnaires seulement ne s'étaient pas alors prononcés.

L'un des Directeurs prit la poste pour se rendre auprès de l'un de ces actionnaires, et rapporta son consentement. Mais il manquait toujours l'adhésion de l'autre actionnaire, et l'assemblée générale se sépara sans pouvoir rien terminer.

A l'assemblée générale ordinaire du 6 juillet 1829, « il est donné lecture d'une lettre de M. de Caze du 1er juin dernier, par laquelle il regarde comme non avenus les pourparlers qui ont eu lieu entre les actionnaires et lui relativement à la vente de tout ou partie des actions qui forment la Société. » (Pièce justificative n° 32.)

Minerais de fer. — M. de Caze parle dans sa lettre de recherches de minerais de fer exécutées dans l'exploitation d'Aniche, et sur le résultat desquelles il avait compté pour l'alimentation des hauts fourneaux qui auraient consommé une notable quantité de la houille produite.

Ces recherches eurent lieu en effet, en 1826, sur l'incitation de M. Garnier qui, paraît-il, comptait sur leur réussite.

Mais de même que celles faites, en 1849, par la Compagnie des forges de Denain, elles démontrèrent qu'à Aniche, et du reste dans toute la formation houillère du Nord, on ne pouvait espérer rencontrer, du moins en quantités suffisantes, les minerais carbonatés qui ont été une des causes principales du grand essor de la métallurgie anglaise.

Sacrifices faits par les fondateurs. — Malgré quelques dividendes distribués, soit en argent soit en vieux charbon, on a vu, par les négociations avec M. de Caze, que la situation des mines d'Aniche, en 1830, était toujours fort critique. La Compagnie existait depuis près de 60 ans. Les sociétaires avaient versé 44 mises de 1000 livres au sol, soit 3621 fr. 20 au denier, représentant 11 000 francs avec les intérêts simples à 5 pour 100, dividendes déduits, et 33 000 francs avec les intérêts composés. Ils consentaient à les céder à 1800 francs, soit avec une perte de plus de 9000 francs dans le premier cas et de plus de 30 000 francs dans le second cas et encore leur proposition ne fut-elle pas acceptée.

Ces chiffres, joints aux détails précédemment exposés, montrent combien était désastreuse l'entreprise d'Aniche pour ses fondateurs. Ce sont leurs successeurs seulement, et après 20 à 30 années d'attente encore, qui ont bénéficié de leurs sacrifices.

VIII

1830-1839.

Nouveau projet de modification des Statuts. — Les négociations pour la vente de l'établissement à M. de Caze n'ayant pas abouti, pas plus que celles entamées avec la Compagnie d'Anzin en 1819, on revient toujours à l'idée que les mauvais résultats fournis par l'entreprise tiennent aux antiques dispositions du contrat de société.

C'était une profonde erreur, et, comme on le verra plus tard, ces dispositions, du reste fort sages, simples et précises, n'ont pas empêché la Compagnie de se développer et d'arriver à la prospérité.

Les essais de modifications des statuts de 1821 furent repris en 1825 et un projet de vingt-deux articles additionnels fut même adopté par l'assemblée générale. Mais l'année suivante de nombreuses critiques s'élevèrent contre ce projet et il fut abandonné.

MM. de Caze et Garnier avaient manifesté l'intention de convertir la Société en société anonyme. Cette proposition fut reprise au commencement de 1830. Un projet d'acte sous cette forme est adressé à tous les sociétaires avec demande de leur acquiescement. En même temps on leur offre d'abandonner toute fraction ou de la compléter à raison de 1500 francs le denier.

43 associés sur 54, propriétaires de 209 actions sur 256 en circulation, adhérèrent au nouveau contrat.

De nouvelles adhésions se produisirent et le nombre des opposants était très-restreint, de quatre seulement. Aussi une demande fut-elle adressée en juillet 1830 au gouvernement pour obtenir l'autorisation nécessaire à la conversion de la Compagnie en société anonyme.

L'administration est réduite à deux membres. — On ne doutait pas d'obtenir cette autorisation, qui cependant ne fut pas accordée par le gouvernement, et, conformément aux nouveaux statuts, deux administrateurs dirigèrent seuls pendant plus d'une année l'entreprise, dont ils bouleversèrent même la marche par une foule de délibérations, le plus souvent intempestives. Ils rachetèrent pour le compte de la Société un certain nombre d'actions au prix de 1500 francs, et entre autres de M. Lanvin 6 et 2/5 payables au moyen de la livraison de 10 000 hectolitres de vieux charbon estimé à 0 fr. 90 l'un, et que M. Lanvin céda à une verrerie de la localité au prix de 0 fr. 80 l'hectolitre.

Deux assemblées générales sont tenues en août et septembre 1831. On y blâme la gestion des deux administrateurs qui se sont emparés de la direction et on annule comme illégales et contraires aux statuts les délibérations qu'ils ont prises, notamment celle relative à la révocation de l'agent général, M. Schacher.

Situation critique. — En 1832, la situation est plus mauvaise que jamais. Le projet de conversion de la Compagnie en société anonyme a inspiré de la défiance aux créanciers qui réclament le payement de leurs créances, et on ne trouve plus à emprunter, comme autrefois, lorsque les sociétaires étaient responsables des dettes de la Compagnie.

M. Dufresne avait été remercié. L'état des fosses et des travaux était déplorable, et l'extraction coûteuse. On était dans les plus mauvaises conditions pour soutenir la concurrence d'Anzin et des nouvelles mines de Douchy, qui avaient abaissé leurs prix de vente.

Les sociétaires étaient tous découragés. Dans l'assemblée générale de 1832 ils chargent les nouveaux directeurs de faire toutes démarches pour parvenir à vendre l'établissement. Mais ces démarches n'eurent pas de résultats.

L'entreprise est pour ainsi dire abandonnée à elle-même, et pendant dix-huit mois, du 20 décembre 1833 au 1er juin 1835, les administrateurs ne paraissent pas s'être réunis ; du moins, il n'y a pas de délibérations inscrites sur les livres de la Société pendant cet intervalle.

Plaintes de sociétaires. — Le 1er juin 1835 il est rendu compte d'assignations faites aux directeurs en la personne de l'agent général, par un certain nombre d'intéressés de Paris. On ne voit pas les motifs de ces assignations, mais il est facile de comprendre qu'elles contenaient des plaintes sur l'état d'abandon dans lequel était laissée l'entreprise.

M. Schacher s'était rendu auprès des intéressés de Paris, et leur avait laissé un rapport sur les affaires de la Société, en leur offrant communication, sans déplacement, des livres et des pièces justificatives. Il leur avait annoncé que les affaires de la Société étaient dans l'état le plus satisfaisant et ne nécessitaient ni assemblée générale extraordinaire ni aucune mesure urgente.

Dividendes en 1835 et 1836. — Pour confirmer sans doute cette assertion les directeurs votent la répartition d'un dividende de 100 francs par denier.

L'année suivante, le 8 août 1836, il est délibéré un nouveau dividende de 50 francs.

Du reste ces répartitions ne représentaient que des sommes peu importantes, 22 822 fr. 66 dans le premier cas, et 10 884 fr. 63 dans le second.

Elles ne constituent donc pas une contradiction avec ce qui a été dit sur la situation mauvaise de l'entreprise. Il est constant que la Société réalisait quelques bénéfices. Ainsi de 1830 à 1836 l'extraction atteignait de 25 000 à 40 000 tonnes par an. Le prix de revient brut, ou de l'exploitation proprement dite, variant de 9 fr. 66 à 12 fr. 38 la tonne, et le prix de vente moyen de 13 fr. 32 à 13 fr. 85, le bénéfice brut était donc de 1 fr. 36 à 3 fr. 34 par tonne. Mais de ce bénéfice il y avait à retrancher les intérêts de la dette, les travaux préparatoires qu'à tort on ne comprenait pas dans le prix de revient, les pertes à la vente, et les dépenses des travaux d'exploration dont il va être parlé.

Recherches au midi de la concession. — Fosse de Mastaing.

— MM. Mathieu venaient de créer les mines de Douchy, au sud-est d'Aniche, et leur succès donnait lieu à la formation de plusieurs sociétés de recherches qui exploraient le sud de la concession d'Aniche, vers Bouchain. L'administration, craignant d'être devancée par ces compétiteurs, formula, dès 1833, une demande de nouvelle concession et ouvrit un sondage à Férin. Il rencontra au-dessous de la craie, des argiles noirâtres renfermant même des parcelles de charbon et qu'on prit d'abord pour des schistes houillers. Mais ces argiles appartenaient à la formation du gault, et bientôt après, le sondage atteignait des terrains durs qui n'avaient aucun rapport avec le terrain houiller d'Aniche. On l'abandonna à 210 mètres de profondeur, et on transporta le matériel à Masny, en vue de reconnaître la possibilité d'ouvrir une nouvelle fosse sur ce point, placé sur le prolongement du faisceau des veines de l'Espérance. Ce sondage n'atteignit le rocher qu'à 173 mètres de profondeur et démontra que le creusement d'un puits sur ce point offrirait les mêmes difficultés que celles rencontrées dans le percement de l'Espérance.

On exécuta quatre autres sondages en dehors et au midi de la concession, entre Aniche et Bouchain, sur le prolongement présumé des veines de Douchy. On était convaincu d'avoir rencontré le terrain houiller dans plusieurs de ces sondages, et le 1er juin 1835 on décida l'ouverture d'une nouvelle fosse sur le territoire de Mastaing, à 4 kilomètres de la limite sud de la concession. On fondait les plus grandes espérances sur cette nouvelle fosse, ainsi que l'on en jugera par la circulaire de M. Schacher, reproduite sous le n° 33 aux pièces justificatives.

Cette circulaire fournit aussi des renseignements curieux sur la situation de l'industrie houillère du Nord, en général, et des mines d'Aniche en particulier, à la fin de 1836.

Le 3 juillet 1837, l'administration d'Aniche, sortant un moment de sa torpeur, visite la fosse de Mastaing. Elle constate, dit la délibération de cette date, comme l'avait déjà annoncé M. Schacher, « un terrain ayant l'apparence du terrain houiller. » Elle recommande de pousser activement les galeries de reconnaissance, qui ne tardent pas à faire reconnaître que les terrains de cette fosse appartiennent bien nettement à la formation dévonienne, et la fosse est abandonnée.

Fosse d'Aoûst. — Tout en fondant de grandes espérances sur la fosse de Mastaing, les directeurs décidèrent, dans leur même assemblée du 3 juillet 1837, l'ouverture d'une nouvelle fosse sur le prolongement vers l'est des veines de Sainte-Barbe, et avec l'espoir aussi de rencontrer dans cette nouvelle fosse les veines d'excellent charbon gras, exploitées par le puits de la Pensée, ouvert à Abscon par la Compagnie d'Anzin depuis 1822. On lui donna le nom de d'Aoûst, en l'honneur du marquis d'Aoûst, l'un des directeurs de la Compagnie.

Nombreuses sociétés de recherches. — Augmentation des salaires. — A cette époque régnait une véritable fièvre de spéculation sur les mines, partout, en France comme à l'étranger. De toutes parts se formaient des sociétés de recherches, et les départements du Nord et du Pas-de-Calais furent fouillés dans tous les sens. On ne comptait pas moins de soixante-dix demandes de concessions ou de permissions de recherches inscrites aux préfectures de ces départements.

Les prix de vente du charbon avaient été augmentés.

Les ouvriers mineurs étaient recherchés, et par suite exigeants et insubordonnés. On en manquait du reste, et il fallait attirer dans les mines des ouvriers des campagnes ou des autres industries. Tous ces motifs déterminèrent les exploitants à augmenter les salaires, et le prix de journée servant de base à la fixation de la tâche, fut porté de 1 fr. 80 à 2 francs. C'était une augmentation de 11 pour 100.

La plupart des actions passent en d'autres mains. — Quelques personnes, du reste bien inspirées, pensent qu'au lieu d'explorer des terrains inconnus, il conviendrait de mettre en valeur des richesses déjà constatées et de tirer parti d'une vaste concession, comme celle d'Aniche, où il existait des richesses connues et d'autres bien plus grandes à découvrir certainement.

Un groupe de capitalistes de Valenciennes se forme pour acheter des anciens sociétaires découragés un assez grand nombre d'actions d'Aniche, se mettre à la tête de l'entreprise, y apporter des capitaux et la relever de l'état déplorable dans lequel elle est tombée. Ils parviennent à acheter ainsi 50 deniers ou environ le cinquième des actions en circulation.

Un autre groupe de capitalistes se formait à Cambrai, dans le même but, et achetait une autre partie des parts d'intérêt des anciens sociétaires, qui abandonnèrent ainsi, à l'exception d'un très-petit nombre, l'entreprise d'Aniche.

Une lutte s'établit entre ces deux groupes d'acheteurs pour prendre la direction de l'entreprise ; les incidents de cette lutte et ses résultats seront exposés plus loin.

Nomination de nouveaux directeurs. — A l'assemblée administrative du 22 novembre 1837, est approuvée la cession, à raison de 2000 francs chaque, de 5 deniers par l'un des Directeurs à trois personnes de Valenciennes, dont l'une est nommée immédiatement Directeur. Mais en même temps on décide le retrait de 14 deniers acquis à 1200 francs l'un, par M. Bleuart de M. Lebrun.

L'assemblée continue, avec l'assistance du nouveau Directeur nommé, et on ratifie une nouvelle cession de 10 deniers par l'un des Directeurs en exercice. Celui-ci donne sa démission, et on nomme à sa place l'un des nouveaux acheteurs.

Celui-ci prend place à la séance ; un autre ancien Directeur donne sa démission et est remplacé comme ci-dessus par l'un des nouveaux sociétaires reconnus.

On continue de même jusqu'à ce que toute l'ancienne administration ait été remplacée par une nouvelle, dont tous les membres, sauf le marquis d'Août, sont choisis parmi les nouveaux sociétaires de Valenciennes.

Les nouveaux Directeurs votent des appels de fonds pour faire face aux dettes exigibles et aux dépenses des travaux commencés et en préparation ; mais les anciens sociétaires refusent de satisfaire à ces appels, et la situation de la nouvelle administration est des plus difficiles. Elle songe un moment à aliéner au prix de 1800 à 2000 francs les 44 deniers qui, par suite de retraits précédents, appartiennent à la Société, puis à créer 240 actions nouvelles et à les émettre au même prix. Mais ces combinaisons ne paraissent pas réalisables en présence des termes des statuts, et de l'opposition des anciens sociétaires.

On commande à Provins deux machines d'extraction à haute pression, de la force de 20 chevaux chacune, avec leurs générateurs, pour les fosses de l'Espérance et d'Août.

Refus de reconnaitre les nouveaux directeurs. — A l'assemblée du 18 janvier 1838, il est déposé sur le bureau une signification faite aux Directeurs par un grand nombre d'anciens actionnaires représentant leurs acheteurs de Cambrai, dans laquelle ils déclinent leurs qualités de Directeurs et même de sociétaires, et les somment d'avoir à convoquer une assemblée générale pour le 5 février suivant.

L'administration refuse de faire cette convocation ; elle conteste aux sociétaires le droit de se réunir en assemblée générale au siége de la Société, et fait défense à l'agent général de mettre à exécution aucune des décisions qui pourraient être prises par une assemblée semblable si elle avait lieu.

Le 5 février arrive. Les Directeurs sont réunis au siége de la Société, et les actionnaires se sont installés dans une auberge du village d'Aniche. Ils somment par huissier les Directeurs d'avoir à leur remettre la clef de la salle destinée aux assemblées générales, afin qu'ils puissent s'y réunir en assemblée; d'y faire porter les registres des délibérations, et de vider les lieux comme n'étant pas reconnus valablement sociétaires, et n'ayant par conséquent aucun droit d'assister à l'assemblée projetée.

Les Directeurs répondent qu'ils sont Directeurs en fonctions de la Société ; que les requérants n'ont aucun droit à se réunir en assemblée générale sans y être convoqués par eux, Directeurs, régulièrement nommés ; qu'ils ne se dessaisiront pas des livres de la Société ; mais qu'ils sont prêts à les communiquer sans déplacement aux sociétaires.

L'administration continue à siéger pendant quelques mois. Elle décide, sur l'avis de l'ingénieur des mines, l'abandon de la fosse de Mastaing, qui se trouve en dehors du bassin houiller, et où l'on a dépensé en pure perte 143 060 fr. 73.

Elle constate la situation de plus en plus critique de l'entreprise. Les réclamations des fournisseurs deviennent pressantes; les ouvriers ne sont pas payés. L'exploitation est en perte de 32 303 fr. 74, pendant les cinq premiers mois de 1838. Les appels de fonds ne sont pas acquittés.

MM. Latrade et Quétel. — On avait appelé à l'emploi d'ingénieur de la Compagnie M. Latrade, qui depuis est devenu représentant du peuple en 1848, et député en 1871. Il vint occuper ce poste; mais au bout d'un mois, trouvant sans doute la situation peu de son goût, il quitta Aniche sous prétexte d'affaires de famille et n'y reparut plus.

M. Quétel fut ensuite invité à venir visiter les travaux en vue

d'en prendre la direction. Il y séjourna quelques mois au bout
desquels il fut remercié.

Procès entre les sociétaires et les directeurs. — M. Lebrun,
auquel avait été signifiée la délibération prononçant le retrait
des 14 deniers qu'il avait vendus, en 1837, à M. Bleuart, refusa,
d'accord avec son acheteur, de se soumettre à cette décision. Les
Directeurs l'assignèrent devant le tribunal de Douai.

Les anciens sociétaires qui avaient vendu leurs actions aux
personnes de Cambrai, et qui avaient voulu tenir une assemblée
générale le 5 février, d'accord avec leurs acheteurs non encore
reconnus, intervinrent au procès fait par les Directeurs à
MM. Lebrun et Bleuart. Ils demandèrent au tribunal de déclarer
que les Directeurs prétendus étaient sans qualité pour exercer
les fonctions qu'ils s'étaient arrogées, *on ne sait pourquoi*, et
d'ordonner qu'ils aient à les cesser, et à remettre au siége de la
Société tous les livres et pièces qu'ils en avaient déplacés.

Le tribunal, par un jugement en date du 21 juillet 1838, donna
gain de cause à M. Bleuart et aux sociétaires qui étaient inter-
venus en sa faveur. Ce jugement « déclare les demandeurs mal
fondés dans leurs fins et conclusions; dit qu'ils sont sans droit
aucun à s'arroger le titre et les attributions de Directeurs de la
Compagnie des mines d'Aniche ; ordonne qu'ils soient tenus so-
lidairement de remettre au siége de la Compagnie tous les livres
et pièces qu'ils ont déplacés, etc. »

Un arrêt de la Cour royale de Douai, du 10 janvier 1839, confirma ce jugement dans son entier. Il reconnut que le retrait des
14 deniers, achetés par M. Bleuart, n'ayant pas été opéré dans
les délais prescrits par le contrat de société, était irrégulier, et
que ce dernier restait dûment intéressé dans la Compagnie des
mines d'Aniche; qu'il avait par conséquent droit pour contester,
avec les autres sociétaires intervenants, la qualité des nouveaux
Directeurs ; que cette contestation était fondée, puisque de fait,
la majorité des anciens Directeurs étant démissionnaire, ceux qui
restaient, n'étant plus au nombre de cinq, exigé par les statuts
pour la validité des délibérations, n'avaient pu élire valablement
de nouveaux Directeurs; que c'était à l'assemblée générale qu'il
appartenait de faire cette élection (pièce justificative n° 34).

IX

1839-1845.

Réorganisation de la direction. — L'arrêt de la Cour royale de
Douai du 10 janvier 1839 étant rendu, **M.** Bleuart fait sommation à
M. Schacher, en qualité d'agent général de la Compagnie, «de convoquer dans le plus bref délai et dans la forme accoutumée, tous
les intéressés, ayant titre d'actionnaires reconnus avant le 22 novembre 1837, et ceux-là seulement, à une assemblée générale qui
se tiendra le 31 dudit mois de janvier, et qui aura à délibérer sur
les mesures importantes que les circonstances présentes exigent
impérieusement. »

Dès l'ouverture de cette assemblée, il fut déposé sur le bureau
trente-deux contrats de cession, s'appliquant à 104 $^{14}/_{15}$ de deniers,
consentis par d'anciens sociétaires à divers acheteurs de Cambrai
et environs. L'assemblée, composée comme il a été dit ci-dessus,
donna son approbation à ces contrats, et reconnut comme sociétaires les acquéreurs, qui furent alors introduits dans la salle, et
admis à prendre part aux délibérations.

On vota, tout d'abord, une avance volontaire de 1000 francs par
denier, imputable sur les appels de fonds qui seraient successivement décrétés, puis le retrait de 48 $^{13}/_{15}$ de deniers possédés
par les acquéreurs de Valenciennes qui avaient occupé la direction

à partir de novembre 1837, sans qualité, ainsi que l'avait déclaré l'arrêt de la Cour.

MM. de Chatenay et Lallier. — Le marquis d'Aoûst restait seul Directeur valablement élu. L'assemblée compléta la direction par la nomination de sept nouveaux Directeurs, parmi lesquels figurent les noms de MM. de Chatenay et Lallier, actuellement encore en fonctions. Propriétaires par eux-mêmes et par leurs familles d'intérêts considérables dans l'entreprise, ils consacrent gratuitement, depuis bientôt quarante ans, leurs soins éclairés et dévoués à l'administration de la Compagnie. Il est peu d'exemples de sociétés industrielles comptant dans le sein de leur conseil des membres ayant exercé leurs fonctions pendant un temps aussi long. Je suis certain d'être l'interprète de tous les sociétaires en exprimant à MM. de Chatenay et Lallier les sentiments de reconnaissance qu'inspire à tous leur concours si efficace dans les succès obtenus par la Société.

Retrait des actions des Valenciennois. — En vue d'éviter de nouveaux procès avec les actionnaires de Valenciennes, dont on a retrait les 48 deniers 13/15, et sur la justification que ces deniers leur reviennent, y compris les versements d'appels de fonds, à 5000 francs l'un, les Directeurs, en forme de transaction, rachètent à ce prix la totalité desdits deniers et donnent décharge à leurs propriétaires de toutes réclamations contre les actes de leur gestion.

Ces 48 deniers 13/15 furent donnés à MM. Durand et Cie, banquiers à Paris, en nantissement d'une ouverture de crédit de 200 000 francs.

La nouvelle administration inspirant confiance, il s'opère des achats de deniers de 6000 à 8000 francs.

M. Lefrançois. — En avril 1839, M. Schacher, âgé et infirme, cesse d'être agent général. Il est remplacé par M. Lefrançois, qui a occupé ces fonctions jusqu'à sa mort, arrivée en 1855. M. Lefrançois consacra pendant seize ans, et avec beaucoup de succès, les soins les plus intelligents et les plus constants au développement des mines d'Aniche, et contribua puissamment à relever cette entreprise du discrédit et de l'état de torpeur dans laquelle elle était tombée. Par l'aménité de son caractère, par sa bonté et son amabilité, il sut se concilier l'estime, la confiance et l'affection de toutes les personnes qui furent en rapport avec lui, et créer des relations agréables et utiles à la Compagnie. J'ai eu l'avantage d'être pendant dix ans son collaborateur comme Ingénieur-Directeur des travaux, puis de lui succéder comme gérant; je suis heureux de l'occasion qui m'est offerte d'exprimer l'excellent souvenir que j'ai gardé de M. Lefrançois et de donner à sa mémoire ce témoignage d'estime et de considération, qui est certainement partagé par tous ceux qui l'ont connu.

M. Fournet. — M. Fournet, ingénieur à Rive-de-Gier, sur la désignation de M. Garnier, vient à Aniche visiter les travaux et faire un rapport sur leur état et sur la marche à leur imprimer pour développer l'entreprise. Peu de temps après, il est nommé Ingénieur-Directeur des travaux.

M. Fournet a occupé avec distinction ces fonctions pendant cinq ans et ne les a quittées qu'à la suite d'une maladie à laquelle il succomba en 1845.

C'est sur son initiative qu'on abandonna l'exploitation onéreuse des vieilles fosses et qu'on établit une machine d'épuisement de Cornouailles sur la fosse Sainte-Barbe. Les nouvelles fosses de la Renaissance et Saint-Louis furent créées sur ses plans et sous sa direction, et il appliqua dans leur exécution tous les nouveaux perfectionnements connus à cette époque. Esprit d'ordre et de méthode, il apporta dans la réorganisation des ateliers, des magasins et dans les constructions nouvelles, un cachet particulier, qui contrastait vivement avec le désordre qui régnait partout avant son arrivée.

Sondages et fosse la Renaissance sur Somain. — Sur l'avis de M. Coquerel, ingénieur en chef, et de M. Dusouich, ingénieur des mines, la nouvelle administration avait décidé l'exécution d'une série de sondages au nord des anciennes exploitations.

Le premier rencontra, dès le milieu de l'année 1839, une couche de charbon, et l'on ouvrit immédiatement dans son voisinage la fosse appelée *la Renaissance*. En même temps, on exécutait d'autres sondages plus au nord, vers Somain.

Comme les fosses de Mastaing et d'Aoûst, le diamètre du puits de la Renaissance était de 2^m,66. Le cuvelage avait la forme d'un polygone de dix côtés. Le passage du niveau s'effectua, comme celui de d'Aoûst, à l'aide d'une machine Newcomen, montée sur charpente en bois, qui servit ultérieurement au creusement de quatre autres puits.

Divers. — Jusqu'alors l'éclairage dans la mine s'effectuait avec des chandelles; on y substitue, en 1839, l'éclairage à l'huile, beaucoup plus commode et plus économique.

A cette époque, les anciennes exploitations étaient épuisées et fournissaient peu de charbon et avec perte. De plus, les nouveaux travaux occasionnaient des dépenses auxquelles on ne pouvait faire face que par des appels de fonds successifs et répétés, qui ne produisaient que de faibles ressources, puisqu'ils ne pouvaient dépasser, d'après les statuts, 1000£ au sol, soit 82 francs 30 centimes par denier, et qu'ils ne s'appliquaient qu'à deux cents et quelques deniers alors en circulation.

Aussi l'assemblée générale du 1er juillet 1839 autorise-t-elle de porter chaque appel de fonds à 500 francs par denier.

Il ne restait plus alors qu'un petit nombre des anciens actionnaires d'Aniche. Fatigués d'une longue attente, découragés, n'ayant plus de confiance dans le succès de l'entreprise, ils avaient cédé avec empressement leurs actions à des prix variables, depuis 1200 jusqu'à 3000 francs, à des personnes disposées à s'imposer les sacrifices nécessaires pour l'ouverture de nouvelles fosses et le développement de l'exploitation.

Capitaux versés par les actionnaires. — L'administration de la Compagnie réorganisée, les anciens sociétaires remplacés par de nouveaux disposés à apporter les capitaux indispensables, les mines d'Aniche entrent dans une nouvelle phase qui va enfin les conduire au succès attendu depuis si longtemps.

Du 22 novembre 1773 au 1er avril 1839, il avait été appelé 44 mises de 1000£ au sol, soit en totalité 44000£ (43456 francs 60 centimes) ou 3621 francs 38 centimes par denier.

Il fut appelé, en 1839. . .	2000 fr.	»	par denier.	
— en 1840. . .	1000	»	—	
— en 1841. . .	500	»	—	
Ensemble. . .	3500 fr.	»	par denier,	
qui, ajoutés aux appels antérieurs	3621	38		
donnent le chiffre total de.	7121 fr. 38 c.,			

qui est bien la somme réellement versée par chaque denier de la Compagnie d'Aniche.

Ce versement de 7121 francs 38 centimes, appliqué aux 270 de-

niers, correspondant aux 22 sols 6 deniers faisant fonds formant
le capital de la société, aurait dû produire 1 912 772 francs 60 centimes.

Mais, par le fait des retraits successifs de deniers effectués par
la Compagnie, le capital réellement versé par les sociétaires ne
s'est élevé qu'à 1 596 083 francs 50 centimes.

Ce chiffre paraîtra faible comparativement au capital des sociétés houillères actuelles.

Quoi qu'il en soit, la Compagnie disposait d'environ 600 000
francs.

Abandon de quatre vieilles fosses. — L'une des premières mesures proposées par M. Fournet fut l'abandon des quatre fosses
Saint-Mathias, Sainte-Catherine, Saint-Vaast et Sainte-Hyacinthe.

Sa proposition était motivée dans un rapport du 25 février 1840,
très-développé et très-remarquable, qui valut à son auteur les
vives félicitations de l'administration, et dont j'extrais les renseignements suivants :

Les deux premières fosses, dans lesquelles l'exploitation était
suspendue depuis un certain temps, ne servaient qu'à l'enlèvement
de leurs eaux, qui seraient venues s'ajouter à celles extraites par
la machine Newcomen de Saint-Vaast, laquelle était obligée déjà
de fonctionner 22 heures sur 24.

Cette machine élevait l'eau de 350 mètres de profondeur, au
moyen d'une colonne de pompe de 19 à 22 centimètres, composée
de 11 reprises, dont 7 seulement placées dans la fosse Saint-
Vaast, 2 dans la fosse Sainte-Barbe et 2 dans un bure.

Le mouvement vertical des premières se transmettait aux se-
condes au moyen de trois balanciers de 6^m,60 chacun, et de
celles-ci aux troisièmes également à l'aide d'un balancier.

Tout cet attirail, défectueux, dans un état pitoyable, exigeait une
dépense annuelle d'entretien et de combustible de 45 600 francs,
sans compter les dépenses d'entretien des puits, revêtus de bois
de haut en bas.

La fosse Sainte-Barbe produisait moins de 8000 hectolitres par
mois, soit 10 000 tonnes par an, et à un prix de revient excessivement élevé, 1 franc 48 centimes l'hectolitre, plus de 14 francs la
tonne, et supérieur au prix de vente. Il ne restait qu'une minime
quantité de houille à y exploiter à la profondeur de 350 mètres
qu'elle avait atteinte.

Sainte-Hyacinthe était dans un état semblable.

Il ne restait que la fosse l'Espérance qui offrît quelques ressources et une exploitation avantageuse. Elle venait du reste d'être munie d'une des machines d'extraction de 20 chevaux commandées en 1838 à Provins.

M. Fournet établissait dans son rapport que la restauration des anciens puits était un problème très-difficile à résoudre et dans tous les cas très-onéreux.

Il concluait donc à l'abandon des quatre fosses Saint-Mathias, Sainte-Catherine, Saint-Vaast et Sainte-Hyacinthe ; à l'isolement de leurs niveaux du terrain houiller par l'établissement de serrements ; et enfin au montage d'un système d'épuisement avec une machine de Cornouailles sur la fosse Sainte-Barbe, pour l'enlèvement des eaux de l'exploitation de la fosse l'Espérance, qui était seule conservée.

Machine de Cornouailles. — La maison Hallette, d'Arras, avait fourni dans ces dernières années, au prix de 90 000 francs, des machines de Cornouailles de 80 à 90 chevaux de force, aux nouvelles Compagnies d'Hasnon, de Vicoigne et de Cantin. Ce système de machines, très-perfectionnées comparativement aux machines précédemment employées, fut adopté par la Compagnie d'Aniche, qui traita avec M. Hallette au milieu de l'année 1840, pour la fourniture de l'une de ces machines, moyennant la livraison de 40 000 hectolitres de charbon rendu sur bateau à Douai, représentant environ 70 000 francs.

Cette machine fut mise en marche vers le milieu de l'année 1841. Elle procura de suite des économies considérables. Ainsi, a consommation de l'ancienne machine étant de :

$$21\,240 \text{ hect. de charbon,}$$

celle de la nouvelle n'était plus que de 3 047   —   —

$$\text{Différence}\quad 18\,193 \text{ hect. de charbon.}$$

Les 40 000 hectolitres de charbon, livrés à M. Hallette, pour prix de la machine, furent regagnés en moins de deux ans et demi.

Mise en exploitation de la Renaissance. — La fosse la Renaissance, ouverte fin septembre 1839, avait atteint une première couche exploitable, à 148 mètres de profondeur, en novembre 1840. On lui donna le nom de *Bonsecours*.

Les terrains y présentaient une grande régularité et une inclinaison de 30 degrés. Le charbon était de nature sèche, à flamme, mais menu, et ne convenait que pour le chauffage des générateurs.

On commença à extraire du charbon vers le milieu de l'année 1841.

Cette extraction venait bien à point, car l'exploitation, réduite à la seule fosse de l'Espérance, ne produisait que 500 hectolitres par jour. Les espérances que l'on avait fondées sur la fosse d'Août ne se réalisaient pas, cette fosse n'ayant trouvé jusqu'alors que des veines brouillées et inexploitables.

Mais le charbon de la Renaissance était menu; l'industrie n'était pas encore habituée à consommer des charbons de cette sorte; aussi l'écoulement fut-il d'abord difficile. Il fallut en abaisser le prix à un taux très-bas, s'occuper de remplacer les grilles en usage par d'autres à barreaux minces, peu écartés, donnant beaucoup d'air, employer même des souffleries pour faire adopter ce charbon dans les usines. On y parvint cependant au bout d'assez peu de temps.

Toutefois, jusqu'en 1842, les dépenses dépassaient notablement les recettes, et on dut recourir à divers emprunts.

Changement favorable dans la situation. — Mais à la fin de cette année, la confiance dans le succès est complète. M. Bleuart vend 31 deniers à 10 000 francs l'un, et le conseil d'administration discute la question de savoir s'il n'y a pas lieu d'user du droit de retrait sur cette vente. C'eût été surcharger la Compagnie d'une nouvelle dette importante, et l'on eut la sagesse de ne pas donner suite à cette proposition.

A l'assemblée générale du 31 juillet 1843, la situation de l'entreprise est exposée sous un aspect très-favorable.

Les dépenses faites depuis 1839, travaux neufs, abandon des anciennes fosses, retrait de 48 et 2/3 de denier, etc., se sont élevées à 1 160 504 fr. 96 c.

L'extraction qui était tombée en 1840 à.   198 350 hect. combles,
     atteint en 1841. .   235 769   —
     et en 1842. .   372 777   —

Le prix de revient, qui était en 1840 de. . . . . 1 fr. 87 c.,
     s'abaisse en 1841 à 1   05
     et en 1842 à 0   78

Il est vrai que le prix de vente diminue parallèlement. Ainsi

>   de. . . . . . 1 fr. 39 c. en 1840
>   Il tombe à.. 1   31   en 1841
>   et à. 1   05   en 1842

Mais le résultat final n'est pas moins favorable.

Le compte des charbons qui présentait en 1840 une perte

>   de . .   16 897 fr. 33 c.
>   donne un bénéfice brut de . .   56 181   32   en   1841
>   —   de . .   98 073   25   en   1842.

Fosse Saint-Louis. — Aussi décide-t-on bientôt l'ouverture d'une nouvelle fosse, qui a porté le nom de Saint-Louis, sur l'aval pendage du faisceau des sept couches déjà reconnues à la Renaissance. Les travaux de fonçage commencèrent en octobre 1843. Le diamètre du puits fut de 3 mètres, et le cuvelage un polygone de douze côtés. Jusqu'alors on n'avait donné aux puits qu'un diamètre de $2^m,66$, et aux cuvelages que dix côtés.

Le niveau fut passé à l'aide d'une machine Newcomen volante, c'est-à-dire montée sur charpente en bois démontable, et à laquelle on avait apporté des améliorations notables. Cette même machine a servi plus tard à passer le niveau des fosses Fénelon, Traisnel et Gayant.

Progrès réalisés. — La machine d'extraction commandée à M. Hallette, pour le prix de 25 000 francs, sans générateurs, était de la force de 30 chevaux. On n'avait pas alors dépassé 20 chevaux de force dans ces sortes de machines.

On appliqua à l'extraction, comme on l'avait déjà fait du reste à la Renaissance, à l'exemple des mines des environs de Mons, de grands cuffats de 3 mètres de hauteur et d'une capacité de 16 hectolitres combles. Ces cuffats étaient vidés au jour par un treuil à embrayage dit *culbuteur*, manœuvré par la machine d'extraction elle-même.

Ces applications nouvelles permettaient d'extraire 1600 à 1800 hectolitres par jour, lorsqu'à Anzin, avec des machines de 12 chevaux seulement et des tonneaux de 7 hectolitres, on n'extrayait généralement que 800, 1000 hectolitres au plus par puits et par jour.

C'était un progrès réel réalisé.

Émission de 70 actions à 10 000 francs. — L'année 1843 donna des bénéfices retativement importants, mais ils étaient plus qu'absorbés : 1° par les intérêts de 640 000 francs d'emprunts contractés dans les dernières années, pour faire face aux dépenses des années antérieures ; 2° par les dépenses de la nouvelle fosse Saint-Louis, la construction de maisons d'ouvriers, etc.

Les Directeurs crurent sage, et avec raison, de sortir de cette situation toujours difficile que comportent les emprunts pour une entreprise industrielle. Ils décidèrent, vers le milieu de l'année 1844, le remboursement de la dette.

Deux moyens furent proposés. Le premier consistait dans un appel de fonds de 4 000 francs par chaque action en circulation ; le second, dans l'émission à 10 000 francs l'un de 70 deniers à prendre dans les 110 retraits antérieurement par la Société, et dont la souscription était réservée seulement aux sociétaires reconnus.

L'assemblée générale du 12 août 1844 donna la préférence au dernier mode, et les 70 actions émises furent immédiatement souscrites. Cette émission produisit 700 000 francs, qui furent appliqués au remboursement de la dette (voir pièce justificative, n° 35).

M. Vuillemin. — Au commencement de l'année 1845, M. Fournet fut atteint d'une maladie grave, à laquelle il succomba quelques mois après.

Sur la présentation de M. Blavier, ingénieur en chef de l'arrondissement minéralogique du Nord, je fus appelé à le remplacer en qualité d'Ingénieur-Directeur des travaux. Dix ans plus tard, en 1855, à la mort de M. Lefrançois, agent général, les Directeurs me confièrent, sous le titre d'Ingénieur gérant, la conduite de toutes les affaires de la Société. Enfin, en 1862, ils m'appelèrent à faire partie du conseil d'administration, en remplacement de M. Bineau, décédé.

Il y a actuellement trente-trois ans que je suis attaché aux mines d'Aniche. Pendant cette longue période, j'ai pris une part active à toutes les opérations de la Société, et, je puis le dire, avec un intérêt et une satisfaction constants. La confiance et l'estime qu'ont bien voulu toujours me témoigner les administrateurs et les sociétaires, les excellents rapports que j'ai constamment entretenus avec eux, ont rendu ma tâche facile et agréable. Dans ces conditions rares, le travail a été pour moi un véritable bonheur, et je ne saurais trop rendre grâce à la Providence des circonstances heureuses dans lesquelles s'est écoulée ma carrière d'ingénieur.

Qu'il me soit permis d'exprimer ici tout particulièrement à mes collègues de l'administration, mes sentiments de gratitude et de véritable affection à leur égard.

X

1845-1855.

Situation en 1845. — Dividendes. — Travaux. — Augmentation des salaires. — Fosse
Fénelon. — Application des chevaux au transport. — Cages d'extraction. — Cherté
du blé en 1847. — Fosse Trainel. — Grève de 1848.— Augmentation des salaires.
— École et asile de la Renaissance. — Valeur du denier. — Divers. — Découverte
de la houille grasse près Douai. — Fosse Gayant. — Fabrique d'agglomérés. —
Chemins de fer. — Hausse de prix des houilles. — Divers. — Augmentation des salaires. — Caisse d'épargne. — Églises. — Écoles. — Résultats.

Situation en 1845. — Voici l'état de situation de l'entreprise
au 31 mars 1845, tel qu'il était exposé dans les rapports à l'assemblée générale du 11 août de ladite année.

Le bilan présentait :

Un actif de....................................	1 786 427^f 63
Un passif de....................................	661 983 02
Capital net.	1 124 444^f 61

Il restait 40 25/90 deniers retraits; et par suite 259 65/90 deniers étaient en circulation.

Le bénéfice ressortant du compte de profits et pertes, pendant
l'année 1844-45, était de 107 637^f,81.

Il avait été extrait 623 180 hectolitres combles, de 105 kil., ou
65 434 tonnes.

Le prix de revient d'exploitation était de 0^f,68 l'hectolitre, ou
6^f,47 la tonne ;

Et le prix de vente de 1 franc l'hectolitre, ou 9^f,51 la tonne.

Les dépenses en travaux neufs s'étaient élevées à 207 394^f,71.

Les travaux en activité comprenaient :

1° *Fosse Sainte-Barbe*, uniquement consacrée à l'épuisement et à l'aérage de l'Espérance.

2° *Fosse l'Espérance*, dont la production avait été, en 1844, de 191 590 hectolitres combles, au prix de revient de 0ᶠ,921 l'hectolitre, et où l'on exécutait une longue exploration vers l'ouest.

3° *Fosse d'Aoûst*, approfondie à 357 mètres, où l'on avait dépensé dans l'année 32 161ᶠ,79, en recherches dans les veines nombreuses, mais tout à fait brouillées, et qui ne produisait absolument rien.

4° *Fosse Renaissance*, qui avait produit en 1844, 386 448 hectolitres, au prix de revient de 0ᶠ,589, et où l'on connaissait huit veines exploitables et très-régulières.

5° *Fosse Saint-Louis*, approfondie à 240 mètres, dont 84 mètres dans le terrain houiller, et ayant traversé cinq veines, et munie d'une machine d'extraction de 30 chevaux.

Cette situation était considérée comme très-satisfaisante, et elle l'était en effet, comparativement surtout à celle des années antérieures.

Dividendes. — L'année 1845 réalisa de nouveaux progrès. L'extraction s'accrut, le prix de revient diminua, et quoique le prix de vente fût très-bas, le résultat final, ou le bénéfice, fut assez beau pour permettre la répartition, en 1846, d'un dividende de 300 francs par denier. C'était le premier depuis la rénovation de la Société. L'année suivante, le dividende fut de 600 francs, il alla en augmentant successivement les années suivantes. Il n'est pas inutile de rappeler que depuis l'origine, jusqu'en 1846, il avait été distribué huit dividendes, dont deux en charbon, ne formant en totalité que 657ᶠ,57 par denier.

Les nouveaux sociétaires commençaient donc à trouver la rémunération des sacrifices qu'ils s'étaient imposés pour relever l'entreprise. La valeur du denier était de 12 000 francs; la confiance dans le succès était justifiée.

Travaux. Augmentation des salaires. — Aussi organisait-on des ateliers de réparation et des magasins, construisait-on des maisons d'ouvriers et une maison de direction, et développait-on les travaux d'exploitation et d'exploration.

La fosse d'Aoûst, où l'on s'était borné jusqu'alors à des explorations en profondeur et à travers bancs, sans les étendre en direction, commença enfin à produire de petites quantités de charbon, il est vrai, mais qui couvraient au moins les frais de recherches qui se développaient.

La fosse l'Espérance seule ne répondait pas à ce que l'on en attendait. Une longue exploration, de 1500 mètres, avait été poussée vers l'ouest, en vue de préparer l'ouverture d'une nouvelle fosse. Mais elle avait constaté dans cette direction des terrains très-brouillés, où la couche disparaissait sur plus du tiers de son étendue. On dut abandonner cette exploration coûteuse et qui n'offrait plus d'espoir de succès. On se reporta vers le nord, mais là aussi, sans succès.

Les couches en exploitation à l'étage de 293 mètres étaient à peu près épuisées, et quoique l'approfondissement de la fosse offrît peu de chances favorables, on se détermina à l'effectuer, afin de conserver une exploitation de charbon gras nécessaire pour l'alimentation de l'industrie de la localité, la verrerie, et pour des mélanges avec les charbons secs des fosses de la Renaissance et de Saint-Louis.

Au mois de juillet 1846, une grève se déclare à Anzin et à Douchy ; elle n'atteint pas les mines d'Aniche, et se termine, au bout de huit à dix jours, par une augmentation de salaires de 15 p. 100, qui porta de 2 francs à 2^r,30 le prix de base de la journée des mineurs.

C'est à cette époque que fut établi le règlement de la caisse de secours, qui augmentait et réglait sur des bases fixes les secours aux ouvriers malades et blessés, et les pensions de retraite.

Fosse Fénelon. — L'extraction et la vente allaient en augmentant et dans des conditions assez favorables. Le prix de vente était très-bas, à cause des frais de transport imposés par la distance aux canaux, mais le prix de revient était très-réduit. On attendait avec impatience l'ouverture du chemin de fer du Nord, et on étudiait les moyens de relier les fosses par un embranchement à la gare voisine, Somain. On comptait sur une notable augmentation de débouchés. Aussi décida-t-on l'ouverture d'une nouvelle fosse, qui fut ouverte en avril 1847 et qui fut nommée *Fénelon*. Cette fosse fut établie sur l'aval pendage des couches reconnues par la Renaissance et Saint-Louis, qu'elle devait exploiter en profondeur, en même temps qu'elle explorerait, concurremment avec d'Aoûst, la partie sud-est de la concession, et exploiterait les couches nouvelles et grasses que l'on espérait y découvrir.

On substitua pour la première fois, au manége à chevaux, une petite machine à vapeur d'extraction pour l'enlèvement des terres dans le creusement de cette fosse, et cette substitution s'est généralisée depuis avec de grands avantages.

Application des chevaux au transport. Cages d'extraction. — Le transport souterrain, qui s'était effectué jusqu'alors à bras d'hommes, se fait enfin par des chevaux, à l'exemple de ce qui se pratiquait déjà à Vicoigne ; et aux galeries inclinées, ou *montées*, qui desservaient les tailles, on substitue les plans automoteurs. Ces changements exercèrent la plus heureuse influence sur l'exploitation. Ils permirent de remplacer, par des enfants de quatorze à seize ans, des jeunes gens forts et des hommes faits occupés au roulage, et de les employer comme mineurs à l'abattage et au percement des galeries. Le recrutement du personnel fut ainsi rendu plus facile, résultat important, car il fallait augmenter le nombre des ouvriers dans la proportion de l'accroissement de l'extraction, qui était passée de 30 000 à 60 000, puis à 90 000 tonnes.

En même temps on adoptait le système de guidage des puits avec longuerines en bois, et l'élévation au jour, dans des cages, des petits chariots employés au transport. Ce système, qui s'est si complétement généralisé depuis, était alors dans toute sa nouveauté ; il avait été appliqué d'abord en Angleterre, puis dans quelques puits en Belgique. C'est à Aniche que fut faite en France, pour la première fois, l'application du guidage en bois, à la fosse *Fénelon* d'abord, puis à la fosse *Saint-Louis*, et successivement à tous les puits qu'on ouvrit ensuite.

Cherté du blé en 1847. — Au commencement de l'année 1847 le prix du blé atteignit un taux exorbitant. La Compagnie d'Aniche vint en aide aux familles de ses ouvriers, en leur accordant la farine au prix maximum de 64 francs les 100 kilogrammes pendant tout le temps de la cherté du grain.

Elle agit de même dans des circonstances semblables qui se produisirent en 1853 et en 1875.

Dans le cours de l'année 1847, la vente est très-active ; on relève un peu le prix de vente du charbon ; l'extraction est poussée aux plus hauts chiffres possibles, mais ne fournit cependant pas autant qu'on le désirerait, faute de personnel. On construit des

maisons pour attirer de nombreux ouvriers des communes voisines.

Fosse Trainel. — En même temps on décide l'ouverture d'une
nouvelle fosse sur le prolongement à l'ouest du faisceau des
veines de la Renaissance et Saint-Louis. Cette fosse fut commencée dans les premiers mois de 1848, et fut appelée *Trainel*, du
nom du fondateur de la Compagnie.

Grève de 1848. Augmentation des salaires. — La révolution
de février vint arrêter cet essor de l'exploitation. Les idées socia-
listes, répandues à cette époque, gagnèrent les ouvriers mineurs.
Une grève éclata à Anzin. Les ouvriers de cette Compagnie obligèrent les ouvriers d'Aniche de suspendre leur travail. Ceux-ci
cédèrent facilement, parce qu'ils prévoyaient qu'il sortirait de
cette grève une augmentation de salaires.

Le commissaire du gouvernement à Valenciennes, le citoyen
Delécluse, réunit les exploitants et leur imposa l'obligation de
satisfaire aux demandes des ouvriers mineurs, et de leur accorder une augmentation de salaires. On ne parlait alors de rien
moins que de la reprise des mines par l'État.

Les exploitants durent céder à ces injonctions de l'autorité, et
le prix servant de base à la fixation de la tâche fut porté de 2^f,30
à 2^f,50, et augmenté ainsi de 8,70 p. 100.

Mais les prétentions des ouvriers ne se bornaient pas à demander une simple augmentation de salaires ; ils réclamaient la
substitution du travail à la journée au travail à la tâche, la
suppression des chevaux à l'intérieur et celle de la caisse de secours.

Il ne fut pas obtempéré à ces dernières réclamations, dont l'a-
doption eût été funeste aux ouvriers eux-mêmes.

L'abandon du travail à la tâche eût été un encouragement à la
paresse pour les mauvais ouvriers, et eût privé les bons de la
rémunération équitable de leur activité ; c'eût été en même temps
la désorganisation complète du travail des mines.

La suppression de l'emploi des chevaux était un pas en arrière ;
elle aurait eu pour résultat de rendre plus pénible le travail des
hercheurs, et de remplacer par un travail de force, de fatigue,
un travail qui réclamait au contraire plus d'intelligence.

La suppression de la caisse de secours était demandée par les
jeunes ouvriers, par les ouvriers qui aiment à changer d'éta-

blissement. Mais les vieux ouvriers, les hommes raisonnables, réclamaient son maintien, invoquaient les droits acquis pour les secours aux malades, et les pensions de retraite pour eux et pour leurs veuves.

Cette utile institution put être conservée ; seulement la Compagnie intervint pour une plus forte contribution dans le fonds constitutif de la caisse, augmenta le taux des secours et des pensions, et confia son administration à un conseil composé du gérant, du directeur des travaux, du médecin, d'un chef ouvrier et de trois ouvriers désignés par la Compagnie.

Les bases de cette nouvelle constitution de la caisse de secours de la Compagnie d'Aniche ont été adoptées depuis par toutes les houillères de la région, et leur ont servi de modèle.

Comparativement à l'année 1847, qui avait donné de très-beaux résultats, l'année 1848, quoique difficile à passer, fut moins défavorable qu'on avait lieu de le redouter.

La fosse d'Aoûst qui, pendant dix ans, n'avait jamais rien produit, fournissait 100 000 hectolitres, avec un faible bénéfice, il est vrai. Elle donnait des charbons gras, qui étaient employés, partie en mélange avec les houilles sèches de la Renaissance et Saint-Louis, partie dans les verreries et partie à une petite fabrication de coke qu'on avait installée à cette fosse.

École et asile de la Renaissance. — Malgré les événements, la Compagnie avait confiance en l'avenir. On travaillait au percement de la fosse Trainel. On construisait des maisons d'ouvriers, on créait une école et une salle d'asile au hameau de la Renaissance, et on appelait pour les diriger et pour soigner les ouvriers malades les sœurs de Saint-Vincent de Paul.

Cette création a servi d'exemple pour les nouvelles et nombreuses écoles ouvertes depuis, non-seulement par la Compagnie d'Aniche, mais par toutes les Compagnies houillères du Nord, et pendant longtemps l'école de la Renaissance a fourni des directrices pour les nouvelles écoles créées par les houillères.

Les religieuses rendirent de très-grands services à la population ouvrière pendant l'épidémie de choléra, qui sévit en 1849 d'une manière cruelle et fit de nombreuses victimes. La maladie tint éloignés des travaux un très-grand nombre d'ouvriers. Dans certaines familles, la mort du père, de la mère, laissait des orphelins tout à fait abandonnés. Les religieuses les recueillirent.

Ce fut l'origine de la création, à la Renaissance, d'un orphelinat dans lequel on admet les enfants des ouvriers frappés par le malheur. Cette institution a rendu et continue à rendre d'immenses services.

Valeur du denier. — Un actionnaire proposa, à cette époque, à la Compagnie, de lui céder 8 deniers en échange de 192 000 hectolitres de charbons à facturer au prix de 0^f,92 l'un à la mine, et à livrer à des consommateurs dont il donnerait la désignation.

En fait, la proposition équivalait à céder à la Compagnie des deniers au prix de 22 080 francs l'un payable en charbons.

Ce prix était élevé, le denier ne se vendait alors que 15 000 à 16 000 francs. Mais la proposition de l'actionnaire, dont il s'agit, avait l'avantage de procurer l'écoulement d'une quantité importante de houille.

L'offre ci-dessus ne fut pas acceptée cependant. On craignait, sans doute, que la vente d'une partie des 192 000 hectolitres ne fût faite à des consommateurs, déjà clients de la Compagnie, et d'un autre côté, c'était se priver de la somme importante que représentait la vente de ces 192 00 hectolitres de charbon, alors que la Compagnie avait besoin de ses ressources pour faire face à ses travaux de développement.

Divers. — La Compagnie d'Azincourt, qui depuis 1840 s'était établie au sud et à proximité de la concession d'Aniche, avait en 1849 empiété, par ses travaux d'exploitation, sur le périmètre de cette concession. Cet empiètement donna lieu à un procès entre les deux Compagnies, qui fut naturellement gagné par la Compagnie d'Aniche, mais qui ne fut pas moins une atteinte préjudiciable à sa propriété, par les obligations que cette pénétration des travaux dans sa concession lui imposait pour l'avenir.

L'extraction par cages de la fosse Fénelon avait réalisé toutes les espérances qu'on en attendait; aussi l'application de ce système fut-elle adoptée dès 1849 pour la fosse Saint-Louis, en remplacement des grands tonneaux de 16 hectolitres qui donnaient lieu à des inconvénients graves, des accidents de machine, de grandes dépenses d'entretien du matériel et du puits, et aussi à la casse de la houille.

Au milieu de l'année 1850, la fosse l'Espérance dut être abandonnée, à la suite d'une venue d'eau provenant des anciens travaux de Sainte-Catherine.

L'extraction de cette fosse était très-faible, et se faisait à un prix élevé. Il fut reconnu plus avantageux de l'abandonner que d'y exécuter des travaux dispendieux et qui n'auraient certainement pas été couverts par les produits de l'exploitation.

L'augmentation de la production de la fosse d'Aoûst, l'exploitation des couches méridionales de Fénelon, fournissaient des charbons gras qui remplaçaient par surcroit la production de l'Espérance.

La fosse Sainte-Barbe devenait inutile. Elle fut comblée, comme l'Espérance, après exécution de serrements.

Dans cette même année 1850, on dut monter une machine d'épuisement de 60 chevaux, du système à traction directe de Cavé, sur la fosse Trainel, dont les galeries à travers des bancs de grès fournissaient une venue d'eau de 3000 hectolitres par 24 heures. Cette venue d'eau diminua petit à petit, et dès 1856 son épuisement put s'effectuer avec des tonnes par la machine d'extraction.

Découverte de la houille grasse près Douai. — A l'ouest de la concession d'Aniche, près Douai, la Compagnie de l'Escarpelle avait, dès 1847, rencontré la houille sèche analogue à celle exploitée par les fosses de Somain, obtenu une concession et ouvert un puits qui était en exploitation en 1851.

Je proposai à l'administration de la Compagnie d'Aniche, dès le commencement de cette année, d'ouvrir un puits près de Douai, mais au sud du puits de l'Escarpelle, de manière à y atteindre le faisceau des houilles grasses.

Ma proposition fut ajournée; mais, convaincu de l'importance qu'aurait pour l'avenir de la Compagnie la création d'une exploitation nouvelle près de Douai, à proximité du canal, je revins à la charge à diverses reprises, et obtins au moins l'exécution d'un sondage d'exploration, comme confirmation de mes prévisions. Ce sondage fut aussitôt entrepris, et à la fin de 1851 il rencontrait, à la profondeur de 156 mètres, une veine de houille grasse de 70 centimètres.

Cette découverte a exercé une influence énorme sur le développement de la Compagnie d'Aniche. Son exploitation, près Somain, portait à peu près exclusivement sur les houilles sèches, à flamme, dont l'emploi était restreint, et borné pour ainsi dire au chauffage des générateurs. Cette exploitation était éloignée de 8 kilomètres des canaux, de Bouchain et de Marchiennes; l'expédition de ces produits, par la voie d'eau, exigeait un transport très-onéreux, et présentant des difficultés insurmontables dès qu'il s'agissait de quantités importantes.

Le chemin de fer du Nord, ouvert dès la fin de 1847, transportait bien les charbons d'Aniche, amenés encore à Somain par voitures, mais ses tarifs étaient alors très-élevés, et il ne remplaçait qu'imparfaitement les canaux.

A Douai, on trouvait un gisement de houille grasse, convenant à des usages très-divers, s'adressant à de nouveaux et nombreux consommateurs et créant ainsi des débouchés importants. De plus, l'exploitation était à proximité du canal de la Scarpe, comme du chemin de fer, et les expéditions, par ces diverses voies, faciles et économiques.

Aussi la création de l'exploitation de Douai a-t-elle été l'origine d'une nouvelle phase pour la Compagnie d'Aniche, et l'origine du développement nouveau qu'elle a pris, et des résultats favorables qu'elle a obtenus.

Fosse Gayant. — Dès le commencement de 1852, on se mettait en mesure d'ouvrir une fosse sur le gisement de houille grasse découvert à Douai. Le creusement de cette fosse présenta des difficultés sérieuses. Un premier puits, sur lequel on avait installé la machine Newcomen volante, dut être abandonné à 20 mètres de profondeur, par suite de l'abondance des eaux que sept pompes ne suffisaient pas à enlever.

Un deuxième puits fut ouvert à 17 mètres du premier, et on y installa la machine de Cornouailles, avec trois nouvelles et grandes pompes. A l'aide de deux machines fonctionnant en même temps, on parvint, non sans peine, à traverser les craies fissurées, ébouleuses et très-aquifères qui s'étendent partout dans les environs de Douai. Le premier puits fut abandonné, et on poursuivit seulement le creusement du deuxième, qui rencontra le terrain houiller à 156 mètres, et commença à produire en 1855.

Les nouveaux puits d'Aniche avaient été portés de 2^m,66 à 3 mètres de diamètre; à Gayant on adopta le diamètre de 4 mètres, et le cuvelage à 16 pans qui ont été conservés pour tous les puits creusés à partir de 1853.

C'est également à Gayant qu'on monta pour la première fois, dans le Nord, une machine d'extraction horizontale à deux cylindres de grand diamètre, 66 centimètres, et de longue course, 2 mètres. Elle fut fournie par MM. Pruvost, Coudroy et Cie, de Dorignies.

Ce système avait été appliqué par le Creuzot, à Ronchamps et à Blanzy. Il s'est depuis généralisé, et la Compagnie d'Aniche possède actuellement en fonctionnement dix machines de ce type.

Aux cages carrées, à deux chariots, placées de front à chaque étage, employées dans les puits de 3 mètres, on substitua à Gayant, puis successivement aux nouveaux puits de 4 mètres, les cages longues à deux chariots placés bout à bout, d'une manœuvre plus rapide et plus facile.

Fabrique d'agglomérés. — M. Morat, l'un des administrateurs de la Compagnie, établit avec le concours de la Compagnie, en 1851, une fabrique d'agglomérés à Aniche. C'est la première qui ait été installée dans le nord de la France. L'agglomération de la houille menue s'opérait avec le goudron dans un moule et sous l'action d'un marteau pilon.

Cette fabrique, successivement agrandie, a fait place, en 1872, à une nouvelle installation munie d'appareils très-perfectionnés, marchant pour le compte de MM. Dehaynin et Cie, et qui produit 60 000 tonnes par an, avec les charbons secs d'Aniche, fournis en vertu d'un marché de dix ans.

Chemins de fer. — Dès l'ouverture du chemin de fer du Nord, en 1847, la Compagnie d'Aniche s'était occupée de relier ses fosses à la gare voisine de Somain, par un embranchement, et avait étudié divers projets à cet effet. Mais les difficultés créées par les propriétaires des terrains, l'obligèrent à recourir à l'expropriation pour cause d'utilité publique, qui lui fut accordée par un décret du 18 février 1850.

Cet embranchement fut exécuté par la Compagnie du chemin de fer du Nord, en vertu d'un traité spécial et moyennant le remboursement des dépenses en dix annuités, avec intérêt à 4 p. 100. Ce mode d'exécution des embranchements, reliant les houillères au chemin de fer, a été pratiqué par la Compagnie du Nord, pour deux autres lignes de la Compagnie d'Aniche et pour la plupart des voies de raccordement des autres mines du Nord et du Pas-de-Calais. Il offrait l'avantage de répartir sur une période de dix ans une dépense importante, lourde à acquitter en une seule fois.

Les premiers wagons circulèrent sur le nouvel embranchement en octobre 1854. Jusqu'alors on avait transporté par voitures les charbons, des fosses à la gare de Somain.

Hausse de prix des houilles. — Au commencement de 1854, les houilles sont très-demandées et les mines voisines augmentent leur prix de vente.

Aniche, qui est en voie de développer sa production et a besoin de se créer de nouveaux débouchés, hésite à suivre les autres houillères ; aussi lorsqu'elle se décide un peu plus tard à augmenter ses prix, elle ne le fait que successivement ; 5 centimes en août, 5 centimes en septembre, et 5 centimes en octobre, et pas à pas. A cette date, elle vend l'hectolitre ras, de 89 à 90 kilogrammes, tout venant :

```
Par wagon .... ......   1f,10 et 1f,15 ) Par tonne 12f,20 à 15 fr.,
    bateau...........   1 ,20 et 1 ,25 }      avec remise
    voiture..........   1 ,30 et 1 ,35 )    de 0f,50 à 1f,65.
```

avec remise de 5 à 15 centimes par hectolitre, suivant l'importance des marchés.

En mars 1855, elle supprime les primes ; elle augmente les prix ci-dessus de 10 centimes en mai, de 10 centimes en août ; ce qui met les prix, à cette date :

```
Par wagon, à........   1f,30 et 1f,35 l'hectol. ras.) Par tonne,
    bateau, à........   1 ,40      »      —    —  }      de
    voiture, à.......   1 ,40 et 1 ,45   —    —  ) 14f,45 à 16 fr.
```

Divers. — L'extraction qui n'était, en 1845, que de 67 330 tonnes, s'était élevée successivement :

```
En 1850, à.............. ..................... 107 583 tonnes.
   1854, à............................. ...... 201 639    —
```

La fosse Gayant allait entrer en production, les circonstances étaient très-favorables pour donner du développement à l'entreprise ; aussi ouvrait-on un nouveau puits sur le gisement d'Aniche, au sud de Trainel. La bénédiction fut faite avec une certaine solennité par Mgr Regnier, d'où le nom de l'*Archevêque* donné à ce puits.

En même temps, on se préparait à pourvoir aux nécessités de l'augmentation de l'extraction par la construction de maisons d'ouvriers, par l'agrandissement des ateliers de réparation, par l'établissement de nouveaux bureaux et de magasins en rapport avec l'accroissement des services et par l'exécution de nouveaux embranchements de chemin de fer.

Augmentation des salaires. — Les salaires des ouvriers étaient augmentés de 10 p. 100 spontanément par les houillères, sur l'initiative de l'administration de la Compagnie d'Aniche, qui jugeait indispensable cette augmentation à tous les points de vue; comme conséquence de l'élévation du prix des charbons et du renchérissement des objets de consommation de la population ouvrière; comme moyen de prévenir des réclamations qui ne pouvaient manquer de se produire, et, enfin, d'assurer le recrutement du personnel commandé par les exigences du développement de la production.

Caisse d'épargne. Églises. Écoles. — En même temps la Compagnie obtenait la création, à Aniche, aux frais des industriels de la commune, d'une succursale de la caisse d'épargne de Douai, et encourageait par tous les moyens les versements de ses ouvriers à cette caisse, qui réalisa de suite et n'a cessé de réaliser depuis des résultats extraordinaires. Les habitudes d'ordre, d'économie et d'épargne se sont répandues parmi la population ouvrière de la localité d'une manière inattendue et remarquable. Par les facilités, les encouragements au moyen de prix décernés aux versements les plus méritoires, la vente de maisons à prix coûtant, payable par annuités, sans intérêt ni loyer, les avances pour construction, la Compagnie a contribué puissamment au succès de cette œuvre si éminemment utile à la classe ouvrière.

Mais elle ne se bornait pas à s'occuper des besoins matériels de ses ouvriers, elle s'occupait aussi de leur instruction et de leur moralisation. Elle et ses actionnaires fournissaient une grande partie des fonds nécessaires pour le remplacement de la vieille et petite église d'Aniche, par une plus vaste, en rapport avec l'augmentation de la population. Elle établissait une chapelle et un vicaire au hameau de la Renaissance, subventionnait les écoles des communes, fréquentées par les enfants de ses ouvriers, et plus tard en créait de nouvelles à ses frais dans ses principaux centres.

Résultats. — En 1846, on avait réalisé :

Un bénéfice de .... 257 000 fr.
En 1850, le bénéfice n'était encore que de .... 333 000 »
Mais en 1854, il atteignit............................ 855 000 »

Tout en faisant face aux dépenses considérables des travaux neufs, le dividende qui avait été :

En............................... 1846, de 300 fr. par denier,
Était porté, en.................... 1850, à 800 »   —
En .... 1854, à 1668 »   —

Le capital net,

Qui n'était, en.................... 1846, que de 1 255 000 fr.
S'élevait, en..................... 1850,   à   1 640 000 »
Et en........ 1854,   à   2 270 000 »

Le prix de vente du denier qui avait été, en moyenne,

En .... 1846, de 11 800 fr.
Était en............................... 1850, de 16 000 »
En .... 1854, de 34 500 »
En .... 1855, de 70 000 »

Si l'on compare les résultats de cette dernière période à ceux des années précédentes, on jugera de l'importance du succès obtenu, grâce aux changements apportés par la nouvelle administration dans la marche de l'établissement.

XI

1855-1865

Programme d'un grand développement de l'exploitation. — Obligations à terme données en complément de dividendes. — Dangers des dividendes en obligations. — Ouverture des fosses Notre-Dame à Douai, et Sainte-Marie à Aniche. — Établissement d'un rivage à Douai. — Application d'une machine d'épuisement horizontale. — Libération des deniers sans faire fonds. — Ventilateurs. — Personnel dirigeant. — Travaux. — La Compagnie relie les verreries à ses embranchements. — Émigrés. — Réclamation des héritiers du baron de Nédonchel. — Prix de vente des houilles. — Marchés avec des usines métallurgiques à prix variables. — Établissement de fours à coke à Gayant.

Programme d'un grand développement de l'exploitation. — M. Lefrançois, agent général de la Compagnie, était décédé au commencement de 1855. La gestion de la Société fut confiée à deux agents intérimaires, M. Lefrançois, neveu, et M. Vuillemin. Le premier donnait bientôt sa démission, et les directeurs appelèrent le second à la direction de l'entreprise sous la qualification d'Ingénieur Gérant.

Il m'avait été demandé un rapport détaillé sur les ressources que présentait la concession, et sur les moyens de développer l'exploitation dans les plus larges conditions, sans que j'eusse à me préoccuper des capitaux nécessaires pour réaliser ce développement, l'administration se réservant les mesures à prendre pour se les procurer.

Le 2 avril 1855, ce rapport fut communiqué à tous les directeurs, pour qu'ils pussent l'étudier mûrement. En voici l'analyse sommaire et les conclusions.

Après avoir fait ressortir l'immense étendue de la concession qui embrasse, sur une longueur de plus de 13 kilomètres et une surface de 8500 hectares toute la zone houillère, et rappelé les

anciens travaux exécutés sur le faisceau d'Aniche, le rapport
expose la situation en matériel et outillage des puits en activité
à Aniche, les découvertes qui y ont été faites, la puissance et la
richesse du gisement connu, les conditions avantageuses de
son exploitation, les ressources qu'offrent pour l'augmentation
du personnel les nombreux villages des environs, etc. Il explique
que la production actuelle de 2 300 000 hectolitres peut
augmenter de 700 000 hectolitres dans les puits en extraction, et
être portée à 4 millions d'hectolitres en 1860, à Aniche seulement,
par l'achèvement de la fosse en creusement de l'Archevêque;
mais que ce résultat ne sera atteint qu'en portant de 1500 à
2200 le nombre des ouvriers, et que pour se procurer ce
supplément de personnel il faudra maintenir des salaires élevés
et construire de nombreuse maisons, etc.

Le rapport fait ensuite l'historique du nouveau puits de
Gayant, près Douai; il expose les avantages de sa situation au
point de vue des débouchés, les espérances que l'on est fondé
à concevoir des conditions de son gisement, d'après les premières
études faites, la qualité de ses houilles, et le développement que
l'exploitation est appelée à prendre sur ce point. Il fournit
ensuite des indications détaillées sur les travaux à exécuter
pour obtenir en 1860 à Douai une extraction de 1 600 000 hectolitres.

Les conclusions du rapport étaient que l'exécution de ce vaste
programme permettrait de porter en 1860

l'extraction d'Aniche, à................. 4 000 000 d'hectolitres
celle de Douai, à...................... 1 600 000   —

Ensemble.............. 5 600 000 hectolitres.

et que les dépenses à faire pour réaliser cette production s'élè-
veraient :

à Aniche, à............................... 1 500 000 francs
à Douai, à................................ 1 300 000   —

Ensemble................... 2 800 000 francs.

« Les chiffres ci-dessus, ajoutait le rapport, ne doivent pas
être considérés comme rigoureusement exacts; ils ne sont donnés
que comme aperçu général. »

Et, en effet, les résultats annoncés ne purent être atteints que beaucoup plus tard. Les demandes de charbon qui avaient été si actives en 1854 et 1855, allèrent en diminuant a partir de janvier 1856, et malgré des baisses de prix successives, l'écoulement devint difficile. La vente fut seulement de 3 300 090 hectolitres en 1860, et ce n'est qu'en 1866 qu'elle s'éleva à 5 500 000 hectolitres.

Obligations à terme données en complément de dividendes. — M. Lallier, l'un des directeurs, se chargea d'étudier les moyens à employer pour se procurer les capitaux nécessaires à la réalisation du programme exposé ci-dessus, qui avait obtenu l'assentiment unanime. Dès le 8 mai 1855, il soumettait à ses collègues un projet motivé qui se résumait ainsi qu'il suit :

Les travaux considérables, exécutés depuis douze ans, ont été payés en entier avec des prélèvements faits sur les bénéfices réalisés, dont l'excédant seulement a été distribué aux actionnaires.

Aniche est maintenant une houillère importante. Les fosses en exploitation sont riches et toutes neuves. Les travaux à exécuter ne laissent pas d'incertitude ; leur succès est assuré et donnera un immense développement aux opérations de la Compagnie.

La vente est également certaine, la consommation de la houille ne faisant qu'augmenter avec les progrès de l'industrie et les nombreux chemins de fer en construction.

Il n'y a donc plus nécessité à imposer aux actionnaires d'aussi fortes retenues sur les bénéfices.

La part des travaux doit encore être faite, mais dans une proportion plus modérée que par le passé.

Pour le surplus des bénéfices, les actionnaires doivent en avoir maintenant la libre disposition. Il est donc proposé de pourvoir aux trois millions à dépenser en six années, en en prélevant un tiers sur les bénéfices de ces six années, et en faisant un emprunt pour le surplus.

Cet emprunt serait réalisé par l'émission de 3120 obligations de 600 francs, rapportant 30 francs d'intérêt, et remboursables à 750 francs en douze ans, de 1862 à 1873, toute préférence étant réservée aux actionnaires pour la souscription.

Ou bien encore, au lieu de procéder par voie d'emprunt, les

obligations ci-dessus seraient données en payement de dividendes, pendant la durée des travaux, jusqu'à concurrence d'une obligation par denier et par semestre.

Les propositions de M. Lallier furent envoyées à tous les directeurs qui, après un long examen, adoptèrent, le 10 décembre 1855, la dernière, celle relative à la répartition d'obligations à terme, comme complément de dividendes.

Cette répartition se fit en six séries successives de 260 obligations chacune. (Pièce justificative n° 36.)

La 1re......................	Le 25 mars 1856.
La 2e et la 3e...............	Le 1er janvier 1857.
La 4e......................	Le 15 janvier 1858.
La 5e......................	Le 30 juin 1858.
La 6e......................	Le 15 janvier 1859.

Il ne fut donc émis en totalité que 1560 obligations, représentant un capital à rembourser de 1 170 000 francs en douze ans, de 1862 à 1873.

Dangers des dividendes en obligations. — La mesure adoptée, quoique moins dangereuse qu'un emprunt direct, avait bien quelques inconvénients, surtout celui de grever l'avenir, et d'ouvrir une porte trop large aux gros dividendes si faciles à distribuer en papier. Mais l'administration de la Compagnie eut la sagesse de ne pas se laisser entraîner et de s'arrêter à temps dans cette voie périlleuse. Malgré une augmentation importante de la production, le prix de vente moyen, qui était supérieur à 14 francs la tonne de 1855 à 1860, s'abaissa à 12 francs, pendant les cinq années suivantes, et les bénéfices de cette dernière période furent un peu moins grands que pendant la période précédente. Or, les charges annuelles étaient augmentées du service des intérêts et du remboursement des obligations, soit de 120 000 francs environ.

Aussi dès que les résultats de l'exploitation le permirent, à partir de 1866, la Compagnie s'empressa-t-elle de se débarrasser de cette charge, et d'offrir aux porteurs de ses obligations de les rembourser par anticipation. Elle devança ainsi, de près de trois ans, ses dernières époques de remboursement.

Depuis lors, heureusement, la Compagnie n'a plus eu besoin de recourir à l'emprunt. Elle a exécuté des travaux neufs consi-

dérables, mais dont les dépenses ont été prélevées chaque année
sur les bénéfices avant le règlement des dividendes.

**Ouverture des fosses Notre-Dame à Douai, et Sainte-Marie à
Aniche.** — Le programme de travaux de développement, exposé
dans mon mémoire, ayant été adopté, on s'occupa de suite de
sa mise à exécution.

Pendant qu'on poursuivait le creusement de la fosse l'Archevêque, on achetait les terrains nécessaires à l'exécution des
voies ferrées, destinées à relier cette fosse et celle de Trainel
au premier embranchement. On exécutait un sondage au sud-
ouest de Gayant, en vue de l'ouverture près Douai d'une nouvelle fosse, *Notre-Dame*, qui fut commencée en 1856. On com-
mençait aussi une nouvelle fosse à Aniche, *Sainte-Marie*, sur le
prolongement vers l'ouest du gisement de Trainel.

Établissement d'un rivage à Douai. — Une propriété était
achetée sur le canal de la Scarpe, aux portes mêmes de Douai, et
un embranchement reliait bientôt la fosse Gayant et à ce
nouveau rivage et au chemin de fer du Nord à Douai.

L'exécution de cet embranchement apporta une amélioration
considérable dans les conditions mauvaises d'expédition des
charbons d'Aniche par la voie d'eau. Les fosses d'Aniche étant
toutes reliées à Somain, les wagons chargés de houille purent
arriver directement, en empruntant la ligne du Nord de Somain
à Douai, puis l'embranchement de Gayant, au rivage établi sur
la Scarpe et passer directement dans les bateaux.

De même, les charbons de Gayant et des autres fosses ouvertes
successivement à Douai, qui conviennent admirablement pour
l'usage de la verrerie, purent arriver par wagons aux nombreux
et importants établissements de cette industrie localisée à
Aniche, et qui s'y est depuis lors développée encore bien davantage. Enfin l'outillage, le matériel des travaux de Douai put
revenir se faire réparer dans les ateliers d'Aniche, et y retourner
dans d'excellentes conditions de transport.

Application d'une machine d'épuisement horizontale. — Les
difficultés qui s'étaient présentées dans le creusement de la fosse
Gayant, par suite de l'abondance des eaux et de la nature fissurée
et ébouleuse des terrains, déterminèrent la Compagnie d'Aniche
à appliquer dans le percement de la nouvelle fosse Notre-Dame,
une machine d'épuisement puissante et de forme toute parti-

culière, qui permît d'éviter les inconvénients des machines ordinaires.

Cette machine se composait d'un cylindre horizontal, de 1ᵐ 40 de diamètre et de 4 mètres de course, placé sur un massif élevé de maçonnerie et suffisamment éloigné de l'ouverture du puits. La transmission du mouvement de la tige du piston aux pompes se faisait par l'intermédiaire d'une forte chaîne à la Vaucanson, passant sur une poulie de renvoi, posée sur charpente : poulie et charpente pouvaient ainsi subir, dans certaines limites, sans inconvénients pour la bonne marche de la machine, des variations de position dans tous les sens, auxquelles donnaient lieu les mouvements des terrains ébouleux qui étaient à prévoir.

Cette disposition offrait l'avantage de dégager les abords du puits, de donner aux pistons des pompes une longue course de 4 mètres et de tirer ainsi un volume d'eau considérable sans avoir recours à un trop grand nombre de pompes.

La nouvelle machine fut appliquée avec succès, successivement au passage des niveaux de quatre fosses Notre-Dame, Dechy, Saint-René et Bernicourt. Elle actionna jusqu'à cinq pompes de 0ᵐ,50 de diamètre, marchant à 4 mètres de relevée, et dix et onze coups par minute.

Elle manœuvrait facilement, sans chocs, mais consommait beaucoup de charbon, n'étant pas à détente, et présentant d'assez grands espaces nuisibles.

Quoi qu'il en soit, ce système de machine, si j'en juge par l'expérience qui en a été faite sur quatre puits d'Aniche et sur un puits de la Compagnie de Vendin, améliorée par une bonne étude, pourrait rendre de véritables services dans le percement des fossés à travers les terrains très-aquifères et ébouleux, dont le passage offre, avec les machines d'épuisement ordinaires, de si grandes difficultés.

Le creusement de la fosse Sainte-Marie qui s'exécutait en même temps que celui de la fosse Notre-Dame, fut effectué, comme l'avaient été ceux de Gayant et de l'Archevêque, avec une machine de Cornouailles, à balancier et de 2 mètres de course.

Libération des deniers sans faire fonds. — Aux termes de l'article 3 du contrat de société, les *deniers sans faire fonds* ne devaient recevoir que moitié des dividendes, jusqu'au moment où le montant total des dividendes distribués atteindrait le chif-fre des mises faites par les deniers faisant fonds, soit 7121 fr. 38 c. Ce résultat fut réalisé en mai 1857, et à partir de cette époque les deniers ne faisant pas fonds sont assimilés, sous le rapport des dividendes, aux deniers faisant fonds.

Ventilateurs. — Jusqu'en 1855, l'aérage des travaux à Aniche, où du reste il n'existait pas et où il n'existe pas encore de *grisou*, s'était effectué à l'aide d'un foyer établi au fond des puits. Ceux-ci étaient divisés, jusqu'en dessous du cuvelage, par une cloison de planches étanche, en deux compartiments, dont l'un servait à l'extraction et l'autre à l'aérage et à la descente et à la remonte des ouvriers par des échelles. En dessous du cuvelage, ce dernier compartiment, ou *gogau*, se prolongeait jusqu'à la plus grande profondeur des travaux, à l'aide de *bures* ou petits puits, de 1^m,50 à 1^m,60 de diamètre à l'intérieur de la maçon-nerie, et munis d'échelles.

Ce système, pour des puits isolés, à forts niveaux d'eau, n'était pas sans offrir des dangers sérieux. La rupture d'une pièce de cuvelage, de fortes fuites dans les joints de ce dernier, déver-saient dans la colonne du puits des eaux en abondance, qui refoulaient les fumées et les gaz du foyer dans les travaux, et pouvaient amener l'asphyxie des ouvriers occupés dans les chantiers.

Aussi, la Compagnie s'empressa-t-elle d'adopter pour les nou-veaux puits les ventilateurs mécaniques, et parmi ceux alors connus, elle donna la préférence aux ventilateurs Lemielle qui offraient, outre l'avantage d'un meilleur rendement, la faculté d'agir par refoulement aussi bien que par aspiration. Le premier fut monté à Gayant, et fonctionna par refoulement pendant un certain temps, alors qu'une machine à vapeur avec chaudière était établie au fond du puits pour un approfondissement sous stoc.

Les premiers ventilateurs Lemielle, à petites dimensions rela-tivement, furent installés successivement au nombre de quatre sur les nouvelles fosses de la Compagnie d'Aniche. Plus tard, on y en monta deux autres plus puissants. Les deux derniers ventilateurs établis sont du système Guibal, de 9 mètres de diamètre.

Personnel dirigeant. — Le développement que prenaient les travaux obligea la Compagnie à augmenter son personnel dirigeant. Elle appela en mai 1855 M. Plumat à prendre la direction de la division d'Aniche, qu'il occupe encore aujourd'hui. Esprit pratique, économe, travailleur, aimé des ouvriers qu'il conduit avec bonté et avec justice, M. Plumat a rendu et continue à rendre des services très-appréciés par l'administration de la Compagnie.

Jusqu'en mai 1859, un simple conducteur de travaux était préposé aux travaux de la division de Douai. A cette époque, un ingénieur, M. Agniel, fut appelé à leur direction qu'il n'a quittée qu'en 1872, pour aller occuper une position beaucoup plus importante, celle d'agent général des mines de *Vicoigne-Nœux*.

Il a été remplacé par M. Delaval. D'autres collaborateurs intelligents, dévoués aux intérêts de l'établissement, m'ont prêté et continuent à me prêter le concours le plus efficace ; je citerai parmi eux : M. Gourdin, agent commercial depuis plus de vingt ans ; M. Ségard, chef de la comptabilité, attaché à la Compagnie, ainsi que le chef des magasins, M. Noël, depuis cinquante ans ; MM. Dombre et de Morgues, jeunes ingénieurs, qui développent chaque jour par l'expérience, leurs connaissances spéciales ; et la plupart des autres employés qui se sont formés au service de la Compagnie.

Travaux. — Dans le courant de l'année 1859, la fosse Notre-Dame entrait en exploitation. On continuait le creusement de la fosse Sainte-Marie, à travers les morts terrains, qui présentent sur ce point une épaisseur anormale, 232 mètres.

On se préparait, par l'exécution d'un sondage de reconnaissance, à ouvrir à Dechy une nouvelle fosse qui fut commencée en 1860.

On construisait de nombreuses maisons d'ouvriers près Douai, afin d'appeler le personnel nécessaire à la nouvelle exploitation qui grandissait chaque jour.

Jusqu'alors la vente s'était toujours faite à la mesure. On adopta la vente au poids, beaucoup plus exacte et plus sûre, d'abord pour les expéditions par chemin de fer, et un peu plus tard pour tous les modes de livraisons.

La Compagnie relie les verreries à ses embranchements. — On substitua une locomotive aux chevaux dans la traction des wagons sur les chemins de fer d'Aniche.

On relia aux embranchements déjà existants les nouvelles
fosses, et même deux verreries installées dans le voisinage. La
Compagnie offrit aux propriétaires de ces deux établissements de
prolonger à ses frais jusqu'à leur usine ses voies ferrées, et
d'opérer gratuitement tous leurs transports à la gare de Somain,
et vice versâ, tant en marchandises qu'en matières premières,
sauf les charbons étrangers. Elle leur demandait en compensation un marché de dix ans pour la fourniture, à ses prix cou-
rants, des trois quarts de leur consommation de charbon.

En appliquant ces mêmes dispositions à une autre ancienne
verrerie et à quatre nouvelles qui se sont établies successivement à Aniche, la Compagnie a contribué puissamment au développement de cette industrie qui s'est installée sur une vaste
échelle dans cette localité. Les sacrifices qu'elle s'est imposés
pour relier ces établissements à ses embranchements et par
suite au chemin de fer du Nord, ceux qu'elle s'impose chaque
jour pour le transport gratuit de quantités importantes de marchandises, trouvent leur compensation dans l'assurance d'un
débouché important de ses charbons.

Les verreries reliées ont également trouvé des avantages incontestables dans cette combinaison, puisque, à l'expiration de leurs
traités, elles ont continué à se servir des embranchements de la
Compagnie d'Aniche dans les mêmes conditions.

Émigrés. Réclamation des héritiers du baron de Nédonchel.—
Lors du partage du 28 fructidor an VIII (septembre 1800) des
ntérêts des émigrés cédés à la Compagnie par la République,
aucune réclamation ne s'était produite. Mais lorsque l'entreprise parut se relever de la triste situation dans laquelle elle
était tombée, des parents des émigrés revendiquèrent les parts
d'intérêts de leurs auteurs. Ce furent d'abord MM. Cordier, dont
la demande fut rejetée par un arrêté du conseil de Préfecture du
10 juillet 1811 ; puis MM. Bouchelet, qui, en 1815, réclamèrent
leur réintégration dans la propriété de neuf deniers *sans faire
fonds* ayant appartenu à leur père émigré, et dont la demande
fut repoussée par un jugement du tribunal de Douai du
6 mai 1825.

En 1859, les héritiers du baron de Nédonchel demandèrent à
la Compagnie le payement des dividendes revenant à cinq deniers
sans faire fonds dont les titres étaient en leur possession.

Il leur fut répondu que le baron de Nédonchel était bien porté sur les plus anciens livres de la Compagnie, comme propriétaire d'un certain nombre de deniers, mais que, par application des lois sur l'émigration, ces deniers avaient été frappés de confiscation au profit du domaine public, qui en avait disposé à titre onéreux dans le courant de l'an VIII, et que, depuis cette époque, le nom de Nédonchel avait cessé de figurer sur la liste des actionnaires de la Compagnie, c'est-à-dire depuis plus de soixante ans.

Cette réponse ne satisfit pas les héritiers de Nédonchel qui portèrent leur réclamation devant le tribunal de Douai. Un jugement du 30 août 1861 condamna la Compagnie à rendre aux demandeurs le compte des dividendes revenant à leurs actions, avec intérêts tels que de droit.

Ce jugement était motivé principalement sur cettecirconstance, que parmi les intéressés de la Compagnie d'Aniche figuraient deux personnes du nom de Nédonchel, le marquis et le baron; que le marquis, émigré, avait été confondu dans les enquêtes avec le baron, auteur des parties en cause, dont l'émigration n'était pas justifiée.

Ce jugement, en contradiction avec les décisions de 1811 et de 1825, présentait une grande gravité. Il soulevait la question de validité des cessions faites à la Compagnie par la République des intérêts des émigrés, et des délibérations qui en avaient été la conséquence, tel que le partage de ces intérêts entre les sociétaires non émigrés. Il ouvrait la porte à une foule de revendications qui étaient prêtes à se produire.

La Compagnie appela de ce jugement, et présenta dans un Mémoire l'exposé détaillé des faits et des circonstances qui avaient amené les sociétaires restés en France à accepter, à titre onéreux, la cession par la République des parts d'intérêts confisquées sur leurs associés émigrés. De nombreuses pièces authentiques étaient jointes à ce Mémoire, comme pièces justificatives. Elles établissaient, entre autres choses, d'une manière irréfutable l'émigration du baron de Nédonchel, par la reproduction d'un extrait du supplément à la liste générale des émigrés de la République où figurait le nom dudit baron de Nédonchel, de ses états de service à l'armée de Condé et d'un arrêté du Préfet du Nord qui lui allouait une somme de 86 103 fr., 25 pour cause d'émigration, dans l'indemnité du milliard accordée aux émigrés.

La Cour d'appel, par un arrêt du 1er mars 1862, reconnut le bien fondé des motifs invoqués par la Compagnie d'Aniche, cassa le jugement du 30 août 1861, et déclara les héritiers de Nédonchel non recevables et mal fondés dans leurs demandes, fins et conclusions, et les condamna aux dépens des deux instances. (Pièce justificative n° 37.)

Prix de vente des houilles. — Le prix des houilles sèches d'Aniche qui était, au commencement de 1854,

à peine de. . . . . 11^r, 50 la tonne,

s'éleva successivement et atteignit.   16   » la tonne en janv. 1856.

Mais à partir de cette date, il alla en s'affaissant progressivement.

Il n'était plus au commencement de 1860

que de. . . . . 14^r,50 la tonne,

et à la fin de la même année que de. . . . . . 13 50   —

Il tomba à. . . . . 12 50   —

en février 1863, et se maintint officiellement à ce taux jusqu'au milieu de 1865, mais avec des concessions très-notables pour les gros consommateurs.

Les charbons gras de Douai se cotaient 2 francs par tonne plus cher que les charbons d'Aniche.

Marchés avec des usines métallurgiques, à prix variables. — L'extraction, surtout à Douai, se développait; mais l'écoulement était difficile, et il fallait trouver de nouveaux débouchés.

C'est ainsi que la Compagnie fut amenée en 1862 à traiter d'importants marchés de charbon gras pour fabrication de coke avec deux usines métallurgiques.

L'un de ces marchés, de 2 millions d'hectolitres, livrables en quatre ans, fut conclu à prix variable avec le prix du fer. Ainsi, lorsque le prix du fer était de 22 francs les 100 kilogrammes ou au-dessous, le prix de la houille était à un taux déterminé, qui était un minimum, et a chaque augmentation de 1 franc par 100 kilogrammes dans le cours du fer, correspondait une augmentation de 0 fr., 50 par tonne dans le prix de la houille.

Cette combinaison, qui établissait une solidarité entre les deux industries houillère et métallurgique, était très-rationnelle, car il est certain qu'il existe généralement une concordance réelle entre les prix du fer et de la houille.

Ce système de traité a été appliqué par diverses houillères du Nord.

Établissement de fours à coke à Gayant. — Les mêmes considérations décidèrent la Compagnie, en 1864, à traiter un marché considérable de houille avec des industriels, qui installèrent à Gayant des fours à coke pour une fabrication journalière de cent tonnes par jour. Il lui parut préférable d'abandonner cette fabrication spéciale à une entreprise particulière, plutôt que de s'y livrer elle-même. Elle pensa que les soins réclamés par cette industrie, et surtout les moyens d'écoulement des produits, seraient mieux réalisés par des hommes s'en occupant spécialement, que par ses propres agents, dont toute l'activité devait être réservée à la vente directe de la houille et aux opérations de sa production économique.

Les industriels, avec lesquels traita la Compagnie, avaient à faire une dépense importante pour l'installation de leur fabrication de coke. Aussi le marché de charbon fut-il conclu pour une durée de dix ans, et avec des prix variables dans des conditions déterminées.

Ces traités amenèrent l'écoulement d'une partie importante de la production de la division de Douai, et permirent de la développer dans une large mesure.

XII

1865-1873.

Prix de vente des Houilles. — Il a été dit dans le chapitre précédent que le prix de vente des houilles était tombé en 1863-1865 à 12 fr. 50 la tonne et même au-dessous, par suite des concessions exigées par les gros acheteurs. Cet abaissement des prix était la conséquence du développement des anciennes houillères du Nord, et surtout des nouvelles houillères du Pas-de-Calais. En effet la production de ces deux bassins qui n'était en 1853 que de 1 825 000 tonnes, s'élevait en 1863 à 3 380 000 tonnes ou près du double.

Dans le courant de l'année 1865, l'équilibre s'était rétabli entre la consommation et la production ; les houilles étaient très-demandées, et les prix de vente s'élevèrent successivement, et atteignirent à la fin de 1866 le taux de 16 francs la tonne pour les charbons secs et de 18 francs pour les charbons gras.

Cette élévation des prix des houilles qu'on n'avait pas vue depuis 1856, c'est-à-dire depuis dix ans, produisit une véritable émotion chez les industriels. Ils adressèrent leurs doléances au Gouvernement, réclamèrent la suppression du droit de douane sur les houilles, et demandèrent une enquête pour conjurer le péril dont ils se croyaient menacés, de manquer de combustible.

On a revu en 1873 les mêmes faits, les mêmes plaintes, les mêmes réclamations se reproduire. Mais en 1866, comme en 1873, les enquêtes réclamées n'étaient pas achevées, que les causes qui les avaient provoquées étaient déjà disparues.

Sous l'aiguillon de la demande, des hauts prix de vente et des bénéfices réalisés, toujours les houillères développent leur production et la mettent à même de satisfaire à tous les besoins de l'industrie. Bien plus, au bout de peu de temps, au manque de houille succède le trop-plein, les offres dépassent les demandes, et les prix bas, trop bas même, pour être rémunérateurs, remplacent les prix élevés.

C'est ainsi que l'on a vu aux hauts prix de 1838, de 1847, de 1855, de 1866 et de 1873-1874, succéder des prix très-bas qui ont même mis en péril de sombrer les houillères naissantes ou celles placées dans des conditions peu favorables d'exploitation.

Augmentation de la production. — L'extraction de la Compagnie d'Aniche, qui était restée stationnaire, faute de vente, à 3 300 000 hectolitres pendant les trois années 1859-1861, s'élève, grâce aux grands marchés conclus et dont il a été parlé précédemment, à 4 millions d'hectolitres, pendant les trois années 1862-1864, à 5 millions en 1865, et à 5 500 000 en 1866.

Ouvriers. — Augmentation des salaires. — Une pareille augmentation de production exigea une augmentation correspondante du personnel. On y pourvut par de nombreuses constructions de maisons, et par des augmentations de salaires.

C'est ainsi que dès le mois de décembre 1865 la Compagnie augmentait le salaire des enfants de 15 et 20 pour 100, de manière à en attirer un plus grand nombre dans les travaux. Cette mesure était commandée par une particularité toute spéciale aux mines du Nord. Ces mines exploitent des couches nombreuses, mais de très-faible épaisseur, 40 centimètres à 1 mètre. Le travail dans ces couches minces exige de la part des ouvriers un long apprentissage, des aptitudes et des habitudes auxquelles ne se soumettent plus les hommes d'un certain âge. C'est donc dans la population jeune de douze à vingt ans, que se fait le recrutement du personnel.

Des salaires suffisamment élevés et des logements à bon marché engagent les familles nombreuses des villages voisins, où le travail manque souvent, à venir s'établir sur les mines.

Leurs enfants sont occupés dans l'exploitation, prennent, petit à petit, l'habitude des travaux, et deviennent plus tard d'excellents mineurs.

Les parents sont employés au jour, et la famille gagne et vit d'autant mieux que le nombre de ses membres est plus grand.

L'activité de l'extraction, le prix élevé de la houille, la demande d'ouvriers dans toutes les mines, tout contribuait à augmenter les exigences de ceux-ci. Il régnait parmi eux un grand esprit d'insubordination, tout faisait prévoir qu'une augmentation des salaires était nécessaire. Comme en 1854, l'administration de la Compagnie d'Aniche prit l'initiative de démarches auprès des administrations des houillères voisines pour faire décider spontanément cette augmentation et ne pas attendre qu'elle fût imposée par les ouvriers. Certaines hésitations, des appréciations différentes de la situation, retardèrent de quelques jours l'adoption d'une mesure qui était cependant urgente. En effet, une grève se déclara à Anzin vers la fin d'octobre 1866; elle s'étendit à toutes les houillères et ne prit fin que par l'annonce d'une augmentation de salaires. Le prix de base de la journée fut porté de 2 fr. 75 à 3 francs : — augmentation 9 pour 100.

Tout le personnel, employés et ouvriers, prit part à cette augmentation.

Fonds de réserve. — Remboursement anticipé des obligations. — Grâce aux prix élevés de vente des houilles, et au développement de l'extraction, les résultats des trois années 1865-1867 furent très-beaux. Tout en permettant la répartition de dividendes importants, ils laissèrent une part de bénéfice assez considérable pour augmenter le fonds de roulement et constituer une réserve. Il fut aussi proposé aux porteurs des obligations émises sous forme de complément de dividende en 1856-1859 le remboursement anticipé de quatre séries, qui n'étaient exigibles qu'en 1867-1870.

Ces mesures étaient fort sages, et les avantages de leur adoption ne devaient pas tarder à se faire sentir.

Ouverture des fosses Saint-René et Bernicourt. — Les circonstances favorables qui viennent d'être exposées engagèrent en même temps l'administration à poursuivre le développement de l'entreprise par l'ouverture, en 1866, d'une nouvelle fosse, Saint-René, sur le prolongement à l'est du riche faisceau de Douai, puis, un peu plus tard, de la fosse Bernicourt, au nord de Gayant.

Le creusement de la première n'offrit pas de circonstances particulières, et on commença à y extraire de la houille vers la fin de 1869.

Mais il n'en fut pas de même à Bernicourt. On rencontra à cette fosse, comme on avait rencontré à Gayant, des terrains de craie très-fissurés, très-ébouleux, et fournissant une énorme quantité d'eau, 80 hectolitres par minute ou 115000 hectolitres par 24 heures. Les puits du village voisin, les sources du marais de Waziers, furent mis à sec, et l'on dut alimenter d'eau par tonneaux la plupart des maisons.

Au mois de novembre 1867, la fosse Bernicourt avait atteint la profondeur de 25^m,82. Sa continuation avec les difficultés excessives qu'elle présentait, devenait impossible pendant l'hiver. On se décida à y suspendre tout travail.

Divers. — Le choléra apparaît de nouveau en septembre 1867. Il fait de nombreuses victimes, surtout dans les cités ouvrières de Sin.

La Compagnie vient en aide aux familles éprouvées par l'épidémie, d'abord par des secours en nature et en argent, puis par des pensions aux veuves. Elle recueille à la Renaissance les orphelins dont les parents ont succombé.

L'écoulement des houilles, qui avait été si facile en 1866, se ralentit considérablement en 1867. — Les prix de vente durent être abaissés successivement et, à la fin de 1868, ils tombèrent à un taux excessivement bas. Les houilles sèches d'Anzin étaient vendues à Roubaix à 10 francs la tonne. Aniche dut renoncer au débouché important qu'il s'était créé sur cette place, et chercher ailleurs d'autres ventes plus rémunératrices.

Cependant la crise ne dura pas longtemps. Les demandes reprirent de l'activité en 1869, et les prix de vente se relevèrent petit à petit. Les résultats de cette année furent beaucoup meilleurs que ceux de 1868.

Il y avait lieu néanmoins de se préoccuper de ces fluctuations de la vente des houilles et d'assurer, par des marchés importants et de longue durée, l'écoulement d'une production que les nouveaux travaux permettaient de développer largement.

Établissement d'une usine de lavage de houilles et de fabrica-

tion de coke. — Un lavage de houille fut monté à Gayant en vue de livrer des houilles fines, très-convenables à la petite forge et surtout à la fabrication du coke, dans certaines usines métallurgiques qui possédaient des fours à coke.

Mais ces usines préféraient recevoir du coke plutôt que de la houille. Il faut, en effet, une tonne et demie de houille pour fabriquer une tonne de coke; le transport de la houille coûtait donc plus cher que celui du coke dans la proportion de 1 1/2 à 1.

C'est ainsi que la Compagnie fut amenée à établir elle-même une fabrication de coke, à côté de celle installée déjà par des industriels à Gayant. Elle construisit 50 fours à coke du système Coppée, pouvant produire 100 tonnes de coke par 24 heures. Ces fours fonctionnent depuis 1870, dans de bonnes conditions. Ils n'ont pas été arrêtés un seul jour et n'ont exigé aucune réparation.

L'établissement de fours à coke dans la division de Douai fut une heureuse opération. Les charbons de cette exploitation conviennent très-bien à la fabrication du coke; ils donnent un grand rendement et un coke métallurgique excellent. Comme on n'utilise, pour cette fabrication, que le charbon fin, passé au crible, il reste pour la vente tous les morceaux ou gailleteries, qui sont livrés directement à prix élevé aux consommateurs, ou qui servent à améliorer la composition des charbons menus de certaines extractions.

Avant la construction des fours, la Compagnie avait traité avec une usine métallurgique un marché de toute sa fabrication de coke pendant un laps de sept années.

Prévoyant, par ce qui s'était passé dans les années antérieures, qu'il fallait s'attendre à de nouvelles et importantes augmentations de salaires, la Compagnie ne voulut pas traiter un marché d'aussi longue durée, sans se prémunir contre l'éventualité de vendre des charbons à un prix qui ne lui laissât pas de bénéfice, et qui l'exposât même à une perte. Elle stipula que toute augmentation de salaires serait supportée, moitié par l'acheteur, moitié par le producteur; c'est-à-dire que le prix de facture du cokesubirait une augmentation de cinq centimes par chaque augmentation de 1 pour 100 dans le taux officiel du salaire.

On eut tout à se féliciter plus tard d'avoir songé à insérer cette clause, non-seulement dans le marché de coke dont il vient d'être parlé, mais dans d'autres marchés de charbon à long terme, conclus peu de temps après. En effet, une augmentation de 16 pour 100 des salaires eut lieu en 1872 et 1873; le prix de revient subit l'influence de cette augmentation, mais elle fut contre-balancée, au moins en partie, par une élévation du prix de facture des charbons.

Accident à la fosse Notre-Dame. — Sauf l'incendie arrivé à la fosse Sainte-Hyacinthe en 1827, les mines d'Aniche n'avaient eu à déplorer jusqu'alors que des accidents partiels, inhérents aux travaux d'exploitation, et avaient échappé aux catastrophes qui causent un grand nombre de victimes.

A la fin de juillet 1869, vers trois heures de l'après-midi, on effectuait la remonte des ouvriers par la cage à parachute dans la fosse Notre-Dame. L'opération allait être terminée et on exécutait la dernière ascension, lorsque, par une fatalité inouïe, un fragment de la maçonnerie se détache des parois du puits, tombe sur la cage et la précipite au fond du puisard, avec les douze ouvriers qu'elle renfermait. Un seul, un jeune garçon, put être sauvé.

Cette opération de la remonte des ouvriers est entourée cependant de grandes précautions. Elle s'effectue dans une cage spéciale, munie d'un parachute et visitée fréquemment avec beaucoup de soins. Un chef ouvrier était descendu dans le puits avant la remonte et n'avait rien remarqué de particulier; dix cages, pleines d'ouvriers, venaient de parcourir le puits, et aucun indice, pouvant faire prévoir un accident, ne s'était manifesté.

J'eus, dans cette malheureuse circonstance, l'occasion de juger combien est triste et pénible la situation d'un directeur de mines, au milieu des familles éplorées, venant chercher un mari, un père, un fils, un frère, et combien il est impuissant à apporter des consolations à tant de douleurs.

Année 1870. — J'ai dit déjà qu'à la fin de 1869, les demandes de houille avaient repris de l'activité. Les prix de vente montèrent dès les premiers mois de 1870; mais la déclaration de guerre ne tarda pas à arrêter l'essor que prenait l'exploitation. Cependant comme le département du Nord ne fut pour ainsi dire pas envahi par l'ennemi, l'extraction n'éprouva pas un trop notable ralentissement.

La plus grande préoccupation des exploitants était alors de se procurer le numéraire nécessaire à la paye des ouvriers. On dut recourir à la création de bons, qui furent du reste accueillis avec faveur et par les ouvriers et par le public. Seulement il y eut abus de la part des industriels dans la création de ces bons, et il arriva un moment où ils éprouvèrent un certain discrédit. Une grande association, formée sous les auspices de la chambre de commerce de Lille, vint apporter un remède à cet état de choses, et les bons émis par cette association remplacèrent utilement le numéraire qui manquait.

La Compagnie d'Aniche avait et a encore l'habitude de répartir ses dividendes par trimestre. En septembre 1870, l'administration crut prudent, en présence des événements, de suspendre toute distribution de dividende, et lorsqu'elle reprit cette distribution au commencement de 1871, elle ne la fit que dans une proportion réduite.

Toutefois la production et les résultats de cette malheureuse année 1870 furent relativement satisfaisants, et les mines du Nord échappèrent aux événements désastreux que l'on avait redoutés.

Crise houillère. — La conclusion de la paix, la levée du siége de Paris, et le rétablissement des communications par chemins de fer, imprimèrent un mouvement extraordinaire aux demandes de houille. Il fallait alimenter les industries qui avaient repris leur travail, et reconstituer les approvisionnements qu'une interruption des communications, pendant plus de six mois, avait partout complétement épuisés.

Aussi l'exploitation prit-elle une grande activité, qui devait se soutenir pendant plusieurs années. Les prix de vente s'élevèrent successivement pour atteindre des taux inouïs, auxquels on était bien loin de s'attendre.

Cette augmentation des prix se manifesta d'abord en Angleterre, puis en Belgique, en Allemagne, et enfin en France. Ainsi le charbon de Newcastle, qui était à la fin de 1871 à 14 francs la tonne, atteint le prix exorbitant de 31 fr. 25 à la fin de 1872, et se maintient à ce taux jusqu'au milieu de l'année 1873. Il était encore de 26 francs au 1er janvier 1874.

Le tout venant demi-gras de Charleroi passe de 14 francs la

tonne, prix de la fin de 1871, à 32 francs, taux du commencement
de l'année 1873, et retombe à 20 francs en janvier 1874.

Dans le nord de la France, des variations analogues se produisent, mais l'augmentation des prix ne commença que trois mois
après le début de la crise belge, et 9 mois après celui de la crise
anglaise [1].

Comme je l'ai dit, les exploitants français ne s'attendaient pas
à une semblable hausse des prix, et pendant assez longtemps il
y avait un écart de 3 à 4 francs par tonne, entre les prix des
charbons du Nord et ceux de la Belgique. Aussi certains consommateurs, qui jusqu'alors n'avaient fait usage que de charbons
belges, s'empressèrent-ils d'adresser leurs demandes aux houil-
lières françaises; celles-ci se trouvèrent dans l'impossibilité de
les remplir, et c'est alors seulement qu'elles mirent leurs prix à
l'unisson avec ceux de la Belgique.

Voici, à titre d'exemple, les variations successives qui se produisirent à Aniche dans les prix des houilles tout venant :

	CHARBON	
	sec.	*gras.*
1871. Septembre	14 »	15 50
1872. Janvier	14 50	16 »
— Mai	15 »	16 50
— Août	15 50	17 »
— Septembre	16 50	18 »
— Octobre	17 50	19 »
— Novembre	19 »	21 »
1873. Janvier	21 »	22 80
— Février	23 »	25 »
— Juillet	25 »	27 »

Les derniers chiffres du tableau ci-dessus marquent les maxima
des prix atteints pendant la crise houillère.

Dès le commencement de 1874, ces prix subirent de fortes
baisses.

Grève de 1872. Augmentation des salaires. — Comme toujours l'élévation des prix de la houille amène un très-grand
développement de la production. Celle de la Compagnie d'Aniche,
qui avait été

en 1869 de 470.000 tonnes
» 1870 » 450.000 »

1. Rapport de M. Ducarre, au nom de la Commission d'enquête parlementaire, sur
l'état de l'industrie houillère en France, 1874.

s'éleva en. ....   » 1871   à 548.000 tonnes.
                              » 1872   » 568.000   »
                              » 1873   » 618.000   »
                              » 1874   » 624.000   »

Les ouvriers manquaient, leurs exigences s'accroîssaient et une augmentation des salaires était nécessaire. On ne se décida pas assez vite à l'accorder, et à la fin de juillet une grève éclatait dans le Pas-de-Calais. Elle gagnait la division de Douai, au moment même ou l'administration de la Compagnie était réunie pour statuer sur la proposition d'augmentation des salaires que je lui soumettais. Aniche, Anzin voyaient leurs travaux arrêtés. L'opinion publique n'était pas favorable aux Compagnies houillères, à cause de l'élévation des prix des charbons, et elle encourageait les ouvriers dans leurs exigences. Aussi la grève se fût-elle prolongée sans l'énergie déployée par le président de la République, M. Thiers, pour réprimer les désordres inséparables de l'agitation qui se manifestait. La publication d'une lettre qu'il écrivit alors fit comprendre aux autorités et au public la nécessité de mettre fin à des troubles qui compromettaient le succès de l'emprunt de 3 milliards alors en émission.

L'augmentation des salaires fut de 8,33 pour 100; le prix de la journée servant de base à la fixation de la tâche, ayant été porté de 3 francs à 3 fr. 25.

Six mois après, en février 1873, la Compagnie d'Anzin porte le prix de la journée à 3 fr. 50. Cette nouvelle augmentation de 7,70 pour 100, qui du reste était rationnelle, fut acceptée par les autres houillères, qui se plaignirent cependant que la Compagnie d'Anzin eût pris une semblable mesure sans juger à-propos de se concerter avec elles et même de les prévenir de cette augmentation.

Reprise du creusement de Bernicourt. — Le travail de la fosse de Bernicourt avait été suspendu, ainsi qu'il a été dit précédemment en novembre 1867, par l'impossibilité de le continuer en hiver dans les conditions de difficultés qu'il présentait.

La baisse des houilles et la nécessité de réduire les travaux neufs firent ajourner la reprise de cette fosse jusqu'au mois d'avril 1872. Lors de cette reprise les difficultés de percement ne firent qu'augmenter avec l'approfondissement; les terrains ne se raffermissaient pas, et l'abondance de l'eau devint telle à 28 mètres de profondeur, que cinq pompes de $0^m,50$ de diamètre, marchant à 4 mètres de course et 10 à 11 coups par minute, ne suffisaient plus à l'épuiser. On dut renoncer à continuer ce puits par le procédé d'enlèvement des eaux employé jusqu'alors, et recourir à l'application du système Kind-Chaudron.

On sait que ce système consiste à creuser les puits comme les sondages ordinaires. On ouvre d'abord un premier trou de sonde de 1 mètre de diamètre, qu'on élargit ensuite à l'aide d'un grand trépan au diamètre définitif; puis, lorsqu'on a atteint la base des terrains aquifères, on descend à l'intérieur une colonne de cuvelage formée d'anneaux en fonte superposés et destinée à contenir les eaux.

On installa donc les appareils de battage sur le puits creusé déjà à 28 mètres de profondeur, et dont on avait enlevé les pompes. Le percement du premier trou s'effectua dans de bonnes conditions jusqu'à la profondeur de 95 mètres; mais lorsqu'on voulut l'élargir au diamètre de 3ᵐ,55, des éboulements inattendus se produisirent successivement dans les terrains fissurés et peu solides qui règnent encore à la profondeur de 28 mètres, et même bien au delà, ainsi qu'il fut reconnu plus tard. Il n'était pas possible, à cause du diamètre déjà réduit du puits, d'introduire à l'intérieur un tube en tôle de retenue, et on fut obligé d'abandonner ce premier puits et d'en ouvrir un second à une distance de 25 mètres.

L'exécution de ce deuxième puits présenta des difficultés auxquelles on s'attendait cette fois et contre lesquelles on avait pris les précautions nécessaires pour les surmonter. La nature ébouleuse du terrain obligea à descendre 3 colonnes de tubes de retenue, la première et la deuxième en fonte, et la troisième en tôle, qui s'arrêta à la profondeur de 44 mètres.

Le creusement, la descente du cuvelage s'effectuèrent ensuite dans d'excellentes conditions, et ce dernier, dont la base repose à la profondeur de 88ᵐ,70, est parfaitement étanche, bien mieux que ne le sont tous les cuvelages ordinaires.

Le puits de Bernicourt a rencontré le terrain houiller à la profondeur de 153 mètres. Son creusement a été continué, sans interruption, jusqu'à 314 mètres, profondeur du dernier étage d'exploitation de la fosse Gayant, avec laquelle il communique aujourd'hui. Il a traversé 3 couches de houille, dans lesquelles on a ouvert un certain nombre de tailles. Sa production est peu considérable en ce moment, par suite du défaut de vente; mais elle peut être portée à un chiffre important, dès que les besoins de la vente l'exigeront.

Le creusement de la fosse Bernicourt, seul, a coûté la somme énorme de 950 000 francs. Les tentatives infructueuses de passage du niveau par le procédé ordinaire, l'échec de la poursuite du premier puits par le système Kind-Chaudron, 44 mètres de tubage de retenue, un cuvelage en fonte de 87^m,80, l'approfondissement du puits à 314 mètres, un guidage en chêne, et les premiers travaux préparatoires d'exploitation, expliquent ce chiffre de dépenses excessif, qui dépasse du double le prix coûtant des puits les plus difficiles creusés par la Compagnie d'Aniche, et du triple celui des puits ordinaires.

Faits divers. — Les résultats des trois années 1871-1873 furent très-favorables, par suite de la grande production et du prix élevé des houilles.

On construisit de nombreuses maisons, afin d'augmenter le personnel ouvrier. On agrandit les ateliers, pour les mettre en rapport avec l'accroissement du matériel et de l'outillage.

On réorganisa la fosse de la Renaissance pour la consacrer uniquement à l'aérage, à la descente et à la remonte des ouvriers des deux puits Fénelon et Saint-Louis.

Le cuvelage en bois, datant de 30 ans et devenu mauvais, fut garni d'une chemise intérieure en fonte; un guidage très-solide en chêne y fut établi, en même temps que des cages appropriées à son nouveau service. Le dessus du puits fut muni d'un sas à air, pour arriver à une aération parfaite des travaux, avec le ventilateur Lemielle. On monta une nouvelle machine à la place de l'ancienne.

L'école, la salle d'asile et l'orphelinat du hameau de la Renaissance, déjà anciens et devenus insuffisants, furent remaniés de fond en comble et réorganisés dans d'excellentes conditions. Une école et une salle d'asile furent établis à Auberchicourt sur les modèles très-convenables adoptés précédemment pour le même genre d'établissement à Sin.

Des allocations importantes furent accordées aux communes de Waziers, Guesnain et Auberchicourt, pour la reconstruction de leurs Églises, vieilles et devenues insuffisantes par l'accroissement de population que les mines avaient amené dans ces communes

En 1872, **MM.** Dehaynin proposèrent à la Compagnie d'établir à leurs frais une fabrique d'agglomérés près de la Renaissance. Ils demandaient un marché de charbons criblés d'une durée de dix ans. Un traité intervint sur ces bases et une usine fut installée dans les meilleures conditions et avec les procédés les plus perfectionnés. Elle produit 220 tonnes de briquettes par jour et absorbe une quantité égale de charbons fins, laissant à la Compagnie des gailleteries dont elle dispose soit pour la vente, soit pour l'amélioration de ses charbons ordinaires. Ce traité renfermait la clause dont il a été parlé précédemment, de la variabilité du prix du charbon avec l'augmentation de la main-d'œuvre.

Depuis 1860, l'exploitation de la fosse d'Août était arrêtée, les couches connues étaient épuisées aux étages ouverts, et leur irrégularité n'était pas de nature à faire songer à l'approfondissement du puits, qui fut consacré exlusivement à l'extraction de ses eaux et à l'aérage des travaux de Fénelon.

En 1871, et par suite de l'appropriation nouvelle de la Renaissance, la fosse d'Août devenait inutile ; du reste son cuvelage, qui datait de 1838, sa machine, ses bâtiments, étaient en mauvais état et demandaient des réparations importantes. Son entretien exigeait une dépense annuelle de 30 000 à 40 000 fr.

On trouva avantage à abandonner ce puits ; il y fut exécuté un serrement qui isole parfaitement le *niveau* du terrain houiller, ainsi que les travaux de Fénelon permettent de le constater, et la partie du puits au-dessus du serrement fut comblée.

Pour la seconde fois la Compagnie envoie à ses frais un fils de ses chefs ouvriers suivre les cours de l'École des maîtres-mineurs d'Alais. Ces jeunes gens, revenus à Aniche, aident les ingénieurs dans la conduite des travaux et rendent des services appréciés.

En 1872 furent renouvelées des ouvertures déjà faites antérieurement, pour l'achat des mines d'Azincourt établies au midi d'Aniche. L'administration de la Compagnie, comme elle l'avait déjà fait en 1854 pour une proposition semblable des mines de l'Escarpelle, ne jugea pas utile à ses intérêts d'accueillir ces ouvertures. Propriétaire d'une immense concession, renfermant des richesses très-considérables, elle fut d'avis qu'il était préférable d'employer ses capitaux à tirer parti de ces richesses, plutôt que de les consacrer à l'acquisition de concessions voisines, et je crois qu'elle fit acte de sagesse en agissant ainsi.

XIII

1873-1878.

Anniversaire séculaire de la fondation de la Compagnie. —
L'année 1873 vient rappeler la date de 1773, année de la fondation de la Compagnie d'Aniche.

Un siècle s'était écoulé. L'entreprise, après avoir passé par
toutes les vicissitudes rappelées dans les pages qui précèdent,
était actuellement constituée sur des bases solides, et avait atteint
un état de prospérité incontestablement mérité.

L'administration résolut de fêter l'anniversaire séculaire de
la fondation de la Société, et je ne puis mieux exposer les motifs
de cette détermination et les mesures adoptées pour sa réalisation qu'en citant textuellement la délibération prise par les
directeurs dans leur séance du 26 mai 1873.

« Un siècle va être écoulé depuis la fondation de la Société.
Une circonstance aussi solennelle doit être marquée par un
souvenir qui reste gravé dans la mémoire de toutes les personnes
qui tiennent par une attache quelconque à l'entreprise. Tel est e
sentiment unanime de MM. les directeurs qui, après délibération,
prennent les décisions suivantes :

« 1° Un dividende extraordinaire de 200 francs par douzième de
denier sera adressé à tous les Sociétaires le 8 juin, en un mandat
payable le 20 dudit mois ;

« 2° Une somme de 100 000 francs sera répartie à titre de gratifications entre tous les employés et ouvriers de l'établissement proportionnellement à leurs services et aux années qu'ils ont passées à la Compagnie ;

« 3° Il est accordé la valeur d'un denier à M. Vuillemin, ingénieur, directeur-gérant, en récompense des services qu'il a rendus à l'entreprise et de son dévouement aux intérêts de la Société, depuis 28 ans ;

« 4° Une somme de 10 000 francs sera employée en œuvres de bienfaisance, dons aux bureaux de bienfaisance, aux Églises, aux Écoles des communes dans lesquelles habitent un assez grand nombre d'ouvriers.

« 5° Le lundi, 9 juin, tous les travaux seront suspendus.

« Des services religieux seront célébrés ce jour-là dans les principales communes de la concession pour remercier Dieu de sa protection et appeler la continuation de ses bénédictions sur les travaux des mines d'Aniche. MM. les directeurs assisteront à celui d'Auberchicourt, tandis que les ouvriers et leurs chefs assisteront à ceux des autres communes ;

« 6° Une circulaire rappelant par quelques chiffres les résultats obtenus et résumant les décisions ci-dessus sera adressée à tous les Sociétaires (voy. pièce justificative n° 38).

« 7° Un avis sera placardé sur les chantiers pour donner connaissance au personnel des décisions qui le concernent.» (Pièce justificative n° 39.)

L'administration de la Compagnie, on le voit, se montra trèsgénéreuse en cette circonstance mémorable. Elle répartit ses largesses sur toutes les personnes qui tenaient par un lien quelconque à l'entreprise, actionnaires, employés, ouvriers, retraités, veuves, orphelins. Elle n'oublia pas non plus les pauvres, les écoles, les églises. En associant la religion à cette fête industrielle, elle voulut expressément faire remonter les résultats obtenus au grand Dispensateur de toute réussite, de tout succès, témoigner de ses sentiments de reconnaissance envers Lui, et appeler la continuation de sa protection sur ses travaux.

La situation de la Compagnie en 1873, année tout à fait exceptionnelle au point de vue des résultats obtenus, se prêtait certainement beaucoup à ces actes de générosité. Mais ce n'est pas moins un mérite et un honneur pour l'administration d'avoir compris si largement et si dignement le caractère des mesures

adoptées pour marquer une date mémorable dans l'existence de
la Société.

La répartition de la somme de 100 000 francs accordée en
gratification au personnel, se fit d'une manière équitable et pro-
portionnée aux services rendus. Ainsi chaque employé reçut
5 pour 100 de ses appointements annuels et par chaque période
de 5 années passées au service de la Compagnie, de sorte qu'un
employé dont le traitement était de 2000 francs et qui était
occupé depuis 20 ans reçut 400 francs de gratification.

Aux ouvriers adultes, il fut accordé un chiffre fixe de 5 francs,
plus 1 franc par chaque année de service. Ainsi un ouvrier,
attaché à la Compagnie depuis 25 ans recevait une gratification
de 30 francs.

Les enfans de 12 à 16 ans reçurent une somme de 3 francs, plus
1 franc par chaque année de service.

Les vieux ouvriers retraités avaient droit à 40 francs, et les veuves pensionnées à 21 francs.

On n'oublia pas les jeunes ouvriers qui étaint au service
militaire, et le reliquat des répartitions ainsi faites fut distribué
à des familles d'ouvriers pauvres et dans le besoin, ou à des
agents ayant rendu des services exceptionnels.

Les services religieux célébrés dans les communes furent
rémunérés par des allocations aux églises, à concurrence de
3000 francs. Il fut alloué aux écoles 2000 francs pour distributions
de prix et encouragements aux enfans d'ouvriers suivant assi-
dument et avec succès les classes ; 4000 francs aux bureaux de
bienfaisance, etc.

Le 9 juin, tous les travaux étaient suspendus, et des services
religieux étaient célébrés dans 11 communes. Tous les ouvriers,
sans exception, en habits de fête et sous la conduite de leurs
chefs y assistaient dans la commune de leur résidence respective.

Les directeurs, accompagnés des chefs principaux de l'administration, présidèrent au service religieux de l'église d'Auberchicourt, et le digne curé leur adressait une allocution dans
laquelle il les félicitait d'associer la religion à la fête qu'ils célé-
braient, et leur exprimait les sentiments de reconnaissance de
toute la population ouvrière pour les mesures généreuses qu'ils
avaient prises à son égard.

A leur retour au siége de l'administration, ils trouvaient des députations d'employés et des plus anciens ouvriers qui venaient leur témoigner les mêmes sentiments dans des termes si dignes, si honorables, que je ne puis me dispenser de les reproduire aux Pièces justificatires, n° 40.

Je me suis étendu longuement, que l'on veuille bien me le pardonner, sur la célébration de l'anniversaire séculaire de la fondation de la Société d'Aniche, parce que cette fête, toute de famille, sans manifestations extérieures, sans publicité, se passa avec la plus grande dignité, la plus grande cordialité, et fut empreinte d'un caractère de vive reconnaissance de la part des employés et des ouvriers, comme d'un caractère de généreuse libéralité de la part de l'administration.

De nombreuses lettres de félicitations des Sociétaires, de remerciements des conseils municipaux, vinrent témoigner aux directeurs, les unes l'approbation des mesures qu'ils avaient prises, les autres la reconnaissance des populations pour les dons alloués aux bureaux de bienfaisance, aux églises et aux écoles.

Qu'il me soit permis de profiter de l'occasion que m'offre cet ouvrage, pour réitérer à MM. les directeurs de la Compagnie l'expression de ma gratitude non-seulement pour leur acte de générosité à mon égard, mais encore pour les termes si flatteurs dont ils l'ont accompagné.

J'exprime également mes remerciements à MM. les actionnaires qui, en cette circonstance, ont bien voulu m'adresser de nombreuses lettres de compliments, si gracieux, si bienveillants. Ces documents réunis en un album, constituent pour moi un ensemble de témoignages les plus précieux et les plus honorables.

Résultats.—Les résultats de l'année 1871 avaient été favorables ; ils furent très-notablement dépassés en 1872 et surtout en 1873, année pendant laquelle ils atteignirent un chiffre très-élevé, que l'on n'avait jamais osé espérer, et qui ne se représentera pas de bien longtemps. C'était la conséquence directe des prix excessifs de vente des charbons.

Mais dès le commencement de l'année 1874, une baisse considérable de 5 francs par tonne, se déclarait. Elle fut suivie d'autres baisses successives qui ont fait redescendre aujourd'hui les prix de vente aux taux des prix pratiqués avant la crise houillère.

C'est en 1874 que l'extraction s'éleva au plus haut chiffre qui ait été atteint, 624 000 tonnes.

Grâce aux marchés conclus avant la baisse, cette année fournit encore de beaux résultats, mais cependant bien moindres que ceux de l'année précédente.

Augmentation de la réserve et du fonds de roulement. — Tout en répartissant de gros dividendes, et en consacrant des sommes importantes à des travaux neufs, à des constructions de maisons et à l'accroissement du matériel et de l'outillage, on put augmenter la réserve et le fonds de roulement dans de larges mesures. L'administration a eu à se féliciter grandement d'avoir agi avec cette prudence et cette sagesse. Aux belles années ont succédé des années médiocres, puis mauvaises, pendant lesquelles il a fallu continuer de grands travaux commencés. Une partie des ressources réservées ont servi à faire face à ces dépenses ; ce qui a permis d'atténuer d'autant la réduction des dividendes, qui cependant a été considérable.

Sondage et fosses de Roucourt. — La Compagnie d'Aniche exploite deux gisements ; l'un à Aniche, formé de couches de houille sèche à flamme, renfermant de 12 à 14 pour 100 de matières volatiles ; l'autre à Douai, superposé au premier et formé de couches de houille grasse, à courte flamme, renfermant de 18 à 28 pour 100 de matières volatiles.

Ce dernier gisement comprend 26 couches exploitables dans un espace transversal et horizontal de 1500 mètres. La quantité de matières volatiles de la houille va en augmentant de couche en couche au fur et à mesure qu'on s'avance du nord au midi.

L'observation de ce fait, caractérisé de la manière la plus constante, portait donc à supposer qu'une fosse placée au sud de celles en exploitation rencontrerait des couches de houille plus gazeuse, convenant à d'autres usages et s'adressant à de nouveaux consommateurs. Partant de cette donnée, on installa, au commencement de 1874, un sondage à Roucourt à 1750 mètres au sud-est de la fosse Saint-René et à 1000 mètres de la limite sud de la Concession.

Ce sondage rencontra le terrain houiller à 160 mètres de profondeur. Un accident obligea de l'abandonner à 181 mètres, avant d'avoir trouvé la houille. Mais il fournit de nombreux échantillons et plusieurs carottes de $0^m,15$ à $0^m,40$ de longueur de terrain micacé, à teinte d'encre de chine, renfermant des empreintes végétales, avec plans de clivage inclinés à 20° et présentant tous les caractères du plus beau terrain houiller.

Aussi, dès la fin de 1864, l'administration décidait l'ouverture d'un siége d'exploitation au nord-est du Sondage, et placé de manière :

1° à explorer les terrains situés entre le gisement de Saint-René et la limite sud de la concession ;

2° à exploiter les couches à découvrir dans ces explorations, en même temps que le prolongement à l'est de tout le faisceau de la division de Douai.

L'emplacement choisi offrait en outre l'avantage d'être rapproché de Roucourt, Gœulzin, Cantin, Erchin, etc., villages qui fourniraient la nouvelle population ouvrière dont on avait besoin.

Le champ d'exploration et d'exploitation de ce nouveau siége devant être très-vaste, on prit la détermination d'ouvrir deux puits du diamètre de 4 mètres, placés à 35 mètres de distance l'un de l'autre, de manière à satisfaire à toutes les exigences d'une grande production : aérage, épuisement, perforation et roulage mécaniques, descente et remonte des ouvriers.

Le percement des deux puits de Roucourt fut commencé au printemps de 1875. Le passage du niveau fut facile et s'effectua à l'aide d'une machine d'extraction du système Schulzer de 50 chevaux et d'une machine d'épuisement à traction directe de 60 chevaux. Le cuvelage était en bois de chêne, dans la partie supérieure, de 14 mètres à 50 mètres, et en fonte, dans la partie inférieure, de 50 mètres à 74 mètres.

Le tourtia fut rencontré à la profondeur de 164^m; mais au lieu du terrain houiller qu'on s'attendait à rencontrer en dessous, on trouva des terrains remaniés, composés de fragments de grès, d'argile et de schistes rouges, verts, franchement dévoniens, puis des brèches formées de morceaux de calcaire carbonifère, agglomérés par un ciment dolomitique et calcareux. Tout d'abord on pensa que ces terrains remaniés, analogues à des alluvions, ne constituaient que le remplissage d'une poche ou dénudation du terrain houiller. Mais leur persistance sur une hauteur de 40^m modifia la première opinion, et fit penser qu'on avait affaire à une cassure ou faille remplie par ces terrains anciens. On fut amené ainsi à recourir à d'autres moyens d'exécution du travail.

Tout en continuant l'approfondissement de l'un des puits, on ouvrit à la profondeur de 200^m une galerie dirigée vers l'ouest, à la rencontre du terrain houiller, parfaitement constaté par le sondage exécuté au sud des puits de Roucourt et dont l'existence, dans cette direction, est mise hors de doute par les travaux de la fosse Saint-René.

On installa une perforation mécanique pour l'exécution de cette galerie, afin de sortir plus vite de cet accident local, fort extraordinaire et fort inattendu, surtout après les résultats fournis par le sondage qui avait précédé l'ouverture des puits de Roucourt.

On est fondé à espérer que cette galerie atteindra le terrain houiller à une distance plus ou moins grande. Dans tous les cas, on ne peut douter que les puits de Roucourt, s'ils ne découvrent pas de nouveau gisement, comme on l'avait espéré, sont au moins assurés de recouper au nord, par des galeries à travers bancs, tout le faisceau des couches de houille de Saint-René et des autres fosses de Douai, et de l'exploiter fructueusement.

Toutefois la rencontre à laquelle on était loin de s'attendre, par ces puits de terrains anciens, remaniés et non en place, est un incident fâcheux; et quoiqu'il n'y ait pas d'inquiétudes à avoir sur le succès définitif de ces puits, elle n'occasionnera pas moins à la Compagnie une perte de temps et des dépenses considérables.

Travaux neufs. Comme je l'ai dit précédemment, la Compagnie profita de la situation favorable que procurait le haut prix des houilles, pour préparer le développement de son exploitation.

En outre des creusements de puits de Bernicourt et de Roucourt, elle construisait de nombreuses maisons pour augmenter son personnel; elle restaurait et améliorait des bâtiments de fosse anciens; agrandissait ses ateliers de réparations, et complétait son outillage industriel. Elle dépensait en travaux neufs ou de premier établissement de 600 000 à 850 000 francs par an.

Application de la traction mécanique. — La dépense considérable qu'exige l'établissement des puits dans le nord de la France oblige à en réduire le nombre, et à étendre leur champ d'exploitation le plus loin possible. Toutefois il est une limite dans laquelle on doit se restreindre, celle de la distance à laquelle les difficultés de transport deviennent trop grandes et trop onéreuses.

Ces considérations déterminèrent la Compagnie à établir, au commencement de l'année 1875, à la fosse Sainte-Marie, une traction mécanique, semblable à celles qui existent depuis longtemps en Angleterre, et à celle que la Compagnie d'Anzin venait d'établir à la fosse Thiers [1].

Le système auquel on donna la préférence fut la traction par corde-tête, et corde-queue, avec moteur établi au jour. Son installation fut faite dans des conditions de grande simplicité, et sans changements notables dans les galeries existantes et dans lesquelles s'effectuait jusqu'alors le transport par chevaux. Cette particularité fut remarquée par le Congrès de l'Industrie minérale lors de sa visite des Mines d'Aniche en 1876.

La traction mécanique de Sainte-Marie commença à fonctionner en juin 1875. Elle donna les résultats attendus; et dès l'année suivante, on en établissait une semblable à la fosse de Dechy.

Baisse des charbons. — Ainsi que je l'ai dit précédemment, dans le courant de l'année 1873 les prix de vente des charbons avaient atteint le taux exorbitant de 25 francs la tonne pour les charbons secs d'Aniche et de 27 francs pour les charbons gras de Douai. Ces prix excessifs avaient principalement leur cause dans la crainte des consommateurs de ne pouvoir se procurer les charbons nécessaires à l'alimentation de leurs usines. L'industriel, qui avait besoin de 1000 tonnes de houille, demandait cette quantité à plusieurs houillères, persuadé qu'elle ne lui serait livrée qu'en partie par chacune d'elles; il voulait se prémunir ainsi contre le manque possible de combustible. De plus, les houilles étrangères se maintenant à des prix encore supé-

---

1. En 1859, j'avais vu fonctionner la traction mécanique de Pelton Colliéry, et mon impression avait été que l'application de ce système n'était guère possible dans les galeries sinueuses et dans les terrains peu solides des exploitations du nord de la France.

Cette impression se modifia par le compte rendu que me firent MM. Dombre et G. Vuillemin de leur examen de diverses installations de traction mécanique qu'ils avaient eu l'occasion de visiter dans un voyage en Angleterre. Ce fut d'après leur étude qu'on décida l'établissement de la traction mécanique de Sainte-Marie, qui a été décrite par l'un d'eux dans le *Bulletin de l'Industrie minérale*, 2e série, tome IV, IIe livraison, 1875.

rieurs à ceux des houilles françaises, les consommateurs des premières demandaient leur approvisionnement aux houillères indigènes. Mais cet état de choses ne pouvait persister long-temps.

Dès le mois de février 1874, les prix des houilles baissaient à 22 francs la tonne à Aniche et à 24 francs la tonne à Douai.

Cette baisse se continuait les mois suivants, et un an après, en février 1875, les prix étaient descendus à 19 francs la tonne à Aniche et à 20 francs la tonne à Douai.

Au commencement de 1876, on était à 16 francs à Aniche et 17 francs à Douai, et sur ces prix il était fait des concessions pour les marchés importants.

En 1877, les prix tombent à 13 francs à Aniche et à 14 francs à Douai.

Les demandes se restreignent; les houillères écoulent difficile-ment leur production, et cherchent, par des concessions de prix, à maintenir leurs débouchés. La concurrence des houilles étran-gères oblige les houillères du Nord à diminuer de plus en plus leur prix, et aujourd'hui on en est arrivé à vendre les houilles à des prix inférieurs à ceux pratiqués en 1869, avant la crise.

Valeur du Denier. La crise houillère, les hauts prix de vente des houilles, procurèrent à toutes les Mines, et à l'étranger et en France, des bénéfices importants, mais moins considérables cependant qu'on est porté tout d'abord à le croire. Car, ainsi que le constate le *Rapport de M. Ducarre, au nom de la Commission d'Enquête parlementaire, sur l'état de l'industrie houillère en France*, 1874, « ces prix excessifs de la houille n'ont profité que d'une manière restreinte aux Compagnies houillères, engagées pour les deux tiers de leur production par des marchés conclus avant la crise. Ce sont les négociants en charbons qui ont cer-tainement profité, dans une large mesure, des avantages que leur donnait la possession d'une matière devenue tout d'un coup plus précieuse ».

Quoi qu'il en soit, le public ne tint pas compte de cette parti-cularité. Il ne vit que les prix exorbitants de la houille, et resta persuadé que ces prix se soutiendraient pendant un temps assez long, et que jamais on ne reverrait les prix d'avant la crise. Il s'exagéra les bénéfices réalisés et à réaliser par les houillères, et s'éprit d'un véritable engouement pour les actions de Mines. Ces valeurs furent très-recherchées et atteignirent des prix excessifs, non-seulement celles des houillères donnant des résultats, mais même celles des houillères qui ne distribuaient aucun dividende.

Les actions d'Aniche éprouvèrent la loi commune. Le prix moyen de vente du douzième de denier, qui était resté de 1867 à 1871 compris entre 8000 et 8500 francs,

```
s'élève. .................... à 12,000 francs en 1872
                              à 16,000    "    »  1873
                              à 25,000    »    »  1874
                              à 29,000    "    »  1875
```

Il se fit des ventes à 33 000 et même à 36 000 francs en avril et mai 1875.

Ces prix étaient exagérés et nullement en rapport avec les dividendes distribués, et avec ceux qu'il était permis d'espérer dans l'avenir.

Une appréciation plus vraie de la valeur des actions houillères en général ne tarda pas à se produire. Les douzièmes de denier d'Aniche redescendaient à 25 000 francs au commencement de 1876 et à 16 000 francs à la fin de 1876.

Ils se négocient aujourd'hui à 13 500 francs.

Résumé de l'historique des Mines d'Aniche. — Arrivé au terme de la partie historique de ce travail, il me paraît utile d'en exposer le résumé succinct.

Fondée en 1773 par le marquis de Trainel, la Compagnie des Mines d'Aniche, après cinq années de travaux infructueux, découvre enfin la houille en septembre 1778. Cette découverte fait naître les plus grandes espérances : des Deniers sont vendus à 5000 et à 8333 ₤, alors qu'ils n'ont versé encore que moins de 1000 ₤. Mais les commencements de l'exploitation ne justifièrent pas ces espérances, et dès 1781 le découragement se manifestait chez les directeurs. Ils firent visiter les travaux par des experts et leur rapport était peu rassurant. Toutefois des découvertes de nouvelles veines permirent de continuer l'exploitation, mais sans autre résultat qu'un excédant de dépenses sur les produits. En 1786, on se décida à abandonner deux fosses qui étaient improductives ; cet abandon amena l'inondation des deux autres fosses qui étaient en communication avec les premières, et le fruit de 13 années d'épreuves et d'une dépense de plus d'un million fut complétement anéanti. La valeur du Denier tomba à 333 £. Les directeurs en fonction avaient donné leur démission ; ils furent remplacés par d'autres sociétaires qui n'avaient pas perdu courage et qui firent percer immédiatement deux nouvelles fosses.

L'exploitation de ces nouveaux puits, quoique plus favorable que celle des anciens, ne couvrait cependant pas les dépenses, et les appels de fonds se succédaient à des intervalles rapprochés.

La Révolution française, l'invasion du pays par l'ennemi, l'émigration d'un grand nombre des sociétaires aggravèrent considérablement cette situation déjà mauvaise de l'entreprise, et on se demande comment elle put se soutenir pendant cette époque tourmentée. Des sociétaires abandonnèrent leurs parts d'intérêt, même en payant leur quote-part des dettes qui montaient à 6600 £ par Denier.

Aussi la République s'empressa-t-elle de céder les actions onéreuses, confisquées sur les émigrés, aux sociétaires restés en France, à la condition qu'ils se chargeraient d'acquitter les dettes de l'entreprise et de la maintenir en activité. C'était une lourde charge qu'assumaient ces derniers, ainsi que l'établissent les détails que j'ai donnés dans le cours de ce travail.

Cependant l'exploitation de la fosse Sainte-Barbe, sous la direction de M. Cavillier, donna quelques bénéfices, et en 1805, l'encaisse permit de distribuer un premier et faible dividende de 20 francs 57 par Denier ou de 1/2 pour cent.

Un deuxième et un troisième dividende de 100 francs par Denier furent répartis en 1813 et 1314 ; un quatrième de pareille somme en 1823. En 1825 et en 1826, on donne aux actionnaires, à titre de dividende, 100 et 66 hectolitres de vieux charbon. Enfin deux dividendes de 100 francs et de 66 francs par Denier sont distribués en 1835 et 1836.

De 1773 à 1846, en 73 ans, la totalité des dividendes ne s'éleva qu'à 636 francs 57 par Denier. Cependant l'exploitation produisait anuellement, de 1810 à 1838, de 230 000 à 370 000 hectolitres ou 24 000 à 38 000 tonnes. Elle réalisait quelques bénéfices qui étaient absorbés par l'entretien et le renouvellement des vieux travaux et de l'outillage, et par des explorations en dehors de la concession.

Aussi, à plusieurs reprises, les sociétaires découragés cher-

chent-ils à vendre leur établissement, même avec de grandes
pertes : en 1819, à la Compagnie d'Anzin ; en 1827, à M. le comte
de Caze. En 1837, la presque totalité des intéressés cèdent leurs
actions à des personnes de Valenciennes et de Cambrai, qui apportent de nouveaux capitaux, abandonnent les anciennes fosses,
en ouvrent de nouvelles, et donnent à l'entreprise une impul-
sion qui va enfin la tirer de l'état précaire dans lequel elle a
végété jusqu'alors. L'extraction qui était tombée à 19 000 tonnes
en 1840, atteint le chiffre de 85 000 tonnes en 1846. On réalise
des bénéfices qui permettent de faire face aux travaux de développement, et de distribuer des dividendes qui, de 300 francs
en 1846, s'élèvent d'année en année pour atteindre 4200 à
4800 francs, de 1856 à 1860.

Les travaux qui étaient restés concentrés à Aniche s'étendent
dans les environs de Douai, où l'on avait découvert la houille
grasse en 1852.

En 1855, on adopte un vaste programme de travaux qui s'exécute successivement et auquel on consacre des sommes considérables, mais qui sont prélevées entièrement sur les bénéfices.
Ces travaux consistent non-seulement en percement de nouvelles
fosses, mais en acquisitions de terrains, en établissement de
chemins de fer, en construction de nombreuses maisons d'ouvriers, et en création d'un outillage et d'un matériel en rapport
avec une production annuelle de plus de 600 000 tonnes.

Des alternatives d'années favorables et d'années défavorables
se produisent certainement dans cet intervalle de vingt et quelques
années. Mais l'administration de la Compagnie, agissant avec
une grande sagesse, a soin de réserver une partie des bénéfices
des années prospères pour contre-balancer la réduction des bénéfices des années mauvaises, et tout en distribuant aux actionnaires des dividendes très-convenables, elle satisfait, sans
recourir au crédit, aux grandes dépenses qu'exige un vaste développement de l'entreprise.

Les succès obtenus, à partir de 1840, ne peuvent mieux être
représentés que par la valeur que le public attribue aux actions
de la Compagnie.

En 1840, le Denier se vendait 8000 francs.

Il monte . . . .   à   16,000 francs en 1847,
                                              à   30,000   »   »   1853,

		à	70,000	francs en	1855,
		à	80,000	»	» 1860.
Il tombe..................		à	54,000	»	» 1865,
puis se relève.............		à	100,000	»	» 1867,

et reste à ce taux jusqu'en 1871. La crise houillère amène une hausse exagérée de toutes les actions de Mines ; le Denier d'Aniche atteint les prix exorbitants de 300 000 francs en 1874 et de 350 000 en 1875.

La réaction qui se produit nécessairement contre l'engouement dont s'est épris le public pour les valeurs houillères, ramène le prix du Denier d'Aniche à 200 000 francs en 1876, et à 160 000 francs en mars 1878.

Si l'on calcule le prix auquel revient le Denier aux fondateurs, en tenant compte des intérêts composés à 5 pour cent sur les versements effectués, et sous déduction des dividendes distribués, on arrive au chiffre de 110 000 francs. — La plus-value, au taux actuel de 160 000 francs, est donc de moitié seulement.

XIV

Gisements.

Étendue de la concession. — La concession d'Aniche, telle qu'elle a été délimitée par l'arrêté de l'administration du département du Nord du 6 prairial an IV (25 mai 1796), pièce justificative n° 18 et planches II, VIII et IX, s'étend dans le sens de la direction du bassin houiller de Valenciennes, de l'est à l'ouest, de Somain à Douai, sur une longueur de 14 kilomètres, et dans le sens transversal d'Aniche à la Scarpe, sur une largeur de plus de 8 kilomètres.

Sa superficie est de six lieues carrées ou de 11 850 hectares, sur lesquels 9000 renferment le terrain houiller.

Elle est bornée à l'est par la concession d'Anzin, au sud par la concession d'Azincourt, à l'ouest par la concession de l'Escarpelle, et au nord par des terrains non concédés qui renferment seulement quelques lambeaux de la formation houillère.

Morts terrains. — Sur toute son étendue, le terrain houiller est recouvert par des morts terrains, dont l'épaisseur varie de 123 mètres (Traisnel) à 180 mètres (Dechy). Elle atteint même, mais exceptionnellement, 232 mètres à Sainte-Marie.

Au-dessous de la terre végétale on trouve d'abord une épaisseur de 5 à 8 mètres de sables agglutinés, faisant partie de l'étage inférieur, éocène, des terrains tertiaires. Toutefois, en s'avançant des plateaux vers la vallée de la Scarpe, l'épaisseur de ces terrains augmente; ils se composent alors de sables mouvants, puis de sables plus ou moins durs, et enfin d'argile plastique, qui règnent à Sainte-Marie sur 16 mètres, à Marchiennes et à Vred sur 28 mètres.

Le terrain crétacé vient ensuite. Il est formé d'abord de craie blanche sans silex, plus ou moins fendillée, sur une hauteur qui varie de 60 à 90 mètres. Au-dessous, on rencontre des alternances de bancs plus ou moins argileux, gris et bleus, dont l'épaisseur varie de 10 à 20 mètres; puis les dièves, ou argiles bleuâtres, compactes, formant pâte avec l'eau, qui règnent sur une hauteur variable de 30 à 40 mètres, et même 70 mètres à Sainte-Marie.

Enfin viennent les marnes glauconieuses, sur une hauteur de 15 à 40 mètres.

A la partie inférieure de la craie glauconieuse se trouve le grès vert ou tourtia. En général il est formé par un banc de 1 à 2 mètres de cailloux roulés de roches anciennes, cimentés par une partie argilo-calcaire colorée en vert par des grains de silicate de fer. Mais quelquefois il se montre sous la forme de sables verts, plus ou moins agglutinés, et prend une épaisseur de 5, 8 et même 15 mètres, à Roucourt, Fénelon et Sainte-Marie.

C'est au tourtia que viennent affleurer le terrain houiller et les veines de houille.

Cependant, au sud-ouest de la concession d'Aniche on a constaté la présence du gault dans le sondage de Férin et dans les puits de Roucourt. Cette formation a 15 mètres d'épaisseur sur ce dernier point; elle présente des argiles noirâtres qui peuvent très-bien, dans un trou de sonde, être prises pour des schistes houillers.

La craie blanche avec ou sans silex est aquifère, et renferme des nappes d'eau que l'on appelle *niveaux*, nappes d'eau pour ainsi dire indéfinies et dont le débit dépend et du nombre des fissures et de la surface de terrain mis à nu dans le fonçage des puits.

Elles commencent vers la cote 25 mètres au-dessus du niveau de la mer, et règnent sur une hauteur variable de 65 à 90 mètres jusqu'à la rencontre des bleus, et même des dièves.

La traversée de ces niveaux présente sur certains points des difficultés très-grandes, et exige généralement le montage de machines et d'un attirail de pompes d'épuisement puissants. Ces moyens sont même quelquefois insuffisants, et on est obligé, pour creuser les puits, de recourir, comme aux fosses n°s 4 et 5 de l'Escarpelle et à Bernicourt, au système Kind-Chaudron.

Les eaux des niveaux sont maintenues avec des cuvelages et des picotages en bois de chêne de choix, auxquels on tend à substituer, au moins dans la partie inférieure, des cuvelages et des picotages en fonte.

Faisceaux des veines exploitées. — Trois faisceaux de veines distincts ont été ou sont exploités dans la concession d'Aniche, planche IX :

1° Le faisceau de houille grasse des anciennes fosses d'Aniche, au sud-est de la concession ;

2° Le faisceau de houille sèche d'Aniche, au nord du précédent ;

3° Le faisceau de houille grasse des environs de Douai.

Gisement des anciennes fosses d'Aniche. — L'exploitation de ce gisement, aujourd'hui complétement abandonnée, a été effectuée jusqu'à la profondeur de 350 mètres, par les fosses Saint-Mathias, Sainte-Catherine, Sainte-Thérèse, Sainte-Barbe, Sainte-Hyacinthe et l'Espérance, et en partie par les fosses d'Aoûst et Fénelon, sur un développement en direction de plus de 5 kilomètres, et sur une largeur de près de 1 kilomètre.

Il s'étend jusqu'à la limite sud de la concession. Les fosses d'Azincourt exploitent des couches de houille grasse superposées à celles de ce faisceau, mais renversées, et qui sont elles-mêmes recouvertes par le calcaire appartenant très-probablement à la formation dévonienne.

Ce calcaire a été traversé par la fosse d'Etrœungt et atteint par les bowettes sud des fosses Sainte-Marie et Saint-Auguste.

Plus à l'ouest, la fosse Saint-Roch, appartenant aussi à la Compagnie d'Azincourt, a retrouvé un faisceau de couches grasses également renversées.

Enfin à l'ouest le faisceau des anciennes fosses d'Aniche a été exploité par la Compagnie d'Anzin à Abscon, de 1824 jusqu'à 1850. Il a disparu en profondeur et les longues bowettes pratiquées au midi des fosses d'Abscon n'ont trouvé jusqu'ici que des terrains très-bouleversés.

L'ancien gisement d'Aniche comprenait 13 couches plus ou moins exploitables et qui, en partant du sud, étaient connues sous les noms de *Veine du Bure, Petite-Veine, Notre-Dame, Petit-Roland, Sainte-Barbe*, nᵒˢ 4, 7, 10, 13, 14 et 15, *Pouilleuse, Honorine*.

Ces veines avaient toutes leur pendage au midi. On a exploité, plus au nord, et *sous* les noms d'*Aglué*, 1ʳ *Pouilleuse, Petite-Veine*, 2ᵉ *Pouilleuse, Veines du serrement* nᵒˢ 1, 2 et 3, la seconde branche des sept dernières veines précédemment citées, qui ont été repliées en forme d' *Ↄ*, ainsi qu'on l'a constaté, en 1850 seulement, à l'Espérance. Le prolongement de ce repli a été reconnu postérieurement à la fosse Fénelon ; il doit aussi s'étendre jusqu'à Abscon ; c'est du moins par sa présence que me paraît s'expliquer la disparition en profondeur des belles couches exploitées *autrefois* dans cette localité.

Le grand accident géologique, qui a replié les couches du sud d'Aniche en forme d' *Ↄ*, est connu à Anzin sur une très-grande longueur sous le nom de *cran de retour*. Il paraît provenir d'une grande cassure, régnant à peu près parallèlement à la direction du bassin houiller, suivant la ligne de démarcation des houilles grasses et des houilles sèches ou demi-grasses. Il a fait descendre les premières au niveau des dernières sans affecter sensiblement celles-ci. Dans ce glissement, la partie supérieure du terrain houiller, renfermant les houilles grasses, a été repliée sur elle-même à Aniche et même contournée en zigzag sur d'autres points, comme le montrent les coupes classiques d'Anzin et de Mons.

Ce grand accident a affecté considérablement l'ancien faisceau d'Aniche, et les couches de ce faisceau, comme celles d'Azincourt au sud, étaient très-tourmentées, irrégulières et fréquemment interrompues par des crains. C'est ce qui explique la faible production de l'exploitation de ce gisement, et les conditions défavorables dans lesquelles elle s'opérait.

Ces couches ne présentaient qu'une épaisseur comprise entre 0ᵐ,40 et 0ᵐ,60, et le moindre rétrécissement les rendait inexploitables. Les travaux de quelque importance n'ont porté dans les anciennes fosses que sur 7 couches, Petit-Roland, Sainte-Barbe n⁰ˢ 4, 7 et 10 ; dans les autres on s'est borné à enlever quelques parties de veine ou à faire quelques explorations.

A d'Aoûst, comme à Fénelon, l'exploitation de ces mêmes couches, désignées toutefois sous d'autres noms, a été également peu productive, par suite des nombreux crains résultant de leur voisinage de l'axe du pli en *U*.

L'extraction fournie par le vieux gisement d'Aniche, d'après le relevé des livres de la Compagnie, a été de... 2,000,000 tonnes.

Savoir :

1° Anciennes fosses, depuis la découverte de la houille en 1778 jusqu'à leur inondation en 1786............................ 29,000 tonnes.

2° Fosses Sainte-Barbe et Sainte-Hyacinthe, de 1788 jusqu'à la reprise de Sainte-Catherine en 1807....................... 244,000 »

3° De 1808 jusqu'à la mise en exploitation de l'Espérance en 1819 315,000 »

4° De 1820 à 1840, date de l'abandon de l'exploitation de Sainte-Barbe et de Sainte-Catherine............................ 672,000 »

5° De 1841 à 1850, date de l'abandon de l'Espérance........... 249,090 »

6° De 1851 jusqu'à l'abandon de la fosse d'Aoûst, et la cessation en 1870 de l'exploitation du faisceau de houille grasse par Fénelon... 491,000 »

Ensemble.... 2,000,000 tonnes.

Les travaux d'exploration et d'exploitation se sont étendus dans ce gisement sur une longueur de 5000 mètres en direction, et sur une largeur moyenne de 800 mètres, soit sur une superficie de 400 hectares. Ils ont été poussés jusqu'à 350 mètres de profondeur, dont il faut toutefois déduire 150 mètres pour l'épaisseur des *morts terrains* ; il reste pour l'épaisseur du terrain houiller exploré et exploité 200 mètres.

La production du gisement des houilles grasses d'Aniche, sur cette épaisseur de 200 mètres de terrain houiller, a donc été de 5000 tonnes par hectare. La densité de la houille étant de 1,30, ces 5000 tonnes correspondent à 3846 mètres cubes de combustible par hectare, ou à une couche d'une épaisseur de $0^m,385$ s'étendant sur la surface totale du gisement exploré et exploité.

Je ferai remarquer combien ce faible chiffre de $0^m,385$ est différent de celui que l'on obtient en faisant l'addition de l'épaisseur des couches de houille qui composaient l'ancien faisceau d'Aniche. Ces couches étaient au nombre de 13 dans les vieilles fosses ; l'exploitation fut assez *developpée* dans 7 d'entre elles, qui présentaient une épaisseur variable de $0^m,40$ à $0^m,60$, soit une épaisseur totale de 3^m,50. Mais l'exploitation de ces couches affectées de nombreux crains était souvent interrompue : de plus ces couches ne s'étendaient pas également sur toute la longueur en direction du gisement ; les unes disparaissaient totalement, d'autres auraient exigé, pour être retrouvées, des travaux trop dispendieux [1].

J'ai dit que la production de 2 000 000 de tonnes, de l'ancien gisement d'Aniche, avait été fournie par l'exploitation de 400 hectares sur une hauteur de 200 mètres, représentant en volume 800 millions de mètres cubes de terrain houiller. On n'a donc obtenu que 2500 tonnes ou 1920 mètres cubes de houille par chaque million de mètres cubes de terrain houiller. Le rapport en volume de la houille au terrain stérile est donc de $\frac{1920}{1000000} = 0,001,920$ ou moins de 2 pour 1000, c'est-à-dire que dans 1000 mètres cubes de terrain houiller on n'a retiré que moins de **2** mètres cubes de houille.

Ces quantités de houille d'une couche de 0^m,385 d'épaisseur sur la surface du gisement et de moins de 2 pour 1000 dans le voulume du terrain houiller, indiquent une grande pauvreté et justifient les mesures prises à différentes époques d'abandon des anciennes fosses, de l'Espérance et de d'Août.

Le faisceau des houilles grasses d'Aniche se relie avec la partie nord du gisement de Douai dont il sera parlé plus loin. Un intervalle inexploré de 4 kilomètres les sépare actuellement et sera exploité dans l'avenir.

Gisement des houilles sèches d'Aniche. — La découverte de ce gisement date de 1839. Il est situé au nord du précédent, et en est séparé par le cran de retour, et par un intervalle de terrains stériles d'une épaisseur moyenne de 400 mètres comptés sur l'horizontale.

Six puits ont été ouverts sur ce gisement : la Renaissance en 1839, Saint-Louis en 1843, Fénelon en 1847, Traisnel en 1848, l'Archevêque en 1854 et Sainte-Marie en 1857.

---

1. Il est vrai que l'exploitation n'a été pratiquée que jusqu'à 350 mètres de profondeur, et qu'il y a lieu de tenir compte qu'elle pourrait être portée jusqu'à 800 mètres. Au lieu de 200 mètres de terrain houiller exploité on en aurait donc 650 mètres. Dans cette hypothèse, la production par hectare deviendrait 16.230 tonnes, ou 12,500 mètres cubes, représentant une couche de houille de 1 mètre 25 d'épaisseur s'étendant sur la surface totale du gisement exploité.

On y connaît et y exploite 12 couches de houille qui sont, à partir du midi : Ferdinand, Mardi-Gras, Jumelles, Sondage, Sans-Nom, Marie, Bonsecours, Grande-Veine, Félix, Gabrielle, Georges et Veine du Nord, dont l'épaisseur varie de $0^m,40$, Gabrielle, à $0^m,95$ Ferdinand. Elle est en moyenne de $0^m,52$ à $0^m,53$ seulement.

La houille qu'elles fournissent est une houille sèche, ou demi-grasse, renfermant de 12 à 14 pour cent de matières volatiles et en général peu de cendres. Elle ne colle et ne fume pas, mais donne de la flamme, et possède un pouvoir calorifique élevé. Aussi est-elle très-employée et très-appréciée, quoique friable et menue, pour le chauffage des générateurs, et convient admirablement pour la fabrication des agglomérés. La faible proportion de matières volatiles que contient cette houille tendrait à la faire considérer comme maigre et se rapprochant de l'anthracite ; mais à l'usage elle se comporte tout différemment que celui-ci, et brûle de la même manière que certaines houilles demi-grasses à 15 et 16 pour cent de matières volatiles. J'attribue cette particularité à l'état moléculaire ou physique de cette houille, qui est friable, peu compacte, laisse dégager facilement ses gaz et brûle sans aucune décrépitation.

Le faisceau de houille sèche d'Aniche se développe en direction de la limite est de la concession (chaussée de Marchiennes), à la limite ouest du champ d'exploitation de Sainte-Marie, sur une longueur de 4200 mètres. Il occupe une largeur horizontale moyenne de 1100 mètres.

A l'est, il pénètre dans la concession d'Anzin, où il est exploité depuis 1858 par les fosses Casimir Périer et Saint-Marc d'Abscon.

On le retrouve à l'ouest, dans la concession de l'Escarpelle, où il est exploité par la fosse n° 1, depuis 1850, et à la fosse n° 2, à Leforest.

Il n'est donc pas douteux que ce faisceau existe dans l'intervalle compris entre la fosse Sainte-Marie et la limite ouest de la concession au nord du gisement de houille grasse de Douai, intervalle qui est de plus de 10 kilomètres.

C'est là une immense réserve pour l'avenir, qui permettra la création de 5 nouveaux siéges d'exploitation.

La fosse Dernicourt, au nord de Gayant, atteindra et exploitera ce faisceau.

Ce gisement est d'une régularité remarquable. Il n'est affecté par aucune faille importante ; c'est à peine si l'exploitation, sur un parcours des veines de près de 5 kilomètres, est interrompue dans les différentes couches qui le composent, par de petits accidents, tels que serrages, collets, crains, qui portent toujours un caractère purement local. Il serait impossible de citer dans tout le bassin houiller du Nord et du Pas-de-Calais un semblable exemple de régularité.

La Compagnie d'Aniche a fait figurer à l'Exposition universelle de 1878 un plan en relief au millième représentant la veine Marie, exécuté avec une exactitude rigoureuse d'après les plans des travaux effectués dans cette couche sur toute la longueur connue du faisceau, et jusqu'à 450 mètres de profondeur, et qui rend parfaitement compte de l'allure et de la régularité du faisceau des houilles sèches d'Aniche. On est frappé, en voyant ce plan en relief, que malgré des changements, des contournements brusques, et dans le sens de la direction et dans le sens de l'inclinaison, la couche représentée, et par conséquent les roches qui l'encaissent, ne comportent pas plus de déchirures et de brisures. Il a fallu que houille et roches encaissantes, lors des mouvements de terrain qui ont produit le relief actuel, fussent à un état mou et de plasticité extraordinaire pour se prêter ainsi à ces contournements en direction si brusques, et à ces changements qui font varier l'inclinaison dans les limites de 15 à 90 degrés. L'étude de ce relief appliqué à un développement de couches de près de 5 kilomètres est digne de fixer l'attention des géologues, qui dans cet exemple trouveront sans doute l'explication de bien des faits scientifiques dont il est difficile de se rendre un compte exact.

Comme je viens de le dire, l'inclinaison dans une même couche de ce faisceau est très-variable d'un point à un autre suivant les replis et les contours de cette couche. Ainsi, de 30 degrés à la Renaissance, elle tombe à 15 degrés à l'Archevêque, et s'élève à 90 degrés à l'ouest de Sainte-Marie. On peut dire d'une manière générale qu'elle est d'environ 30 degrés.

Si l'on considère le faisceau dans son ensemble on reconnaît que l'inclinaison des différentes couches va en diminuant du sud au nord : de 35 à 40 degrés dans les couches les plus méridionales, elle descend à 15 et 20 degrés dans les couches les plus septentrionales.

Cette circonstance rend les explorations au Nord, par galeries à travers bancs, longues et dispendieuses. En même temps les terrains rencontrés dans cette région fournissent une certaine quantité d'eau, qui s'épuise, il est vrai, au bout d'un certain temps. Néanmoins cette double particularité a empêché jusqu'ici la Compagnie de développer ses explorations au nord du faisceau connu. Tout indique cependant la présence de veines de houille dans cette région ; les sondages exécutés par la Compagnie d'Anzin à Erre et à Fenain, la fosse de Marchiennes et enfin la position des faisceaux de houille maigre de Vicoigne, Fresnes et Vieux-Condé. Il existe encore là des réserves considérables pour l'avenir sur un espace de 12 kilomètres de longueur et de plus de 4 kilomètres de largeur.

L'exploitation du faisceau de houille sèche a produit depuis son commencement en 1841, jusqu'à ce jour.... 6 110 000 tonnes.
Savoir :

Fosse La Rennaissance de 1841 jusqu'à 1859, date de son changement d'usage.	609,000	tonnes
Fosse Saint-Louis, de 1845 à ce jour	1,716,000	»
Fosse Fénelon, déduction faite des charbons gras	750,000	»
Fosse Trainel, de 1851 à ce jour	823,000	»
Fosse l'Archevêque, de 1856 à ce jour	1,488,000	»
Fosse Sainte-Marie, de 1861 à ce jour	724,000	»
	6,110,000	»

Cette exploitation s'est étendue sur une surface de $4\,200 \times 1\,100$ mètres $= 462$ hectares, et jusqu'à une profondeur moyenne de 295 mètres. En déduisant de ce dernier chiffre l'épaisseur moyenne des *Mort-terrains*, 155 mètres, il reste 140 mètres pour l'épaisseur du terrain houiller exploité sur le faisceau de houille sèche. La production de ce faisceau, sur l'épaisseur ci-dessus de 140 mètres, a donc été de 13 225 tonnes ou de 10 173 mètres cubes de combustible par hectare. Elle représente une couche de houille de 1 mètre 017 recouvrant la surface totale du gisement.

La production de 6 110 000 tonnes a été obtenue, ainsi qu'il est exposé ci-dessus, par l'exploitation de 462 hectares, sur une hauteur de 140 mètres, ou dans un volume de 646 millions de mètres cubes de terrain houiller. On a donc obtenu 9 440 tonnes ou 7 260

mètres cubes de houille par chaque million de mètres cubes de
terrain houiller, c'est-à-dire, 9,44 tonnes ou 7,26 mètres cubes
de houille pour 1000 mètres cubes de terrain houiller.

Ces résultats sont quatre fois plus grands que ceux fournis
par l'exploitation de l'ancien gisement d'Aniche, et viennent confirmer ce qui a été dit de la régularité remarquable du faisceau
des houilles sèches, régularité qui compense la faible épaisseur
moyenne, 0^m,52 à 0^m,53, de ses couches.

J'ai dit que la production de 13 225 tonnes ou de 10 179 mètres
cubes par hectare pour une hauteur de 140 mètres de terrain
houiller exploité, représentait une couche de 1^m,017 s'étendant
sur toute la surface du gisement. Ce chiffre est bien inférieurà
celui de 6 mètres 20 donné par la totalisation de l'épaisseur des
12 couches de ce gisement. Mais lorsque l'exploitation aura été
portée à 800 mètres de profondeur, et qu'on aura déhouillé 645
mètres de terrain au lieu de 140 mètres, la production par hectare sera alors de 60 888 tonnes ou de 46 837 mètres cubes, représentant une couche de houille de 4 mètres 68 d'épaisseur.

Gisement de houilles grasses de Douai. C'est en 1852 que j'en-
gageai la Compagnie d'Aniche à exécuter un sondage près de
Douai en vue d'y découvrir les houilles grasses qui faisaient
alors défaut à Aniche, et, qui devaient exister au midi des veines
de houilles sèches exploitées par la fosse de l'Escarpelle. Ce
sondage confirma mes prévisions, et la Compagnie ouvrit de
suite la fosse Gayant dont les travaux donnèrent lieu à la découverte successive des couches du gisement de houille grasse
de Douai.

De nouvelles fosses furent ouvertes successivement sur ce gisement : Notre Dame en 1856, Dechy en 1860, Saint-René et Bernicourt en 1866. Elles l'ont exploité ou exploré sur une longueur
en direction de 6 kilomètres et sur une largueur moyenne de
1150 mètres.

Le faisceau de Douai comprend 26 couches de houille grasse,
à courte flamme, renfermant de 18 à 28 pour cent de matières
volatiles, convenant très-bien à la fabrication du coke, à la verrerie et à la forge. Leur épaisseur qui varie de 0^m,45 à 0^m,90,
est en moyenne de 0^m,63, et leur ensemble forme une épaisseur
totale de charbon de 16^m,50.

Ces veines sont assez régulières et leurs traces, sur un plan

horizontal, présentent des directions parallèles et rectilignes, et
non des courbes comme à Aniche. Elles sont toutefois interrompues par des crains, des serrages assez nombreux et par
plusieurs grandes failles dirigées du Sud au Nord, plongeant
vers l'Ouest et qui rejettent toutes les couches au Nord, lorsqu'on
s'avance d'Aniche vers Douai. L'un de ces rejets, entre les fosses
Notre-Dame et Gayant, a une amplitude de 350 mètres, et une
autre, entre Gayant et la limite de la concession, 80 mètres.

La bowette du Midi de Dechy, au delà de la veine n° 3, a rencontré des terrains bouleversés, avec pendages variables, qui
indiquent un grand accident et sur le prolongement duquel paraît être tombée la fosse Saint-René.

Cet accident n'est pas encore bien exploré, mais sa direction
ne s'éloigne pas très-sensiblement de celle du faisceau. Il a été
traversé par la bowette Sud de Saint-René, qui a découvert au
delà quatre nouvelles couches régulières et renfermant 28 pour
cent de matières volatiles.

Le faisceau de Douai est exploité dans la concession de l'Escarpelle par les fosses n°ˢ 3 et 4. Comme il a été dit précédemment il se relie avec le faisceau des houilles grasses d'Aniche,
dont son extrémité Est est séparé par un intervalle inexploré de
4 kilomètres; au Nord, il repose sur le faisceau des houilles
sèches, exploité par la fosse n° 1 de l'Escarpelle, et la fosse Bernicourt est destinée à opérer la jonction des deux faisceaux.

Vers le Sud on ne connait pas la limite du terrain houiller,
mais il n'est pas douteux qu'il reste entre cette limite et la partie
la plus méridionale du faisceau un intervalle qui doit renfermer
de nouvelles couches de houille. C'est pour s'en assurer que la
Compagnie a exécuté en 1874 le sondage de Roucourt, qui a rencontré de très-beaux terrains houillers, et qu'elle a ouvert en
1875 les deux puits de Roucourt, sondage et puits sur lesquels
j'ai donné des détails circonstanciés, page 144.

Dans le gisement de Douai, ainsi qu'on l'observe d'une manière générale, sauf quelques exceptions, dans tout le bassin
du Nord, la nature de la houille, va en se modifiant en allant
du Nord au Sud. Ainsi, les couches les plus septentrionales du
faisceau ne renferment que 18 pour cent de matières volatiles,
collent et s'agglutinent encore, mais se rapprochent cependant
des houilles sèches, tandis que les couches les plus méridionales

tiennent 28 pour cent de matières volatiles, donnent une flamme déjà longue et passent aux houilles à gaz. Cette loi se vérifie parfaitement à Douai et invariablement, entre deux couches situées à 100 mètres de distance horizontale, l'on trouve une différence de 1 pour cent dans la quantité de matières volatiles contenue dans la houille de chacune d'elles. Cette considération est venue s'ajouter à d'autres, dans la détermination de l'emplacement des fosses de Roucourt, où l'on espère rencontrer des houilles plus gazeuses et convenant à d'autres usages que celles fournies par les fosses actuelles.

La production du gisement de Douai a été depuis l'origine jusqu'à ce jour de 4 215 000 tonnes.

Les vingt-six couches de houille qu'il renferme s'étendent en direction sur un développement de 6000 mètres, et occupent un espace transversal de 1150 mètres en moyenne, soit 690 hectares. Mais onze seulement de ces couches, représentant une épaisseur totale de 7^m,08, ont été exploitées, d'une manière suivie, sur toute la longueur du faisceau ; elles sont comprises dans un intervalle de 650 mètres en moyenne, et occupent ainsi une surface de 390 hectares.

Dans les quinze autres couches, d'une épaisseur totale de 9^m,42, il n'a pour ainsi dire pas été fait d'exploitation jusqu'à ce jour.

Pour arriver à l'appréciation de la richesse effective du gisement de Douai, je suis donc amené à le considérer comme formant deux faisceaux distincts, dont l'un est entièrement dépouillé et dont l'autre est encore vierge.

Ces deux faisceaux sont actuellement exploités ou explorés jusqu'à une profondeur moyenne de 276 mètres dont 168 mètres de morts-terrains. Il reste donc 108 mètres pour la hauteur réelle de terrain houiller dans laquelle se sont étendus les travaux.

Récapitulation de la richesse des gisements. Les détails qui précèdent permettent de se rendre un compte exact de la richesse effective et comparative des trois gisements exploités dans la concession d'Aniche. On trouvera dans le tableau ci-dessous le résumé des résultats pratiquement constatés de cette richesse.

DÉSIGNATION des gisements.	ÉPAISSEUR des terrains exploités.			ÉTENDUE des gisements.			VOLUME de terrain houiller exploité. — en 1,000 m. cubes.	PRODUCTION EFFECTIVE				
	Profondeur des puits. mètres.	Épaisseur des morts-terrains. mètres.	Terrain houiller expoité. Mètres.	Longueur Mètres.	Largeur Mètres.	Surface. Hectares		depuis 1780 jusqu'à fin 1877. — Tonnes.	Par hectare. en tonnes.	en m. cubes.	Par 1,000 m. cubes. en tonnes.	en m. cubes.
Aniche. Gras. .	350	150	200	5,000	800	400	800,000	2,000,000	5,000	3,846	2,50	1,92
Aniche. Sec. . .	295	155	140	4,200	1,100	462	646,800	6,110,000	13,225	10,173	9,44	7,26
Douai. Exploité.	276	168	108	6,000	650	390	421,200	4,215,000	10,807	8,313	10 »	7,69
Douai. Exploré.	286	168	108	6,000	500	»	·	·	»	»	·	»
TOTAUX et MOYENNES.	276 à 350	150 à 168	108 à 200	4,200 à 6,000	500 à 1,190	1,252	1,868,000	12,325,000	9,844	7,572	6,59	5,07

Les chiffres réunis dans ce tableau ne s'appliquent qu'aux résultats réellement réalisés par l'exploitation, depuis 1780 jusqu'à ce jour, d'une faible épaisseur de 108, 140, 200 mètres de terrain houiller. Pour donner une idée complète de la richesse des gisements connus dans la concession d'Aniche, il convient d'étendre ces résultats à l'exploitation du terrain houiller jusqu'à la profondeur de 800 mètres, qui sera certainement atteinte, et même dépassée, dans l'avenir. C'est ce qui a été fait pour l'établissement du nouveau tableau ci-contre :

DÉSIGNATION des gisements.	SURFACE des gisements exploités et explorés. — Hectares.	ÉPAISSEUR du terrain houiller considéré. — Mètres.	VOLUME du terrain houiller en 1,000 m. cubes.	PRODUCTION EFFECTIVE				ÉPAISSEUR de houille compacte.		RAPPORT des épaisseurs ci-contre. pour 100.
				par 1,000 mètres cubes en tonnes.	réalisée et à réaliser. tonnes.		par hectare. tonnes.	d'après le rendement effectif. mètres.	épaiss. totalisée des couches. mètres.	
Aniche. Gras. . . .	400	650	2,600,000	2,50	6,500,000		16,250	1,25	3,50	35,7
Aniche. Sec.	462	645	2,979,900	9,44	28,130,256		60,888	4,68	6,20	75,5
Douai. Exploité . .	390	632	2,364,800	10 »	24,648,000		63,200	4,86	7,08	68,6
Douai Exploré[1] . .	300	632	1,896,000	14,97	28 392 000		94,640	7,28	9,42	68,6
TOTAUX et MOYENNES.	1,552	640	9,940,700	8,82	87,670,256		56,488	18,07	26,20	68,9

J'ajouterai quelques mots d'explication sur les chiffres exposés ci-dessus.

Les trois gisements explorés ou exploités dans la concession d'Aniche s'étendent sur une surface de 1552 hectares ou sur le septième environ de sa superficie totale. Ils n'ont été explorés ou exploités que jusqu'à la profondeur de 276 à 350^m, ou sur une hauteur de terrain houiller de 108 à 200^m.

Ils ont fourni, depuis l'origine de la société, 1773, jusqu' à ce jour, 12 335 000 tonnes de houille, ou 9844 tonnes par hectare exploité, équivalant à une couche de houille de 0^m,757 d'épaisseur, ou bien encore à 6,59 tonnes, ou 5,07 mètres cubes de combustible par 1000 mètres cubes de terrain houiller exploité.

L'exploitation de ces gisements, jusqu'à la profondeur de 800^m fournira environ 88 millions de tonnes de houille, dont 12 355 000 tonnes ont déjà été extraites. Il reste à enlever environ 75 millions de tonnes, pouvant fournir 1 million de tonnes pendant 75 ans. Chaque hectare de gisement produira donc 56 500 tonnes, équivalant à une couche de houille de 4^m,345 d'épaisseur moyenne s'étendant sur les 1552 hectares occupés par les gisements explorés.

L'épaisseur totale des couches reconnues est de 26^m,20, tandis

1. Les chiffres relatifs à ce gisement ont été calculés d'après l'épaisseur totalisée, 9 m. 42, des 15 couches qu'il renferme. On a admis que leur exploitation donnerait 68,6 pour cent comme les couches exploitées du même faisceau.

que l'épaisseur des couches calculées d'après la production effective par hectare n'est que de 18^m,07. On obtiendrait donc, à Aniche, 68,7 pour 100 ou les $^2/_3$ de la houille composant l'épaisseur totale des couches connues, et les pertes de charbon, dues à l'exploitation ou aux interruptions des veines par les crains, les serrages, les failles, seraient de $^1/_3$ environ.

Cette manière d'apprécier la richesse d'une mine, d'après la production réalisée sur des étendues déterminées, n'a pas encore, je crois, été appliquée. Elle me parait donner des résultats plus logiques, plus exacts, plus concluants que la méthode dont on se sert habituellement et qui consiste à évaluer la richesse probable d'une mine ou d'un bassin houiller, d'après l'épaisseur des couches de combustible qu'il renferme, réduite, pour tenir compte des pertes dues à l'exploitation et aux accidents de terrain, par un coefficient dont la détermination ne repose sur aucune base fixe, certaine.

Dans l'estimation que j'ai suivie, je pars d'une donnée pratique et précise ; la production effective, réalisée par l'exploitation d'une surface et d'une épaisseur de terrain houiller déterminé. En étendant les résultats ainsi obtenus à la profondeur à laquelle peuvent descendre raisonnablement les travaux de mine, 800^m en moyenne, j'arrive à fixer d'une manière aussi rationelle que possible, la quantité de houille que l'on extraira du volume de terrain houiller considéré, c'est-à-dire sa richesse effective ou réalisable.

Seulement, comme je transforme les volumes de houille produits, en une épaisseur de couche couvrant la surface horizontale des gisements, tandis que les couches existantes sont inclinées, et que leur épaisseur est comptée normalement à l'inclinaison, il en résulte que le rapport indiqué entre les épaisseurs calculées et mesurées est trop grand. Il y a donc lieu d'apporter une modification à ce rapport. C'est ainsi qu'en admettant une inclinaison moyenne de 3.° $^1/_2$, ce rapport se réduit à 54,7 pour 100 au lieu de 68,9 pour 100 ; ce qui revient à dire qu'à Aniche, on ne retire que 54,7 pour 100 de la houille contenue dans les couches, et qu'il y a 42,6 pour 100 de pertes dues à l'exploitation et aux accidents, crains, rétrecissements, failles, interruptions, etc. qui affectent les gisements.

Rendement du mètre carré des couches. — L'abattage de la

houille à Aniche est payé aux ouvriers au mètre carré de couche
abattue, et les carnets de paye renseignent exactement sur la
surface des couches déhouillées. L'extraction étant connue, on
obtient donc le rendement réel, pratique, du mètre carré de
couche exploitée. Les résultats fournis par l'exploitation des onze
dernières années sont repris dans le tableau suivant.

DESIGNATION DES GISEMENTS.	EXTRACTION totale de 11 années — 1866-1877.	SURFA E de couche déhouillée.	RENDEMENT du mètre carré.	ÉPAISSEUR de houille correspondante à la densité de 1,30.
	tonnes.	mètres carrés.	kilogrammes.	mètre.
Aniche. — Sec. . . .	2 877 536	3 989 815	721	0 554
Douai. — Gras. . . .	2 902 928	3 259 296	890	0 684
TOTAUX ET MOYENNES.	5 780 284	7 249 111	797	0 613

La production moyenne des onze dernières années a été de
525 000 tonnes.

On a déhouillé pendant cette période 725 hectares de couche,
soit près de 66 hectares de couche par année.

Le rendement moyen du mètre carré de couche a été dans le
faisceau des houilles sèches d'Aniche de 721 kil., dans celui des
houilles grasses de Douai de 890, et en moyenne pour les deux
gisements de 800 kil. environ.

Ces rendements correspondent à une épaisseur de couche

à Aniche.. de $0^m,554$
à Douai.. de $0^m,684$

Moyenne.... $0^m,613$

Ces épaisseurs concordent assez bien avec les épaisseurs
mesurées de la puissance des couches; elles les dépassent cependant un peu, parce que dans le nombre de mètres carrés de veines
abattues, on ne tient pas compte des surfaces de couche comprises

et enlevées dans les voies de fond, non plus que de diverses causes dont l'influence est toutefois sans grande importance.

Proportion relative des schistes, des grès et de la houille. — L'épaisseur de terrain houiller exploré, compté normalement à l'inclinaison des couches, est à

Aniche.. de 875 mètres
Douai... de 917   »

Ensemble....   1792 mètres

La proportion ralative des schistes, des grès et de la houille, comprise dans cette épaisseur considérable, se trouve résumée dans le tableau suivant.

| DÉSIGNATION DES GISEMENTS. | SCHISTES. | | GRÈS. | | HOUILLE. | | ÉPAISSEUR TOTALE. |
	Épaisseur. — Mètres.	Pour 100.	Épaisseur. — Mètres.	Pour 100.	Épaisseur. — Mètres.	Pour 100.	— Mètres.
Aniche. .	491	56 1	371	42 4	13	1,5	875
Douai . .	391	40 7	507	55 3	19	2 »	917
ENSEMBLE..	882	49 2	878	49 »	32	1,8	1 792

On a compté comme houille les petites couches inexploitables, les passées et filets de charbon.

Les schistes dominent à Aniche ; à Douai ce sont les grès ; mais dans l'ensemble des deux gisements, il y a parité entre les épaisseurs des deux sortes de rochers. La houille entre pour 1,5 pour 100 à Aniche et pour 2 pour 100 à Douai, dans la composition du terrain houiller. — Moyenne 1,8 pour 100.

Les grès comme les schistes offrent en général peu de dureté, et sauf dans quelques bancs de grès, le percement des galeries s'exécute facilement, quoiqu'en exigeant toujours l'emploi de la poudre.

Les grès sont toujours à grains fins.

Évaluation de la richesse de la concession d'Aniche. — La concession d'Aniche comprend une superficie de 11 850 hectares. A part un triangle s'étendant dans la partie Sud-Ouest, comprise entre Brebières, Douai et Erchin, et mesurant environ 2700

hectares, toute cette superficie, soit en nombres ronds, 9000 hectares, renferme du terrain houiller.

Les travaux anciens et ceux actuels occupent une surface de . . . .   1552 hectares
et le prolongement des gisements qu'ils ont fait connaître   1560   »
Tout porte à penser qu'il existe au sud de ces gisements une partie renfermant des houilles gazeuses de   1000   »
et au nord jusqu'à la Scarpe, une autre partie correspondant aux houilles maigres de Vicoigne, Fresnes et Condé de.   4888   »

Ensemble   9000 hectares

La richesse effective des 1552 hectares de gisement exploité et exploré est, jusqu'à 800^m de profondeur d'après les calculs précédemment exposés, de 56 488 tonnes par hectare.

A ce taux les 9000 hectares fourniraient donc une production totale de plus de 500 millions de tonnes, sur lesquels il n'a été extrait depuis l'origine de la société jusqu'à ce jour que 12 325 000 tonnes.

La concession d'Aniche possède donc une richesse capable de fournir un million de tonnes pendant près de 500 ans.

Je sais bien que les évaluations de cette sorte laissent toujours une grande marge à l'imprévu, et sont soumises à beaucoup d'éventualités. Néanmoins elles ont le mérite, surtout lorsqu'elles sont établies sur des données aussi précises que possible, de permettre au moins de se faire une opinion relative, sinon absolue, des richesses effectives d'une houillère déterminée.

Evaluation de la richesse des bassins houillers du Nord et du Pas-de-calais. Cette considération m'encourage à donner mon appréciation sur la richesse qu'on peut raisonnablement attribuer aux bassins houillers du Nord, et par suite à la durée probable de l'exploitation de ces bassins, de beaucoup les plus étendus et les plus riches de la France.

Les 38 concessions instituées dans ces deux bassins comprennent une superficie de 110 000 hectares, que je réduis de suite de 20 pour 100 pour les espaces qu'elles renferment en dehors de la formation houillère ; il reste 88 000 hectares à exploiter.

En appliquant à cette surface les chiffres de rendement effectif que j'ai établis pour la compagnie d'Aniche, 56 500 tonnes par hectare exploité jusqu'à la profondeur de 800^m, on arrive à une production de 5 millards de tonnes de houille.

Il a été extrait depuis la découverte de ces bassins, d'après des relevés détaillés et suffisamment exacts.

1° dans le bassin du Nord, depuis 1720 jusqu'à ce jour[1]. . . . .   89 000 000 tonnes

2° dans le bassin du Pas-de-calais où l'exploitation ne remonte qu'à 1850[2]. .   38 000 000   »

Ensemble   127 000 000 tonnes.

Il reste donc à extraire de ces deux bassins . . . . - . . .   4 873 000 000 tonnes soit pour près de 500 ans avec une production annuelle de 10 millions de tonnes, et près de 250 ans avec une production annuelle de 20 millions de tonnes.

La concession d'Aniche seule, qui entre pour 11 860 hectares dans la surface totale 110 000 hectares des deux bassins, renferme, ainsi qu'on l'a vu précédemment, 500 millions de tonnes on $^1/_{10}$ de toute la houille que pourraient fournir les deux bassins du nord de la France.

Cette richesse considérable des mines du Nord, la grande étendue de leurs concessions, près de 4,000 hectares en moyenne,

---

1. La production du bassin du Nord est estimé ainsi :

de 1720 à 1750 — 20 ans à 20,000 tonnes par an......	400,000 tonnes
de 1750 à 1800 — 50 » à 100,000 » » »......	5,000,000 »
de 1800 à 1830 — 30 »	8,908,911 »
de 1830 à 1840 — 10 »	6,328,692 »
de 1840 à 1850 — 10 »	9,177,626 »
de 1850 à 1860 — 10 »	13,694,511 »
de 1860 à 1870 — 10 »	20,277,104 »
de 1870 à 1878 — 8 »	25,358,393 »
148 ans	89,145,337 tonnes

2. Production du bassin du Pas-de-Calais :

de 1850 à 1860 — 10 ans	2,101,760 tonnes
de 1860 à 1870 — 10 »	13,235,646 »
de 1870 à 1878 — 8 »	22,074,940 »
28 ans	38,212,346 »
Production des 2 bassins	127,357,683 tonnes

et qui s'élève pour plusieurs d'entre elles à 6000, 8000, 12 000 et même 28 000, la durée très-longue de leur exploitation, de 250 à 500 ans, toutes ces circonstances réunies expliquent la valeur souvent exagérée que le public attribue aux actions des principales Compagnies houillères de cette région. Une mine dont la richesse ne s'épuise qu'après une durée de 250 à 500 ans, est comparable à la propriété foncière et, comme celle-ci, elle se capitalise à un taux d'intérêt très-notablement inférieur à 5 pour 100. En présence d'une durée semblable on n'a guère à se préoccuper de l'amoindrissement d'une propriété de cette nature et par suite de l'amortissement du capital qu'elle représente.

A ces considérations se joint la séduction de l'aléa, du sort, du hasard qu'offre à l'imagination l'industrie des mines. On a vu, à diverses époques et dans ces derniers temps surtout, comme au temps de Law, des actions de houillères monter à dix, vingt fois et plus le prix payé par leur premier détenteur, pour retomber souvent, il est vrai, à leur première valeur et même au-dessous. Mais chaque possesseur d'actions de mines espère toujours que les circonstances les amèneront tôt ou tard à une plus-value considérable.

XV

Méthodes d'exploitation.

Niveaux et étages d'exploitation. — Lorsqu'un puits a pénétré d'une certaine quantité dans le terrain houiller, on perce à partir du fond, en laissant toutefois une profondeur de 6 à 10 mètres pour le *puisard*, des galeries au rocher, en travers bancs, ou *Bowettes*, à la rencontre des veines de houille du faisceau.

Une veine étant atteinte, on ouvre dans le charbon à droite et à gauche, une galerie, dite *voie de fond*, horizontale, ou plutôt légèrement inclinée, afin de permettre l'écoulement des eaux vers le puits, et qui suit toutes les inflexions de la couche dans le sens de la direction.

L'ensemble de ces bowettes et de ces voies de fond, ou de direction, constitue ce qu'on appelle un niveau d'exploitation. C'est par ces galeries, ou voies de roulage que la totalité du charbon arrive au puits d'extraction. Les différentes veines une fois déhouillées en contre-haut des voies de niveau, on approfondit le puits, puis on ouvre un nouveau niveau, de la même manière que le premier, et destiné à exploiter toute la partie des veines comprises entre ce niveau et le niveau supérieur.

Le massif, compris entre deux niveaux consécutifs, s'appelle un *étage d'exploitation*.

La hauteur des étages varie avec les conditions de gisement ;

l'inclinaison des couches, leur nombre, la solidité des terrains, enfin avec les moyens dont on dispose.

Dans les anciens puits d'Aniche, et même dans les nouveaux puits, jusqu'en 1855, cette hauteur était de 20 à 30 mètres. Actuellement elle est de 50 à 60 mètres. Les bowettes n'étaient alors poussées qu'à 300 mètres du puits, tandis qu'aujourd'hui on les pousse à 800 et 1000 mètres.

Distance des puits. — Le système d'exploitation ancien ne permettait pas d'éloigner les puits comme on le fait actuellement, tant à cause de la section réduite et du faible chiffre de la production de ces puits, que du temps très-long qu'il fallait pour déhouiller un étage, et des frais élevés d'entretien des travaux et de transport souterrain des produits qui s'opérait à bras d'hommes.

Les nouveaux puits sont placés à 1800 ou 2000 mètres les uns des autres, dans le sens de la direction ou de la longueur des faisceaux exploités, de manière à ce que chacun d'eux ait un champ d'exploitation de 900 à 1000 mètres à droite et à gauche des bowettes.

Sur la largeur d'un faisceau, un seul puits suffit pour l'exploitation complète des couches qu'il renferme, surtout avec l'emploi des tractions mécaniques.

On arrive ainsi à augmenter considérablement la production par puits, surtout lorsque, comme on le fait depuis quelques années, on double le siége d'exploitation par l'adjonction d'un deuxième puits consacré à l'aérage, à l'épuisement, à la circulation des hommes, à la descente des bois, etc., etc.

Dimensions des galeries. — La faible épaisseur des veines, de $0^m,40$ à 1 mètre, oblige toujours, pour l'exécution des voies destinées au passage des chariots, à entailler les roches encaissantes.

C'est généralement au mur de la veine que se fait cette entaille ou *coupage*, la roche du mur étant généralement moins dure que celle du toit.

Les déblais provenant du percement des voies sont logés au fur et à mesure dans les parties déhouillées de la veine, et remblayent entièrement ces parties. On ne peut même fréquemment les y loger complétement, et on est obligé d'en élever une certaine quantité au jour, où ces roches forment de véritables montagnes près de l'orifice des puits.

On donne aux galeries les dimensions suivantes :

Bowettes : de 1 m. 80 à 2 mètres de hauteur, sur 1 m. 80 à 2 mètres de largeur.

Voies de fond servant au roulage par chevaux :

1 m. 80 de hauteur, sur 1 m. 80 de largeur en bas et 1 m. 30 en haut.

Les voies supérieures ont généralement 1^m,50 de largeur sur autant de hauteur.

Je trouve dans des renseignements fournis à l'administration des mines en 1812, par la Compagnie d'Aniche, qu'à cette époque les bowettes n'avaient que 1^m,48 de hauteur sur 1^m,48 de largeur et les voies de fond que 1^m,18 de largeur sur 1^m,18 de hauteur. Il est vrai qu'alors on n'employait pas encore de chemins de fer ni de chevaux pour le transport souterrain. On peut juger d'après ces chiffres de l'amélioration réalisée dans les conditions de circulation des ouvriers et de l'aérage dans les travaux.

Tailles d'abattage. — La tranche de houille dans chaque veine qui constitue un étage d'exploitation, s'enlève par des *tailles* ou chantiers d'abattage de 10 à 14 mètres de front, disposées toujours en gradins renversés, mais d'après diverses méthodes qui varient suivant les conditions de gisement.

Ces méthodes se ramènent à deux classes principales : 1re classe. Le front d'abattage est parallèle à la plus grande pente de la veine ; c'est la méthode des *tailles chassantes;* — 2e classe. Le front d'abattage est perpendiculaire à la ligne de plus grande pente ; c'est la méthode des *tailles montantes.*

Méthode des tailles chassantes. — Dans la méthode des *tailles chassantes* la relevée totale de la veine, comprise entre deux niveaux consécutifs d'exploitation, est divisée en bandes parallèles à la voie de fond, de 10 à 14 mètres de hauteur, dont chacune d'elles constitue une taille. Chaque taille est terminée à sa partie supérieure par une voie, dite *voie supérieure,* qui sert au retour de l'air ayant alimenté la voie de fond et les fronts des tailles inférieures, et qui sert en même temps à l'enlèvement des charbons de la taille immédiatement supérieure.

Les terres provenant du coupage du mur de ces voies supérieures servent à remblayer les tailles au fur et à mesure de leur avancement. On a soin de ménager au milieu des remblais des passages pour amener les charbons sur la voie de fond.

Montées. — Ces passages sont aménagés de différentes manières selon l'inclinaison de la veine. Lorsque celle-ci était inférieure à 35°, on établissait autrefois, avant 1845, des galeries inclinées ou *montées*, à pente de 12 à 15°, sur lesquelles les hercheurs montaient les chariots vides avec des bretelles. Pour descendre les chariots pleins, ils se plaçaient par devant, le dos appuyé au chariot, et se retenaient avec les pieds à des rondins ou aux traverses supportant les rails.

Le service des hercheurs était extrêmement pénible, et même dangereux ; il exigeait des hommes faits, solides et robustes. Il est complétement abandonné depuis longtemps, au grand avantage de la population ouvrière.

Plans inclinés automoteurs. — Aux montées, on a substitué les plans inclinés automoteurs. Le chariot plein en descendant remonte le chariot vide.

Cheminées. — Lorsque la pente dépasse 35°, on emploie ou les *cheminées*, ou les plans inclinés à chariots porteurs, avec contre-poids. Les cheminées étaient seules employées autrefois. Le charbon y descendait par son propre poids, dans un couloir, ménagé au milieu des remblais. Ce système, qui est encore pratiqué dans certains cas aujourd'hui, est économique. Il ne nécessite pas l'entaille du toit ou du mur de la veine, mais il a l'inconvénient de briser et de salir les charbons. On remédie autant que l'on peut à cet inconvénient en garnissant les parois de la cheminée avec des planches, et en tenant l'excavation constamment pleine de charbon, de manière à ce que celui-ci glisse en masse, et sans chute.

Plans inclinés à chariot porteur. — Pour obvier aux inconvénients que présentent toujours les cheminées, on emploie les plans inclinés avec chariots porteurs. Une voie ferrée de 1 mètre de largeur reçoit un truc monté sur roues, sur lequel se place le chariot ordinaire, soit vide, soit plein. A l'intérieur de cette voie ferrée, il en existe une seconde plus étroite, sur laquelle roule un contre-poids en fonte monté sur des roues très-basses. En haut du plan incliné est fixée une poulie avec frein et dans la gorge de laquelle passe un câble qui s'attache par un bout au chariot porteur, et par l'autre bout au contre-poids. Le chariot plein en descendant remonte le contre-poids ; celui-ci, à son tour, remonte en descendant un chariot vide. Le frein placé sur la poulie permet d'arrêter le chariot porteur en face des diverses galeries aboutissant aux tailles desservies par le plan incliné.

Méthode des tailles montantes. — La méthode d'exploitation par tailles montantes consiste à abattre la veine en maintenant le front de taille perpendiculairement à la ligne de plus grande pente de la couche.

Elle a été importée de Belgique à Aniche par M. Plumat, en 1860, et elle est surtout appliquée dans la division qu'il dirige.

Au milieu de la taille qui a de 10 à 14 mètres de largeur, suivant l'épaisseur de la veine et la quantité de déblais à loger dans les excavations, on ouvre une cheminée ou un plan automoteur, et c'est par cette cheminée ou par ce plan, qui sont exécutés au fur et à mesure que la taille monte, que les charbons se rendent sur la voie de fond. Le remblai donné par les lits de schistes de la veine et par le coupage du mur ou du toit dans ces sortes de voies montantes, est employé à remplir, à droite et à gauche, les vides produits dans la taille par l'enlèvement du charbon.

Lorsqu'une taille est montée de quelques mètres au-dessus de la voie de fond, on en prend une deuxième à côté, partant de la même voie, puis une troisième et ainsi de suite. Toutes ces tailles marchent simultanément et présentent dans leur ensemble l'aspect d'un escalier, la plus éloignée du front de la voie de chassage étant la plus haute, et la plus rapprochée dudit front étant la moins avancée.

Toutes les tailles communiquent de l'une à l'autre par des cheminées ménagées entre le remblai de la taille supérieure et la partie de veine non abattue de la taille immédiatement inférieure. C'est par ces cheminées que passe le courant d'air, qui, entrant par le front de la voie de fond, monte, balaie successivement le front de toutes les tailles et va sortir par la voie ménagée au niveau supérieur.

On exploite à Aniche, par tailles montantes, des veines inclinées depuis 15 jusqu'à 45 et même 50 degrés. Pour cette dernière inclinaison, on ne se sert que de cheminées. De 15 à 32 degrés, on emploie les plans automoteurs. Dans l'un et l'autre cas on ne dépasse pas la hauteur de 60 à 70 mètres suivant la pente dans la poursuite d'une taille.

Quand la relevée de la veine entre deux niveaux est supérieure à 70 mètres, ce qui est le cas général pour les pentes de 15 à 32 degrés, on divise cette relevée en deux, trois et même quelquefois quatre tranches, parallèles à la direction de la veine, ou à la voie de fond.

La première, à partir de la voie de fond, est exploitée comme il a été expliqué plus haut. Lorsqu'on est arrivé à la hauteur fixée pour cette tranche, on ouvre une voie de niveau qui sert à l'exploitation de la deuxième tranche, et qui joue pour cette exploitation le même rôle que la voie de fond pour l'exploitation de la première tranche.

L'exploitation de la deuxième tranche marche en même temps que celle de la première, mais elle est maintenue à une certaine distance en arrière. Les charbons qui en proviennent arrivent sur la voie intermédiaire de niveau, et rejoignent de là la voie de fond par des plans inclinés ou des cheminées ménagées dans la première tranche. Autant que possible on remplace les cheminées par des plans inclinés à chariot porteur.

La troisième tranche est exploitée par rapport à la deuxième, comme celle-ci l'a été par rapport à la première.

Comme il a été dit précédemment, la méthode des tailles montantes a été importée de Belgique à Aniche par M. Plumat. Ce n'est pas sans peine qu'on est arrivé à la faire entrer dans les habitudes des mineurs du pays. Aujourd'hui cette méthode est pratiquée très-généralement, et elle donne de bons résultats. Elle permet d'ouvrir à un moment donné sur une même voie de fond un grand nombre de chantiers d'abattage, de dépouiller rapidement un champ d'exploitation, et de réduire à l'extrême limite les frais d'entretien des travaux.

Elle facilite le remblayage des excavations et le logement des terres provenant des galeries de roulage, remblayage qui s'exécute, comme le percement des galeries et l'abattage, par les mêmes ouvriers. Elle a permis aussi de supprimer la *coupe à terre* en presque totalité.

XVI

Puits.

Formes et dimensions; puits carrés et rectangulaires. — Les premiers puits creusés à Aniche, à l'imitation des puits d'Anzin, avaient la forme carrée. Leurs dimensions étaient de 6 pieds 1/2, soit environ 2 mètres de côté. Dans l'un des angles, on disposait une cloison qui laissait une gaîne utilisée pour l'aérage. Dans l'angle opposé étaient placées des échelles verticales, clouées sur le cuvelage, pour la circulation des ouvriers. Les petits tonneaux qui servaient à l'enlèvement des déblais, comme à l'extraction du charbon, étaient disposés suivant une diagonale (planche X).

Les parois des puits étaient soutenues par des cadres en bois, jointifs et calfatés dans la traversée du niveau des eaux, et plus grossièrement ajustés dans les autres parties.

En 1798, M. Cavillier proposa d'adopter pour l'ouverture de la fosse Aglaé « la forme d'un carré long, renfermant dans son intérieur trois carrés, à la suite les uns des autres, dont deux de chacun 4 pieds d'ouverture en carré, séparés par une traverse, et le troisième de 2 pieds d'ouverture sur 4, séparés du carré du milieu par une seconde traverse. »

C'était la disposition alors usitée dans la plupart des pays miniers, section rectangulaire, divisée en compartiments, permettant de donner des dimensions plus grandes aux puits et plus de solidité aux boisages.

La forme proposée par M. Cavillier ne fut cependant pas acceptée par la Compagnie d'Aniche; on craignait que dans l'exécution elle n'offrit des difficultés, et la fosse Aglaé, comme la fosse Sainte-Hyacinthe, fut creusée avec une section rectangulaire de « 7 pieds de France sur 5 pieds 6 pouces. » Une cloison transversale en planches divisait le puits en deux compartiments inégaux; le grand servant à la circulation des tonneaux et le petit ou *goyau* servant à l'aérage et à la pose des échelles.

Les puits carrés ou rectangulaires présentaient le grand inconvénient d'exiger pour les cuvelages des pièces de fortes dimensions, difficiles à se procurer, coûteuses, et d'une résistance insuffisante dans les grands niveaux d'eau, comme à Aniche.

Puits circulaires. — C'est en vue de remédier à ce grand inconvénient que la Compagnie d'Anzin, en 1810, adopta la forme circulaire.

Elle fut appliquée pour la première fois à Aniche, en 1817, dans la fosse l'Espérance. Le diamètre de ce puits était de $2^m,50$; dans la traversée du niveau, sur 80 mètres de hauteur, il était cuvelé en bois de chêne, disposé suivant un polygone de 8 côtés, ayant chacun $1^m,035$ de longueur. En comparant cette dernière longueur des pièces de cuvelage à celle des pièces du cuvelage carré, 2 mètres, on voit de suite la différence énorme de résistance qu'offraient l'une et l'autre forme de cuvelage.

En dessous du niveau, le puits était muraillé en briques, au lieu d'être boisé comme les puits carrés. Il en résultait un nouvel avantage au point de vue de la solidité du puits et de l'économie de l'entretien.

Le puits était aussi divisé en deux compartiments, par une cloison, dont l'une servait de *goyau* pour la circulation de l'air et des ouvriers.

La forme circulaire est la seule employée depuis 1810 dans le creusement des puits du Nord; seulement le diamètre de ces puits a été considérablement augmenté.

Les fosses de Mastaing (1835), d'Aoûst (1837), de la Renaissance (1839) n'avaient encore que $2^m,66$ de diamètre. Le cuvelage avait dix pans. Le *goyau* présentait déjà $0^{m2},90$ de section, au lieu

de 0^m²,65 comme à l'Espérance, et 0^m²,55 à Sainte-Hyacinthe ;
c'était déjà une grande amélioration au point de vue de l'aérage
des travaux. Le compartiment d'extraction était sensiblement
plus grand, et permettait l'emploi de tonneaux ou *cufats* de
10 à 12 hectolitres, et même de 16 hectolitres à la Renaissance,
en donnant à ces tonneaux une forme très-allongée.

En 1843, on porte le diamètre des puits à 3 mètres (Saint-
Louis-Fénelon-Trainel). Le cuvelage est en polygone de 12 côtés.
Les cages, appliquées dans ces puits, sont rectangulaires et
reçoivent déjà quatre chariots; mais elles sont à l'étroit et le
goyau ne présente qu'une section insuffisante. M. de Bracque-
mont, le premier en 1851, creuse un puits de 4 mètres à Nœux.
La compagnie d'Aniche adopta ce diamètre pour le puits de
Gayant, en 1852, et successivement pour tous les puits creusés
par elle depuis cette date. On donne seize côtés au polygone du
cuvelage. Cette dimension de puits permet l'emploi des cages
longues, à deux chariots placés bout à bout, et laisse la place
pour un goyau de 1^m²,50 de section libre pour le passage de l'air.

Les puits de 4 mètres de diamètre ont été adoptés dans toutes
les houillères du Nord et du Pas-de-Calais depuis 1850. Il y a
quelques exemples cependant de puits de 4^m,20, de 4^m,50 et
même de 5 mètres (N° 5 de Lens). On a alors porté à 18, 20 et
même 22 le nombre des côtés du polygogne du cuvelage, ce qui
a permis de réduire la longueur des pièces; mais cet avantage a
été contre balancé par une plus grande difficulté d'exécution du
cuvelage, et par un danger plus grand de dérangement des
pièces, et de déformation de la colonne de cuvelage.

Aux puits creusés par le système Kind-Chaudron, on donne
3^m,65 de diamètre à l'intérieur des collets du cuvelage en fonte.
C'est le plus grand diamètre qu'on ait réalisé jusqu'ici dans le
Nord. Souvent même, dans l'utilisation des puits commencés
par le système ordinaire, et auxquels on a dû faire l'application
du système Kind-Chaudron, le diamètre est réduit à 3^m,25 (Bernicourt).

Cette augmentation de la section des puits, portée de 4 mètres
à 7 mètres carrés, puis 12^m²,50 et même 19^m²,60, a permis de développer l'extraction par un seul orifice d'une manière considérable ;
seulement les dépenses de percement de ces grands puits se
sont accrues dans une grande proportion, non-seulement pour le

travail de creusement proprement dit, mais surtout par l'augmentation du volume d'eau fournie par les niveaux, volume qui est en général proportionnel à la section, c'est-à-dire au plus grand nombre de fissures de la craie mises à nu.

Creusement des puits. — Dans le nord de la France, le terrain houiller est recouvert par des *morts-terrains*, terrains tertiaires et craie, dont l'épaisseur est de 40 mètres à Fresnes, 70 mètres à Denain, 140 mètres à Aniche, 180 mètres à Douai (voir page 153).

La craie est le plus souvent très-aquifère, et sa traversée nécessite l'établissement du *cuvelage* pour la retenue des eaux.

Dans les premiers puits ouverts à Anzin et à Aniche, de forme carrée, on enlevait les déblais provenant du creusement, au moyen de treuils à manivelle, sans engrenages, que l'on répétait au besoin une ou deux fois, jusqu'après le passage du niveau.

Les eaux étant maintenues derrière le cuvelage, on continuait l'approfondissement à l'aide de tonneaux manœuvrés par un manége à chevaux, établi à demeure fixe, et qui servait ensuite à l'extraction du charbon (planche V).

Lorsqu'en 1777, à Anzin, et en 1786, à Aniche, on appliqua la machine Newcomen à l'épuisement des eaux à la place de la machine à carré, mue par des chevaux, on continua, à cause de la faible section des puits carrés, à extraire avec des treuils à bras les déblais du puits jusqu'à la fin du niveau; mais dès que l'on eût adopté la forme circulaire et une plus grande section, l'enlèvement des déblais dans le niveau se fit entièrement avec un manége à chevaux.

Il en fut ainsi jusqu'en 1845; M. Méhu, directeur des travaux du jour de la Compagnie d'Anzin, substitua alors, pour la première fois; à la fosse Davy, au manége à chevaux, une petite machine à vapeur d'extraction de la force de cinq chevaux, et son exemple fut suivi par la Compagnie d'Aniche, en 1847, à la fosse Fénelon, où fut installée une petite machine d'extraction de huit chevaux, pour l'enlèvement des déblais depuis l'orifice du puits jusqu'au premier accrochage, et jusqu'au moment de l'établissement de la machine d'extraction définitive.

Cette substitution d'une machine au manége, constituait un progrès réel. Elle permettait un enlèvement plus rapide des déblais, et offrait plus de sécurité aux ouvriers, notamment dans l'allumage des trous de mines. En effet le manége marchait lentement; les chevaux n'obéissaient pas toujours au commandement de leur conducteur; ils s'arrêtaient brusquement, reculaient, faisaient des chutes et étaient cause de bien des accidents. Avec la machine à vapeur, munie d'un frein, on était beaucoup plus maitre des manœuvres, et on marchait lentement ou vite, et avec beaucoup plus de sécurité.

Depuis 1847, avec l'agrandissement des puits, l'emploi d'un manége aurait été tout à fait insuffisant pour l'enlèvement des déblais. Aux premières machines de cinq et huit chevaux, on en a substitué de plus fortes, de douze, vingt et même de quarante chevaux, qui permettent de creuser les puits jusqu'à 300 mètres et plus, de tirer les eaux, même en certaine quantité, que l'on peut rencontrer, et de préparer les travaux d'exploitation jusqu'à la mise en marche de la machine d'extraction définitive.

Cuvelages. — Le niveau ou la nappe aquifère se rencontre dans les vallées du nord de la France, presqu'à la surface du sol (Dechy). Dans les vallées, on traverse d'abord des alluvions, puis des sables, le plus souvent mouvants, et enfin de l'argile plastique qui repose directement sur la craie.

La traversée de ces terrains supérieurs présente, comme celle de tous les terrains mouvants, des difficultés sérieuses. On emploie généralement pour les surmonter une tour en maçonnerie guidée que l'on fait descendre en enlevant peu à peu les terrains à l'intérieur. Les eaux de ce niveau supérieur ne sont pas très-abondantes, et on les enlève avec des pompes mues par de petites machines provisoires (Sainte-Marie-l'Escarpelle-Vendin).

Lorsque l'on s'éloigne des vallées, les puits rencontrent d'abord une certaine épaisseur de terrains tertiaires et de craie non aquifère, dans lesquels le creusement s'opère par les procédés ordinaires et que l'on maintient avec de la maçonnerie.

On atteint ensuite la craie aquifère, ou le *niveau* proprement dit. A Aniche, la nappe d'eau commence, à la cote, 22 à 25 mètres au-dessus du niveau de la mer. Les grandes difficultés se présentent alors, et il faut recourir aux moyens d'épuisement, dans certains cas les plus puissants.

Jusqu'en 1777, à Anzin, et en 1786, à Aniche, cet épuisement s'opérait à l'aide de machines à carré, actionnée par des chevaux et mettant en mouvement des pompes en bois. On appliqua ensuite les machines à vapeur; d'abord les machines Newcomen, puis en 1837 les machines de Cornouailles, et enfin en 1850 les machines à traction directe, à puissance croissante de plus en plus.

Un chapitre spécial sera consacré à passer en revue ces diverses machines, que je me borne à indiquer ici sommairement.

Les nombreuses fissures de la craie communiquent entre elles, et constituent un réservoir en quelque sorte indéfini : le volume d'eau qu'elles fournissent est subordonné au nombre, et à l'ouverture de ces petits canaux souterrains qui viennent déboucher sur les parois ouvertes du puits, et on s'explique ainsi que plus la section de celui-ci est grande, plus abondant est le volume d'eau.

Lorsque le creusement du puits est effectué sur une certaine hauteur, la quantité d'eau s'accroît encore avec la proportion de fissures mises à nu, et si l'on continuait l'approfondissement il arriverait un moment où cette quantité d'eau ne pourrait plus être épuisée. Aussi dès que l'on atteint un banc de craie compacte, s'occupe-t-on de chercher à maintenir les eaux supérieures, et on y parvient à l'aide du *cuvelage* avec *picotage*, ou revêtement étanche en madriers de chêne jointifs et calfatés, reposant sur des sommiers fortement serrés et picotés contre le terrain, de manière à constituer avec celui-ci un massif imperméable.

Je n'entrerai pas dans d'autres détails sur l'exécution du cuvelage, dont la description se trouve dans tous les cours d'exploitation; j'ai du reste indiqué déjà précédemment les diverses formes successivement adoptées pour ces cuvelages, carrés d'abord, puis polygonaux, avec nombre de côtés croissant avec le diamètre des puits. Ces cuvelages sont toujours exécutés en bois de chêne de premier choix, et l'épaisseur que l'on donne à leurs parties constitutives varie avec la longueur des pièces, et avec la pression, ou hauteur du niveau d'eau qu'elles ont à supporter. Cette épaisseur est de $0^m,15$ en commençant; elle augmente avec la profondeur et atteint jusqu'à $0^m,22$, $0^m,24$ et même $0^m,26$ (puits de la Moselle).

Il arrive même qu'avec ces épaisseurs considérables, les cuvelages en bois, soumis à des pressions énormes dues à des phénomènes particuliers, où l'action encore peu connue de dégagements de gaz paraît jouer un rôle prépondérant, ne résistent
pas et se rompent. Lorsque ces cas se présentent, on cherche à
y remédier par l'application de fortes barres de fer reliant entre
elles les diverses pièces de cuvelage (la Paix), ou bien par
des armatures formées de voussoirs en fonte (Vicoigne-Moselle),
enfin par des chemises intérieures en fonte(Carling-Sainte-Marie-
la-Renaissance-l'Escarpelle).

Les inconvénients des cuvelages en bois que je viens de
signaler, surtout dans les grandes hauteurs de niveaux, la difficulté de plus en plus grande de se procurer des bois de chêne
sains, de première qualité, pour leur confection, enfin le prix de
plus en plus élevé de ces bois, ont amené les ingénieurs à
exécuter les cuvelages en fonte (Newcastle-Westphalie-Hardinghem-Styring-Roucourt). Tout d'abord, ces cuvelages étaient
formés de segments en fonte, placés les uns sur les autres, avec
planchettes en peuplier, sans assemblage, comme les pièces des
cuvelages en bois. Puis on les a composés de segments plus
grands, avec collets intérieurs et réunis verticalement et horizontalement par des boulons, et avec un joint en plomb.

Le cuvelage Chaudron est assemblé de cette dernière manière,
mais son mode de descente permet de le composer d'anneaux
complets ou fermés.

On pratique l'exécution du cuvelage sur toute la hauteur de la
craie frissurée, donnant de l'eau. Cette hauteur de niveau est de
40 à 50 mètres à Anzin, 50 à 60 mètres à Denain et Abscon. Elle
atteint à Aniche, Douai et le Pas-de-Calais, 80 mètres et même
90 mètres (Sainte-Marie-l'Escarpelle).

Au-dessous du niveau, la craie est formée de couches argileuses, compactes, imperméables, appelées *Dièves*, qui présentent dans la concession d'Aniche une épaisseur de 30 mètres et
même 40 mètres et qui abritent très-complétement le terrain
houiller contre toute communication avec les eaux du niveau. Il
n'en est pas de même à l'extrémité ouest du Pas-de-Calais
(Bruay-Marles). Là les dièves n'existent que sur une faible
épaisseur; elles se délayent dans l'eau, se délitent, et la base du
cuvelage ne peut être établie que dans le terrain houiller. Aussi

les travaux d'exploitation fournissent-ils une quantité d'eau notablement supérieure à celle que l'on trouve dans les autres exploitations du bassin.

Au-dessous des dièves et reposant sur le terrain houiller, les puits rencontrent le *Tourtia*, ou grès vert. A Fresnes-Midi cette formation composée de sables verts plus ou moins agglutinés est aquifère. Il est en de même à Saint-Vaast, près Valenciennes, où des espaces assez considérables sont occupés par des sables blancs, gris, peu ou point agglutinés, et connus sous le nom de *Torrent*. Leur traversée nécessite un épuisement et l'application d'un second cuvelage, séparé du premier par une certaine hauteur de maçonnerie. En dessous de ce second niveau, on est obligé de laisser inexploité un massif plus ou moins épais de terrain houiller, et malgré cette précaution, il se produit à la longue des infiltrations dans les travaux.

C'est à la Compagnie Desaudrouin que l'on doit l'invention du *cuvelage avec picotage*. Elle remonte à l'année 1720.

Exemples de creusements difficiles de puits. — Avec les moyens imparfaits que l'on possédait, les creusements de puits dans le nord de la France présentaient autrefois des difficultés excessives. On pourra en juger par le récit détaillé des travaux de fonçage, en 1733, de la fosse du Pavé, à Anzin, que donne le *Journal économique* de l'année 1756, t. IV, p. 82, récit que l'on trouvera aux pièces justificatives, n° 41.

L'épuisement des eaux s'opérait avec une machine à carré, faisant mouvoir jusqu'à dix-huit pompes, établies en trois répétitions. On attelait à la fois douze chevaux, *qui allaient bon train*.

D'après d'autres indications [1], la fosse n'avait alors que 22 pieds dans le premier niveau des eaux. Il restait 14 pieds à creuser pour atteindre les terrains argileux dans lesquels pouvait s'établir la base du cuvelage. Plusieurs associés de M. Desandrouin voulaient abandonner; mais ce dernier estima qu'il fallait *battre* les eaux. On fit jouer les pompes pendant quinze jours et quinze nuits sans arrêter, si ce n'est pour relayer les chevaux. Après ce travail extraordinaire, les eaux furent dissipées, et on put exécuter le picotage et le cuvelage des-

---

1. *Histoire des Mines de houille du nord de la France*, par Édouard Grar.

tinés à les maintenir. Les terrains traversés par la fosse du
Pavé se composaient :

Terrain supérieur non aquifère........................... $28^m,59$ maçonnés.
Craie aquifère... $23^m,34$ cuvelés.
Dièves et Tourtia .... $22^m,04$ —
                        Total des morts-terrains .... $72^m,04$

Le terrain houiller atteint à cette profondeur, on ne tarda pas
à découvrir une belle veine de charbon gras. La Compagnie Desandrouin n'avait trouvé jusqu'alors que des charbons maigres
à Fresnes, et elle n'en tirait pas grand profit. C'est de la découverte du charbon gras par la fosse du Pavé, à Anzin, que date
réellement le succès des premiers exploitants de houille dans le
nord de la France.

Même après l'application de la machine à vapeur, le creusement de certains puits a présenté de très-grandes difficultés.
Ainsi, en 1783, à la fosse de la *Bleuse-Borne*, à Anzin, le passage
du niveau des eaux exigea trois années, et cependant on employait à l'épuisement trois machines à vapeur travaillant continuellement à la fois. La quantité d'eau fut si considérable
qu'on mit à sec tous les puits des habitations voisines, ceux du
village de Raismes, et même une partie de ceux d'Aubry, village
situé à plus de 3 kilomètres. Les fossés de la citadelle de Valenciennes furent également desséchés, ce qui excita les plaintes du
commandant de cette place[1].

« Le puits de la Bleuse-Borne, ajoute d'Aubusson, a coûté,
m'a-t-on dit, plus de 300 000 francs. »

Il sert encore aujourd'hui à l'extraction.

A Aniche, le niveau existait sur une hauteur beaucoup plus
grande qu'à Anzin, 50 mètres au lieu de 25 à 35 mètres. Toutefois, dans les premières fosses, les terrains étaient solides, peu
fissurés, et on ne paraît pas avoir rencontré trop de difficultés
dans leur percement.

Cependant, on a vu, p. 26, que dans le passage du niveau de la
fosse Sainte-Barbe, en 1786, on dut employer jusqu'à trente-six
chevaux, en attendant le montage de la machine à feu et,
page 50, qu'à la fosse Aglaé, on employa jusqu'à soixante-six

---

1. *Description des houillères d'Anzin*, par d'Anbusson.

chevaux, et qu'on fut obligé d'abandonner cette fosse « sans qu'on puisse espérer de tirer les eaux même avec quatre-vingts à cent chevaux. »

J'ai également donné, page 70, des indications sur les difficultés rencontrées dans le passage des niveaux des fosses de la Paix et de l'Espérance.

Aux mines de Douchy, en 1835, on ne put atteindre dans un puits la profondeur de 20 mètres, malgré l'emploi d'une machine de quatre-vingts chevaux agissant sur quatre corps de pompe de $0^m,35$ de diamètre. Aussi, lorsqu'on voulut reprendre en 1845 le creusement d'un deuxième puits près de l'emplacement de celui abandonné, eut-on recours au système Triger, qui avait d'abord été employé dans les sables du lit de la Loire. On sait que ce système consiste à refouler les eaux au moyen de l'air comprimé. Son application fut couronné de succès. Toutefois ce procédé, qui a depuis lors été très-employé pour les fondations de piles de pont, ne s'est pas généralisé dans les mines du Nord, à cause de la grande profondeur à atteindre, et par suite de la pression considérable à donner à l'air, pression qui exerce sur la santé des ouvriers la plus pernicieuse influence.

Lorsqu'en 1872, la Compagnie de Douchy eut à percer un nouveau puits dans les mêmes conditions, elle adopta le système Kind-Chaudron.

En 1849, la Compagnie d'Anzin dut abandonner deux puits commencés dans la vallée de l'Escaut, non loin de la fosse Bleuse-Borne. Un premier puits était creusé à 20 mètres de profondeur ; six pompes de $0^m,40$ de diamètre, marchant à onze coups et élevant 120 hectolitres d'eau par minute, ne suffisaient plus à l'épuisement. Un deuxième puits fut ouvert près du premier, et on y installa deux pompes. Deux machines, huit pompes fonctionnant à la fois, ne parvenaient pas à faire baisser les eaux. Tous les puits domestiques du voisinage étaient asséchés ; on devait conduire de l'eau, avec des tonneaux, dans toutes les maisons. On se décida à abandonner les travaux.

Le percement de la fosse Gayant de la Compagnie d'Aniche, en 1853, présenta aussi de grandes difficultés. Un premier puits fut approfondi à 20 mètres, et sept pompes ne pouvaient venir à bout des eaux. On dut ouvrir un deuxième puits près du premier, et en faisant fonctionner à la fois deux fortes machines d'épuisement et dix pompes, on parvint enfin à surmonter les obstacles que présentaient sur ce point et l'abondance de l'eau et le peu de solidité des craies très-fissurées que l'on rencontrait.

Jusqu'alors, on ne disposait pas des moyens aussi énergiques que ceux dont on a disposé depuis : machines puissantes, pompes de grand diamètre, marchant à grande course, qui permettent aujourd'hui de creuser des puits offrant des difficultés qu'on n'aurait pu vaincre autrefois.

En 1865, la Compagnie de l'Escarpelle ouvrit sa fosse n° 4, située, comme la fosse Gayant, près de Douai. Un premier puits ne put être poussé qu'à 15 mètres de profondeur, malgré l'emploi de quatre pompes de 0^m,70 de diamètre. Un deuxième puits, ouvert près du premier, reçut une machine à traction directe de 1^m,40 de diamètre au piston et 3 mètres de course. Les deux machines étaient alimentées par dix générateurs ; elles actionnaient quatre pompes de 0^m,50 et quatre pompes de 0^m,70. Ce matériel gigantesque ne permit pas de dépasser la profondeur de 23 mètres. Il avait fallu deux ans et une dépense de 427 242 fr. 96 c., pour obtenir ce faible résultat. On se décida à appliquer le système *Kind-Chaudron*, à niveau plein, qui réussit parfaitement, et n'exigea qu'une dépense relativement faible, de 208 681 fr. 60 c. [1].

C'est également au système Kind-Chaudron que dut recourir la Compagnie d'Aniche en 1872, pour continuer le creusement de la fosse de Bernicourt, que l'on avait suspendu à 28 mètres de profondeur, après l'emploi des moyens d'épuisement les plus puissants et des dépenses considérables.

Je pourrais citer un grand nombre d'autres exemples de creusement de puits difficile, notamment celui de la fosse n° 5 de Lens qui exigea l'emploi de neuf cents chevaux de force. Mais ce que j'ai dit est suffisant pour donner une idée des obstacles surmontés dans le nord de la France pour créer une exploitation.

Dépenses de creusement des puits. — Deux puits creusés à Fresnes, par la Compagnie Desaudrouin, en 1744, et qui furent abandonnés à cause des eaux, à 64 mètres dans le terrain houiller, soit à environ 100 mètres de profondeur, coûtèrent 50 000 écus (150 000 francs).

---

1. Note sur l'application du procédé Kind-Chaudron au creusement de la fosse n° 4 de la Compagnie des Mines de l'Escarpelle, par M. de Boisset. — *Annales des Mines*, t. XVI, 6e série, 1869.

D'après le *Journal économique* de 1756, précédemment cité,
« les fosses au charbon dans le Hainaut français, coûtent ordinairement 60 ou 72 000 livres. »

D'Aubusson écrit, en 1805, qu'on estime qu'un puits, avant
d'avoir atteint la houille, revient à une centaine de mille francs ;
il y entre pour 25 ou 30 000 francs de bois. « Le puits de la Bleuse-
Borne a coûté, m'a-t-on dit, plus de 300 000 francs. »

M. Edouard Grar dans son *Histoire de la recherche, de la découverte et de l'exploitation de la houille dans le Hainaut français*, etc.,
dit, page 109 : « Si l'on en croit l'exposé que fit en 1790, la Compagnie d'Anzin, chaque puits creusé jusqu'à cette époque, à la
profondeur moyenne de 160 toises (286 mètres) lui aurait coûté
400 000 £. » Ce prix devait comprendre toutes les dépenses non-
seulement de creusement, mais d'installation de toutes sortes
pour l'exploitation et l'extraction du charbon, et il n'a rien
d'exagéré.

M. Cavillier écrivait au Conseil des Mines en 1806 (page 61),
qu'une fosse d'essai exigeait une dépense de 150 000 à
200 000 francs.

Le passage du niveau de la fosse de la Paix, en 1815, coûta
plus de 100 000 francs (pièce justificative n° 30).

Dans une circulaire du 24 décembre 1836 (pièce justificative
n° 33), M. Schacher cite le chiffre de 280 à 350 000 francs, comme
prix coûtant des anciennes fosses de la Compagnie d'Aniche. Aussi
fait-il ressortir l'économie réalisée dans le creusement du puits
de Mastaing qui vient d'être exécuté moyennant une dépense de
89 492 fr. 77 c. seulement. Le passage du niveau de ce puits
s'était effectué sans machine ni pompes d'épuisement, et le rocher avait été atteint par ce puits à la faible profondeur de
110 mètres.

Il a été dit précédemment que la Compagnie de l'Escarpelle
avait dépensé 427 242 fr. 96 c. pour creuser par le procédé à niveau
vide les deux puits, n° 4, de Dorignies, jusqu'à la profondeur de
23 mètres.

A Bernicourt, l'essai du passage du niveau avec épuisement,
avait coûté 242 000 fr. à la Compagnie d'Aniche, pour atteindre
la profondeur de 28 mètres. C'est alors que cette Compagnie se
décida, comme l'avait fait la Compagnie de l'Escarpelle pour la

continuation de la fosse n° 4, à recourir au système Kind-
Chaudron.

La comptabilité de la Compagnie d'Aniche m'a permis de relever le compte exact de la dépense faite par cette Compagnie
pour le creusement des treize derniers puits qu'elle a foncés
pendant les quarante dernières années, de 1837 à 1877, depuis
l'orifice jusqu'au moment de la mise en extraction. Onze de ces
puits ont été exécutés sous ma direction.

Les chiffres de dépenses de ces treize puits, qui sont repris
dans le tableau suivant, s'appliquent seulement à la dépense
d'exécution du puits proprement dit: main-d'œuvre de fonçage,
matériaux et marchandises de toutes espèces consommés, le
charbon consumé pour les machines, établissement d'accro-
chages et de quelques galeries préparatoires de l'exploitation.
Ils ne comprennent pas l'acquisition des machines et des pompes
de fonçage, mais seulement leurs frais d'installation et d'entretien. L'achat du terrain, l'établissement des voies d'accès, les constructions à demeure, la machine d'extraction définitive et le matériel d'exploitation ne figurent pas dans le prix du puits.

Le tableau présente en outre les indications générales qui permettent de se rendre compte des conditions d'exécution des différents puits : dates des percements, diamètre du puits, hauteur
des niveaux d'eau, épaisseur des morts-terrains, profondeur atteinte par les puits, et enfin, les prix comparatifs de la journée
des ouvriers mineurs.

Tableau du prix coûtant du percement de treize puits des mines d'Aniche jusqu'à leur mise en extraction.

DÉSIGNATION DES PUITS.	ÉPOQUE de leur PERCEMENT.	DIAMÈTRE du PUITS. Mètres.	HAUTEUR sur laquelle règne le CUVELAGE. Mètres.	HAUTEUR sur laquelle règnent les morts-terrains. Mètres.	PROFONDEUR du puits lors de la mise en extraction. Mètres.	DÉPENSE à l'époque de la mise en extraction. Francs.	PRIX de revient du mètre courant. Francs.	PRIX de base de la journée du mineur. Francs.
D'Aoust	1837-45	2m,66	75	163	356	314 852	884	2 00
La Renaissance	1839-41	2m,66	73	137	176	158 684	902	2 00
Saint-Louis	1843-45	3m,00	81	156	285	164 737	578	2 00
Fénelon	1847-49	3m,00	73	159	225	145 846	648	2 30
Traisnel	1848-52	3m,00	61	125	192	196 101	1 021	2 50
Gayant	1852-56	4m,00	78	153	189	425 192	2 249	2 50
Archevêque	1854-57	4m,00	65	126	205	314 941	1 536	2 75
Notre-Dame	1856-60	4m,00	88	168	241	366 186	1 519	2 75
Sainte-Marie	1856-63	4m,00	92	232	305	556 087	1 823	2 75
Dechy	1859-63	4m,00	87	180	256	355 620	1 389	2 75
Saint-René	1865-71	4m,00	67	172	263	534 671	2 033	3 00
Bernicourt	1866-77	4m,00	90	152	320	956 330	2 988	3 30
Roucourt	1875-77	4m.00	60 60	164	185 212	725 708	1 828	3 50
TOTAUX ET MOYENNES.	»	»	81	160	262	5 214 955	1 530	»

Il résulte du tableau ci-dessus, que de 1837 à 1877, en quarante ans, la Compagnie d'Aniche a exécuté le fonçage de treize
puits sur une hauteur totale de 3 410 mètres, et moyennant une
dépense de 5 214 955 francs, jusqu'au moment de leur mise en
exploitation. Le prix moyen du mètre de fonçage de puits a donc
été de 1 530 francs. Comme je l'ai dit, ce prix ne comprend que
la dépense de creusement du puits proprement dit. Pour avoir le
coût absolu d'une fosse en exploitation, il faut ajouter à ce chiffre
de 1 530 francs du mètre, ou de 401 150 francs par puits pour
une profondeur moyenne de 262 mètres, les frais d'acquisition
de terrain, l'établissement des voies d'accès, les dépenses d'achat
et d'installation de machines, les constructions, le matériel, etc.
On arrive ainsi au chiffre considérable de 800,000 à 1 million de
francs pour l'organisation d'une fosse d'extraction, à Aniche. Ce
chiffre est souvent dépassé, comme le montrent les indications
relatives aux puits de Bernicourt et de Roucourt.

Les renseignements contenus dans le tableau qui précèdent,
établissent : 1° que 2 puits seulement, ouverts en 1837 et 1839,
n'avaient que 2^m,66 de diamètre ; que 4 puits, foncés de 1843 à
1848, avaient 3 mètres ; et que les 8 derniers puits ouverts à
partir de 1853 ont un diamètre de 4 mètres.

Le dernier siége d'exploitation entrepris par la Compagnie,
celui de Roucourt, possède 2 puits de 4 mètres de diamètre.

2° Le passage des niveaux de ces puits a exigé l'établissement
de cuvelage en chêne ou en fonte sur une hauteur totale de
1 050, sur une hauteur moyenne par puits de 81 mètres.

3° La profondeur à laquelle ces puits rencontrent le terrain
houiller est comprise entre 125 mètres (Trainel) et 232 mètres
(Sainte-Marie), moyenne 160 mètres.

4° Le prix de revient du mètre courant de puits a varié dans
les limites extrêmes de 578 francs (Saint-Louis) à 2 988 francs
(Bernicourt). Il est en moyenne de 1 530 francs.

Les puits de 2^m,66 et de 3 mètres de diamètre coûtaient naturellement moins cher que ceux de 4 mètres. D'un autre côté, le
salaire des mineurs a été en augmentant de 1837 à 1877 de 2 à
3 fr. 50, soit de 75 pour 100 ; le prix des bois, des matériaux de
toute espèce s'est accru constamment. Enfin, les niveaux des
puits de Douai ont exigé des moyens d'épuisement puissants
Toutes ces circonstances sont venues aggraver considérablement

les dépenses de fonçage des puits creusés par la Compagnie
d'Aniche pendant les vingt-cinq dernières années.

J'ai dit précédemment que l'installation complète d'un puits
d'extraction coûtait à Aniche de 800 000 à 1 million de francs.
Cette dépense est souvent dépassée dans les houillères du Nord et
du Pas-de-Calais. Ainsi la Compagnie des mines de Béthune, dans
un rapport à l'assemblée générale du 24 septembre 1877, donne
les chiffres suivants pour frais d'établissement de ses 7 puits.

Fosse nᵘ 1	1 855 226 fr.	78 c.
— 2	1 565 463	18 —
— 3	1 515 948	09 —
— 4	970 325	55 —
— 5	1 458 704	12 —
— 6	1 316 734	62 —
— 7	910 695	24 —
Ensemble	9 593 097 fr.	58 c.
Moyenne	1 370 442 francs.	

Les prix ci-dessus comprennent sans doute toutes les dépenses des puits : creusement, machines, bâtiments, matériel, etc.

Je ne poursuivrai pas plus avant ces citations d'exemples de
dépenses d'installations de puits dans le nord de la France. Je
me bornerai seulement à donner le détail des dépenses du
passage du niveau de diverses fosses du Nord et du Pas-de-
Calais.

Le puits de la Renaissance à Aniche, a coûté à la profondeur
de 176 mètres 158 684 francs, ou 902 francs le mètre.

La base du niveau est à 82 mètres : il règne sur 73 mètres de
hauteur.

Commencé le 15 avril 1839, le puits était à 82 mètres, le
30 juin 1840, on avait alors dépensé

Main-d'œuvre	25 801 fr.	70 c.	par mètre....	314 fr. 65 c.
Marchandises	51 515	28 —	—	628 23 —
Charbon	11 245	60 —	—	136 14 —
Charrois	3 304	50 —	—	40 29 —
Totaux	91 867 fr.	08 c.	par mètre....	1 120 fr. 31 c.

La fourniture du cuvelage entrait :

Dans le chiffre des marchandises pour	29 410 fr.	27 c.
Les bois divers pour	7 957	70 —
Total	39 367 fr.	97 c.

Le complément des marchandises se composait de :

Éclairage et corps gras.	913 fr.	90 c.
Métaux.	4 304	55 —
Briques, chaux, etc.	2 555	60 —
Divers:	6 373	86 —
Total	14 146 fr.	31 c.

Le creusement de la fosse Saint-René de la Compagnie d'Aniche en 1865-71 a coûté à la profondeur de 263 mètres, 534 673 francs, ou 2 033 francs le mètre.

Le passage du niveau seul, sur $73^m,50$ entre dans la dépense ci-dessus pour 247 928 fr. 89 ou 3 373 francs le mètre, savoir :

Main-d'œuvre	48 515 fr.	36 c.	par mètre.	660 francs.
Marchandises, y compris cuvelage	127 681	53 —	—	1 727 —
Charbon	27 315	00 —	—	371 —
Appropriation du matériel	30 000	00 —	—	408 —
Transports et divers	14 418	00 —	—	199 —
Total	247 928 fr.	89 c.	par mètre.	3 373 francs.

Le passage du niveau de la Renaissance n'offrit pas de difficultés ; celui de Saint-René en présenta de très-sérieuses.

Voici d'autres exemples de passages de niveaux dans lesquels on a eu à surmonter de très-grands obstacles [1].

La Compagnie de Marles avait atteint dans le niveau de sa fosse n° 1 la profondeur de $60^m,60$, et dépensé plus de 300 000 fr. lorsque des éboulements se produisirent et obligèrent de l'abandonner.

Une deuxième fosse, n° 2, fut ouverte en 1854 à proximité de la première ; et on prit les précautions les plus minutieuses pour éviter une nouvelle catastrophe.

Au bout de deux ans et quatre mois de travail, le nouveau puits rencontre à 83 mètres le terrain houiller, dans lequel on assied la base du cuvelage.

On avait alors dépensé 314 753 fr. 47 ou 3792 francs par mètre de puits.

---

1. Du fonçage des puits de mines à travers les terrains aquifères, par M. J. Lévy. — *Bulletin de l'Industrie minérale*, t. XIV, 1868.

Cette dépense se décomposait ainsi :

Salaires	102 998 fr. 76 c.	par mètre.	1 241 francs
Cuvelage et picotage	56 103	13 —	—	675 —
Service des machines..............	112 532	28 —	—	1 336 —
Divers........................	43 119	30 —	—	519 —
Total..............	314 753 fr. 47 c.	par mètre.	3 791 francs

Les deux puits jumeaux de Saint-Pierre de la Compagnie de Fresne-Midi, dont le creusement a exigé cinq ans et demi pour asseoir la base du cuvelage dans le terrain houiller, à 168^m,40, ont coûté 1 071 191 fr. 55, savoir :

Main-d'œuvre...............................	220 472 fr. 59 c.
Cuvelage en bois et fer....................	213 677	24 —
Houille consommée........................	171 651	66 —
Matériel, machines, etc....................	251 641	87 —
Divers....................................	213 748	19 —
Total....................	1 071 191 fr. 55 c.

Les deux puits qui constituent le siége d'exploitation Thiers de la Compagnie d'Anzin, ont occasionné, rien que pour le passage du niveau, une dépense de 808 647 fr. 80.

Je termine ce long chapitre sur les puits par la comparaison des prix successivement payés aux ouvriers mineurs pour le fonçage.

D'après le registre de L. Mathieu, cité par Ed. Grar, on payait en 1784 pour creuser une fosse de 7 pieds carrés, par toise, de 28 jusqu'à 32 écus (de 84 à 96£) dans les *querielles* (grès houiller) et depuis 16 jusqu'à 20 écus (de 48 à 60£) dans les rocs (schistes houillers).

En 1787, les ouvriers de la fosse Sainte-Barbe, à Aniche, étaient payés pour l'approfondissemeut dans les *Bleu* (craie argileuse) à 42£ la toise (23 fr. 50 le mètre). Les mineurs, à la journée de quatre heures, gagnaient alors 17^{s}6^d ou 14 patars.

En 1788, les ouvriers de la même fosse étaient payés à raison de 60£ la toise (33 fr. 50 le mètre) dans le schiste houiller, et le double dans le grès, la poudre de mine étant à leur compte.

Le passage de la fosse Sainte-Hyacinthe en 1798 fut entrepris, par les mineurs, au prix de 72£ la toise Hainaut (40 fr. le mètre), tant qu'il n'y aurait que deux pompes en activité (voir page 50).

Voici des prix de fonçage plus modernes :

En 1857, l'approfondissement, sous stoc, du puits de 3ᵐ,50 de diamètre dans la maçonnerie, de Fénelon, enlèvement des déblais compris, se payait 86 francs dans les schistes houillers, et le double dans les grès. Le même travail se payait à cette même fosse. . . . . . . en 1864, 120 francs le mètre dans les schistes, et. . . . . en 1871, 130   —   —   —   —

L'approfondissement sous stoc de l'Archevêque, en 1859, qui donnait une assez grande quantité d'eau, était payé 300 francs dans les schistes, et le double dans les grès. Diamètre du puits dans la maçonnerie, 4 mètres.

En 1865, avec moins d'eau, on ne payait plus que 120 francs dans les schistes,

C'est le même prix que l'on a payé en 1872 pour l'approfondissement sous stoc de la fosse Sainte-Marie. Mais l'enlèvement des déblais se faisait dans ce cas par une petite machine d'extraction établie au jour, et au moyen d'un câble en fil de fer renvoyé par des poulies, dans le bure servant au fonçage sous stoc.

En 1865 et 1876, les approfondissements directs de Trainel et de la Renaissance, puits de 3 mètres, ont été exécutés à raison de 230 francs le mètre.

Dans cette dernière année on a payé à l'Archevêque, pour un fonçage sous stoc, jusqu'à 400 et 450 francs le mètre dans les schistes et 600 à 650 francs dans les grès.

XVII

Machines d'épuisement.

Machines à carré. (Planche IV, figures 1 et 2.) — Antérieurement à l'application des machines à vapeur, on se servait pour le passage des niveaux, comme pour l'exploitation, de puissants manéges à chevaux. Mais ce moyen, quelque développé qu'il fut, n'offrait jamais qu'une puissance d'épuisement assez faible. Aussi ne pouvait-on alors passer que de petits niveaux, et encore fallait-il souvent, pour en venir à bout, creuser autour du puits principal deux ou trois puits de secours, dans lesquels on plaçait des pompes qui venaient en aide à celles du puits principal.

Au-dessus du manége à chevaux ordinaire, étaient disposées des poulies sur lesquelles passaient des chaînes attelées à des tiges en bois horizontales. Celles-ci recevaient à leur autre extrémité une seconde chaîne passant sur des poulies verticales placées au-dessus du puits, lesquelles s'attelaient à la tige des pompes.

Une manivelle, calée sur l'arbre du manége, portait un petit plateau carré aux angles duquel s'attachaient les premières chaînes. Dans la marche rotative du manége, la manivelle imprimait aux chaînes un mouvement alternatif dont l'amplitude déterminait la course des pompes.

L'article du *Journal économique de l'année* 1756, reproduit dans

la pièce justificative n° 41, donne des détails circonstanciés sur
le fonctionnement de ce genre d'appareils d'épuisement, employés à la fosse du Pavé à Anzin, en 1733, pour le passage du
niveau.

On avait établi sur cette fosse une puissante machine à
pompes. Aux deux pompes en fer primitivement montées, il fallut
en ajouter une troisième, puis une quatrième. Et comme il y avait
trois répétitions, l'épuisement exigea douze pompes, savoir :
huit pour les deux répétitions des pompes des dix premières
toises et quatre pour 12 pieds qu'on avait enfoncés depuis le
commencement du niveau.

De nouvelles coupes ayant été rencontrées, il fallut établir une
pompe de plus et donner huit jours de relâche aux chevaux qui
étaient exténués et épuisés de fatigue.

Ce matériel ne suffit pas. On dut monter une sixième pompe,
de sorte qu'on eut jusqu'à dix-huit pompes installées dans le
même puits, qui étaient mises en mouvement par douze chevaux à la fois, lesquels marchaient bon train.

Enfin, on atteignit la profondeur de vingt-deux toises, où l'on
put établir la base du cuvelage avec picotage.

Il résulte de la description ci-dessus qu'en 1733, on ne faisait
usage que de pompes aspirantes, ne pouvant élever l'eau au delà
de 10 mètres et même moins. La première pompe à partir du
bas, plongeant dans le puisard, remontait l'eau dans un réservoir placé à la hauteur voulue, d'où la seconde la reprenait à
son tour, et ainsi de suite jusqu'à ce que, de réservoir en réservoir, elle arrivât au jour.

Ce n'est que plus tard qu'on adopta les pompes aspirantes
élévatoires.

A la fosse Aglaé on employa, en 1799, 66 chevaux à la machine
à pompes. Ce chiffre fut insuffisant ; il aurait dû être porté au
moins à 100, lorsque l'abandon de cette fosse fut décidé. —
Page 50.

On conçoit combien était primitif et défectueux cet attirail de
chaînes, de tiges ; et si l'on joint à cette considération, l'emploi
d'un moteur à chevaux d'une puissance très-limitée, on se rendra
compte des difficultés inouïes que présentait à l'origine le creusement du puits dans le Nord. Plus tard, vers 1805, on utilisa la
machine d'extraction de Perrier, pour actionner la machine à

carré, c'était un progrès, mais insuffisant même pour le passage des forts niveaux.

Machines Newcomen. — (Planche IV, figure 3). — C'est en 1705 que Newcomen et Cawlay, artisans anglais, construisirent la première machine d'épuisement dans laquelle se trouvait une chaudière à part pour la production de la vapeur. Modifiée à plusieurs reprises, cette machine ne tarda pas à se répandre en Angleterre. Pierre Mathieu, directeur des travaux de la Compagnie Desandrouin, ayant eu connaissance de ces machines, en établit une à Fresnes dès 1732. Elle remplaça une machine à carré qui exigeait pour l'épuisement des eaux de l'exploitation vingt hommes et cinquante chevaux, marchant jour et nuit. Une fois montée, deux hommes suffirent, et toutes les eaux d'une semaine furent enlevées en quarante-huit heures [1].

On sait que la machine Newcomen se compose d'un cylindre ouvert par en haut, et fermé par en bas, dans lequel se meut un piston dont la tige s'attache par une chaine Vaucanson à l'extrémité d'un balancier. A l'autre extrémité de ce balancier se trouve attelée la maîtresse tige des pompes, dont le poids entraîne toujours le piston en haut de sa course.

On introduit de la vapeur dans le cylindre, puis on ouvre le robinet d'injection d'eau froide, qui vient condenser cette vapeur. Le piston, qui était en haut de sa course, descend pressé par le poids de l'atmosphère. Il est relevé par le poids de l'attirail des pompes, tandis que la tension de la vapeur fait équilibre à la pression de l'air.

L'application de la machine Newcomen à l'épuisement des eaux constitua une immense amélioration dans l'exploitation des nouvelles houillères du Nord, et l'usage de cette machine se répandit bien vite. Ainsi, en 1756, la Compagnie Desaudrouin employait déjà quatre machines à feu et, en 1804, la Compagnie d'Anzin en employait dix.

A Aniche, la première machine à feu fut montée en 1780, par Dorsée de Boussu. Elle coûta 45 000 £; celle installée en 1732 à Fresne avait coûté 75 000 £ — page 17.

Toutefois, jusqu'en 1777, on n'employait, pour les passages

---

1. *Histoire de la recherche et de la découverte de la houille dans le Hainaut français*, par Ed. Grar.

des niveaux, que les machines à carré. C'est seulement à partir de cette année qu'on appliqua au creusement des puits la machine Newcomen, montée sur charpente en bois, de manière à pouvoir la déplacer facilement après le passage des niveaux.

Cette application fut faite à Aniche en 1786 (page 26); elle constituait une amélioration considérable, qui permit de creuser des puits qu'on n'aurait pu percer avec les anciennes machines à chevaux.

Machines de Watt et Boulton. — Watt reconnut que la condensation de la vapeur dans le cylindre de la machine Newcomen entraînait non-seulement une perte de 32 pour 100 de la chaleur produite, mais encore une perte de temps considérable. Il y appliqua un condenseur séparé, dans lequel il faisait le vide au moyen d'une pompe à air. Cette combinaison, pour laquelle il prit une patente en 1769, reçut par l'association de Watt avec Boulton diverses améliorations successives, et le vrai principe de la machine à vapeur fut réalisé.

La machine de Watt et Boulton ne fut appliquée par la Compagnie d'Anzin qu'à partir de 1825, et seulement sur deux ou trois puits pour des épuisements fixes, et on continua à faire usage des machines Newcomen pour le passage des niveaux jusqu'en 1838.

Machines de Cornouailles. (Planche IV, fig. 4). — A cette date, la maison Hallette d'Arras fournit aux Compagnies d'Hasnon, de Vicoigne et de Cantin, pour le prix de 90 000 francs, des machines à simple effet, du système de Cornouailles, que ces Compagnies employèrent au passage du niveau de leurs fosses. On ne retira pas de ces machines, très-perfectionnées, le service que l'on en attendait pour le creusement des puits. Leur usage ne fut pas continué pour ce genre de travail, et celles qui avaient été construites furent utilisées pour des épuisements fixes, et là elles montrèrent leur supériorité sur les machines précédemment employées.

La Compagnie d'Aniche établit en 1841 une machine de Cornouailles sur la fosse Sainte-Barbe, en remplacement d'une machine Newcomen. L'économie de charbon qu'elle réalisa était telle qu'en deux ans et demi elle couvrit le prix d'acquisition, page 88.

Machines à traction directe. (Planche IV, fig. 5.) — Toutes les

nouvelles Compagnies houillères du Pas-de-Calais ont, à partir
de 1850, appliqué dans le creusement de leurs puits, des machines à traction directe, d'une très-grande simplicité et d'une
installation facile, peu coûteuse, conditions extrêmement avantageuses pour un épuisement temporaire, dont la durée est
habituellement de six à huit mois, un an au plus.

Ce genre de machines a permis en outre de donner au piston
une course de 3 mètres qui n'avait jamais été atteinte dans les
machines à balancier, et par suite de diminuer le nombre des
pompes nécessaires à l'épuisement d'une grande quantité d'eau.
Enfin on a réalisé par cette longue course et par l'augmentation
de diamètre du cylindre, une puissance d'épuisement dont on
n'avait pas une idée autrefois, et qui a fourni les moyens de
surmonter des difficultés de creusement de puits considérées
jusqu'alors comme infranchissables.

Machine horizontale d'épuisement d'Aniche. — J'ai décrit,
page 120, l'application faite, à partir de 1856, par la Compagnie
d'Aniche d'une machine horizontale d'épuisement puissante, et
d'une disposition toute particulière pour le percement de ses
puits des environs de Douai qui traversent, près du jour, des
craies très-fissurées, très-ébouleuses, et fournissent un énorme
volume d'eau. Sans revenir sur la description de cette machine,
je crois utile de rappeler que son but, qui a été parfaitement
réalisé, était de dégager les abords du puits, d'éviter les ébranlements, causés par les chocs de la machine, sur des terrains
très-ébouleux, et de détruire l'effet de ces ébranlements, s'ils arri-
vaient à se produire, sur le bon fonctionnement de la machine;
enfin d'obtenir une course de piston considérable, 4 mètres,
permettant d'épuiser un très-grand volume d'eau, sans avoir
recours à un trop grand nombre de pompes.

Pompes. —En 1733, à la fosse du Pavé, on n'employait encore
que des pompes *aspirantes*, élevant l'eau de 10 mètres au maximum. C'est un peu plus tard qu'on fit usage de pompes *aspirantes élévatoires.*

Ces pompes, de même que celles qui furent construites jusqu'en 1835, ne comportaient qu'une travaillante en fer ou en
bronze de six à sept pouces de diamètre ; les chapelles, les aspi-
rations étaient en bois blanc foré, les tuyaux élévatoires étaient
formés de douves également en bois, et cerclés en fer, dont les

extrémités, entaillées en biseaux, s'emboîtaient les unes dans les autres.

Ce n'est qu'à partir de 1835 que l'on commença à adopter les soulevantes en tôle, avec collets d'assemblage en fonte.

En 1840, les pompes de 15 pouces ($0^m,45$) de diamètre étaient les plus grandes qu'on employât. On a augmenté ce diamètre successivement. et on l'a porté, à partir de 1855, à $0^m,60$ et $0^m,70$, et enfin la Compagnie de Courrières a fait usage dans ces derniers temps d'une pompe de 1 mètre de diamètre.

Dans le passage des niveaux on n'emploie encore actuellement que des pompes aspirantes élévatoires, qui s'allongent par en haut, au fur et à mesure de l'approfondissement du puits.

Mais dans les épuisements fixes, qui sont du reste rares dans les bassins du Nord, on fait usage, comme partout, de pompes foulantes à plongeurs.

Epuisement par les machines d'extraction. — Les machines d'épuisement sont surtout employées dans les houillères du Nord pour le creusement des puits à travers les nappes d'eau de la craie. Les eaux une fois maintenues par les cuvelages, isolées, du reste, du terrain houiller par les couches argileuses appelées dièves, l'exploitation ne fournit en général qu'une faible quantité d'eau qu'on épuise la nuit au moyen des machines d'extraction actuellement très-puissantes. On place dans les cages des caisses ou berlines à eau de 10 à 12 hectolitres en tôle, qui se remplissent dans le puisard par une soupape placée à leur fond, et qui se vident au jour par un tuyau en cuir adapté à la partie inférieure de leur face de devant. Dans d'autres houillères, à Aniche particulièrement, on substitue aux cages d'extraction de grandes caisses guidées en bois ou en tôle, d'une capacité de 30 hectolitres, portant à leur fond deux soupapes pour faciliter leur remplissage dans le puisard, et deux autres soupapes à la partie inférieure de la face antérieure, qui s'ouvrent pour leur vidange au jour, au moyen d'un heurtoir. On épuise ainsi facilement une venue d'eau de 3000 à 4000 hectolitres par 24 heures, à une profondeur de 300 à 400 mètres, et plus économiquement qu'avec une machine d'épuisement et des pompes, dont les frais d'établissement d'abord, et ensuite les frais d'entretien, surtout au bout d'un certain temps de fonctionnement, constituent des charges importantes.

Ce mode d'épuisement n'est guère remplacé par des machines spéciales avec pompes que dans des cas particuliers, là où existent le grès vert, le *torrent*, comme à Fresne-Midi, à Saint-Vaast et à Vicoigne, ou bien dans les localités comme Marles et Bruay, dont les puits traversent une faible épaisseur de Dièves, peu solides, qui finissent, après un certain temps d'exploitation, par laisser passer une partie des eaux supérieures dans les travaux.

XXIII

Machines d'extraction.

Manéges à chevaux. (Planche V, fig. 1 et 1 *bis*). — Antérieurement à l'année 1800, l'extraction de la houille s'effectuait exclusivement au moyen d'un manége à chevaux et dans des tonneaux contenant 500 kilogrammes de houille.

En marchant jour et nuit, on n'arrivait pas à extraire d'une profondeur de 200 mètres plus de 130 tonneaux de 500 kilogr., soit 65 tonnes de houille.

Plus tard, en augmentant le nombre des chevaux, on arriva à employer des tonneaux de 750 kilogr., ce qui permit d'extraire par vingt-quatre heures près de 100 tonnes. C'était là un maximum de production qu'il était difficile, sinon impossible, d'atteindre, si l'on tient compte de la nécessité de monter, en même temps que la houille, une certaine quantité de terre ou d'eau.

On trouvera dans la pièce justificative, n° 26, la dépense annuelle qu'exigeait à Aniche le service d'extraction d'un puits dans ces conditions.

Cette dépense, comprenant l'emploi de vingt-six chevaux, coûtant seulement 1 fr. 50 par jour, et les soins à leur donner, montait à 16 945 francs.

Si la production avait été régulièrement de 100 tonnes par jour ou de 30 000 tonnes par an, cette dépense eût été de 0 fr. 56

par tonne. Mais comme cette production n'atteignait pas même
la moitié de ce chiffre, les frais d'élévation au jour d'une tonne
de houille, au moyen d'un manége, dépassait 1 franc. En effet,
en 1756, pour une production de 100 000 tonnes environ, la
Compagnie Désandrouin employait cent cinquante chevaux à
l'extraction seulement de la houille.

D'après Dieudonné, en 1804, les vingt-cinq puits d'extraction
de la Compagnie d'Anzin, qui produisaient alors 200 000 à
220 000 tonnes de houille (soit 8 000 à 8 400 tonnes par puits
seulement), exigeaient le service de quatre cents chevaux.

Dès 1785, Léonard Mathieu avait recherché les moyens d'augmenter la puissance des manéges à chevaux. Il avait imaginé
un tambour conique pour régulariser la charge aux différentes
profondeurs. Plus tard il ajouta une chaîne contre-poids de
1 200 livres, et il arriva ainsi, dit-il, à réaliser une économie
notable. Le nombre des chevaux employés au manége fut réduit
par relai à quatre au lieux de six qu'il fallait pour faire le
même ouvrage avant l'application du contre-poids.

Machine d'extraction de Perrier. (Planche V. fig. 2.) Vers
1800, Constantin Perrier, membre de l'Institut national, célèbre
par les services rendus à la mécanique pratique, adopta une
machine à vapeur à rotation au tambour vertical du manége,
qui fut ainsi mis en mouvement par cette machine au lieu de
l'être par les chevaux.

La Compagnie d'Anzin s'empressa d'utiliser la machine de
Perrier, et la Compagnie d'Aniche suivit son exemple en 1802.

M. Cavillier, dans une note reproduite, pièce justificative n° 26,
établit l'économie qui doit résulter de l'emploi de cette machine.

Sa dépense annuelle était estimée à...................................... 6 861 francs.
Tandis que pour faire le même travail avec des chevaux, il en
coûtait..,.................................. 20 865

Économie.................. 14 004 francs.

Ainsi, l'extraction d'une tonne de houille qui revenait à
1 franc avec les chevaux, ne serait revenue qu'à 0 fr. 33 avec la
machine de Perrier. Toutefois il y a lieu de faire des réserves
sur ce dernier chiffre, ainsi qu'on le verra un peu plus loin.

La machine dont il s'agit était à basse pression et à condensation; sa force était de huit chevaux. Elle coûtait 20 000 francs sans la chaudière.

Mais un autre avantage de l'emploi de cette machine, c'est qu'elle permettait d'extraire par le même puits une quantité beaucoup plus considérable que celle obtenue avec les chevaux, surtout en profondeur.

La machine Perrier a donc rendu de très-grands services à l'exploitation des mines. Son usage se répandit et, jusqu'en 1815, elle fut la seule machine à vapeur employée à l'extraction dans les mines du Nord. Il y a trente ans, il en existait encore quelques-unes en fonctionnement à Anzin.

Machines Woolf. — A la machine à rotation ci-dessus, MM. Perrier frères, de Chaillot, substituèrent, vers 1815, des machines à haute pression, à deux cylindres, du système Woolf, de la force de douze chevaux, qui faisaient mouvoir un tambour horizontal. Les chaudières étaient en fonte. La Compagnie d'Anzin adopta exclusivement ce genre de machines de 1815 à 1843. A cette dernière date, sauf quelques anciennes machines Constantin Perrier, il n'existait sur ses puits que des machines Woolf, de douze chevaux, avec chaudières en fonte. Elles extrayaient, à l'aide de tonneaux de 7 hectolitres combles, de 800 à 1 000 hectolitres par jour au maximum.

Le prix de ces machines était de 23 000 francs non compris la chaudière en fonte qui coûtait 6 000 francs.

En 1827, M. Hallette (d'Arras) offrit à la Compagnie d'Aniche de remplacer la machine à rotation de Sainte-Catherine, par une machine Woolf, de seize chevaux, moyennant un prix de 0 fr. 30 par hectolitre extrait pendant la durée de dix ans (page 81).

L'ancienne machine ne pouvait extraire que 400 hectolitres par vingt-quatre heures, et avec une dépense directe de 0 fr. 22 1/5 par hectolitre ou de 2 fr. 11 par tonne, c'est-à-dire plus du double de celle prévue en 1802 par M. Cavillier. Il est vrai que la profondeur du puits était de 300 mètres, tandis qu'en 1802, cette profondeur n'était que de 220 mètres.

La nouvelle machine était garantie comme pouvant extraire 500 hectolitres par douze heures avec des tonneaux de 7, 5 hectolitres.

M. Hallette fournit en effet cette machine qui a fonctionné jusqu'en 1855, à Sainte-Catherine, puis à d'Aoust, mais à un prix ferme de 38 200 francs. La chaudière à bouilleurs, en fonte, était payée à part à raison de 0 fr. 80 le kil. et coûtait 5500 francs.

Machines à haute pression. — En 1837, la Compagnie d'Aniche commande à Provins, de Valenciennes, deux machines d'extraction à haute pression, sans condensation, de la force de vingt chevaux. Elles furent payées 28 000 francs l'une, y compris un générateur.

Avec ces machines, déjà puissantes relativement à celles précédemment employées, on put porter la capacité des tonneaux à 10 hectolitres à l'Espérance, et même à 16 hectolitres à la Renaissance. L'extraction de cette dernière fosse atteignit 1 600 hectolitres par jour, soit le double environ de l'extraction des puits d'Anzin.

A partir de 1843, les machines d'extraction d'Aniche ont une puissance effective de trente à trente-cinq chevaux; celle de Saint-Louis, construite à cette époque par Halette (planche V, fig. 3), coûta 25 000 francs en principal et avec diverses pièces accessoires et deux générateurs, 42 427 francs.

En 1848, la même machine ne coûtait plus que 23 000 francs, plus 14 000 pour ses deux chaudières complètes, soit en tout 37 000 francs.

Avec ces dernières machines montées sur des puits de 3 mètres de diamètre, on put se servir de cages à quatre chariots pour l'extraction jusqu'à la profondeur de 280 mètres. Lorsque cette profondeur fut dépassée, on dut les remplacer par des machines plus fortes.

Machines à deux cylindres. — Les machines à engrenages de trente-cinq chevaux de force, font place, à partir de 1850, à des machines directes, à deux cylindres oscillants que la maison Cavé fournit aux nouvelles houillères du Pas-de-Calais.

Ces machines, d'un entretien difficile, ont été remplacées, à peu près partout, par des machines à deux cylindres horizontaux fixes, dont la première application dans le Nord fut faite par la Compagnie d'Aniche, en 1854, sur la fosse Gayant. Ce genre de machines avait d'abord été installé par le Creuzot à Ronchamps et à Blanzy. Les pistons avaient $0^m,66$ de diamètre et 2 mètres de course.

Ce modèle s'est répandu d'une manière générale dans les

houillères du Nord, et la Compagnie d'Aniche en possède huit,
D'une grande simplicité, elles sont d'un facile entretien et fonctionnent parfaitement.

Possédant une grande puissance, leur force n'est pas toujours
utilisée complétement à l'origine de l'exploitation d'un puits, et
comme elles ne détendent pas la vapeur, elles consomment
beaucoup de combustible. Elles permettent de faire jusqu'à
500 mètres de profondeur et même au delà une extraction
considérable.

La première machine à deux cylindres, de 1854, fut payée
32 000 francs. Ce prix a même été moins élevé pour les autres
machines du même système installées par la Compagnie
d'Aniche.

On a reproché à ces machines l'ovalisation de leurs cylindres,
et certaines houillères ont, pendant un certain temps, donné la
préférence aux machines verticales. Cette ovalisation s'effectue
bien en effet à la longue, mais ne s'opère-t-elle pas aussi dans les
machines verticales ? A Aniche, où fonctionnent huit machines,
soit seize cylindres, de dimensions uniformes, on a un cylindre de
rechange qui permet d'aléser successivement tous ceux qui ont
marché pendant une durée de huit à dix ans, et on se trouve
bien de ce remplacement.

Aujourd'hui, la préférence est acquise entièrement aux
machines horizontales.

On y a toutefois apporté de notables améliorations. Ainsi on
a substitué une distribution à soupapes à l'ancienne distribution à tiroirs, dont la manœuvre était difficile, et exigeait
pour les machines les plus fortes des servo-moteurs. On a
adopté diverses dispositions de détente, en vue de réduire la
consommation de combustible.

On peut voir en ce moment à l'Exposition universelle de 1878,
deux spécimens des nouvelles machines d'extraction employées
dans le Nord :

Une machine de la Compagnie de Fives-Lille, à soupapes, destinée aux mines de Bully-Grenay ;

Une machine de MM. Quillacq et Cᵉ, avec une détente variable
Schulzer-Martin, produite par un régulateur à force centrifuge
(Planche V, fig. 4 et 5). Deux machines semblables ont été
installées en 1876 et 1877 par la Compagnie d'Aniche sur ses

puits de Roucourt et de Bernicourt, et on est très-satisfait de leur fonctionnement.

Enfin, on a augmenté les dimensions de ces machines, en portant le diamètre de leur piston à $0^m,90$ et 1 mètre et même $1^m,10$, et obtenu des puissances effectives de 300 à 500 chevaux qui permettent des extractions énormes par un seul puits.

Que l'on compare ces puissantes machines de 300 à 500 chevaux employées actuellement à l'extraction avec celles dont on faisait usage autrefois : manége à chevaux jusqu'en 1800 ; machines Constantin Perrier de huit chevaux, de 1800 à 1815 ; Wolf de douze chevaux, de 1815 à 1840 ; de vingt et trente chevaux, de 1840 à 1850 ; et on jugera des progrès immenses réalisés surtout depuis vingt-cinq ans, au point de vue de moyens de production des houillères.

Chaudières à vapeur. — Les chaudières des premières machines Newcomen étaient de forme hémisphérique et de grandes dimensions. Ainsi :

Diamètre. . . .   . $5^m,42$
Capacité . . . .   20 mètres cubes,
Surface de chauffe . . . .   22 mètres carrés.

Elles étaient construites en tôle de cuivre de 10 millimètres d'épaisseur dans les parties exposées à la flamme, et 3 millimètres et demi dans les autres parties.

Elles revenaient à un prix élevé, 12 000 à 15 000 francs.

Constantin Perrier employait pour ses machines d'extraction, en 1800, des chaudières à tombeau. Construites d'abord en tôle de cuivre, on les fabriqua ensuite en tôle de fer.

Lorsqu'en 1815, MM. Perrier livrèrent des machines d'extraction du système Woolf, à haute pression, leurs chaudières étaient en fonte. Elles se composaient d'un corps cylindrique de $0^m,80$ de diamètre et de 5 mètres de longueur, et de deux bouilleurs, également en fonte, de $0^m,30$ de diamètre et aussi de 5 mètres de longueur, assemblés au corps cylindrique.

Ces chaudières présentaient une surface de chauffe d'environ 16 mètres carrés, correspondant à une force de douze ou treize chevaux. Elles se vendaient, en 1823, 90 francs les 100 kil. et revenaient à 6000 francs, prix payé aujourd'hui pour une chaudière de soixante-dix chevaux.

La chaudière en fonte, livrée par Hallette à la Compagnie d'Aniche, en 1829, fut payée 80 francs les 100 kilogr., et coûta 5500 francs. En 1831, on dut remplacer les bouilleurs par d'autres en tôle de fer battu, qui furent payées 2 fr. 25 le kilogr.

Du reste, il arrivait fréquemment qu'on remplaçait les bouilleurs en fonte par des bouilleurs en cuivre, les premiers se détériorant facilement, et éprouvant des ruptures fréquentes.

Un grand nombre de chaudières en fonte fonctionnaient encore à Anzin en 1842. On comprendra facilement qu'elles ne pouvaient présenter que des dimensions restreintes, et par suite une faible puissance. Aussi, dès que l'on augmenta la force des machines, dut-on renoncer à ce genre de chaudières, et les remplacer par des chaudières en tôle.

Mais les dimensions de ces dernières étaient loin d'atteindre les dimensions des chaudières actuelles. Leur diamètre ne dépassait pas 1 mètre et celui de leurs bouilleurs $0^m,35$ à $0^m,40$. Une surface de chauffe de 30 à 35 mètres carrés, ou une force de 20 à 25 chevaux était regardée comme considérable.

Leur prix était élevé comparativement au prix d'aujourd'hui. Il était :

En 1830...... de 1 fr. 80 c. à 2 francs le kilogramme.
En 1840...... de 1 fr. 25 c.
En 1849...... de 0 fr. 80 c.
En 1856...... de 0 fr. 75 c.

On les paye actuellement 0 fr. 42 à 0 fr. 45.

A Aniche, comme du reste partout dans le Nord, on emploie exclusivement des chaudières cylindriques à deux bouilleurs; les dimensions généralement adoptées sont :

Chaudière...... Diamètre $1^m,20$ — Longueur .... $10^m,60$
2 bouilleurs.... — $0^m,80$ — d° .... $11^m,50$
Surface de chauffe........................ .. 75 mètres carrés.

Vases d'extraction, tonneaux. — Tant que l'extraction s'opéra avec des manéges à chevaux, on ne fit usage que de tonneaux contenant 500 kilogr. et au maximum 750 kilogr. de houille. Même avec les moteurs à vapeur, on continua jusqu'en 1840 l'emploi des tonneaux de cette dernière capacité, tant à cause de la petite section des puits, que de la faible puissance des machines. Seulement on put aller à une plus grande profondeur.

A Aniche, avec une machine de vingt chevaux, on employa, dès 1840, des tonneaux de 10 hectolitres à l'Espérance, puis un peu plus tard de 16 hectolitres à la Renaissance. Ce dernier puits n'ayant que 2^m,66 de diamètre, les tonneaux avaient une très-grande hauteur, 3 mètres; aussi leur vidange au jour ne pouvait s'effectuer qu'à l'aide d'un artifice, un culbuteur qui soulevait le tonneau par le fond et versait son contenu sur le plancher de recette.

Cages. — L'usage de ces tonneaux de grande dimension exerçait un effet destructif sur les parois des puits, et sur les machines d'extraction, par suite des chocs violents qui se produisaient dans leur manœuvre. Aussi, dès que le système d'extraction par cages fut connu, s'empressa-t-on de l'adopter.

Il consiste, comme l'on sait, à établir, sur toute la hauteur du puits, des guides généralement en bois, contre lesquels glissent des cages renfermant deux, quatre et même six des petits chariots qui servent au transport souterrain.

La première application, dans les houillères du Nord, des cages, guidées par des longuerines en bois, a été faite à la fosse Fénelon en 1849 (Page 106). Ces cages étaient de forme à peu près carrée, à deux étages, renfermant chacun deux chariots de front. Dans les puits de 4 mètres de diamètre et avec les puissantes machines d'extraction dont ils sont pourvus, on a adopté les cages longues, à deux ou trois étages, et dans chacun desquels on place deux chariots bout à bout.

La substitution des cages aux tonneaux a été l'un des plus importants progrès réalisés dans l'extraction. Elle a permis de marcher à grande vitesse, et de développer considérablement la production de chaque puits. En même temps elle a supprimé les inconvénients des manutentions à l'accrochage comme à la recette du jour et évité ainsi le bris de la houille, tout en économisant une main-d'œuvre assez considérable qu'exigeaient ces manutentions.

Enfin elle a fourni le moyen d'introduire le personnel dans les travaux et de l'en faire sortir dans des conditions de sécurité aussi complètes que possible.

Le seul reproche qu'on peut adresser à l'emploi des cages, c'est d'augmenter considérablement le poids mort à élever pour produire une extraction déterminée. Ainsi à Aniche, où l'on fait

usage de cages simples et aussi légères que possible, en bois et
fer, le poids élevé à chaque ascension de cage se compose de :

Poids de la cage vide..	1 400 kilogrammes.
Poids de quatre charriots vides..............................	900 —
Total..................	2 300 kilogrammes.

Poids de la houille contenue dans quatre chariots...........	1 700 kilogrammes.
Ensemble	4 000 kilogrammes.

Ainsi dans le poids total à élever, la houille entre pour....	42 5 pour 100
Et le poids mort pour.......................................	57 5 pour 100
Total...............	100

Ou bien encore le poids utile n'est que les 3/4 du poids mort.

Dans beaucoup de houillères le poids des cages avec leurs
chariots vides atteint et même dépasse de plus de moitié le poids
de la houille élevée.

Il est vrai que ce poids mort de la cage montante est équilibré
par le poids de la cage descendante, mais il ne résulte pas
moins de la grande pesanteur des vases d'extraction qu'on est
obligé d'avoir recours à des câbles beaucoup plus résistants, et
que la machine doit développer, au moment du départ de la cage
à l'accrochage, un effort très-considérable.

Cet inconvénient du système d'extraction par cages est largement compensé par une foule d'autres avantages, parmi lesquels
doivent être signalés tout particulièrement la descente et la
remonte des ouvriers, et l'épuisement des eaux de la mine.

Descente et remonte des ouvriers. — Jusqu'à l'adoption du
système d'extraction par cages, la descente et la remonte des
ouvriers se sont effectuées exclusivement par les échelles. L'administration interdisait d'une manière formelle la descente et la
remonte par les tonneaux.

A l'origine, à cause des faibles dimensions des puits, ces
échelles étaient verticales dans toute la hauteur du niveau. En
dessous de celui-ci, à partir des dièves, on établissait latéralement
de petits puits ou *bures* inclinés qui recevaient les échelles et
servaient en même temps à l'aérage.

Avec les puits de grand diamètre, on a pu donner une inclinaison convenable aux échelles, même dans le goyau, qui règne

non-seulement dans le niveau comme autrefois, mais se continue actuellement sur toute la hauteur du puits.

Dans tous les cas, chaque puits est muni de sa ligne d'échelles pour parer à tous accidents des machines.

Les échelles étaient en bois jusque dans ces dernières années. Elles sont actuellement en fer, ainsi que les planchers ou paliers qui les accompagnent.

Dès que la profondeur du puits atteignait 300 mètres, la descente et surtout la remonte par les échelles constituaient une fatigue considérable pour l'ouvrier mineur, et apportaient une réduction notable dans l'effet utile de son travail. Aussi la Compagnie d'Anzin accordait-elle à tous les ouvriers travaillant dans les puits dont la profondeur dépassait 300 mètres, une indemnité ou supplément de paye de 0 fr. 25 par jour, ou de 10 à 12 pour 100 du prix de la journée.

Aujourd'hui la descente et la remonte des ouvriers s'effectuent d'une manière générale par les cages, sans fatigue, et avec la plus grande sécurité, grâce aux dispositions adoptées pour les appareils et à la surveillance exercée sur cette opération.

Les cages sont munies de parachutes, généralement des systèmes Fontaine et Taza; toutes les machines d'extraction ont des sonneries et des signaux d'avertissements multipliés, et possèdent des freins à vapeur puissants; les câbles sont visités fréquemment et avec soin, et on ne se sert ordinairement pour la remonte et la descente des ouvriers que de ceux qui fonctionnent depuis un laps de temps inférieur ou tout au plus égal à la moitié de leur durée moyenne; enfin une surveillance spéciale de l'opération est confiée à des chefs choisis, qui la dirigent sous leur responsabilité.

A Aniche, la descente se fait par les échelles tant que les puits ne dépassent pas 250 mètres de profondeur, mais la remonte se fait par des cages spéciales qui ne servent qu'à cet usage, et qu'on substitue pour cette opération aux cages d'extraction, et qui offrent ainsi des garanties de sécurité encore plus grandes.

Ces cages, munies d'un puissant parachute, et construites en bois et fer ne pèsent en totalité que. . . . .   1200 kilogr.

Elles reçoivent 15 ouvriers, dont plusieurs enfants de 12 à 16 ans.   900

Poids total à charge. . . . .   2100 kilogr.

Les accidents d'hommes avec les cages sont rares, et on peut même dire qu'ils causent sensiblement moins de victimes que les échelles, où les chutes étaient assez fréquentes.

Épuisement des eaux par les machines d'extraction. — Avant le guidage des puits, l'épuisement des eaux des travaux, au moyen de tonneaux, ne pouvait dépasser une quantité très-limitée. Dès que cette quantité atteignait 1500 à 2000 hectolitres par vingt-quatre heures, on était obligé de recourir à l'emploi d'une machine spéciale et à des pompes.

Aujourd'hui, avec des caisses guidées en bois ou en tôle, d'une capacité de 30 hectolitres, on arrive facilement à épuiser de 300 et 400 mètres de profondeur, une venue d'eau de 3000 et 4000 hectolitres par vingt-quatre heures. Cet épuisement se fait la nuit, après l'extraction du charbon, et dans des conditions de dépense certainement bien moindres que celles d'une machine d'épuisement spéciale avec tout un attirail de pompes.

En marchant jour et nuit, on est parvenu à Aniche à extraire jusqu'à 15 000 et même 18 000 hectolitres d'eau par jour, à la suite d'interruptions causées par des réparations au cuvelage d'un puits.

Les caisses à eau employées à Aniche sont en bois. Elles portent, à leur fond, deux soupapes pour faciliter leur emplissage dans le puisard, et sur une de leur face latérale deux autres soupapes pour leur vidange et qui s'ouvrent automatiquement à l'aide d'un taquet, à leur arrivée à la recette du jour.

Ces caisses pèsent vides	1 300	kilogrammes.
Elles contiennent 30 hectolitres d'eau ..	3 000	d°
Ensemble............	4 300	kilogrammes.

Câbles d'extraction. — Jusqu'en 1815, on ne faisait usage pour l'extraction que de câbles ronds en chanvre, s'enroulant sur des tambours verticaux.

Lors de l'adoption des machines Woolf, on substitua aux câbles ronds des câbles plats, formés de quatre cordes rondes, ou *haussières*, cousues ensemble, et formant une véritable tresse que l'on recevait sur une bobine horizontale. On n'employait que le chanvre à leur confection. Mais à partir de 1850, on donna dans le Nord la préférence aux câbles en aloès, qui résistent mieux que ceux en chanvre dans les puits qui sont généralement humides, soit par suite des légères fuites des cuvelages, soit à cause de l'extraction de l'eau pendant la nuit.

On ne fait usage de câbles plats en fils de fer ou d'acier qu'à la Compagnie d'Anzin. Dans toutes les autres houillères de la région on considère les câbles en aloès comme plus avantageux au point de vue de la dépense et de la sécurité surtout avec la circulation des ouvriers dans les puits.

Avec les cages lourdes, la rapidité de l'extraction et les grandes quantités non-seulement de houille, mais de roche et d'eau à élever par jour, on a dû augmenter la section et le poids de ces câbles. Ils sont généralement composés de six haussières de 4 centimètres de diamètre. Leur longueur va en décroissant du haut en bas du puits, généralement en trois sections de 24, 22 et 20 centimètres. Leur poids moyen est de 9 kilogr. et leur prix qui était en 1850 de 1 fr. 50 le kilogr. s'est abaissé successive ment et ne dépasse guère aujourd'hui 1 fr. à 1 fr. 10.

Leur durée, pour un service de jour et de nuit, est d'environ dix-huit mois.

Pour la descente et la remonte des ouvriers, on s'arrange de façon à avoir constamment un câble qui n'ait au maximum que la moitié de la durée ci-dessus.

Prix de revient de l'extraction. — J'ai indiqué, page 206, le chiffre de 1 franc par tonne pour le prix de revient de l'extraction avec le manége à chevaux en 1800.

Ce prix de 1 franc s'établissait, d'après les indications de M. Cavillier (pièce justificative, n° 26), ainsi qu'il suit :

26 chevaux à 1 fr. 50 c. par jour, et pour l'année............	14 235	francs.
4 palefreniers pour les soigner	1 460	d°
Renouvelage des chevaux. 5 dans l'année à 150 francs.......	750	d°
Harnais et ferrements pendant l'année.....................	500	d°
Total...........................	16 945	francs.

pour une extraction de charbon qui ne devait pas atteindre 17 000 tonnes, et d'une profondeur de 220 mètres.

Que coûterait aujourd'hui l'extraction d'une tonne de houille aux profondeurs de 300 et 400 mètres avec les prix actuels des chevaux et de leur nourriture ? Cette extraction serait-elle possible? Si la Compagnie d'Anzin employait, en 1804, quatre cents chevaux pour produire 200 000 à 220 000 tonnes, combien en faudrait-il pour produire les 6 et 7 millions de tonnes que fournissent annuellement les bassins houillers du Nord et du Pas-de-Calais?

Lorsque M. Cavillier fit adopter, en 1802, par la Compagnie d'Aniche la machine d'extraction à vapeur de Constantin Perrier il établissait le prix que coûterait l'extraction d'une tonne de houille:

```
244 mannes de charbon sale par jour, à 0 fr. 75 c. et pour
300 jours...................... ..s.............................. 5 400 francs.
   12 mannes pour 65 jours de fêtes et dimanches............... 585     d°
   2 tiseurs à 24 sols par jour................................. 876     d°
        Il faudrait y ajouter :
   4 machinistes à 1 franc 50 c........... .................... 1 350 francs.
                                                               ─────────────
              Total... ................... .. 8 211 francs.
```

Soit environ 0 fr. 40 par tonne pour une extraction annuelle de 20 000 tonnes.

Les calculs de M. Cavillier ne comprenaient pas les frais d'entretien et l'usure des câbles. Le prix de 0 fr. 40 la tonne auquel il arrivait était trop faible ; ainsi en 1827, à la fosse Sainte-Barbe, la machine Constantin Perrier ne pouvait extraire d'une profondeur de 300 mètres que 400 hectolitres combles de charbon par 24 heures, ou 11 000 tonnes pendant 260 journées de travail.

Elle dépensait par jour :

```
16 hectolitres de charbon tout venant   à... 1 fr. 50 c........  24 fr. 00 c.
32      d°              d°    sale        à...      90 d°.......  28 — 80 —
4 machinistes                            à... 1    50 d°.......   6 — 00 —
4 moulineurs                             à... 1    50 d°.......   6 — 00 —
2 conduiseurs à la rencontre des tonneaux à... 1  25 d°.......   2 — 50 —
2 chargeurs à la tonne                   à... 1   25 d°.......   2 — 50 —
2 tiseurs                                à... 1   25 d°.......   2 — 50 —
2 cordes par année, d'une valeur de 1 200 francs. Ce prix, divisé
par 260, donne par jour..................................... 5 — 00 —
                                                            ─────────────
              Total.......... ............. 77 fr. 30 c.
```

Cette dépense correspondait à 1 fr. 80 par tonne, chiffre très-élevé à cause de la faible extraction journalière.

C'est à cette époque que M. Hallette proposa à la Compagnie d'Aniche de remplacer cette machine Perrier par une machine Woolf de 16 chevaux, moyennant une redevance de 0 fr. 30 par hectolitre (2 fr. 80 par tonne) payable en charbon et pendant dix ans (page 81), proposition qui fut rejetée.

En 1845, à la fosse La Renaissance, on extrayait, avec une machine de 20 chevaux, 108 tonneaux de 16 hectolitres, soit 140 tonnes de houille par jour, de la profondeur de 170 mètres.

On tirait en même temps une certaine quantité de terre et 1000 à 2000 hectolitres d'eau.

La dépense d'extraction était de 0 fr. 55 à 0 fr 56 par tonne de charbon extraite, savoir.

2 machinistes	à.... 2 fr. 50 c....	5 francs,
1 chauffeur	à.... 2 — 00 —...	2 —
7 moulineurs et brouetteurs	à.... 2 — 00 —...	14 —
2 chargeurs à tonne	à.... 2 — 00 —...	4 —
33 hectolitres charbon	à.'.. 1 — 00 —...	33 —
2 cables en chanvre durant 15 mois et pesant 3 240 kilogrammes à 1 fr. 40 c. = 4 536 francs, et par jour....................		10 —
Graissage et entretien de machine, etc....................		10 —
Total....................		78 francs.

Cours précité, 0 fr. 55 à 0 fr. 56 par tonne de houille extraite.

Avec les machines à deux cylindres horizontaux conjugués sans détente, installées sur la plupart des puits d'Aniche et produisant 100 000 tonnes de houille par an, la dépense journalière est de 197 fr. 75, savoir :

2 machinistes...............	à 3 fr. 50 c. plus une prime		7 fr. 75 c.
2 chauffeurs...............	à 2 — 50 —	do	5 — 50 —
1 nettoyeur de machine......	à 2 — 50 —	do	2 — 50 —
2 moulineurs à charbon et à eau...............	à 2 — 50 —	do	6 — 50 —
3 rouleurs au jour...........	à 3 — 25 —	do	9 — 75 —
3 chargeurs à la cage........	à 3 — 50 —	do	10 — 50 —
1 ravanceur de chariots......	à 2 — 25 —	do	2 — 25 —
12 tonnes de charbon menu...	à 10 — 00 —	do	120 — 00 —
2 cables en aloès de 800 mètres à 9 kilogrammes le mètre, durant 18 mois, à 1 fr. 05 c. le kilogramme.		par jour	14 — 00 —
Graissage et entretien de la machine.........		do	14 — 00 —
Total......................			192 fr. 75 c.

pour une extraction de 333 tonnes par jour, de la profondeur de 300 mètres, soit 0 fr. 58 par tonne.

La dépense journalière est sensiblement la même, lorsque l'extraction descend à 250 tonnes par jour, et le prix de revient monte alors à 0 fr. 77 par tonne de houille extraite.

Mais il y a lieu d'observer que dans cette dépense journalière sont compris non-seulement le service de l'extraction de la houille, mais encore la descente et la remonte des ouvriers, la descente des bois et des matériaux, l'extraction d'environ 30 à 50 tonnes de terre, et l'épuisement de 2500 à 3000 hectolitres d'eau.

Ainsi le prix d'extraction d'une tonne de houille a été successivement :

de 1 fr. 00 c. avec les manéges à chevaux   à 220 mètres de profondeur.

— 0 — 60 — à 1 fr. 80 c. avec les machines Constantin Perrier.......... de 220 à 300   do   do

— 0 — 56 — avec les machines à haute pression de 20 chevaux..... à 170   do   do

— 0 — 58 — à 0 fr. 77 c. avec les machines actuelles à deux cylindres............ .. .. à 300   do   do

Appareil Méhu. — Je ne veux pas terminer ce chapitre sans dire un mot d'un essai fait dans le Nord, il y a une trentaine d'années, d'un nouveau et très-ingénieux système d'extraction.

M. Méhu, directeur des travaux du jour de la Compagnie d'Anzin, avant l'adoption des cages, avait imaginé un appareil qui réalisait le double but de permettre, en même temps et l'extraction et la descente et la remonte des ouvriers avec sécurité. Cet appareil, très-bien exécuté par son auteur qui était un mécanicien habile et très-expérimenté en fait de matériel de mines, fut installé en 1849 sur la fosse Davy. Il consistait en quatre tirants reliés deux à deux et recevant deux mouvements alternatifs et inverses, l'un montant, l'autre descendant. Des taquets mobiles, établis sur ces tirants recevaient les berlines qui, à chaque oscillation complète de l'appareil, étaient élevées ou descendues de 14^m,124, puis déposées sur d'autres taquets posés sur des moises fixées dans le puits. Dans une seconde oscillation les berlines étaient reprises par les tirants et élevées ou descendues d'une nouvelle hauteur de $14^m.124$, et ainsi de suite.

Ce système était compliqué, et donnait lieu à des réparations et à des arrêts fréquents. Aussi après dix années d'expérience fut-il démonté et remplacé par des cages.

XIX

Autres progrès successifs réalisés dans les houillères.

Transport souterrain. — Plans inclinés. — Chevaux. — Traction mécanique. — Perforation mécanique. — Aérage. — Éclairage. — Installations au jour. — Production par fosse.

J'ai donné, dans les chapitres XV, XVI, XVII et XVIII, les indications sur les améliorations successivement apportées depuis un siècle dans les méthodes d'exploitation, dans les conditions de creusement des puits, dans l'exploitation des machines d'épuisement et des machines d'extraction des houillères du Nord.

Je continue cette revue historique par l'exposé des progrès réalisés dans les autres branches de l'exploitation.

Transport souterrain. — Les transports à l'intérieur de la mine s'exécutèrent pendant longtemps à l'aide de sceaux ovales ou *esclittes* de 1 hectolitre 1/2, armés de sabots ferrés, glissant sur le sol comme des traîneaux. Dans les voies où le roulage était actif, on plaçait sur le sol des petits rondins qui facilitaient le glissement des traîneaux.

Le service des *hercheurs* ou *rouleurs* qui faisaient le traînage sur des voies mal entretenues, souvent en rampe, était des plus pénibles ; aussi, voyait-on toujours cette classe d'ouvriers à la tête des mouvements de rébellion ou des tentatives de grèves.

C'est en 1822, que l'on fit pour la première fois à Anzin usage dans les galeries, de chemins de fer. Ils étaient à *ornières* en fonte, et on y faisait circuler des *bacs à roues*.

À Aniche on n'adopta les chemins de fer qu'en 1826. Ils étaient à rails saillants formés de barres de fer plates de 18 lignes de hauteur sur 5 lignes d'épaisseur, pesant 3^k,51 le mètre courant et qu'on payait alors 53 francs les 100 kilogr. (page 80).

La voie avait 0^m,40 de largeur : les traverses étaient en fonte.

Comme à Anzin les chariots contenaient 2 hectolitres ; ils étaient montés sur roues à gorge.

Avec les chemins de fer, on économisa, dit un rapport, moitié de la main-d'œuvre du herchage.

Au rail à lame de couteau, calé par un coin dans une entaille dans la traverse, on a substitué à Aniche en 1860 des rails à ⊥ puis en 1870 des rails Vignolle de 5^k,50, et plus tard pour les grandes voies de roulage, de 10 kilogr., fixés avec des crampons ou des tire-fonds.

On commence à employer, dans le Pas-de-Calais, des rails en acier, à double champignon, ou vignolle.

Le prix des rails en fer, qui était en 1826 de 53 fr. les 100 kilogr. est actuellement de 18 francs et celui des rails en acier de 25 francs.

La voie a été portée de 0^m,40 et successivement à 0^m,50, 0^m,55 et 0^m,60.

Dans diverses mines on a remplacé les traverses en bois par des traverses en fer. L'emploi des roues à gorge s'est continué jusque vers 1860 ; seulement on en avait modifié quelque temps auparavant les essieux, en y adaptant la forme à *patente*, permettant le graissage plus facile.

Actuellement on n'emploie plus que des roues à un seul boudin, calées sur les essieux ; ceux-ci tournent dans des crapaudines, ainsi que cela se pratique dans les grands chemins de fer.

Grâce à ces importantes améliorations des voies ferrées on a pu augmenter successivement la capacité des chariots. De 2 hectolitres qu'elle était encore en 1845, on l'a portée à 3, 4 et 5 hectolitres.

La plupart des houillères emploient encore les chariots en bois, qu'elles préfèrent aux chariots en tôle, au point de vue de l'économie des frais de premier établissement et d'entretien. Quelques houillères font cependant un usage exclusif de ces derniers et d'autres s'en servent conjointement avec les chariots en bois.

Plans inclinés ; chevaux. — Ce n'est qu'en 1845 qu'on substitua à Aniche les plans inclinés automoteurs aux *montées* ou voies inclinées, desservant les tailles supérieures. Vers la même époque, M. de Bracquement appliquait à Vicoigne les chevaux au transport intérieur. Son exemple fut suivi bientôt à Aniche, puis à Anzin. Cependant ces améliorations qui évitaient aux hercheurs le travail le plus pénible, ne furent pas acceptées de bonne grâce par ceux-ci, et firent l'objet de leurs réclamations lors de la grève de 1848 (pages 106 et 107). Il n'en est heureusement plus de même aujourd'hui, et le transport à bras d'homme n'existe plus que sur les très-petits parcours.

Traction mécanique. — L'augmentation considérable de la production des puits a conduit nécessairement à étendre les champs d'exploitation, et a fait songer, dans ces dernières années, à utiliser les moyens mécaniques pour le transport intérieur, à l'imitation de ce qui se faisait depuis bien des années déjà dans les houillères d'Angleterre. C'est la Compagnie d'Anzin qui, dans le Nord, a fait la première application de la traction mécanique à la fosse Thiers en 1874. Elle adopta le système par corde-tête et corde-queue, avec machine motrice établie au fond du puits.

En 1875, la Compagnie d'Aniche installait le même système à la fosse Sainte-Marie ; seulement la machine motrice était établie à la surface du sol.

Les câbles de traction, en quittant les tambours, passent sur deux poulies surplombant le puits, descendent dans celui-ci, et arrivés à l'accrochage sont renvoyés par deux autres poulies dans la galerie de roulage, qui est restée dans le même état qu'elle était lors de l'emploi des chevaux (page 146).

Ce mode de traction a donné de bons résultats, et une seconde application en a été faite l'année suivante à la fosse de Dechy.

Le modèle de la traction mécanique de la Compagnie d'Aniche figure à l'Exposition.

On a adopté dans d'autres houillères la traction par chaîne flottante, avec moteur à vapeur au fond comme à la fosse La Réussite d'Anzin, on par câble de transmission venant du jour comme à Ferfay, ou enfin par moteur à air comprimé comme à Liévin.

Aux mines de Bully-Grenay, on paraît bien se trouver de

l'emploi de treuils marchant à l'air comprimé pour des exploitations en *vallée*.

Perforation mécanique. — Le déhouillement d'un étage d'exploitation se fait aujourd'hui si rapidement, avec la grande production des puits, qu'on est obligé de faire marcher beaucoup plus activement qu'autrefois les travaux préparatoires et pour cela d'avoir recours aux perforations mécaniques.

La plupart des houillères du Nord ont successivement appliqué ce mode de creusement des galeries, qui donne un avancement quatre fois plus grand que le travail à la main. Si la dépense par mètre courant est égale, et même généralement supérieure avec le nouveau procédé, son application raisonnée offre néanmoins de très-grands avantages, car c'est en mine surtout qu'il faut prévoir, longtemps à l'avance, les mesures à prendre et que s'applique très-judicieusement le précepte : « Le temps c'est de l'argent. »

Les premières installations de machines à air comprimé et les premiers appareils de perforation, qui étaient compliqués et coûteux, ont été perfectionnés considérablement dans ces dernières années. Ils ont été ramenés à des conditions de simplicité, et de frais de premier établissement, qui permettent de les employer dans une foule de cas où l'on hésitait auparavant à les adopter.

C'est ainsi qu'à la fosse de Roucourt la Compagnie d'Aniche vient d'installer, à peu de frais, une perforation mécanique, très-simple, pour le creusement d'une galerie dans des terrains d'une grande dureté, et qui donne de très-bons résultats, si l'on en juge d'après un fonctionnement, il est vrai, d'un mois seulement. On s'y sert de fleurets en acier Bessemer de Denain qui remplacent très-convenablement ceux en acier fondu d'un prix quatre fois plus élevé.

La poudre comprimée et la dynamite remplacent avantageusement l'ancienne poudre de mine ordinaire.

On se sert exclusivement dans le Nord des étoupilles de Bickford pour l'allumage des mines. On vient de commencer à Lens, à employer, pour cet allumage, l'électricité qui permet de faire partir simultanément un grand nombre de coups, d'augmenter leur effet utile et d'éviter des pertes de temps. Ce système, très-simple et très-pratique, est appelé à se répandre.

Un essai de la haveuse John And Levick a été fait, à la suite
de l'Exposition de 1867, par la Compagnie d'Anzin ; il a échoué.
Mais rien ne dit qu'un jour ou l'autre des appareils plus perfectionnés ne permettront pas d'opérer, à l'aide de machines,
l'abatage de la houille.

On a fait aussi à Anzin l'essai de perforateurs pour l'approfondissement des puits, et on arrivera avec ces appareils à effectuer avantageusement ce genre de travail, là, toutefois, où l'on
ne sera pas gêné par la nécessité d'épuiser des eaux.

Ces approfondissements de puits s'opéraient autrefois directement, et l'on était obligé de suspendre l'extraction, ou bien on
n'y travaillait que la nuit. Aujourd'hui on exécute partout ces
approfondissements *sous stoc*, naturel ou artificiel, et sans
interrompre l'extraction. Soit qu'on laisse un massif de terrain au fond des puits, soit que l'on y établisse une voûte en
maçonnerie imperméable, l'enlèvement des déblais se fait dans
un bure latéral avec un treuil à bras ; et si le travail fournit une
certaine quantité d'eau, elle est enlevée avec les déblais par des
tonnes manœuvrées par une petite machine d'extraction spéciale,
établie au jour, à l'aide d'un seul câble en fil de fer, ainsi qu'on
l'a pratiqué maintes et maintes fois à Aniche.

Dans d'autres houillères, on a adopté le système Lisbet, à tube
en tôle traversant le stoc, ou le système de Marles avec puisard
artificiel en madriers jointifs et étanches.

Aérage. — Jusqu'en 1850, l'aérage des travaux s'opérait à l'aide
d'un foyer placé au fond du puits. Ce système très-bon en lui-
même présentait cependant de très-grands inconvénients dans
les fosses à cuvelage du Nord. A la suite d'une fuite d'eau du
cuvelage, ou d'un coup de niveau, le courant d'air était interverti ; les fumées pénétraient dans les travaux, et il arrivait que
les ouvriers ne parvenaient à sortir qu'en courant de réels
dangers.

Aussi, dès l'apparition des premiers grands ventilateurs,
s'empressa-t-on de les adopter, et aujourd'hui, tous les puits
en sont pourvus, sauf de très-rares exceptions.

On commença par employer le ventilateur Fabry, en 1852, aux
mines de Nœux, puis le ventilateur Lemielle, en 1855, à Gayant.
Ces appareils ne fournissaient guère que 10 mètres cubes d'air
par seconde, et étaient mis en mouvement par des machines de

douze à quinze chevaux. Avec le développement de travaux qu'exigeait une grande production, ces appareils devinrent insuffisants. On augmenta les dimensions du ventilateur Lemielle et sa force motrice.

Aujourd'hui, c'est le ventilateur Guibal qui est préféré, à cause surtout de la simplification de ses organes, et des dimensions extraordinaires qu'on peut lui donner, et qui permettent de satisfaire aux exigences d'un immense développement de travaux. Du diamètre de 6 mètres et d'une largeur d'ailes de 2 mètres, on est passé successivement à des diamètres de 9 mètres et même 12 mètres, et à des largeurs d'ailes de 3 et 4 mètres. Le volume d'air fourni, qui était d'abord de 30 mètres cubes par seconde, a été porté à 80, 100 mètres cubes et même au delà. Les machines motrices de trente chevaux ont été remplacées par de nouvelles de 50, 80 et 100 chevaux.

Avec ces puissants moyens de ventilation on est arrivé à rendre le travail dans les mines plus salubre certainement que le travail dans une foule d'établissements industriels, filatures, tissages, etc. Aussi, l'ancienne maladie des mineurs, l'anémie, a-t-elle aujourd'hui complétement disparu, et la population des houillères est aujourd'hui plus forte, plus vigoureuse que celle de toutes les industries du pays (pages 75 et 76).

A Aniche, on n'a jusqu'ici pas trouvé traces de grisou; mais il est à prévoir qu'en profondeur les travaux en fourniront.

En général les houilles du Nord ne dégagent pas des quantités de grisou comparables à celles que l'on rencontre dans les houillères belges ou du centre de la France. Aussi les grandes explosions qui causent tant de victimes sont-elles rares dans les houillères du Nord. Jusque dans ces dernières années on n'avait trouvé de grisou que dans l'exploitation de houilles grasses; on en a constaté depuis dans les houilles sèches à l'Escarpelle, et dans les houilles maigres à Vicoigne et à Ostricourt.

Éclairage. — Autrefois l'éclairage avait lieu partout avec des chandelles que les ouvriers fixaient à leur chapeau ou aux boisages avec un morceau de diève. C'est seulement en 1839 qu'à Aniche on a commencé à se servir de lampes à huile de colza. En 1812, l'éclairage avec les chandelles coûtait 0 fr. 54 par tonne; à l'huile, il coûte aujourd'hui 0 fr. 15 à 0 fr. 20.

Dans les mines à grisou, on a remplacé la lampe Davy par les lampes Mueseler et par la lampe Dubrulle, qui offrent un pouvoir éclairant sensiblement plus grand.

On a imaginé un grand nombre de modes de fermeture de ces lampes qui s'opposent à ce que les ouvriers puissent les ouvrir dans les travaux.

Installations au jour. — Lorsqu'on a vu les anciennes installations de puits, on est frappé du changement qui a été apporté de nos jours à ces installations.

Aux bâtiments en torchis qui abritaient les manéges à chevaux et les machines à rotation de Perrier on substitua, lors de l'emploi des machines Woolf, des bâtiments en briques, mais restreints. Les bâtiments destinés à recevoir des machines de vingt et trente chevaux, et à pourvoir à une extraction de 1500 au lieu de 800 hectolitres par jour, étaient déjà plus vastes et plus complets : fosses la Renaissance, Saint-Louis, Fénelon et Trainel.

Enfin, lorsqu'on a réalisé des productions de 300, 500 et 600 tonnes par jour, les constructions destinées à recevoir les puissants engins et tous les appareils accessoires que nécessite une pareille production ont dû recevoir un accroissement considérable. Ces constructions présentent aujourd'hui un aspect tout à fait grandiose, surtout si on les compare à celles d'autrefois (planche XII).

Il ne s'agit pas seulement d'extraire ces grandes quantités de combustible, il faut les soumettre aux opérations de nettoyage, de criblage, et trouver le moyen de les écouler journellement.

Chaque puits est relié par un embranchement aux lignes de chemin de fer, dont les wagons viennent se charger du charbon sortant du puits, et sont dirigés immédiatement chez les consommateurs ou aux rivages où ils sont déchargés directement dans les bateaux. Des locomotives appartenant aux houillères conduisent à la gare la plus voisine les wagons chargés et ramènent les wagons vides. L'ensemble de ces embranchements particuliers, pour les bassins du Nord et du Pas-de-Calais, présente un développement de plus de 200 kilomètres, et leur trafic occupe plus de quarante locomotives.

En ce qui concerne Aniche, les constructions sur les puits ont été faites en vue du service à en obtenir, mais sans luxe. On a pensé, avec raison, que, s'il fallait dépenser largement pour les améliorations qui produisaient l'économie dans le prix de revient, il ne fallait pas, par contre, faire des dépenses improductives.

Tous les puits de la Compagnie sont reliés par des embranchements entre eux d'abord, aux ateliers de réparation d'Auberchicourt, au chemin de fer du Nord et au rivage sur la Scarpe près de Douai, et à différents établissements industriels, fabriques d'agglomérés, de coke, verreries, etc. Les wagons de la Compagnie du Nord, ceux que la Compagnie d'Aniche a fait construire, transportent charbon, matériel et marchandises diverses, directement et sans aucun transbordement, des puits aux diverses destinations et réciproquement. On emploie à ces transports, tant à Aniche qu'à Douai, sept locomotives, dont quatre fonctionnent chaque jour, et en outre un certain nombre de chevaux pour les manœuvres (page 123).

En sortant du puits, les chariots de mine versent le charbon sur des plans inclinés, où des enfants, garçons et filles, de douze à quinze ans, trient les pierres sous la surveillance d'un chef trieur. Une fois nettoyés, les charbons, au moyen d'une trappe, tombent dans les grands wagons pour être expédiés à leurs diverses destinations.

Les charbons destinés à la fabrication des agglomérés et du coke sont versés sur une grille fixe, à barreaux espacés de 15 à 25 millimètres. Les menus tombent directement dans les wagons de la Compagnie pour aller aux usines, et les gailletteries, glissant sur la grille, tombent, soit dans les wagons de tout-venant pour les améliorer, soit dans d'autres wagons pour être expédiés au consommateur, ou au rivage également pour l'amélioration des charbons expédiés par bateaux.

L'embarquement des charbons de la Compagnie d'Aniche se fait sur le canal de la Scarpe près de Douai. Les wagons de dix tonnes qui arrivent des puits au rivage sont déchargés dans des wagonnets d'une tonne, que l'on élève par une cage, à l'aide d'une locomobile, sur une plate-forme, d'où ils sont versés sur une trémie inclinée qui fait glisser leur contenu dans le bateau.

A Anzin, à Lens, à Nœux, à Bruay, on a installé des modes de chargement de bateaux beaucoup plus perfectionnés, et dont on voit les spécimens à l'Exposition. Diverses particularités, entre autres la situation du rivage de la Compagnie d'Aniche dans la première zone des fortifications de Douai, se sont opposées jusqu'ici à ce que cette Compagnie adopte les procédés plus parfaits des houillères citées ci-dessus.

Les fabrications de briquettes et de coke, qu'alimente la Compagnie d'Aniche, appartiennent à des industriels auxquels elle livre ses charbons en vertu de marchés à long terme. Cependant elle possède une fabrication de cent tonnes de coke par jour, qu'elle régit elle-même et dont elle vend les produits (page 31).

La Compagnie d'Anzin est la seule des houillères du Nord, avec la Compagnie d'Aniche, qui fabrique des agglomérés et du coke.

Production par fosse. — Jusqu'au commencement de ce siècle, la production annuelle d'une fosse ne dépassait pas 10 000 tonnes et restait même souvent inférieure à ce chiffre.

Ainsi, d'après Dieudonné, en 1804, pour produire deux millions d'hectolitres, ou 200 000 à 220 000 tonnes, la Compagnie d'Anzin avait en activité vingt-cinq fosses d'extraction. Elle possédait, en outre, onze fosses d'aérage et dix fosses d'épuisement.

A Aniche la production par fosse était encore plus faible, à cause de l'irrégularité et de la pauvreté du gisement. Cependant, en 1798, la fosse Sainte-Barbe fournissait 15 000 tonnes, et 20 000 tonnes de 1800 à 1808. La reprise des vieilles fosses fit tomber la production par puits à 10 000 tonnes en moyenne, et ce chiffre ne fut guère dépassé jusqu'en 1840.

A partir de 1844, les fosses La Renaissance et Saint-Louis produisent chacune 40 à 50 000 tonnes par an. Ce chiffre était relativement important. A Anzin, les puits ne fournissaient pas alors plus de 1000 hectolitres par jour, ou seulement 25 000 à 30 000 tonnes.

Avec les cages, les grandes machines d'extraction à deux cylindres, et avec les améliorations considérables apportées dans les travaux, on arrive, à partir de 1855, à une production annuelle de 60 000, 70 000 tonnes, et plus tard à 100 000 tonnes et au delà.

Toutefois, à Aniche, l'organisation de l'exploitation est disposée de manière à produire 100 000 tonnes par puits. On a trouvé que ce chiffre était dans un juste rapport avec la richesse, la nature des gisements ; qu'il permettait d'obtenir le plus grand effet utile de l'ouvrier, c'est-à-dire de réaliser la plus grande production possible avec un nombre d'ouvriers déterminé.

Dans d'autres houillères de la région, on arrive à extraire davantage par puits ; mais alors on a recours à deux *coupes*, ou deux postes d'ouvriers se succédant. Or, avec cette organisation, il est certain que l'on obtient une production moindre par ouvrier, à moins de conditions exceptionnelles.

Quoi qu'il en soit, dans le Nord et le Pas-de-Calais, la production moyenne par puits n'était, en 1841, que de 16 000 tonnes. En 1874, elle est de 75 000 tonnes.

Anzin, qui était restée longtemps en retard, arrive dans cette dernière année à une moyenne de 104 000 ; Lens atteint 163 000 tonnes et surpasse toutes les autres houillères.

XX

Ouvriers. — Salaires.

Nombre d'ouvriers. — Répartition par catégories. — Population vivant du travail
des mines d'Aniche. — Nombre d'enfants employés. — Production par ouvrier. —
Salaires. — Prix des journées. — Salaires des mineurs à la tâche. — Différence
dans l'organisation de la main-d'œuvre en France et à l'étranger. — Salaires
annuels. — Ouvriers et salaires des houillères du Nord et du Pas-de-Calais. —
Amélioration du bien-être de l'ouvrier mineur.

Nombre d'ouvriers. — En 1780, la Compagnie d'Aniche, qui
n'était alors qu'en travaux préparatoires dans ses 3 fosses, occupait
100 ouvriers. Elle en employait 200 en 1783, et 205 en 1785. L'a-
bandon des vieilles fosses réduisit ce chiffre à 80 en 1789. Mais
en 1804, d'après Dieudonné, les Mines d'Aniche produisaient
200 000 hectolitres et occupaient 340 ouvriers. Ce nombre était
porté à 519 en 1812 (page 68).

Il n'est pas sans intérêt de connaître la composition et la nature
d'emploi de ce personnel aux différentes dates rappelées ci-dessus :
c'est le sujet du tableau suivant.

Tableau de la répartition du personnel des Mines d'Aniche en 1780, 1785, 1789 et 1812.

DÉSIGNATION DU PERSONNEL.	1780	1785	1789	1812
Employés et Porions.................	4	4	6	11
Charpentiers et maréchaux, etc......	11	8	5	21
Machinistes et chauffeurs..........	»	5	4	13
Moulineurs........................	15	13	4	8
Palefreniers, manœuvres, etc........	19	8	4	35
Ouvriers du jour...........	45	34	17	77
Mineurs...........................	32	87	31	112
Hercheurs.........................	19	67	6	123
Restapleurs.......................	»	»	7	175
Divers	»	13	13	22
Ouvriers du fond.........	51	167	57	431
Total du personnel.............	100	205	80	519

Le nombre des ouvriers employés par la Compagnie d'Aniche n'est encore que de 500 en 1827, et de 627 en 1845.

A partir de cette date, les États de personnel sont établis régulièrement, avec la distinction des ouvriers du fond et du jour, en y comprenant même les ouvriers malades.

On désigne sous le titre d'Ouvriers du fond tout le personnel attaché aux fosses et repris au Carnet de paye desdites fosses non-seulement à l'intérieur des travaux, depuis le Porion jusqu'aux enfants occupés au remblayage et à aider leur père, mais encore au jour, depuis le surveillant, les Machinistes, les Manœuvres, jusqu'aux enfants occupés au triage. Enfin on appelle Ouvriers du jour proprement dit les employés des Bureaux, les ouvriers des ateliers, des chemins de fer, du rivage, des fabriques de Coke et de Briquettes et les manœuvres. Enfin on comprend sous le nom de Malades les ouvriers de toute espèce qui reçoivent des secours et dont le travail a été interrompu plus de la moitié de la quinzaine.

Je crois que cette manière de compter le personnel employé est la seule qui donne exactement et intégralement le nombre

réel de personnes concourant au travail direct d'une Mine et
même de tout établissement industriel. Car le personnel d'une
houillère se compose effectivement de toutes les catégories d'employés et d'ouvriers indispensables à sa marche régulière : des
Ingénieurs, des chefs qui président à la conduite des travaux ;
des Employés qui assurent la régularité des opérations ; des
ouvriers de toute espèce qui exécutent le travail non-seulement
de production, mais d'expédition des produits ; des apprentis
destinés à combler les vides qui se produisent successivement ;
enfin des malades qui existent nécessairement, et en assez grand
nombre, dans un personnel considérable.

J'insiste tout particulièrement sur ce mode d'établissement du
personnel occupé aux Mines d'Aniche, car il exerce une influence
considérable sur les résultats effectifs de production et de salaire
annuels moyens de l'ouvrier que je donne plus loin. Il sera donc
nécessaire de tenir compte de cette observation, lorsqu'il s'agira
de comparer ces résultats des Mines d'Aniche avec les résultats
fournis par d'autres houillères.

Le tableau ci-dessous a été établi d'après les considérations
développées ci-dessus.

**Tableau du nombre des employés et ouvriers occupés
par la Cie d'Aniche à différentes époques.**

PERSONNEL.	1780	1812	1845	1855	1860	1865	1870	1875	1877
Du fond............	51	431	522	1 296	1 759	1 925	2 024	2 790	2 833
Du jour............	49	88	84	226	332	426	491	614	502
Malades............	»	»	21	58	81	83	91	139	134
Total............	100	519	627	1 580	2 172	2 434	2 606	3 543	3 469

Il ressort de ce tableau :

1º Que de 1812 à 1875 le nombre des ouvriers est passé
de 519 à 3543 et qu'il est 7 fois plus considérable en 1875
qu'en 1812 ;

2º Que de 1845 à 1875, en 30 ans, ce nombre d'ouvriers a sextuplé.

Pendant la période de 1812 à 1875, la production des Mines

d'Aniche est passée de 30 000 tonnes à 608 000 tonnes : elle a donc été 20 fois plus grande en 1875 qu'en 1812, tandis que le nombre des ouvriers est seulement 7 fois plus grand.

En 1845, il y a 30 ans, la production était de 67 000 tonnes; en 1875 elle était décuplée, tandis que le nombre des ouvriers n'était que sextuplé.

Répartition par catégories. — La répartition du personnel varie dans les limites suivantes :

Ouvriers du fond......................	79 à	84 0/0
— du jour.......	18 à	13 »
Malades..............................	3 à	4 »

Elle est exactement en 1877 :

Ouvriers du fond......................	»	81,7 0/0
— du jour......................	»	14,4 »
Malades..............................	»	3,9 »

La proportion d'ouvriers au jour est sensiblement moindre à Aniche que dans les autres Mines de houille. Ainsi, elle est à

Montrambert (Loire), de..............................	19,8 0/0
A Blanzy (Saône-et-Loire), de........................	42,2 »
Et dans l'ensemble des houillères du Nord et du Pas-de-Calais, de...	20,8 0/0

Le personnel de la Compagnie d'Aniche se compose, au 31 Mars 1878, de

Porions, surveillants, tourneurs..........................	48
Mineurs au charbon et au rocher........................	1311
Raccommodeurs, rocheurs, meneurs de bois..............	181
Hercheurs, conducteurs de chevaux, monteurs de roulage, etc.	477
Hercheurs, chargeurs à terre et remblayeurs..............	331
Machinistes, moulineurs et service de l'extraction..........	181
Trieurs, manœuvres, chargeurs au rivage, etc..............	284
Forgerons, ajusteurs, charpentiers.......................	198
Services du chemin de fer, des perches, etc................	140
Fabrication de coke....................................	35
Employés de toute sorte................................	61
Malades..	131
Total.............	3378

Ces 3378 Employés et Ouvriers figurent

1° Sur les carnets des fosses pour......................		2757
2° — du jour pour.........................		490
3° — feuilles de secours pour		131
	Total............	3378

Population vivant du travail des Mines d'Aniche. — Un recensement, fait avec soin, des 660 familles qui habitent les maisons construites par la Compagnie d'Aniche, a fourni les résultats suivants:

1° chaque famille se compose en moyenne de 5,06 personnes;

2° chaque famille fournit en moyenne 1,60 ouvriers. Appliquant les données ci-dessus aux 3378 ouvriers occupés actuellement dans les travaux des Mines d'Aniche, on voit que ces ouvriers appartiennent à 2111 familles, composées de 10 682 personnes, qui vivent à peu près exclusivement des salaires payés par lesdites Mines.

Ces 2111 familles, comprenant 10 682 personnes, sont réparties dans 27 villages ou communes dont les territoires s'étendent dans le périmètre ou sur les limites de la Concession. Ce grand nombre de centres de population, qui fournissent des ouvriers aux Mines d'Aniche, constitue pour ces Mines une situation avantageuse. Le recrutement du personnel y est plus facile que dans d'autres houillères de la région, et par suite n'impose pas la construction d'un aussi grand nombre de maisons. Ainsi, tandis que certaines houillères du Pas-de-Calais sont amenées à loger 40,50 et jusqu'à 70 p. 100 des ouvriers qu'elles emploient, la Compagnie d'Aniche n'en loge que 28 p. 100. Si l'on applique à l'ensemble des houillères des deux Bassins du Nord et du Pas-de-Calais les indications fournies par le recensement d'Aniche, on voit que les 44 162 ouvriers occupés par ces houillères en 1876 appartenaient à 27 600 familles, comprenant une population de 140 000 personnes, dont l'existence dépendait à peu près exclusivement des salaires payés par l'exploitation de la houille.

Les chiffres rapportés ci-dessus montrent d'une manière frappante l'influence heureuse qu'exerce sur la prospérité de la population d'un canton on de toute une région le travail d'une Mine importante, ou de l'industrie houillère. Un intérêt très-considérable s'attache donc au maintien, bien plus, au développement des établissements de ce genre, on de cette industrie, qui font vivre un si grand nombre de personnes.

Nombre d'enfants employés. — J'ai parlé, page 129, du mode de recrutement du personnel dans les houillères du Nord, et montré que, par suite de la faible épaisseur des couches qu'elles

exploitent, 0^m,40 à 1^m, ce recrutement ne s'opérait que parmi les
enfants et les jeunes gens de 12 à 20 ans, seuls aptes à prendre
des habitudes auxquelles ne se soumettent plus les hommes d'un
certain âge. Cette particularité, toute spéciale aux Mines du Nord,
entraîne l'emploi dans ces Mines d'un grand nombre d'enfants,
qui ne sont admis toutefois dans les travaux qu'à l'âge de 12 ans
révolus.

Il résulte de relevés nominatifs qu'en Mars 1875 la Compagnie
d'Aniche employait 135 enfants âgés de plus de 12 et de moins
de 13 ans, savoir :

```
Au fond, occupés avec leur père......  ........  ...........    87
Au jour, occupés au triage du charbon. .................    48
                                                              ——
                    Total............................   135
```

A la même époque, elle occupait 471 enfants âgés de 13 à 16
ans, savoir :

```
Garçons, au fond et au jour.........  ...................   421
Filles, au jour, au triage du charbon..........  ...........    50
                                                              ——
                    Total............  ...............    471
```

Le nombre d'ouvriers de toute espèce était alors de 3414.

Ainsi, en Mars 1875, le personnel des Mines d'Aniche se composait de :

```
1°. Enfants  de 12 à 13 ans.......   135 ou   2,9 0/0
    —       de 13 à 16 ans......   471  »  13,7  »        = 606 ou  17,7 0/0
2° Ouvriers au-dessus de 16 ans.................   2808  »  82,3  »

                    Ensemble.............   3414 ou  100 0/0
```

Ce personnel comprend donc plus d'un sixième d'enfants au-
dessous de 16 ans, qui produisent peu et dont les Salaires sont
faibles relativement à ceux des hommes faits.

Ce grand nombre d'enfants et de jeunes gens employés dans
les houillères du Nord a été confirmé par une Enquête faite en
1871 sur la population logée dans 7061 maisons appartenant à
un certain nombre de ces houillères.

Cette Enquête a montré que, sur 11 106 ouvriers habitant lesdites maisons, il y en avait 3963 ou 35,7 p. 100 dont l'âge était
compris entre 10 et 20 ans.

Il est facile de comprendre que cette proportion considérable
d'enfants dans le personnel des houillères du Nord exerce une

grande influence sur la production et le salaire moyens annuels
de l'ouvrier, et apporte une notable réduction dans les chiffres
de cette Production et de ce Salaire. De plus un si long apprentissage des ouvriers impose aux Compagnies houillères des
sacrifices importants; il est certain qu'un enfant, de 12 à 16 ans,
qui est payé de 1 fr. 55 à 2 fr. par jour, produit peu de travail,
et un travail plus cher que celui des hommes faits, et par suite
onéreux.

Production par ouvrier. — L'extraction de 1783 fut de 6700
tonnes. On occupait 200 ouvriers. La production annuelle d'un
ouvrier n'était donc que de 33 tonnes.

En 1800, on produisait à la fosse Sainte-Barbe. . 15,500 tonnes
   avec le même nombre d'ouvriers, soit par ouvrier   77   »
En 1804, la production de l'ouvrier est égale-
   ment de   77   »
Elle descend en 1812, avec une extraction de
   29 850 tonnes, à   57   »
Et on la trouve encore en 1827 à ce même chiffre de   57   »
En 1845, avec une extraction de 67 330 tonnes, on obtient une
   production par ouvrier de 107 tonnes.

En 1855,	avec	219 950	tonnes	139	—
En 1860,	—	289 473	—	133	—
En 1865,	—	438 530	—	180	—
En 1870,	—	447 667	—	171	—
En 1875,	—	607 624	—	171	—
En 1877.	—	525 000	—	151	—

Ainsi qu'il a été expliqué précédemment, les chiffres ci-dessus
se rapportent au personnel tout entier de l'établissement :
Ouvriers du fond et du jour, depuis les Ingénieurs, les employés
de toutes sortes, jusqu'aux enfants, occupant la plus petite
fonction, et même les malades.

Si l'on ne tient compte que des ouvriers du fond, tels qu'ils
figurent sur les Carnets de paye des fosses, et comprenant tout
le personnel fond et jour desdites fosses, depuis le Porion jusqu'aux trieurs, la production annuelle par ouvrier s'élève nécessairement et elle devient :

En 1812. . . . . 69 tonnes.
En 1845. . . . . 120 —

En 1855............. .... 169 tonnes.
En 1860...... 164   —
En 1865........................... 227   —
En 1870........................... 221   —
En 1875........................... 217   —
En 1877........................... 185   —

Il ressort de l'examen des chiffres ci-dessus que le rendement moyen annuel de l'ouvrier, soit que l'on envisage le personnel tout entier, soit que l'on considère seulement le personnel direct des travaux d'exploitation, est allé en progressant d'une manière continue, remarquable. Ainsi, en 1845, il est déjà à peu près le double de ce qu'il était en 1812 ; pendant ces dernières années, il augmente encore de plus de 70 p. 100 et devient trois fois plus grand qu'il n'était dans cette même année 1812. Ce résultat est la conséquence directe des améliorations apportées dans les méthodes et les procédés d'exploitation, dans le matériel et dans l'outillage ; de l'application de moyens d'exécution plus rapides et plus perfectionnés ; enfin, d'une meilleure organisation des travaux. Mais il faut l'attribuer aussi, en partie, à une plus grande somme de travail fourni par l'ouvrier. Celui-ci, mieux rétribué, disposant d'un salaire beaucoup plus élevé, a vu son bien-être augmenter dans une grande proportion. Mieux nourri, mieux vêtu, mieux logé, placé dans des conditions hygiéniques meilleures, l'ouvrier mineur est plus habile, plus apte qu'autrefois à fournir un grand effet utile.

Les chiffres montrent que la production annuelle moyenne par ouvrier varie d'une année à l'autre dans une assez forte proportion, 5, 10 et même 20 p. 100. Cette variation s'explique par la plus ou moins grande activité de l'extraction qui est commandée par la vente ; par le développement plus ou moins grand donné aux travaux préparatoires ; par le percement de nouveaux puits : par l'exécution de travaux extraordinaires ; enfin, par cette circonstance que les houillères du Nord conservent l'intégralité de leur personnel, lors même qu'elles sont forcées de réduire leur extraction ; alors elles limitent le travail de chaque ouvrier.

En 1875, les bassins houillers du Nord et du Pas-de-Calais ont produit 6 614 205 tonnes, avec

33 450 ouvriers du fond.
 8 809   —   du jour.

Total..:... 42 259 ouvriers.

La production moyenne a donc été :

> de   156 tonnes par ouvrier des deux catégories
> et de 197   »   »   »   du fond.

On a vu qu'à Aniche, pendant cette même année 1875, la production a été :

> de   171 tonnes par ouvrier des deux catégories
> et de 217   »   »   »   du fond

soit de 10 p. 100 plus élevée que la moyenne obtenue dans les deux bassins.

Salaires. Prix des Journées. — Le prix de la journée de l'ouvrier mineur proprement dit était :

> En 1875, de............................. 14ˢ 6ᵈ.
> En 1780, de............................. 20ˢ.
> En 1785, de............................. 30ˢ[1].

Il reste stationnaire à ce taux jusqu'en 1833. Cette année il est porté à 1 fr. 70 c., puis successivement :

> En 1836, à............................. 1ᶠ,80
> En 1837, à............................. 2 »
> En 1846, à............................. 2 30
> En 1848, à............................. 2 60
> En 1855, à............................. 2 75
> En 1866, à............................. 3 »
> En 1872, à............................. 3 25
> En 1873, à............................. 3 50

Ainsi de 1775 à 1785, dans une première période de 10 ans, le salaire de l'ouvrier mineur est doublé.

Il reste stationnaire, pendant 48 ans, de 1785 à 1833.

A partir de cette dernière année, il augmente successivement, pour atteindre en 1873, dans l'espace de 40 ans, deux fois et un tiers le chiffre de 1833.

Il est actuellement 4 fois et $^2/_3$ ce qu'il était il y a un siècle.

Tous les ouvriers mineurs, sauf quelques exceptions, travaillent à prix fait ou à la tâche; les prix ci-dessus n'étaient et ne sont encore que des prix nominaux, régulateurs, servant de base pour fixer la tâche, ou la quantité de travail à fournir en

---

1. Je ne fais que mentionner les prix des journées exceptionnels de 3 et 4 francs, payés en assignats en 1793 (page 84).

moyenne pendant 8 heures de travail. Ils sont bien inférieurs, comme on le verra plus loin, au salaire moyen journalier réellement gagné par l'ouvrier mineur proprement dit.

Les autres catégories d'ouvriers recevaient autrefois et reçoivent aujourd'hui des prix de journée en rapport avec leur habileté et avec l'importance de leur travail.

Je donne dans le tableau ci-dessous les variations de salaires qui se sont produites depuis 1780 dans les différentes catégories d'ouvriers occupés aux mines d'Aniche, d'après le relevé des feuilles de paye.

Tableau donnant le prix de la journée des diverses catégories d'ouvriers des Mines d'Aniche, de 1780 à 1878.

PROFESSIONS.	1780	1789	1800	1816	1830	1845	1860	1878
	fr.	fr.	fr.	fr.	fr.	fr.	fr.	fr.
Porions (par quinzaine).....	24 »	24 »	30 »	33 »	33 »	45 »	55 »	75 »
Mineurs..................	1 »	1 30	1 50	1 50	1 50	2 »	2 75	3 50
Hercheurs...............	» 75	1 15	1 50	1 50	1 50	2 »	2 75	3 50
Moulineurs..............	» 75	» 95	1 25	1 25	1 40	2 »	2 50	0 20
Manœuvres..............	» 75	» 75	1 »	1 »	1 »	1 50	1 65	3 50
Restapleurs...	» 50	» 50	» 60	» 60	» 60	» 75	1 10	1 1
Ouvriers des ateliers	1 »	1 »	1 50	1 50	1 75	2 25	2 55	3 50
Machinistes..............	» »	1 30	1 50	1 60	1 60	2 25	2 75	4 »

Il ressort de ce tableau

1° Que l'augmentation des salaires a été d'une manière générale,

De 50 0/0 dans la période de 50 ans, qui s'étend de 1780 à 1830
De 33   —   de 15   —   de 1830 à 1845
De 37   —   de 15   —   de 1845 à 1860
De 27   —   de 13   —   de 1860 à 1873

2° Que depuis 1873 le salaire de l'ouvrier est

3 fois et demie ce qu'il était en.............. 1780
2 fois et un tiers ce qu'il était en..................... 1830
1 fois et trois quarts ce qu'il était en................. 1845
1 fois et un quart ce qu'il était en................... 1860

Une augmentation analogue s'est évidemment produite dans le salaire des ouvriers de l'agriculture et des autres industries, mais elle a été sensiblement moins grande que dans les Mines de houille, qui ont pris dans le Nord, surtout depuis 1850, un grand développement, et ont dû appeler dans leurs travaux de nombreux ouvriers en leur offrant des salaires élevés.

Salaires des Mineurs à la tâche. — Les prix de journées donnés ci-dessus sont, comme je l'ai dit, des prix nominaux, régulateurs, servant de base à la fixation de la tâche des ouvriers des Mines qui, sauf quelques exceptions, travaillent toujours à prix fait ou par entreprise. L'ouvrier mineur proprement dit, occupé au marchandage, à l'abattage ou au percement des galeries, gagne généralement un salaire journalier plus élevé de 30 à 40 p. 100 que le prix nominal officiel de la journée, ainsi que le montre le tableau suivant :

Tableau établissant le salaire journalier moyen des ouvriers à la veine et au percement des voies (marchandage) des mines d'Aniche, pendant les mois de septembre et octobre des années 1827 à 1877.

ANNÉES.	NOMBRE de jours d'extraction.	NOMBRE d'ouvriers à la veine et aux voies.	NOMBRE de descentes desdits ouvriers.	SALAIRES payés auxdits ouvriers.	SALAIRES payés par descente.	PRIX officiel de la journée du mineur.	EXCÉDANT du salaire gagné sur le prix officiel de la journée.	
				fr.	fr. c.	fr. c.	fr. c.	%
1827	50	70	3 527	6 590	1 86	1 50	» 36	24
1834	54	52	2 864	6 564	2 29	1 70	» 59	34
1844	51	118	6 114	14 727	2 40	2 »	» 40	20
1854	56	361	20 620	60 187	2 91	2 50	» 41	16
1864	51	816	42 097	149 295	3 54	2 75	» 79	28
1869	50	897	45 557	180 626	3 97	3 »	» 97	32
1873	51	981	49 486	287 914	5 81	3 50	2 31	66
1874	52	1 043	54 774	332 465	6 07	3 50	2 57	73
1875	51	1 055	53 865	316 202	5 87	3 50	2 37	67
1876	51	1 041	53 164	266 201	5 »	3 50	1 50	43
1877	50	1 123	56 206	264 284	4 70	3 50	1 20	34

Les renseignements contenus dans ce tableau ont été relevés sur les carnets de paye, et ils représentent très-exactement la marche de l'exploitation et l'augmentation des salaires pendant la période de 50 années, de 1827 à 1877.

Ils comprennent le travail des deux mois de septembre et octobre de chaque année et s'appliquent aux ouvriers mineurs proprement dits, occupés à l'abattage du charbon et au percement des galeries, c'est-à-dire aux travaux exécutés à la tâche ou à marchandage, les plus importants et les plus coûteux. Cette catégorie d'ouvriers entre pour plus de 33 p. 100 ou plus du tiers dans le nombre total du personnel repris sur les carnets des fosses, et pour près de 50 p. 100 ou moitié dans le nombre total des ouvriers occupés dans les travaux souterrains. Le salaire de cette même catégorie d'ouvriers figure pour plus de moitié dans la dépense en main-d'œuvre directe de la tonne de houille.

Ces renseignements pour les années 1864 à 1877 portent sur le travail de 800 à 1100 ouvriers, ayant effectué pendant 2 mois 42 000 à 56 080 descentes ou journées effectives, et pour lesquelles ils ont reçu de 150 000 à 330 000 fr. de salaires.

On peut juger, d'après ces quelques indications, de l'importance et de l'exactitude des chiffres repris dans le tableau ci-dessus, et des enseignements précieux qui découlent de leur examen comparatif.

De 1827 à 1877, le prix nominal de la journée du Mineur est passé de 1 fr. 50 c. à 3 fr. 50 c. Il a augmenté de 2 fr. ou de 133 p. 100.

Pendant la même période, le prix réel de la journée du même ouvrier s'est élevé de 1 fr. 86 c. à 4 fr. 70 c. ou de 2 fr. 84 c., soit de 153 p. 100.

Il a atteint, dans les 3 années 1873-1875, 5 fr. 81 c. à 6 fr. 07 c., et présente ainsi une augmentation de plus de 200 p. 100 sur le prix de 1827.

Il s'est abaissé, il est vrai, à 5 fr. en 1876 et à 4 fr. 70 c. en 1877, par suite de la limitation du travail, commandée par la réduction de la vente de la houille.

Pendant la période de 42 années, 1827-1869, le salaire réel du mineur dépassait le salaire nominal de 60 c. ou de 25 p. 100, ou un quart en moyenne. Dans la période suivante de 8 ans, de 1869 à 1877, il le dépassait en moyenne de 1 fr. 82 c. ou de 53 p. 100, ou de plus de moitié, et même de 2 fr. 40 c. à 2 fr. 60 c., ou de 66 à 73 p. 100 dans les 3 années exceptionnelles 1873-1875.

Le rapprochement ci-dessus fait ressortir clairement le changement considérable qui s'est opéré dans les salaires des ouvriers mineurs, particulièrement dans les 8 dernières années, 1870-1877. Tandis que le salaire réel, effectif, se maintenait, dans la période précédente de 42 ans, 1827-1869, à 25 p. 100 au-dessus du prix nominal de la journée, ce même salaire dépasse ce

dernier prix, pendant la dernière période, de 53 p. 100, et même,
pendant les années 1873-1875, de 66 à 73 p. 100.

Les augmentations dans le prix nominal de la journée, de
16,6 p. 100, amenées par les hauts prix de vente pendant la crise
houillère (page 135), se sont traduites effectivement par une augmentation réelle de salaire qui s'est élevée à 50 p. 100 dans les
3 années 1873-1875 et qui est encore de 30 p. 100 dans les 3 années 1875-1877.

Cette augmentation considérable des salaires, 50 p. 100 pendant la crise houillère, s'est produite également dans toutes les
houillères d'Angleterre, de Belgique et d'Allemagne. Mais, tandis
qu'après la crise les houillères étrangères ont pu faire disparaître complétement cette augmentation et ramener les salaires
aux taux de 1869, et même à un taux inférieur, dans le Nord de
la France on a conservé la plus grande partie de cette augmentation, 30 p. 100. Ainsi, aujourd'hui les ouvriers du Nord reçoivent des salaires beaucoup plus élevés qu'en Belgique et en Allemagne, et, si ces salaires sont un peu moins élevés que ceux des
mineurs anglais, ils s'en rapprochent beaucoup.

**Différence dans l'organisation de la main d'œuvre en France et à
l'étranger.** — C'est que l'organisation de la main-d'œuvre dans
les mines est bien différente en France, et particulièrement dans
le Nord, de ce qu'elle est dans les pays étrangers. Les augmentations de salaires, une fois acquises, restent toujours en France;
à l'étranger, il en est tout autrement. La population ouvrière y
est plus dense, les concessions de mines y sont plus nombreuses; les sociétés houillères n'ont ni le besoin ni la charge de construire des maisons; le mineur peut, sans quitter son logement,
offrir son travail à cinq ou six compagnies voisines et rivales.
S'il y a demande de bras, il se fait une hausse dans les salaires,
lesquels subissent une baisse immédiate aussitôt qu'il y a chômage ou ralentissement du travail. Grâce à cette faculté de diminuer ainsi leurs salaires, les houillères étrangères résistent à la
baisse des charbons et aux variations des cours sans péril im-
médiat pour la prospérité de leur exploitation.

Les houillères du Nord et du Pas-de-Calais ne peuvent ni ne
veulent user du même procédé. Le recrutement du personnel
(page 129) ne se fait que dans les régions voisines, en appelant
sur les mines des familles du dehors, et impose aux compagnies

des sacrifices sérieux. L'exploitation de couches nombreuses, mais de très-faible épaisseur, exige de la part des ouvriers un long apprentissage, auquel ne se soumettent plus les hommes d'un certain âge.

C'est donc dans la population jeune que se recrutent les ouvriers. L'on est ainsi amené à employer beaucoup d'enfants dont le salaire est hors de proportion avec le service qu'ils rendent, et qui, à la longue, s'initient aux travaux intérieurs, pendant que leurs parents sont occupés aux travaux du jour. Aussi, pour appeler et retenir autour d'elles ces familles, les Compagnies doivent-elles construire un grand nombre de maisons, qu'elles leur louent à très-bas prix, et ce n'est pas là une des moindres charges qui leur incombent.

Comme on n'a pas l'ouvrier sous la main, ainsi que cela a lieu à l'étranger, et qu'il faut conserver à tout prix ce personnel recruté avec tant de peines, tant de sacrifices, et qu'on ne re-trouverait plus, s'il quittait l'établissement, les Sociétés réduisent le travail, chôment un jour par semaine, si la vente et par suite les travaux se ralentissent, mais maintiennent les salaires, et ne renvoient jamais aucun ouvrier.

Cette différence dans l'organisation de la main-d'œuvre des houillères du Nord et des houillères étrangères a, comme on le voit, une influence capitale sur les salaires, et par suite sur les conditions de leur exploitation.

Salaires annuels. — Il ne m'a pas été possible d'établir anté-rieurement à 1812 le salaire annuel moyen de l'ouvrier des Mines d'Aniche. Mais, si l'on se reporte aux prix de Journées payés, on arrive à reconnaître qu'il devait atteindre à peine :

En 1775	200 fr.
En 1790	260
En 1800	300

D'après un état détaillé, les salaires payés par la Compagnie, en 1812, s'élevaient à

12 168 fr. » à 11 employés	Moyenne.	1106 fr.
167 379 06 à 508 ouvriers	—	329
Totaux... 179 547 fr. 06 à 519 employés et ouvriers. Moyenne.		346 fr.

Pour les années suivantes, à partir de 1827, on trouvera dans le tableau ci-après toutes les indications relatives à l'établissement du salaire annuel moyen.

Tableau donnant le nombre d'ouvriers, l'importance des salaires payés et le salaire annuel moyen des Mines d'Aniche, de 1827 à 1877.

ANNÉES.	NOMBRE total d'ouvriers.	IMPORTANCE des salaires payés.	SALAIRE annuel moyen.	PRIX DE BASE de la journée.
	•	fr.	fr.	fr.
1812	519	179 547	346	1 50
1827	500	227 032	454	1 50
1835	480	233 895	487	1 70
1845	627	359 878	573	2 »
1855	1 580	1 234 543	781	2 75
1860	2 172	1 762 498	812	2 75
1865	2 434	2 110 071	866	2 75
1869	2 509	2 414 005	961	»
1871	2 777	2 818 478	1 015	3 »
1872	2 858	3 047 137	1 066	3 25
1873	2 982	3 818 028	1 281	3 50
1874	3 355	4 167 009	1 242	3 50
1875	3 543	4 358 385	1 231	3 50
1876	3 575	3 900 110	1 090	3 50
1877	3 469	3 476 780	1 002	3 50

Comme le montrent les chiffres de ce tableau, le montant des salaires payés par la Compagnie d'Aniche, qui n'atteignait pas :

En 1812...................................... 180 000 fr.
En 1835.................................... 234 000
S'élève successivement, en 1855, à........ 1 235 000
— en 1865, à........ 2 110 000
— en 1875, à........ 4 358 000

L'importance de ces sommes permet d'apprécier l'influence qu'exerce un établissement pareil à celui des Mines d'Aniche sur la prospérité d'un Canton. Des mains des ouvriers qui les reçoivent à titre de salaires, ces sommes se répartissent en achats de substances alimentaires, de vêtements, d'objets de toutes sortes, et donnent lieu à une circulation d'espèces et à un mouvement d'affaires considérables.

De 300 fr. au commencement de ce siècle le salaire annuel moyen de l'ouvrier s'accroît de 90 p. 100 environ pendant les 45 premières années, soit en moyenne de 2 p. 100 par année.

De 1845 à 1873, en 28 ans, il passe de 573 fr. à 1281 fr., et présente un accroissement de 123 p. 100 ou de près de 4 et ½ p. 100 par année.

Il se maintient à 1242 fr. en 1874 et à 1231 fr. en 1875. Mais en 1876 et en 1877 il s'abaisse notablement et descend à 1090 fr. et 1002 fr., taux de 1871.

Cet abaissement du salaire moyen annuel des deux dernières années ne vient pas d'une réduction notable du salaire journalier; il tient surtout à une limitation du travail, à une diminution du nombre des jours d'extraction, à des Chômages d'un jour par semaine, rendus nécessaires par le défaut de vente des houilles.

Pour se faire une idée exacte des chiffres du salaire annuel moyen, il faut tenir compte, non-seulement de l'activité plus ou moins grande du travail commandé par la vente, mais encore, ainsi que je l'ai observé page 232, de la manière dont a été compté le nombre des ouvriers employés dans l'établissement. Ce nombre comprend à Aniche tous les ouvriers du fond et du jour, et même les malades, les enfants occupés au triage des Charbons, les jeunes gens, les vieillards comme les hommes faits et les employés. Le salaire moyen annuel est obtenu en divisant le montant total des salaires payés par le nombre total des ouvriers, établi suivant le mode décrit ci-dessus. Il représente donc une moyenne très-exacte, s'appliquant aux ouvriers faibles, vieux, plus ou moins infirmes, aux enfants, aux jeunes gens, comme aux ouvriers faits et habiles.

Si l'on ne considère que les Mineurs proprement dits, travaillant à la tâche, à l'abatage et aux percements des galeries, le salaire moyen annuel est bien plus élevé. En effet, en appliquant à ces ouvriers le gain journalier établi dans le tableau page 241, et en comptant seulement 275 jours de travail, pour tenir lieu des absences pour chômage ou maladie, ou obtient pour leur salaire annuel en

1827	511 fr.
1845	660
1855	800
1865	973
1875	1614

Il a même atteint 1670 fr. en 1874, mais il est redescendu, il est vrai:

à 1375 fr. en............................ 1876
à 1292   en............................ 1877

par suite de la limitation du travail nécessitée par le défaut de vente.

Ainsi de 1827 à 1845, en 18 ans, le salaire annuel de l'ouvrier Mineur proprement dit a augmenté de 30 p. 100, ou moins de 2 p. 100 par année — et de 1845 à 1865, en 20 ans, de 47 p. 100 ou d'un peu plus de 2 p. 100 par année, tandis que de 1865 à 1875, en 10 ans, il s'élève de 973 fr. à 1614, ou de 65 p. 100, ou encore de 6 et 1/2 p. 100 par année.

De même que pour tous les ouvriers de la Mine on voit que le salaire annuel moyen des ouvriers à la tâche s'est accru dans une proportion très-considérable, même plus forte que pour les premiers, surtout dans les 10 dernières années.

Il n'est pas inutile d'ajouter que les chiffres cités ci-dessus sont des moyennes s'appliquant à plus de 1000 ouvriers, parmi lesquels il est des jeunes gens de 17 à 20 ans, moins forts, moins habiles, qui produisent moins de travail et gagnent moins que les ouvriers faits et expérimentés. Aussi, si le salaire annuel moyen se réduit pour les premiers à 1100, à 1200, il atteint pour les derniers 1900, 2000 et même 2200 francs.

Aux salaires élevés que gagnent aujourd'hui les ouvriers mineurs viennent se joindre des avantages importants que leur accordent toutes les Sociétés houillères du Nord : Chauffage gratuit, loyers de maisons à bas prix, secours en cas de maladie, pensions, instruction des enfants, etc., dont il sera parlé plus loin. Il résulte d'une Enquête faite en 1871 par les membres du District du Nord de la Société de l'Industrie minérale que ces avantages représentent annuellement par ouvrier une somme de 89 fr. 19, qui vient s'ajouter au salaire directement payé, et constitue un supplément de 10 p. 100 environ de ces salaires.

Ouvriers et salaires des houillères du Nord et du Pas-de-Calais. — Comme complément des renseignements qui précèdent, relatifs au nombre d'ouvriers, à leur production et à leur salaire moyens et annuels, je donne ci-dessous les mêmes indications pour l'ensemble des houillères des Bassins du Nord et du Pas-de-Calais.

ANNÉES.	PRODUCTION.	NOMBRE d'ouvriers.	PRODUCTION par ouvrier.	SALAIRES.	
				TOTAUX.	PAR OUVRIER.
	tonnes.		tonnes.	fr.	fr.
1844	876 745	9 501	92	4 241 536	446
1855	1 776 594	15 643	113	9 668 933	618
1860	2 152 538	19 829	108	13 705 031	691
1865	3 484 832	24 295	143	18 305 724	717
1869	4 544 027	28 518	159	23 638 015	828
1871	4 939 571	30 406	167	25 606 320	842
1872	5 927 111	33 087	179	33 650 913	1 017
1873	6 486 151	26 693	176	40 975 646	1 117
1874	6 234 582	39 766	156	42 377 321	1 065
1875	6 614 206	42 259	156	45 552 229	1 077
1876	6 713 033	44 162	152	46 418 240	1 051

Pour les deux Bassins l'augmentation de production par ouvrier a été dans les 30 dernières années de 64 tonnes ou de 70 p. 100, tandis que l'augmentation du salaire moyen annuel s'est élevée dans la même période de 619 fr. ou de 140 p. 100.

Ces résultats ne diffèrent pas sensiblement de ceux constatés aux Mines d'Aniche. Seulement il est à remarquer que la production et le salaire moyens annuels de l'ouvrier sont, d'une manière générale, supérieurs de 10 à 20 p. 100 dans ces dernières mines à ceux de l'ensemble des deux Bassins.

Amélioration du bien-être de l'ouvrier mineur. — Les augmentations successives des salaires ont apporté une amélioration considérable dans le bien-être de l'ouvrier mineur, et il y a tout lieu de s'en réjouir, au point de vue humanitaire comme au point de vue de son travail plus productif.

On entend fréquemment dire que l'ouvrier a bien peu gagné à l'augmentation des salaires; que les prix de tous les objets nécessaires à la vie ont augmenté dans la même proportion que les salaires, et que par suite l'ouvrier ne se trouve pas dans de meilleures conditions d'existence aujourd'hui qu'autrefois.

Rien n'est moins exact. Il est certain qu'aujourd'hui l'ouvrier, sa femme, ses enfants, sont mieux logés, mieux nourris, mieux vêtus, et qu'ils participent, comme les autres classes de la société, aux jouissances que procurent les progrès de la Civilisation.

S'il y a eu augmentation, et même augmentation considérable dans la valeur de certaines substances nécessaires à l'alimentation, comme la viande, le beurre, le lait, les œufs, la chaussure, les légumes, l'huile, le café, etc., par contre beaucoup d'autres objets, non moins indispensables à la vie, sont restés stationnaires, comme le pain, la bière, le vin, la chandelle, le charbon, l'eau-de-vie, etc., et même ont diminué, comme le vêtement, le sucre, le sel, etc.

Il m'a paru très-utile de justifier ces assertions, et j'ai trouvé à ce sujet un document intéressant et offrant le caractère de la plus grande exactitude: c'est le relevé des prix obtenus aux adjudications des Hospices de la ville de Lille pour la fourniture des objets nécessaires au service de ces importants établissements hospitaliers, pendant 55 ans, de 1819 à 1878. J'en ai extrait les prix moyens, par périodes décennales, des principaux articles de consommation d'une famille d'ouvriers, que j'ai réunis dans le tableau ci-dessous.

TABLEAU

donnant les prix moyens par périodes décennales des principaux articles de consommation d'une famille d'ouvriers, de 1819 à 1878.

ARTICLES de consommation.	MESURE s'appliquant aux prix.	MOYENNE de 1820 à 1830.	MOYENNE de 1830 à 1840.	MOYENNE de 1840 à 1850.	MOYENNE de 1850 à 1860.	MOYENNE de 1860 à 1870.	MOYENNE de 1870 à 1878.
		fr. c.	fr. c.	fr. c.	fr. c.	fr. c.	fr. c.
Viande	le kilogr.	» 62	» 75	1 01	1 06	1 34	1 66
Porc frais	—	» »	» »	1 21	1 34	1 39	1 67
Beurre	—	1 50	1 55	1 74	1 86	2 37	3 04
OEufs	le cent.	4 95	5 42	5 46	5 64	6 18	7 84
Lait	le litre.	« 14	» 13	» 13	» 14	» 16	» 16
Pommes de terre	l'hect.	2 33	3 12	4 34	4 25	4 06	4 82
Haricots secs	—	19 10	18 40	21 18	22 50	27 03	29 80
Bière forte	—	12 02	12 66	13 07	12 73	12 36	10 55
Vin rouge	—	50 »	51 »	59 »	69 »	88 »	70 42
Vinaigre de vin	—	43 »	33 »	31 »	43 »	40 »	35 62
Eau-de-vie	—	127 »	101 »	107 »	149 »	142 »	153 70
Huile d'œillette	—	90 80	106 40	105 45	112 40	137 05	145 40
— de colza	—	84 10	100 40	92 45	100 »	103 70	106 95
Café Haïti	le kilogr.	84 10	2 49	2 03	2 43	2 26	3 26
Sucre blanc	—	2 25	2 11	1 72	1 67	1 38	1 50
Sel blanc fin	—	» 34	» 27	» 35	» 20	» 17	» 16
Savon noir	—	» 62	» 64	» 57	» 38	» 50	» 43
Souliers	la paire.	2 44	2 17	2 50	3 24	4 66	6 53
Sabots	—	0 44	» 52	» 48	» 55	» 82	» 82
Bas de laine	—	» »	2 42	2 53	2 63	3 47	3 20
Drap gros-bleu	le mètre.	4 16	8 05	7 56	8 20	7 68	7 12
Coutil	—	4 16	3 65	3 65	3 25	3 24	2 88
Toile blanche de 1^m,05	—	» »	1 49	1 23	1 19	1 28	1 23
Calicot écru de 1 mètre.	—	» »	» 87	» 54	» 65	» 88	» 63
Indienne à petits dessins.	—	» »	1 03	» 84	» 86	» 81	» 62
Casquettes.	la pièce.	» »	1 87	1 62	1 44	1 48	1 45
Couverture laine blanche.	—	16 50	20 20	14 6	20 »	20 70	24 64
Charbon tout-venant	le quint.	2 30	2 17	2 03	1 86	1 65	2 10

L'examen de ce tableau fait voir comme je l'ai déjà indiqué que pendant les 55 dernières années les prix de certains articles d'alimentation se sont augmentés dans des proportions considérables : ainsi la viande, les chaussures, ont à peu près triplé de valeur; le beurre, les œufs, les pommes de terre, l'huile d'œillette, ont à peu près doublé; d'autres objets, les haricots, l'huile de colza, le lait, le café, ont augmenté dans une proportion moins grande. Mais par contre d'autres substances n'ont pas changé de prix, ou ont même diminué de valeur, la bière, le vin, le vinaigre, le sucre, le sel, le savon et enfin tous les articles de vêtements.

Le blé et par suite le pain, dont je regrette de ne pouvoir donner les prix détaillés, n'ont pas changé sensiblement de valeur[1]. Le chauffage est fourni gratuitement aux Mineurs aujourd'hui, comme autrefois; et le logement, pour la plupart d'entre eux, également fourni par les Compagnies houillères, n'a pas été augmenté.

Il me semble donc que l'on peut admettre comme établi par les indications données ci-dessus que la dépense de nourriture et d'entretien d'une famille d'ouvriers a augmenté d'environ 75 p. 100 depuis 55 ans, et même depuis le commencement de ce siècle. Les chiffres précédemment exposés, au sujet des augmentations des salaires, ont montré que ceux-ci avaient à peu près triplé depuis 1800.

Il ressort de cette comparaison, entre l'augmentation des dé-

1. Depuis la rédaction de ce chapitre, j'ai pu me procurer à l'Administration des Hospices de Lille les prix du blé de 1819 à 1878, « d'après les mercuriales des trois marchés les plus près du 1er octobre ». Je donne dans le tableau ci-dessous les prix moyens de l'hectolitre par périodes décennales.

PÉRIODES DECENNALES.	FROMENT 1re QUALITÉ.		FROMENT 2e QUALITÉ.		FROMENT BLANC NOUVEAU — Prisée de l'Espier.
	vieux.	nouveau.	vieux.	nouveau.	
	fr. c.	fr. c.	fr. c.	fr. c.	fr. c.
1820-1830	20 33	20 02	» »	18 69	15 03
1830-1840	22 09	21 52	» »	21 07	16 52
1840-1850	23 58	22 51	22 62	21 69	17 46
1850-1860	26 26	25 56	25 30	24 63	18 63
1860-1870	26 39	25 11	25 28	24 02	19 34
1870-1878	25 57	25 63	24 99	24 56	19 77

penses et l'augmentation des salaires, que les ouvriers Mineurs
du Nord sont aujourd'hui dans des conditions d'existence bien
plus favorables qu'autrefois; que leur bien-être s'est accru dans
une grande proportion, et qu'ils participent dans une large mesure aux améliorations que les progrès de la civilisation ont
apportées à la vie de tous les hommes.

XXI

Prix de vente des houilles.

1734-1800. — 1800-1844. — 1844-1878. — Remarques sur la comparaison des prix des houilles. — Prix moyen de vente d'après l'administration des mines.

1734-1800. — En 1734, avant la découverte de la houille à Anzin, le charbon tout-venant se vendait à Valenciennes 1 fr. 87 c. 1/2 la manne de 250 livres, ou environ. . . . . 15 fr. » la tonne.

Immédiatement après sa découverte, la Compagnie Désandrouin mit le prix de ses charbons à 1 fr. 50 c. la manne, ou. . . . . 12 » »

Ce prix descendit postérieurement à 1 franc la manne, ou à. . . . . 8 » »

En 1756, il était :

Au détail, de 1 fr. 12 c. 1/2 la manne, ou. 9 » »

Et par bateau ou en gros, de 1 franc la manne, ou. 8 » »

On manque de documents sur les prix jusqu'en 1780.

Dans cette année, on vendait la manne :

Au détail, 18 patards ou 1 fr. 12 c. 1/2, soit. . . . . 9 » »

En gros, 17 patards ou 1 fr. 06 c. 1/4, soit. 8 50 »

En 1782, le prix au détail de la manne est augmenté de 15 deniers et porté à 1 fr. 18 c. 3/4, soit. . . . . 9 50[1] »

1. Les renseignements ci-dessus sont extraits de l'*Histoire des mines de houille du nord de la France*, par Ed. Gras, 1848.

A Aniche, le tout-venant se vendait, en
1783, 23 s. 9 d., ou. 9   50 la tonne.

La grosse houille valait (page 22). 16   83   »

En 1785, le prix est porté à 20 patards, ou
1 fr. 25 c. la manne, soit. 10   »   »

Et en 1787, à 24 patards et 2 doubles
(page 30), ou 1 fr. 60 c. la manne, soit. . . 12   80   »

Il redescend en 1788 à 20 patards et 2 dou-
bles, ou 1 fr. 30 c. la manne, soit. 10   40   »

Je ne parle que pour mémoire des prix
payés en assignats en 1793 de 6 £ la manne
(page 35), et, en 1795 de 10 £, 18 £ et même
35 £ (page 44). Ce dernier prix équivalait à
1 £ 15 sols en argent, ou. 14   »   »

On vendait encore la manne, dont le poids
avait été réduit en 1798, à 34 sols, ou. . . . 14   »   »

Et en 1800, à 30 sols, ou. 12   50   »

Ainsi, pendant le siècle dernier, le prix de
la houille tout-venant a varié de 8 francs à . 15   »   »

Ce dernier prix était celui que l'on payait,
à Valenciennes, le charbon de Mons avant la
découverte de la houille à Anzin.

Il s'abaissa à. 12   »   »

après cette découverte, puis à. 8   »   »

pour se relever et rester jusqu'en 1782 à.. . 9   »   »

Il s'éleva ensuite à 12 francs et même à. . 14   »   »
pendant la Révolution.

1800-1844. — Au commencement de l'année 1801, les charbons s'écoulent difficilement, et le prix du tout-venant est abaissé à
27 sols la manne. 11   25   »

En 1802, on adopte une nouvelle mesure,
l'hectolitre comble, dont le poids est de
110 kilogrammes, et les prix de vente sont
fixés à :

28 sols et 1/2 au détail. 13   »   »

26 sols et 1/2 aux marchands. 12   »   »

Ils s'élèvent en 1803, et atteignent :

En 1804, 32 sols. 14   50   »

Et en 1805, 35 sols. 16   » la tonne.

Les charbons encombrent les carreaux des fosses en 1808; — on abaisse les prix à 31 sols l'hectolitre. 14   »   »

C'est pendant cette année qu'on expédie des charbons à Paris par voitures. — Ils y sont rendus à raison de 4 fr. 50 l'hectolitre, ou. 41   »

(page 63).

Les prix de vente sont successivement :

		fr.	c.	
En 1812	de 1 fr. 475 l'hect. comble.	13	40	»
En 1813	de 1 60 » »	14	50	»
De 1814 à 1816 de 1 65 » »		15	»	»
De 1817 à 1821 de 1 75 » »		16	»	»

Ils descendent :

		fr.	c.	
De 1822 à 1824 à 1 70 » »		15	50	»
De 1825 à 1828 à 1 60 » »		15	»	»

A partir de 1829 jusqu'en 1837, ils restent fixés à 1 fr. 50 ou. 14   »   »

En 1838 et 1839, ils subissent une augmentation de 0 fr. 10, ce qui les met à 1 fr. 60 ou. 15   »   »

puis ils reviennent jusqu'en 1841 à 1 fr. 50 ou. 14   »   »

et s'abaissent en 1842, 1843 et 1844, à 1 fr. 30 ou. 12   »   »

Les prix relevés ci-dessus, de 1800 à 1845, étaient les prix de la vente par voitures à la fosse aux acheteurs ordinaires. Mais, selon que la vente était plus ou moins active, on accordait aux industriels, aux acheteurs en gros, une remise de 0 fr. 10 à 0 fr. 15 par hectolitre, ou de 1 fr. à 1 fr. 50 par tonne.

Pendant cette seconde période, le prix de la houille tout-venant a varié dans les limites de 11 fr. 25 à 16 francs la tonne, et il a été en général plus élevé, de 2 à 3 francs par tonne, que pendant le siècle dernier, après la découverte d'Anzin.

1844-1878. — Dès le 1ᵉʳ avril 1844, on abandonnait la mesure de l'hectolitre comble, qui contenait 120 litres de charbon, et on vendait à l'hectolitre ras de 105 litres pesant 85 à 90 kilogrammes.

Le prix de vente de la nouvelle mesure fut fixé à 1 fr. 20, correspondant à 13 fr. 50 la tonne. Mais il était accordé des remises variables avec les quantités enlevées annuellement par le même client, qui réduisaient ce prix à 1 fr. 10 l'hectolitre ou 12 fr. 50 la tonne, et même à 1 franc l'hectolitre ou 11 fr. 40 la tonne.

Il en fut ainsi jusqu'à l'ouverture du chemin de fer du Nord, en 1847, où le prix de vente sur wagon à la gare la plus rapprochée du puits fut établi à 1 franc l'hectolitre ou 11 fr. 40 la tonne. Ce prix se maintint jusqu'en 1854.

A partir de cette année, les variations de prix successives sont indiquées dans le tableau suivant, tant pour les charbons secs de Somain que pour les charbons gras de Douai :

ANNÉES.	DATE de l'application des prix.	PRIX DU CHARBON SEC DE SOMAIN.		PRIX DU CHARBON GRAS DE DOUAI.	
		par hecto.	par tonne.	par hecto.	par tonne.
		fr. c.	fr. c.	fr. c.	fr. c.
1854	1er janvier.........	1 »	11 40	» »	» »
	1er août	1 05	12 »	» »	» »
	1er octobre....... ..	1 10	12 50	» »	» »
1855	1er mai..........	1 20	13 60	1 35	15 40
	24 août	1 30	14 80	1 45	16 50
1856	26 janvier.........	1 40	16 »	1 65	18 80
	21 mars..........	1 30	14 80	1 55	17 60

Ce dernier prix, 1 fr. 30 l'hectolitre ras ou 14 fr. 80 la tonne, fut maintenu officiellement jusqu'au milieu de l'année 1859, avec application de remises ou réductions suivant les destinations, l'importance des marchés et l'activité plus ou moins grande de la vente.

C'est en 1859 qu'à Aniche on substitua à la vente à la mesure la vente au poids, bien plus exacte et bien plus rationnelle. Mais les habitudes des acheteurs étaient si enracinées qu'on n'osa d'abord appliquer la vente au poids qu'aux livraisons par wagon. On suivra dans le tableau ci-dessous les changements successifs qu'ont subis les prix des houilles de 1859 à 1878.

TABLEAU

**des variations des prix de vente de charbons des mines d'Aniche,
de 1859 à 1878.**

ANNÉES.	DATE DE L'APPLICATION DES PRIX.	CHARBON sec DE SOMAIN.	CHARBON gras DE DOUAI.
		fr. c.	fr. c.
1859	1ᵉʳ août.....................	14 50	17 50
1860	15 février..........	14 50	16 50
—	16 novembre....................	13 50	15 50
1863	1ᵉʳ février.....................	12 50	14 50
1866	1ᵉʳ février.....................	13 50	15 »
—	1ᵉʳ juin.....................	14 50	16 »
—	1ᵉʳ septembre....................	15 »	17 »
—	8 novembre....................	16 »	18 »
1867	1ᵉʳ septembre....................	15 »	17 »
—	7 novembre....................	14 »	16 »
1868	1ᵉʳ février.....................	13 »	15 »
—	15 octobre	12 50	14 »
1870	20 mai	13 »	14 »
—	21 juillet.........	14 »	15 »
1871	18 septembre	14 »	15 50
1872	1ᵉʳ janvier.....................	14 50	16 »
—	1ᵉʳ juin.....................	15 »	16 50
—	16 août.....................	15 50	17 »
—	15 septembre	16 50	18 »
—	1ᵉʳ octobre.....................	17 50	19 »
—	20 novembre.....................	19 »	21 »
1873	16 janvier.....................	21 »	22 80
—	24 février	23 »	25 »
—	15 juillet.....................	25 »	27 »
1874	10 février.....................	22 »	24 »
—	10 mars.....................	20 »	22 »
1875	16 décembre	18 »	18 »
1876	1ᵉʳ juin.....................	17 »	17 »
1877	1ᵉʳ janvier.....................	16 »	16 »
—	1ᵉʳ mars.....................	15 »	15 »
—	1ᵉʳ septembre.....................	14 »	14 »
1878	1ᵉʳ janvier.....................	13 50	14 »
—	1ᵉʳ mars.....................	12 50	13 50

Pendant cette troisième période de trente-quatre années, de 1844 à 1878, le prix de la houille tout venant a varié dans de plus grandes proportions que dans les deux périodes précédentes. De 11 fr. 40 la tonne en 1847 jusqu'au commencement de 1854, le prix de vente s'élève pendant cette année à 16 francs pour le charbon sec et à 18 fr. 80 pour le charbon gras.

Sous l'influence de ces hauts prix, les houillères du Nord développent leur production ; celles du Pas-de-Calais, qui sont à leur début, arrivent à fournir un appoint de plus en plus grand ; l'équilibre se rétablit entre la demande et l'offre, et des baisses successives se produisent.

En 1863, les prix tombent à 12 fr. 50 pour le charbon sec, et 14 fr. 50 pour le charbon gras.

L'année 1866 voit se reproduire la hausse de 1854. Mais elle ne dure pas longtemps, et après deux années, en 1868, on retombe aux prix de 12 fr. 50 et de 14 francs, toujours par suite de surcroît de production qu'amènent nécessairement des prix rémunérateurs. L'enquête réclamée alors par les consommateurs sur la situation de l'industrie houillère était à peine commencée, que déjà les motifs qui y avaient donné lieu n'existaient plus.

Peu de temps après arrive la crise houillère qui suivit la guerre de 1870-71, et qui fit monter le prix des houilles à des taux inouïs, que l'on ne pouvait jamais supposer pouvoir être atteints. Au milieu de 1873, les charbons secs se vendaient 25 francs la tonne, et les houilles grasses 27 francs (voir page 134).

Mais, dès le commencement de 1874, ces prix s'affaissaient, et actuellement ils sont tombés aux plus bas cours pratiqués en 1854, 1863 et 1868.

Remarques sur la comparaison des prix des houilles. — Les faits exposés ci-dessus démontrent d'une manière frappante que toutes les fois que les prix des houilles s'élèvent et que les houillères réalisent des bénéfices rémunérateurs des capitaux qui y sont engagés, elles se mettent en mesure de développer leur production, et de satisfaire rapidement et au delà à tous les besoins de la consommation. L'offre dépasse bientôt la demande, et l'élévation des prix est bientôt suivie d'un abaissement qui va souvent jusqu'à l'avilissement.

Aussi est-ce principalement sur le développement de la production indigène que l'industrie française doit compter pour obtenir la houille à des prix avantageux, comme pour avoir l'assurance qu'elle ne sera jamais exposée à manquer de combustible.

Des chiffres précédemment cités, on est également amené à conclure d'une manière générale que, depuis 1734, date de la découverte de la houille grasse à Anzin, jusqu'en 1878, c'est-à-dire pendant cent quarante-quatre années, le prix de cette matière si utile, si précieuse, est resté sensiblement le même, sauf quelques variations dues à des causes particulières, exceptionnelles. Il est en 1878 de 12 à 13 francs la tonne, comme il était en 1734, 1790, 1802, 1842, 1854, 1863 et 1868.

Il n'est descendu au-dessous de ces chiffres que pendant un certain nombre d'années du siècle dernier.

Il n'a atteint un taux notablement élevé que pendant la crise 1872-1876.

Prix moyen de vente d'après l'administration des Mines. — Les prix cotés jusqu'ici dans ce travail sont les cours officiels pratiqués par la Compagnie d'Aniche pour la vente du charbon tout venant, tel qu'il sort du puits, sauf le retrait des blocs en gros à la main. Ainsi que je l'ai déjà dit, il était et il est encore accordé sur ces prix officiels des réductions selon les destinations, l'importance des marchés, leur durée, et enfin le plus ou moins d'activité des demandes. D'un autre côté, si l'on vend à des prix supérieurs une certaine quantité de grosse houille, mais toutefois dans une très-faible proportion, on vend également à des prix inférieurs une quantité beaucoup plus considérable de houille menue ou de qualité inférieure.

Enfin, la vente ne s'effectue pas sans une foule de frais accessoires, commissions aux représentants, aux marchands, escomptes sur factures, rabais, etc.

Aussi les prix moyens annuels de vente sont-ils dans toutes les houillères très-notablement inférieurs aux prix officiels servant de cours.

C'est ce qui ressort de l'examen des prix moyens de vente établis et publiés par l'administration des Mines, pour l'ensemble des houillères de la région du nord de la France, que l'on trouvera dans le tableau ci-après :

TABLEAU

**du prix moyen de vente des houilles dans les bassins du Nord
et du Pas-de-Calais, de 1843 à 1877.**

ANNÉES.	BASSIN du NORD.	BASSIN du PAS-DE-CALAIS	ENSEMBLE des DEUX BASSINS.	PRIX MOYEN DÉCENNAL.
	fr. c.	fr. c.	fr. c.	fr. c.
1843	10 »	15 »	10 08	
1844	12 95	16 30	13 »	
....	.. ..	.. ..	.. ..	11 74
1847	12 79	15 50	12 83	
1848	11 40	14 40	11 48	
1849	11 30	15 10	11 33	
1850	11 30	15 60	11 40	
1851	11 »	11 90	11 07	
1852	10 90	12 80	10 99	
1853	11 44	13 76	11 56	
1854	12 01	14 96	12 22	13 25
1855	14 22	16 20	14 40	
1856	15 85	16 59	15 96	
1857	16 22	16 06	16 18	
1858	13 43	15 69	13 97	
1859	14 81	14 77	14 80	
1860	14 52	14 18	14 42	
1861	13 71	14 27	13 89	
1862	12 71	12 20	12 51	
1863	11 45	12 03	11 67	
1864	11 13	11 41	11 25	12 25
1865	11 77	11 53	11 67	
1866	12 68	12 77	12 71	
1867	13 71	13 84	13 76	
1868	11 72	12 18	11 91	
1869	11 57	11 98	11 75	
1870	11 05	12 36	11 61	
1871	12 14	12 39	12 25	
1872	13 40	14 08	13 71	15 32
1873	17 03	19 52	18 17	
1874	18 11	19 67	18 85	
1875	16 46	18 29	17 37	
1876	14 76	17 76	16 24	14 85
1877	12 61	14 28	13 46	

Une première remarque que suggère ce tableau, c'est que de 1843 à 1858, le prix de vente est plus élevé, en général de 2 francs par tonne, dans le bassin du Pas-de-Calais que dans le bassin du Nord. Pendant cette période, la production de ce premier bassin, alors en création, était encore très-faible, et son écoulement se faisait facilement dans la localité même, sans avoir besoin de recourir aux marchés éloignés. A partir de 1859, les prix des deux bassins ne différèrent plus sensiblement.

Comme il a été dit précédemment, on voit par les chiffres de ce tableau que les prix moyens de vente sont toujours inférieurs de 2 francs, 3 francs et même plus aux prix officiels, et cela est d'autant plus vrai que ceux-ci sont plus élevés. Ainsi en 1866 et 1867, lorsque les cours sont de 14 à 16 francs, les prix moyens de vente réalisés ne sont que de 12 fr. 70 à 13 fr. 76. De même, de 1873 à 1875, avec des cours officiels de 22 francs à 27 francs, les prix moyens réalisés ne dépassent pas 19 francs.

Ces différences s'expliquent, comme il a été dit précédemment, par les réductions accordées aux gros acheteurs, par les frais de vente, etc. J'ajouterai à ces indications celle très-importante des marchés à long terme qu'il est d'usage de conclure dans les houillères du Nord, et qui fait que celles-ci ne profitent que dans une mesure restreinte des hauts prix qui se produisent à certains intervalles, tandis qu'elles ont toujours à supporter les bas prix pendant la durée desquels les consommateurs traitent généralement leurs marchés.

Ce fait a été signalé avec autorité par le remarquable rapport fait par M. Ducarre au nom de la Commission d'enquête parlementaire sur l'état de l'industrie houillère en France, lors de la crise de 1874. Il y est dit que les prix excessifs de 25 à 30 francs la tonne n'ont profité que d'une manière restreinte « aux Com-« pagnies houillères, engagées pour les deux tiers de leur pro-« duction par des marchés conclus avant la crise. Ce sont les « négociants en charbon qui ont certainement profité, dans une « large mesure, des avantages que leur donnait la possession « d'une matière devenue tout d'un coup plus précieuse. »

Si l'on envisage les quatre périodes décennales comprises entre 1843 et 1877, on voit que, s'il y a eu des variations dans les prix moyens, elles n'ont pas eu une grande importance pendant les trente premières années, et que l'augmentation obtenue dans les années de la crise houillère de 1872-1876 a été beaucoup moins considérable qu'on ne serait disposé à le croire, d'après les cours officiels cotés alors. C'est la confirmation de ce fait précédemment signalé que le prix de la houille reste fixé d'une manière générale de 12 à 13 francs la tonne, et qu'il ne s'écarte de ce taux qu'exceptionnellement.

XXII

Production des mines d'Aniche.

La houille fut découverte à Aniche le 16 septembre 1778 (p. 12).
Mais les travaux préparatoires de l'exploitation demandèrent plus
d'une année, et ce ne fut qu'au commencement de l'année 1780
qu'on commença à extraire une petite quantité de charbon.

Les veines rencontrées dans les premières fosses étaient peu
épaisses et très-accidentées, et leur exploitation peu productive.
Il en fut ainsi jusqu'à leur inondation et leur abandon en 1786.

Les nouvelles fosses Sainte-Barbe et Saint-Waast, ouvertes
aussitôt après cet abandon, donnèrent quelques produits dès 1788,
mais ils restèrent très-faibles jusqu'en 1797. Les chiffres précis
d'extraction font défaut pendant cette période de 1780 à 1800, et
même jusqu'à 1810. Mais les livres de la Compagnie donnent les
quantités vendues année par année, et le montant des ventes.
En y ajoutant les quantités consommées, évaluées d'après diverses indications, j'arrive à établir ainsi la production annuelle
pendant cette période :

En 1780....................	2 000	tonnes.
En 1781....................	3 000	—
En 1782....................	4 000	—
En 1783....................	4 000	—
En 1784....................	5 500	—
En 1785....................	7 000	—
En 1786....................	3 700	—
En 1787....................	»	—
En 1788....................	4 000	—
En 1789....................	3 831	—
A reporter............ ..	37 031	tonnes.

			Report.........	37 031 tonnes.
En 1790..	4 000 tonnes.			
En 1791...................	6 000	—		
En 1792...................	7 200	—		
En 1793...................	4 700	—		
En 1794...................	500	—		
En 1795...................	4 300	—		
En 1796...................	7 300	—		
En 1797...................	11 000	—		
En 1798...................	15 000	—		
En 1799...................	15 000	—		
				75 000 tonnes.
En 1800...................	15 500 tonnes.			
En 1801..	21 400	—		
En 1802...................	21 100	—		
En 1803...................	19 600	—		
En 1804...................	23 200	—		
En 1805...................	20 000	—		
En 1806...................	20 000	—		
En 1807...................	20 000	—		
En 1808...................	20 000	—		
En 1809...................	20 000	—		
				200 800 tonnes.

A partir de 1810, et sauf pour deux années,
on possède les chiffres réels de l'extraction :

En 1810...................	23 644 tonnes.			
En 1811...................	22 800	—		
En 1812...................	29 850	—		
En 1813...................	28 370	—		
En 1814...................	26 210	—		
En 1815...................	26 840	—		
En 1816...................	27 890	—		
En 1817...................	27 500	—		
En 1818...................	29 790	—		
En 1819...................	30 000	—		
				272 894 tonnes.
En 1820...................	25 000 tonnes.			
En 1821...................	31 275	—		
En 1822...................	36 390	—		
En 1823...................	36 993	—		
En 1824...................	29 555	—		
En 1825...................	33 415	—		
En 1826...................	33 304	—		
En 1827...................	27 965	—		
En 1828...................	34 394	—		
En 1829...................	27 998	—		
				316 289 tonnes.
		A reporter.............		902 014 tonnes.

	Report.........	902 014 tonnes.
En 1830.....................	38 869 tonnes.	
En 1831.....................	33 588 —	
En 1832..................	36 230 —	
En 1833....	40 718 —	
En 1834.................	37 294 —	
En 1835..................	35 306 —	
En 1836..................	32 696 —	
En 1837.....................	30 825 —	
En 1838....................	24 991 —	
En 1839.....................	26 287 —	
		336 804 tonnes.
En 1840..................	19 252 tonnes.	
En 1841....................	23 735 —	
En 1842...................	36 577 —	
En 1843................	58 450 —	
En 1844....................	65 434 —	
En 1845....................	67 330 —	
En 1846....................	84 763 —	
En 1847....................	98 143 —	
En 1848...................	81 009 —	
En 1849...................	100 429 —	
		635 122 tonnes.
En 1850....................	107 583 tonnes.	
En 1851....................	120 730 —	
En 1852................	148 911 —	
En 1853..........	185 805 —	
En 1854................	201 639 —	
En 1855................	219 950 —	
En 1856...............	243 840 —	
En 1857...................	261 782 —	
En 1858....................	269 418 —	
En 1859...................	296 985 —	
		2 056 643 tonnes.
En 1860....................	289 473 tonnes.	
En 1861....................	296 785 —	
En 1862....................	349 514 —	
En 1863....	349 096 —	
En 1864....................	364 947 —	
En 1865....................	438 532 —	
En 1866....................	482 670 —	
En 1867....................	447 874 —	
En 1868....................	407 725 —	
En 1869...................	471 815 —	
		3 898 431 tonnes.
En 1870....................	447 677 tonnes.	
En 1871....................	548 086 —	
En 1872....	568 416 —	
A reporter.,.........		7 829 014 tonnes.

	Report........	7 829 014 tonnes.
En 1873.....................	618 462	—
En 1874.....................	624 434	—
En 1875.....................	607 624	—
En 1876.....................	556 303	—
En 1877.....................	525 000 tonnes.	
		4 496 002 tonnes.
Total général............	12 325 016 tonnes.	

12 325 016 tonnes, tel est le chiffre de la production totale des mines d'Aniche depuis la découverte de la houille, en 1778, jusqu'à fin 1877, c'est-à-dire pendant un siècle.

Ce chiffre correspond à une production annuelle moyenne de 125 000 tonnes.

Cette production annuelle a varié dans des limites considérables, et est restée pendant plus de soixante ans, jusqu'en 1843, inférieure à 40 000 tonnes.

Elle a été de	1780 à 1789 de	3 700 tonnes.	
—	1790 à 1799 de	7 500	—
—	1800 à 1809 de	20 000	—
—	1810 à 1819 de	27 000	—
—	1820 à 1829 de	32 000	—
—	1830 à 1839 de	34 000	—
—	1840 à 1849 de	63 000	—

Il a fallu plus de soixante-dix années, jusqu'en 1851, pour arriver à 125 000 tonnes.

Mais, à partir de cette année, la production annuelle va en croissant d'une manière continue. Elle est en moyenne :

De 1850 à 1859 de	206 000 tonnes.	
De 1860 à 1869 de	400 000	—
De 1870 à 1877 de	560 000	—

Le plus haut chiffre, 624 000 tonnes, a été obtenu en 1874.

Les années suivantes, il y a eu diminution, mais par le fait seul de la mévente, car les travaux d'exploitation et le personnel permettaient d'extraire sensiblement plus qu'en 1874, soit 700 000 tonnes.

La production des quarante premières années d'exploitation des mines d'Aniche, de 1780 à 1820, ne s'éleva qu'à 610 000 tonnes, c'est-à-dire à un chiffre moins considérable que celui de chacune des années 1873, 1874 et 1875. On a donc extrait dans chacune de ces années 40 fois plus de charbon qu'on n'en avait extrait annuellement de 1780 à 1820.

De 1820 à 1840, en vingt ans, on produisit 653 000 tonnes, ou un peu plus que pendant l'année 1874.

De 1840 à 1850, en dix ans, l'extraction totale est de 635 000 tonnes. La production annuelle est 10 fois moindre qu'en 1874.

Elle n'est plus que 3 fois moindre dans la période de 1850 à 1860, et seulement de 1 fois et $^1/_2$ moindre de 1860 à 1870.

XXIII

Dépenses de premier établissement.

Récapitulation des travaux exécutés par la Compagnie d'Aniche depuis son origine. — Travaux abandonnés. — Dépenses en travaux neufs. — De 1773 à 1839. — De 1839 à 1855. — De 1855 à 1878. — Capital engagé dans l'établissement. — Capital engagé par tonne de houille produite. — Consistance des établissements de la Compagnie d'Aniche.

Récapitulation des travaux exécutés par la Compagnie d'Aniche depuis son origine. — Avant d'exposer en détail les dépenses faites par la Compagnie des mines d'Aniche pour amener son entreprise à sa situation actuelle, il est utile de récapituler les divers travaux qu'elle a exécutés depuis sa fondation, en 1773, jusqu'à ce jour. Ces travaux sont de deux sortes : les plus anciens, qui ont été abandonnés et qui ne figurent plus dans ses inventaires ; ceux qui servent encore aujourd'hui et qui constituent ses moyens actuels de production.

Travaux abandonnés. — Le tableau suivant donne la nomenclature des puits creusés successivement par la Compagnie d'Aniche et qu'elle a abandonnés, soit parce qu'ils n'avaient pas abouti, soit parce qu'ils étaient épuisés. Cette nomenclature est accompagnée de détails circonstanciés sur les résultats fournis par ces divers puits.

NUMÉROS.	NOMS des puits.	ANNÉE de l'ouverture des puits.	PROFONDEUR atteinte.	ANNÉE de l'abandon des puits.	OBSERVATIONS.
			mèt.		
1-2	De Fressain......	1773	12? 12?	1774	Abandonnés à faible profondeur, on ignore pour quel motif.
3	De Monchecourt..	1774	152	1777	Pénétra dans le terrain dévonien. — Reprise par la Société de Monchecourt, en 1838.
4	Saint-Mathias....	1777	276	1840	A servi à l'exploitation, mais surtout à l'épuisement.
5	Sainte-Catherine.	1777	350	1840	A fourni une assez grande quantité de charbon.
6	Saint-Laurent....	1779	248	1786	N'a servi qu'à l'épuisement.
7	Sainte-Thérèse...	1779	200	1786	N'a presque rien produit.
8	Sainte-Barbe....	1786	350	1850	Le plus productif des anciens puits
9	Saint-Waast.....	1786	230	1840	N'a servi qu'à l'épuisement.
10	Sainte-Hyacinthe.	1793	273	1840	A produit à peine 150 000 tonnes de houille.
11	Aglaé..........	1798	15?	1799	On ne put y vaincre les eaux avec les moyens dont on disposait.
12	La Paix.........	1815	80	1816	Inondée à la suite de rupture de cuvelage.
13	L'Espérance.....	1817	333	1850	A produit environ 450 000 tonnes de houille.
14	De Mastaing.....	1835	143	1837	A pénétré dans le terrain dévonien.
15	D'Aoûst.........	1836	357	1871	Terrains brouillés. — A fourni 200 000 tonnes.

Hauteur totale des 15 puits creusés : 3 031 mèt. — Profondeur moyenne : 202 mèt.

Ainsi, 15 anciens puits creusés sur une hauteur totale de 3031 mètres ont été abandonnés, et quoique la dépense d'exécution de ces 3031 mètres de puits fût autrefois moins coûteuse qu'aujourd'hui, elle ne représente pas moins un chiffre très-considérable.

L'établissement de ces puits nécessita : l'acquisition de terrains qui sont encore la propriété de la Compagnie ; l'établissement de machines d'extraction et d'épuisement et de leurs accessoires, et de bâtiments destinés à les recevoir, qui ont aujourd'hui complétement disparu ; enfin, la création d'un matériel et d'un outillage dont il ne reste plus de trace.

La Compagnie a exécuté, en outre, 28 vrais sondages poussés à des profondeurs variables, sans compter les nombreux forages d'exploration entrepris autrefois dans sa concession et en dehors, alors qu'elle sollicitait des extensions de périmètre.

Dépenses en travaux neufs. — De 1773 à 1839. — Tous ces travaux, exécutés pendant la période de 1773 à 1839, et dont il ne reste rien aujourd'hui, ont coûté des sommes importantes qu'il n'est pas facile de chiffrer exactement, mais que l'on peut apprécier au moins approximativement.

Dans un Mémoire adressé et au Directoire du Nord et au président du Conseil des Mines, au commencement de 1796 (p. 44), les directeurs de la Compagnie établissaient qu'ils avaient dépensé à cette époque 2 200 625 £, laquelle somme provenait, savoir :

1° Des mises.......................... 945 000 £
2° Des emprunts...................... 645 790
3° De la vente des charbons........... 609 833

A partir de 1796 jusqu'en 1839, on vécut misérablement, au jour le jour, en dépensant successivement à l'approfondissement des puits nouveaux, au renouvellement du matériel et de l'outillage qui dépérissait, enfin, à des travaux d'exploration en dedans et en dehors du périmètre de la concession, tous les bénéfices que l'on réalisait dans l'exploitation. Quand ces bénéfices étaient insuffisants pour couvrir les charges de l'entreprise, on faisait des emprunts que l'on remboursait dans les moments meilleurs.

Ces bénéfices, malgré quelques années défavorables, ne laissèrent pas, appliqués à une période de quarante et quelques années, d'être importants. Ainsi, à l'assemblée générale de septembre 1798, on constate « que le bénéfice des deux veines, nos 7 et 10 à Sainte-Barbe, a monté, depuis quatorze mois, à 68 000 £, frais d'extraction déduits » (p. 49).

Ainsi encore, à l'assemblée générale du 20 juin 1805, il est annoncé « que la position de l'entreprise, qui se trouve avoir en caisse la somme de 31 253 £ 10 s. 11 d., résultant du bénéfice qu'elle a fait dans le courant de l'année, etc. » (p. 58).

Le produit de la vente dépassait le montant des dépenses :

De 103 074 19 en 1812 (page 68).
De 81 407 04 en 1813 (—   69).
De 30 400 » en 1814 (—   70).

malgré une dépense de 60 000 £ au moins à la fosse de la Paix.

Pendant les cinq années 1822-1826, les bilans constatent des excédants de recettes sur les dépenses de 100 000 francs en moyenne par année (p. 78).

De 1830 à 1836, le bénéfice annuel s'élève à environ 70 000 fr. (p. 87).

On peut donc admettre que les bénéfices de l'entreprise de 1796 à 1839 atteignirent au minimum, en moyenne, le chiffre de. . . . .   50 000 fr.
par an, et pendant quarante-trois ans. . . . . .   2 150 000 fr.

Les 8 dividendes distribués pendant cette longue période, ne s'élevèrent ensemble qu'à. . . . . .Fr.   657 57
par denier, soit pour 260 deniers en circulation,
à. . . . . .Fr.   170 968 20

On employa donc en travaux de création, en renouvellement de matériel et d'outillage et en exploration, de 1796 à 1839. . . . . .Fr.   1 979 031 80

Si à cette somme on ajoute. . . . .   2 200 625   »
dépensés antérieurement à 1796, on voit que la Compagnie d'Aniche avait dépensé, au 31 mars 1839, en travaux de premier établissement.. . . . . .Fr.   4 179 000   »

De 1839 à 1855. — En 1839, la direction de la Société fut réorganisée (p. 93), et les inventaires annuels établissent régulièrement les dépenses faites en travaux neufs. Ces dépenses se sont élevées du 31 mars 1839 au 31 mars 1855, à. . .   3 208 784   »

De 1855 à 1878. — C'est en 1855 que fut adopté le programme d'un grand développement de l'exploitation (p. 116), et le détail des dépenses effectuées en travaux neufs, depuis cette époque jusqu'au 31 mars 1878, est consigné dans le tableau plus loin (page 272).

Le montant de ces dépenses a été de . . . . . .   10 043 052   »

Total. . . . . . .Fr.   17 430 836   »

Capital engagé dans l'établissement. — Près de 17 millions et demi, tel est le capital réellement dépensé en travaux pour constituer l'établissement des Mines d'Aniche et l'amener à l'état actuel.

A ce chiffre, il faut ajouter la somme nécessaire pour la marche de l'entreprise, c'est-à-dire le fonds de roulement, dont voici la composition telle qu'elle ressort du bilan arrêté au 31 mars 1878 :

Approvisionnements en magasin...... Fr.	598 888	»
Charbons et coke invendus..........	295 856	»
Caisse et portefeuille..............	417 621	»
Dépôts chez les banquiers..........	452 898	»
Prêts et avances à des ouvriers.......	17 801	»
Acheteurs de houille..............	559 585	»
Total...... Fr.	2 342 649	»
On a alors................. Fr.	19 773 485	»

Soit près de 20 millions pour le capital engagé dans l'entreprise.

TABLEAU

des dépenses en travaux neufs, effectuées aux mines d'Aniche pendant les 23 dernières années, 1855-1877.

ANNÉES.	ACQUISITION de terrains.	PERCEMENT de nouvelles fosses.	ÉTABLISSEMENT de chemins de fer et de pavés.	ACQUISITION de matériel et d'outillage.	CONSTRUCTION de maisons, bâtiments ue fosses, ateliers, etc.	ENSEMBLE des travaux neufs.
	fr.	fr.	fr.	fr.	fr.	fr.
1855	145 288	196 261	116 392	49 234	118 159	625 334
1856	57 912	209 543	135 801	149 248	121 623	674 127
1857	35 487	284 853	4 406	88 723	93 657	507 126
1858	4 371	192 385	95 185	44 066	47 272	383 279
1859	76 054	146 335	60 317	90 420	88 341	461 467
1860	5 728	266 586	33 717	46 091	95 128	447 250
1861	50 850	163 338	8 355	10 380	70 184	303 137
1862	4 358	111 506	20 348	70 325	106 269	312 806
1863	34 855	»	36 776	18 204	83 517	173 352
1864	38 745	».	108 209	11 589	18 757	177 300
1865	41 138	13 396	36 058	127 506	70 921	289 019
1866	96 150	282 053	51 737	81 561	158 595	590 096
1867	39 092	213 933	3 646	59 150	153 844	469 665
1868	33 933	131 113	8 397	31 175	48 672	253 590
1869	49 163	69 718	105 085	87 648	68 057	379 671
1870	13 061	5 990	22 095	84 998	249 178	375 322
1871	39 026	5 224	55 040	60 775	22 374	182 439
1872	46 952	113 387	40 156	59 559	49 771	309 825
1873	57 650	108 158	5 350	219 180	195 489	585 827
1874	42 708	225 850	30 344	106 986	253 866	659 754
1875	30 170	413 346	2 628	160 192	281 422	887 758
1876	25 146	407 330	»	125 878	52 188	610 542
1877	20 532	320 241	»	19 050	24 543	384 366
Totaux.	988 369	3 800 576	980 042	1 801 938	2 472 127	10 043 052

Il m'a paru très-utile d'exposer par un exemple et en détail les dépenses qu'exigent les travaux de création d'une houillère d'une certaine importance, et de faire voir ainsi que la valeur qu'atteignent ses titres d'actions, comme les dividendes qu'ils reçoivent, ne sont que la juste rémunération d'efforts considérables, développés pendant de longues années et effectués à l'aide de très-grands capitaux.

Ainsi, le tableau qui précède montre que, pendant les vingt-trois dernières années, 1855-1877, la Compagnie d'Aniche a dépensé :

	En totalité.	En moyenne par année.
1° En acquisition de terrains exclusivement utilisés pour ses travaux...	988 369	42 972
2° En creusement de nouveaux puits, à partir du sol jusqu'à leur mise en extraction	3 800 576	165 242
3° En créations de voies de communication, chemins de fer et routes pavées	980 042	42 611
4° En acquisitions de machines, générateurs, matériel et outillage divers.	1 801 938	78 345
5° En constructions de maisons d'ouvriers, bâtiments de fosses, bureaux, ateliers, etc..............	2 472 127	107 484
Ensemble..........	10 043 052	436 644

Je ferai remarquer :

1° Que cette dépense de 436 654 francs par année, de 1855 à 1878, a été employée en travaux utiles, fructueux, et que pas la moindre somme n'a été perdue en travaux stériles, improductifs;

2° Qu'à Aniche, ainsi qu'il a été dit page 227, si on n'a pas marchandé les dépenses en améliorations produisant une économie dans le prix de revient, on n'a pas sacrifié aux idées de luxe dans les installations, idées peut-être trop facilement acceptées dans les houillères, à la suite des grands bénéfices réalisés pendant la crise des charbons.

Capital engagé par tonne de houille produite. — Les développements qui précèdent établissent que la Compagnie des Mines d'Aniche a dépensé en travaux de premiers établissements :

1° De 1773 à 1796....................... 2 200 000
2° De 1796 à 1839....................... 1 979 000
3° De 1839 à 1855..................... 3 209 000

4° De 1855 à 1878....................... 10 043 000
5° Et que le fonds de roulement nécessaire à
    sa marche actuelle est de..............   2 342 000

              Total.............. 19 773 000

représentant le capital réellement engagé aujourd'hui dans l'entreprise.

La production de houille des sept dernières années a été, page 265, en moyenne de 580 000 tonnes, de sorte que le capital engagé correspond à 3 400 000 francs par cent mille tonnes extraites, ou 34 francs par tonne.

Il est vrai que dans les conditions d'installation actuelles, l'exploitation de la Compagnie d'Aniche pourrait fournir facilement 700 000 tonnes par an, si les débouchés le permettaient. Même avec ce dernier chiffre de production, le capital engagé correspondrait encore à 2 800 000 francs par cent mille tonnes, ou 28 francs par tonne.

Ces chiffres, quelque élevés qu'ils paraissent, sont plutôt inférieurs que supérieurs à ceux de la plupart des houillères du Nord et du Pas-de-Calais, ainsi que le montrent les exemples suivants.

M. Ch. Mathieu, directeur des Mines de Douchy, dans sa brochure « Les houillères anglaises et les houillères du département du Nord en 1860 » donne les chiffres suivants pour les frais de premier établissement des Mines de Douchy :

Fosses avec machines et construction........ 3 500 000
Terrains et maisons d'ouvriers.............. 2 500 000
Matériel du fond et du jour.................   600 000
Machine d'épuisement........................   160 000
Puits abandonnés, forages, routes, rivages... 1 075 000
Chemins de fer, chevaux..................... 1 042 000

              Total.............. 8 877 000

La production des Mines de Douchy était en 1870 de 147 000 tonnes. Elle a atteint son maximum, 181 060 tonnes, en 1873. Ainsi, le capital engagé dans cette houillère représente près de 5 millions par cent mille tonnes, ou 50 francs par tonne.

La Compagnie des Mines de Béthune, concession de Bully-Grenay, établit dans son bilan, arrêté au 30 juin 1877, les chif-

frès de ses dépenses de premier établissement de la manière
suivante :

Concession............................	360 315 21	
Sondage d'Aix-Noulette...............	137 289 88	
		497 605 09
Fosse nº 1...........................	1 855 226 78	
— 2...........................	2 565 463 18	
— 3...........................	1 515 948 08	
— 4...........................	970 325 55	
— 5...........................	1 458 704 12	
— 6...........................	1 316 734 62	
— 7...........................	910 695 24	
		9 593 097 57
Bureaux, ateliers, magasins à Bully....	240 279 87	
Établissement à Violaine.............	281 457 12	
Terrains, cités ouvrières, écoles, immeubles.........................	5 023 880 26	
Mobilier et matériels divers..........	296 806 70	
Chemin de fer de Bully à Violaine et ses embranchements..................	1 951 695 83	
		7 794 119 78
Total................		17 884 822 44
Il faut y ajouter le fond de roulement nécesaire à la marche de l'entreprise, et dont voici le détail :		
Caisse et portefeuille.................	294 611 55	
Débiteurs divers.....................	1 476 784 05	
Charbons et agglomérés en magasin...	349 216 89	
Marchandises et briques en magasin...	671 352 91	
		2 791 965 40
Ensemble............		20 676 787 84

Les Mines de Bully-Grenay, qui ne produisaient en 1869 que
200 000 tonnes, sont arrivées à produire, en 1877, 425 000 tonnes,
et leurs travaux sont préparés pour produire davantage encore,
600 000 tonnes peut-être.

Le capital engagé dans ces mines représente, avec la production
actuelle, près de 5 millions par 100 000 tonnes, ou 50 francs
par tonne, et avec la production possible 3 300 000 francs par
100 000 tonnes, ou 33 francs par tonne.

M. Jules Marmottan, président du conseil d'administration de
la Compagnie des Mines de Bruay, dans une publication parue
lors du Congrès de l'Industrie minérale, estime « que l'installa-
« tion des quatre puits de la Compagnie de Bruay, les terrains,

« les maisons, les écoles, les ateliers, l'outillage, les chemins de
« fer, le rivage, y compris le fonds de roulement, avaient coûté,
« à la date du 30 juin 1875. . . . . Fr.   13 557 521   52

Dans une notice publiée à l'occasion de l'Exposition universelle de 1878, il est dit que : « du
« 1er juillet 1875 au 30 juin 1877, il a été dépensé
« en travaux . . . . Fr.   1 803 783   47

« Total des dépenses au 30 juin 1877. . . . Fr.   15 461 304   99

Or, la production des Mines de Bruay n'était encore, en 1877,
que de 310 000 tonnes, de sorte que le capital engagé dans cette
houillère est de 5 millions par 100 000 tonnes, ou de 50 francs
par tonne.

En admettant que les travaux préparés permettent une extraction de 450 000 tonnes, le capital serait encore de près de 3 millions et demi par 100 000 tonnes ou 35 francs par tonne.

M. Burat, dans sa publication *les houillères de la France en
1866*, dit : « On évalue à près de 100 millions le capital immo-
bilisé par la Compagnie d'Anzin depuis son origine. » Or, Anzin
produisait, en 1866, 1 275 000 tonnes, et produit actuellement 2
millions de tonnes.

Le capital engagé est donc de 5 millions par 100 000 tonnes ou
de 50 francs par tonne.

Ainsi, les frais de premier établissement des différentes houillères qui viennent d'être citées comme exemples, sont par
tonne

	Avec la production actuelle.	Avec la production possible.
Aniche.	34 »	28 »
Douchy	50 »	50 »
Bully-Grenay	50 »	33 »
Bruay.	50 »	35 »
Anzin.	50 »	50 »
Moyenne.	47 »	40 »

Les chiffres ci-dessus représentent, je crois, très-exactement,
la moyenne du capital engagé par tonne extraite dans l'ensemble des houillères du Nord et du Pas-de-Calais.

La production de ces houillères a été en 1877 de 6 800 000 tonnes, et pourrait s'élever avec les travaux préparés actuellement à 9 500 000 tonnes[1].

On voit donc que le capital engagé dans les Mines des Bassins houillers du Nord et du Pas-de-Calais s'élève à près de 400 millions de francs.

Il est de toute justice que cet énorme capital dépensé trouve son intérêt et son amortissement comme celui engagé dans les chemins de fer et dans les diverses industries. Pour cela, il faut que les houillères du Nord de la France réalisent un bénéfice moyen de 3 francs par tonne. Si ce bénéfice a été obtenu dans les quelques années de la crise houillère, pendant laquelle les prix de vente ont atteint des chiffres très-élevés, il n'en est plus ainsi aujourd'hui, et je ne crois pas qu'actuellement aucune mine de cette région, même la plus favorisée, obtienne ce bénéfice de 3 francs par tonne, nécessaire pour servir l'intérêt et l'amortissement de son capital.

Consistance des Établissements de la Compagnie d'Aniche. — J'ai donné page 268 le détail des anciens travaux abandonnés qui représentaient une dépense d'établissement de 4 179 000 francs au 31 mars 1839.

Le complément des 19 773 000 francs engagés dans cette entreprise, soit 15 594 000 francs, est représenté par les puits, les terrains, les constructions, les chemins de fer, les machines, le matériel et l'outillage, et le fonds de roulement indispensable dont je vais donner un aperçu.

La Compagnie d'Aniche possède actuellement douze puits, dont neuf servent à l'extraction, deux à l'aérage et un est en percement.

On trouvera dans le tableau ci-après les indications relatives à ces puits :

---

1. *Le droit de douane sur les houilles,* par E. Vuillemin, 1877.

NUMÉROS.	NOMS des puits.	ANNÉE de l'ouver-ture des puits.	DIAMÈTRE des puits.	PROFONDEUR atteinte.	OBSERVATIONS.
			mèt.	mèt.	
1	La Renaissance.	1839	2 66	347	Sert à l'aérage et à la descente des ouvriers.
2	Saint-Louis.....	1843	3 »	420	En Exploitation.
3	Fénelon........	1847	3 »	420	—
4	Trainel	1848	3 »	278	L'exploitation y est suspendue. — Sert à l'aérage.
5	Gayant........	1852	4 »	320	En exploitation.
6	Archevèque	1854	4 »	336	—
7	Notre-Dame	1856	4 »	286	—
8	Sainte-Marie....	1857	4 »	354	—
9	Dechy	1860	4 »	315	—
10	Saint-René	1866	4 »	260	—
11	Bernicourt	1866	4 »	312	Entre en exploitation.
12	Roucourt.......	1875	4 »	203 203	2 puits — en creusement.
	Hauteur totale...................			4 054	mètres des 12 puits en activité. — Profondeur moyenne, 321 mètres.

La colonne de ces douze puits, de 4 054 mètres de hauteur, une lieue, représente un cube ou volume de. .   42 343 mètres cubes.

Les galeries à travers bancs, ou bowettes, qui aboutissent à ces puits, ont une longueur de 16 145 mètres, formant un vide de. . . . .   63 880 mètres cubes.

Les voies de fond, ou galeries principales de l'exploitation, ont un développement de 23 075 mètres dont le vide est de. . . . .   73 800 mètres cubes.

Ainsi les   4 054 mètres de puits,

les 16 145 mètres de bowettes,

les 23 075 mètres de voies de fond,

ou les 43 274 mètres, soit près de onze lieues de puits et galeries principales representent un volume ou cube de 180 036 mètres cubes

Ces quelques chiffres permettent de juger de l'importance des

travaux que comporte la création d'une houillère comme celle
d'Aniche et de l'énorme dépense qu'elle exige.

Tous les puits des Mines d'Aniche sont cuvelés sur une hauteur moyenne de 81 mètres dans le niveau des eaux. Il existe
donc 1000 mètres de cuvelage, dont l'exécution a exigé plus de
2 200 mètres cubes de chêne de choix, et une dépense de plus de
500 000 francs. Tous ces puits, sauf ceux de Roucourt, en percement, sont guidés en chêne. La longueur de ces guides est en
totalité de 17 792 mètres, et avec les moises sur lesquels ils sont
fixés, ils représentent en volume plus de 700 mètres cubes de
chêne, d'une valeur de plus de 100 000 francs.

Les cables plats en aloës qui desservent les puits présentent
une longueur totale de 11 700 mètres et pèsent 95 000 kilogrammes.

Les petits chemins de fer qui règnent dans toutes les galeries
pour amener les houilles au puits ont un développement de
66 994 mètres et comprennent, avec les plaques de fonte et de
tôle employées comme accessoires, 1 200 000 kilogrammes de
métal.

On s'expliquera ces chiffres lorsqu'on saura, qu'année moyenne,
les travaux d'abattage enlèvent la houille sur près de 66 hectares de couche (page 168).

L'emplacement des puits, des chemins de fer qui les desservent, des constructions qu'ils exigent, celui des cités ouvrières,
des ateliers, etc., occupent une superficie de plus de 82 hectares,
dont l'acquisition a coûté à la Compagnie environ 20 000 francs
l'hectare, soit 1 640 000 francs.

Les constructions existant aux mines d'Aniche comprennent :

1° Douze bâtiments recouvrant les puits, et renfermant les
machines, les générateurs et les divers appareils nécessaires à
l'extraction et leurs annexes, magasins, baraques d'ouvriers, etc. ;

2° Les ateliers de réparation, magasins généraux et bureaux,
établis dans chacune des divisions d'Aniche et de Douai ;

3° Les maisons occupées par les principaux chefs de la Compagnie ;

4° Sept cents maisons d'ouvriers ;

5° Une usine à coke, avec ses accessoires, fabriquant 100 tonnes par jour, etc.

Près de 2 500 000 francs ont été consacrés à l'exécution de ces constructions depuis 1855 (page 272).

Tous les puits, les ateliers et les verreries d'Aniche sont reliés entre eux, au chemin de fer du Nord et au canal de la Scarpe, par des embranchements de chemins de fer à grande section, sur lesquels circulent les wagons de la Compagnie du Nord.

Le développement de ces embranchements est de 22 kilomètres, et ils sont desservis par 7 locomotives et 86 wagons appartenant à la Compagnie d'Aniche. Le mouvement sur ces embranchements a porté en 1877 sur 80 781 wagons chargés, soit sur 1 518 400 tonnes kilométriques.

La dépense de leur service, traction et entretien, s'est élevée cette année à 242 000 francs.

En construction de chemins de fer, la Compagnie a dépensé, depuis 1855, 980 000 francs, terrains non compris (page 272).

Les machines d'extraction de la Compagnie d'Aniche sont toutes du système horizontal, à deux cylindres, généralement de 0^m,66 de diamètre, et 2 mètres de course, et de la force de 150 chevaux.

Voici le détail de ces machines et de celles employées aux divers services de l'établissement :

```
 9 Machines d'extraction de 150 chevaux.......   1 350 chevaux.
 4     —          —        diverses.............     150    —
 2     —        de traction mécanique...........      60    —
 7     —        de ventilateur .................     200    —
11     —        alimentaires...................      70    —
10     —        employées à divers usages........     170    —
                                                   ___________
43 Machines d'une force totale de.............   2 000 chevaux.
```

Elles sont alimentées par 54 générateurs.

Je n'insisterai pas sur l'importance du matériel et de l'outillage de toute espèce que réclame la marche d'un établissement dont les chiffres cités ci-dessus accusent l'importance. Je me bornerai à rappeler que de 1855 à 1878, la Compagnie a dépensé en acquisition de machines, matériel et outillage, 1 801 938 francs (page 272).

Quant au fonds de roulement de 2 342 649 francs, nécessaire au fonctionnement régulier de l'entreprise, on en trouvera le détail (page 272).

Les nombreux détails que je viens de donner montrent suffisamment les efforts qu'il faut déployer, les sacrifices d'argent qu'il faut s'imposer, et enfin le temps considérable qu'il faut consacrer pour amener une houillère à fournir une production de quelqu'importance.

Pour tout esprit impartial, il restera certainement après la lecture de l'exposé qui précède la conviction qu'aucune industrie n'exige, autant que celle des mines de houille, l'énergie, la confiance et la persévérance; que le succès, lorsqu'il vient couronner de semblables efforts, de pareils sacrifices, est justement mérité; enfin qu'il importe à un pays d'encourager, de favoriser même les hommes entreprenants qui consacrent leur intelligence, leur activité et leurs capitaux à la création si longue, si aléatoire de nouvelles houillères d'un intérêt vivement public.

XXIV

Prix de revient.

Antérieurement à 1800. — L'exploitation de la houille, commencée à Aniche en 1780, se faisait dans les premières années à des prix très élevés, dépassant de beaucoup les prix de vente. Les fosses étaient tombées sur un gisement pauvre, très-accidenté, et les travaux exécutés étaient plutôt des travaux d'exploration que des travaux d'exploitation. Ils ne fournissaient annuellement que de 4000 à 7000 tonnes jusqu'en 1797.

L'exploitation de Sainte-Thérèse, entreprise par le sieur Quennesson en 1782 (p. 21), se traduisit cependant par un excédant de produit sur les dépenses de 400 £.

La houille se vendait alors 23 s. 9 d. la mesure ou 9 fr. 50 la tonne.

Le prix de revient du sieur Quennesson devait être d'environ 9 fr. la tonne.

D'après le préfet Dieudonné, l'exploitation de la compagnie d'Anzin fournissait, en 1789, 280 000 tonnes de houille.

	fr.	fr.
Ses dépenses s'élevaient à.........	2 263 300	ou 8 08 par tonne ; savoir :
4 000 employés et ouvriers........	1 100 000	ou 3 93 par tonne.
40 000 stères de bois pour étançonnage, cuvelage ou charpente.....	300 000	ou 1 » —
30 000 tonnes de houille pour les machines à feu, à 9 fr...........	270 000	ou » 97
Entretien et achats de chevaux, construction et entretien des pompes à feu et ustensiles de l'établissement.....................	593 300	ou 2 18 —
Ensemble..........	2 263 300	ou 8 08 par tonne.

Le prix de vente moyen, d'après Dieudonné, était alors de 12 fr. 125, de sorte que le bénéfice par tonne atteignait environ 4 francs.

M. Ed. Grar, dans son *Histoire des Mines de houille du nord de la France*, en citant les chiffres de Dieudonné, observe que le prix de vente n'était que de 10 francs au lieu de 12 fr. 125, mais par contre que la production s'élevait à 375 000 tonnes au lieu de 280 000.

Avec le chiffre d'extraction de 375 000 tonnes, le prix de revient de la tonne devient :

Main-d'œuvre	2 93
Bois et perches	» 80
Charbon pour machine	» 72
Entretien et fourniture de matériel	1 58
Total	6 03
Le prix de vente étant réduit à	10 »
Le bénéfice par tonne est d'environ	4 »

En 1791, postérieurement à l'inondation des premières fosses d'Aniche, alors qu'on exploitait dans la fosse Sainte-Barbe, environ 6000 tonnes par an, le produit de la vente du charbon, qui valait alors 10 fr. 50 la tonne, était loin de suffire aux besoins de l'entreprise (p. 31).

Le prix de revient dépassait donc très-notablement 10 fr. 50.

En 1798, cette même fosse Sainte-Barbe produisait 15 000 tonnes, ou 1250 tonnes par mois. Le prix de vente était alors de 13 fr. 60 la tonne. L'exploitation donna en 14 mois 68 000 francs de bénéfice (p. 49), ou 4857 francs par mois. Ce bénéfice correspondait à 3 fr. 88 par tonne, le prix de revient était donc de 9 fr. 72.

En 1804. — En 1804, avec une production de 23 200 tonnes, la compagnie d'Aniche réalisait un bénéfice de 31 253 £ 10ˢ 11ᵈ (p. 58) ou 1 fr. 36 par tonne. Le prix de vente était de 14 fr. 50, et par conséquent le prix de revient de 13 fr. 14.

En 1812. — L'année 1812, ainsi qu'il a été dit pages 67 et suivantes, donna des résultats très-favorables. L'extraction fut de 29 851 tonnes ; le produit des ventes s'éleva à. . .   419 257 45
  ou 14 fr. 04 la tonne.

Les dépenses n'atteignirent que 316 183 29
  ou 10 fr. 57 la tonne.

Et le bénéfice fut de. 103 074 16

ou 3 fr. 45 par tonne.

Le montant total des dépenses, 316 183 fr. 29, comprenait les articles suivants que j'extrais d'un tableau intitulé :

Extraction du charbon des mines d'Aniche, pendant l'année 1812, comparée avec les dépenses qu'elle a causées, etc.

	DÉPENSES.	
	Total.	par tonne.
	fr. c.	fr. c.
MAIN D'ŒUVRE.		
508 ouvriers à 329 fr. par homme., ...	167 379 06	5 61
CONSOMMATION.		
Fer battu de toute espèce, fontes, limes, clous, acier, cuivre, plomb, soudure, chaîne, pelles, lampions, poudre et cuir.	9 094 90	» 30
Bois ouvré et de construction, 119 m.	2 102 33	» 07
Perches, 58,517.	27 311 68	» 91
Briques, pannes, chaux, sable et cendrée qui ont servi à l'entretien des bâtiments.	946 77	3 03
Chandelles, huile, suif, coton, savon et vieux oing. . . .	16 231 »	» 54
Cordages, leur façon, goudron et effilage d'étoupes. . .	4 640 10	» 15
Voiturages, frais de voyages, mannes, serpillères, etc.	11 680 74	» 39
	72 007 52	2 39
CHARBON.		
Employé au service de la mine et décomposé sur les terres.	35 141 25	1 18
CHEVAUX.		
30 chevaux à 615 fr. 17 c. par cheval, y compris les remplacements.	18 455 06	» 62
FRAIS GÉNÉRAUX.		
11 employés ou chefs-ouvriers, à raison de 1 106 fr. 18 par homme.	12 168 »	» 41
Contributions foncières, rendages. indemnités, escompte, primes et gratifications.	10 412 75	» 34
Frais d'administration et d'imprimés.	619 65	» 02
	23 200 40	» 77
Ensemble.	316 183 29	10 57

Le prix de revient actuel ne diffère pas sensiblement du prix de 1812, quoique les conditions de l'exploitation soient bien différentes.

Un ouvrier produisait, en 1812, 57 tonnes de houille et son salaire moyen était de 346 francs.

De 1870 à 1877, la production de l'ouvrier varie de 150 à 171 tonnes, et son salaire moyen de 1002 à 1281 francs.

Ainsi, comparativement à 1812, la production de l'ouvrier a triplé, mais son salaire a augmenté dans une proportion un peu plus grande.

La main-d'œuvre par tonne a donc légèrement augmenté.

La dépense en consommation est restée sensiblement la même qu'en 1812, quoiqu'à cette dernière date un assez grand nombre d'objets fussent à des prix beaucoup moins élevés qu'aujourd'hui. Ainsi, les perches coûtaient en moyenne 0 fr. 47 la pièce, alors qu'elles reviennent actuellement à 0 fr. 90. Les autres bois, les fourrages, etc., coûtaient moins cher ; mais par contre les fers, les fontes, etc., étaient à un prix plus élevé.

Les frais généraux sont encore les mêmes qu'en 1812.

En 1819. — Le rapport de M. Renard, reproduit aux pièces justificatives sous le n° 31, donne des chiffres de dépenses qui permettent d'établir le prix de revient de l'exploitation d'Aniche de la manière suivante :

Main d'œuvre........ .... Fr.	7 98
Consommation....................................	2 82
Charbon consommé.	4 03
Frais généraux................................	» 66
Total............ ..	15 49
Le prix moyen de vente était de...............	16 47
Et le bénéfice de...............................	» 98

La quantité de charbon consommée donnée par M. Renard était évidemment exagérée ; de plus, il comptait à un taux trop élevé le prix de ce charbon, 1 fr. 75 l'hectolitre ou 16 fr. 66 la tonne.

De 1821 à 1830. — Pendant cette période, le prix de revient brut de la tonne de houille aux Mines d'Aniche, non compris les frais généraux, varie de 10, 12 à 13 fr. 60 ; l'extraction annuelle variant elle-même de 28 000 à 37 000 tonnes.

Ainsi en 1827, il est de 11 fr. 95 . . . . 11 95

Se décomposant ainsi :

```
Main d'œuvre ........................... Fr.    7 17
Consommation................................    3 29
Charbon consommé............................    1 49
```

De 1830 à 1840. — Le prix de revient brut, sans compter les frais généraux, est compris entre 9 fr. 66 (1833) et 14 fr. 40 (1839). L'extraction varie entre 26 000 tonnes (1839) et 41 000 tonnes (1833).

En 1836, il est de . . . . Fr.   12 10

Savoir :

```
Main d'œuvre............................. Fr.    7 72
Consommation ..............................    2 71
Charbon consommé...........................    1 67
```

De 1840 à 1850. — L'abandon des anciennes fosses et l'ouverture des nouveaux puits sur le gisement très-régulier de houille sèche de Somain, l'augmentation de la production, amènent une réduction considérable dans le prix de revient, et cela malgré une augmentation notable du prix des journées.

Ainsi, de 1845 à 1850, avec des productions annuelles de 60 000 à 100 000 tonnes, le prix de revient brut de l'exploitation ne dépasse guère 6 fr. 50 la tonne, savoir :

```
Main d'œuvre..  .......................... Fr.    4 20
Consommation...................................    2  »
Charbon consommé...........................     » 30
                                                 ―――
              Total............ Fr.    6 50
```

La main-d'œuvre se décompose ainsi :

```
Abattage et percement de voies..  .......... Fr.    1 55
Transport intérieur..........................     » 65
Remblayage et travaux au rocher...........  ....    » 65
Boisage et réparations.......................     » 50
Surveillance, extraction, divers.................    » 85
                                                   ―――
              Total.... .......... Fr.    4 20
```

Les consommations, en outre du charbon brûlé, par les machines se composaient de :

```
Fournitures des ateliers de la forge et de la char-
   penterie................................ . Fr.    » 53
Perches et bois de voie .......................     » 81
Fournitures du magasin .......................     » 28
Câbles d'extraction...........................     » 18
Éclairage des ouvriers........................     » 20
                                                    ―――
              Total............ Fr.    2  »
```

Les frais généraux, traitements d'employés, frais d'administration, etc., ne s'élevaient alors qu'à 40 0.0, 50 000 francs au plus par année, soit à 0 fr. 50 à 0 fr. 60 par tonne extraite.

Le prix de revient total, tous frais compris, n'était donc que d'environ 7 fr. la tonne. C'était un prix très-bas qui témoigne de l'esprit d'ordre et d'économie qui présidait à la conduite de l'exploitation.

Aussi, pendant cette période de 1845 à 1850, malgré des prix de vente très-faibles, qui ne dépassaient pas 10 francs net la tonne, la compagnie d'Aniche réalisait des bénéfices satisfaisants.

De 1850 à 1860. — L'extraction, qui n'était que de 100 000 tonnes en 1849, s'accroît d'année en année et atteint le chiffre de 297 000 tonnes en 1859. Cet accroissement de 200 % dans la production des mines d'Aniche exigea une augmentation parallèle du nombre des ouvriers, et comme conséquence une augmentation de leurs salaires.

Le prix de revient s'éleva naturellement, non-seulement du fait de l'augmentation du prix des journées d'ouvriers, mais encore de leurs plus grandes exigences et aussi du fait des consommations en marchandises et en charbon qui s'accrurent notablement.

Ainsi, l'abattage et le percement des voies qui coûtaient 1 fr. 55 par tonne en 1845, coûtaient 2 fr. 20 en 1860, ou 33 % en plus. De même, la dépense de remblayage et de travaux au rocher passait de 0 fr. 65 à 0 fr. 93.

Les fournitures des ateliers, la consommation de perches, augmentaient de 20 %.

La dépense de charbon pour les machines s'accroissait de 50 %, conséquence de la profondeur plus grande des puits, d'une plus grande quantité d'eau à extraire et de l'emploi de fortes machines.

De 1860 à 1878. — Pendant cette période, l'extraction va croissant d'année en année, et passe de 297 000 tonnes, chiffre de 1859, à 600 000 tonnes et plus.

Le nombre des ouvriers s'élève de 2000 à 3500.

Le prix de base de la journée passe de 2 fr. 75 à 3 fr. 50. Mais le salaire journalier du mineur augmente dans une proportion bien plus considérable; il passe de 2 fr. 91, chiffre de 1854, à

6 fr. 07, chiffre de 1874, pour diminuer toutefois dans les années suivantes (p. 241).

Il en est de même du salaire annuel moyen de l'ensemble des ouvriers qui, de 812 fr. en 1860, s'élève à 1281 fr. en 1873 (p. 245).

Aussi, le prix de revient, en main-d'œuvre surtout, augmente dans une proportion énorme. Comme exemple de l'importance de cette augmentation, je citerai l'article *abatage de la houille et percement des voies* qui, de 1 fr. 55 en 1845, s'élève à 2 fr. 20 en 1860 et à 3 fr. en 1874 et 1875. Ce sont, on le voit, les ouvriers mineurs proprement dits, travaillant à marchandage, dont le salaire a le plus augmenté ; en effet, le tableau (p. 245) établit que le prix moyen de la journée de cette classe d'ouvriers était :

                 En 1844 de........................ Fr.   2 40
                 En 1854 de............................   2 91
                 En 1864 de............................   3 54
                 En 1874 de........... ....   6 07

En 30 ans, c'est une augmentation de 150 $^0/_0$.

Tous les autres articles de la main-d'œuvre se sont élevés dans la proportion de l'augmentation des salaires, mais dans une proportion moindre cependant que le prix de journée gagné par l'ouvrier mineur proprement dit.

Les consommations d'objets de toute espèce ont aussi augmenté notablement depuis 1845. Les puits sont plus profonds, les travaux plus étendus, et par suite leur entretien est plus coûteux. On a augmenté la puissance des machines et appliqué partout un matériel et un outillage plus parfaits, en vue de diminuer la main-d'œuvre de plus en plus rare et chère ; mais ces améliorations d'outillage se sont traduites par une augmentation de dépenses, non-seulement par leur prix d'achat, mais aussi par leur maintien en bon état de fonctionnement. Ainsi les articles *fournitures des ateliers* et *fournitures du magasin* ont-ils augmenté de 50 %.

Enfin, la consommation de charbon des machines, plus nombreuses et plus puissantes qu'autrefois, travaillant à plus grande profondeur, et épuisant des quantités d'eau beaucoup plus considérables, a plus que doublé.

Les frais généraux eux-mêmes se sont accrus de 50 $^0/_0$, par suite de l'augmentation du nombre des employés et de leurs traite-

ments. C'est une erreur de croire que la direction, la surveillance d'une grande entreprise est proportionnellement moins
coûteuse que celle d'une entreprise moyenne. Les difficultés de
surveillance, de contrôle sont, dans le premier cas, plus com-
plexes et exigent un plus nombreux personnel que dans une
entreprise moyenne, où quelques chefs, voyant tout par eux-
mêmes, suffisent parfaitement à imprimer une bonne direction
aux hommes et aux affaires.

Mais cet accroissement des frais généraux est dû surtout à
l'augmentation des charges qui pèsent si lourdement sur l'industrie en France depuis la guerre de 1870 : aggravation des
impôts anciens, établissement d'impôts nouveaux de toutes
sortes.

La Compagnie d'Aniche paye à l'État en contributions directes
plus de 10 $^{0}/_{0}$ de son produit net, savoir :

Redevance des mines......................	5 $^{0}/_{0}$
Impôt sur les dividendes................	3 »
Contributions directes..................	2 »
Total............	10 $^{0}/_{0}$

On peut juger, d'après les développements qui précèdent, de
l'aggravation considérable qui s'est produite dans le prix de
revient de la houille pendant ces dernières années, et du taux
auquel il s'élève aujourd'hui.

Dans l'établissement des prix de revient cités ci-dessus, ne
figurent ni l'intérêt, ni l'amortissement du capital engagé, qui
est en moyenne de 40 francs par tonne extraite (p. 276). Il n'est
pas d'usage dans les houillères de compter cet intérêt et cet
amortissement, à l'inverse de ce qui se fait dans toutes les industries où on les fait toujours entrer en première ligne, comme
frais généraux, dans le prix coûtant de la fabrication. Ce mode
de comptabilité, pratiqué par les Compagnies houillères, est
très-vicieux; il a pour effet de faire ressortir un prix de revient
trompeur, très-notablement inférieur au prix de revient réel, et
de laisser croire dans le public à l'existence de bénéfices élevés,
qui, le plus souvent, ne couvrent pas l'intérêt et l'amortissement des capitaux immobilisés dans les houillères.

Cette augmentation considérable du prix de revient s'est fait
sentir dans toute l'Europe. Elle a été la conséquence des prix

excessifs qu'ont atteints les houilles pendant la crise de 1873-1875, et qui ont fait monter les salaires de 50 pour 100.

Mais, ainsi que je l'ai dit (p. 243) : « Tandis qu'après la crise, les houillères étrangères ont pu faire disparaître complétement cette augmentation et ramener les salaires au taux de 1869, et même à un taux inférieur, dans le nord de la France, on a conservé la plus grande partie de cette augmentation, 30 pour 100 », et cela par suite de la différence de l'organisation de la main-d'œuvre en France et à l'étranger.

Le prix de revient de la houille reste donc et restera très-élevé dans le Nord. Il ne peut être réduit que par une économie sur la main-d'œuvre qui y entre, ainsi qu'on l'a vu plus haut, pour 66 pour 100 ou les deux tiers. Or, une diminution du salaire des ouvriers n'est pas possible. Ils ont pris des habitudes, ils se sont créé des besoins que les salaires actuels suffisent à peine à satisfaire. En France, on ne peut revenir en arrière. On a vu, par ce qui vient de se passer dans ces derniers temps, qu'une assez faible diminution des salaires, provenant plutôt encore d'une réduction du travail que d'une baisse proprement dite du salaire, provoquait immédiatement des plaintes très-vives, des grèves, qui indiquent suffisamment que les salaires non-seulement n'iront pas en diminuant, mais bien plus qu'ils iront en augmentant à la première reprise de l'industrie houillère.

XXV

Institutions en faveur des ouvriers.

Caisse de secours. — La création de la caisse de secours des Mines d'Aniche remonte à l'année 1801 (p. 54). C'est la première application, à ma connaissance, de cette utile institution.

Cette caisse ne possédait à l'origine que de faibles ressources, auxquelles suppléait la Compagnie lorsqu'il était nécessaire.

En 1823, ces ressources furent augmentées par l'obligation imposée d'une retenue de 3 pour 100 sur tous les salaires.

Elle subsista tant bien que mal, jusqu'en 1846, année où fut adopté par l'administration un règlement qui améliora notablement et régularisa les conditions de son fonctionnement.

Cependant en 1848, ainsi qu'il a été dit (p. 107), un certain nombre d'ouvriers demandèrent la suppression de la caisse de secours.

Cette utile institution fut heureusement maintenue; seulement la Compagnie intervint pour une plus forte contribution dans le fonds constitutif de la caisse; on augmenta le taux des secours et des pensions, et l'administration en fut confiée à un conseil composé d'agents principaux et d'ouvriers.

La caisse de secours des Mines d'Aniche a fonctionné depuis 1848, d'après cette organisation et le règlement de 1846; elle a rendu et continue à rendre les plus grands services à la population. Sagement et économiquement administrée, elle a pu successivement augmenter le chiffre des pensions de retraite des vieux ouvriers, de leurs veuves, et le taux des secours journaliers des ouvriers malades et blessés.

L'examen du compte des recettes et dépenses de cette caisse en 1876 permettra de se faire une idée et de son fonctionnement et de son utilité.

Recettes.

Produit de la retenue de 3 pour 100 sur les salaires des ouvriers.......................Fr.	112 043
Cotisation de la Compagnie....................	37 348
Produit des amendes.........................	10 318
Intérêt des fonds, etc.........................	6 874
Total............	166 583

Dépenses.

Service médical.............................Fr.	19 162
Secours aux malades et blessés..............	49 190
Pensions de retraite et de veuves.............	66 281
Service de l'instruction des enfants	21 526
Frais de funérailles, etc......................	6 142
Total..............	162 301

Caisse d'épargne. — Une succursale de la caisse d'épargne de Douai a été établie à Aniche en 1854, sur l'initiative de la Compagnie, et d'accord avec les autres industriels de la localité. Cette institution a obtenu dès l'origine le plus grand succès, et elle est de plus en plus appréciée.

De 35 374 francs en 1855, les versements sont allés en croissant chaque année, et ont atteint 232 033 francs en 1877.

Ces résultats inespérés sont dus en grande partie aux incitations, aux encouragements, aux facilités de versements donnés par la Compagnie à ses ouvriers.

Ainsi elle se charge d'effectuer chaque quinzaine, au nom de ceux qui en font la demande, le dépôt à la Caisse d'épargne de toutes sommes, même les plus minimes.

Pendant plusieurs années, elle a institué 31 prix de 10 à 60 francs chaque, d'ensemble 800 francs, qu'elle décernait à ceux de ses ouvriers qui faisaient les versements les plus importants et surtout les plus méritoires.

Avances aux ouvriers pour construction de maisons. — Et comme utilisation la plus avantageuse possible des épargnes ainsi opérées par ses ouvriers, elle a construit et continue à construire des maisons isolées qui leur sont cédées au prix coûtant, payables un tiers ou un quart comptant, et le reste par annuités, mais sans intérêts ni loyers.

En même temps elle a fait et continue à faire à ses ouvriers, dans les mêmes conditions, des avances pour agrandir d'anciennes maisons ou en ériger de nouvelles sur des terrains leur appartenant.

La Compagnie avance de même aux jeunes ouvriers qui se marient, les sommes nécessaires pour l'achat de leur petit mobilier.

Cités ouvrières. — La Compagnie a construit 700 maisons, avec petits jardins, pour loger une partie de ses ouvriers, et qu'elle leur loue à raison de 5 francs par mois.

Ces maisons réviennent à près de 3000 francs l'une. Elles représentent une dépense ou un capital de plus de 2 millions, dont l'intérêt à 5 pour 100 est de 100000 francs.

Or, défalcation faite des dépenses d'entretien et de réparation de ces maisons, dont un certain nombre est occupé gratuitement par des contre-maîtres, des veuves, etc., le produit de leur loyer n'a atteint en 1877 que 10252 francs.

La Compagnie supporte donc, du fait du logement d'une partie de ses ouvriers, un sacrifice annuel de près de 90000 francs.

Maisons d'école, etc. — La Compagnie a construit trois écoles de filles et salles d'asile dans les centres principaux de ses cités ouvrières.

L'instruction y est donnée par des sœurs de Saint-Vincent de Paul, qui visitent en même temps les familles, et y apportent les encouragements, les consolations et des secours dans les maladies et dans les épreuves de la vie.

Deux autres écoles, l'une de garçons, dirigée par des frères de la Doctrine chrétienne, l'autre de filles, dirigée également par des religieuses, et fondées par des personnes charitables, sont subventionnées par la Compagnie, et reçoivent gratuitement les enfants de ses ouvriers.

La construction de ces écoles, avec leurs accessoires, celle d'une chapelle desservie par un vicaire spécial dans un centre d'habitation éloigné des villages, a nécessité une dépense de près de 200000 francs.

En subventions pour reconstruction et agrandissements d'églises de diverses communes habitées par un assez grand nombre d'ouvriers mineurs, la Compagnie a dépensé dans ces dernières années plus de 50 000 francs.

Chauffage des ouvriers. — Chaque famille d'employés et d'ouvriers reçoit gratuitement le charbon nécessaire à son chauffage.

En 1877, il a été délivré pour cet usage :

```
   876 tonnes de charbon, tout venant, à 13 fr......   11 388
 9 742    —           —      menu, à 9 fr............   87 678
 ─────────                                            ─────────
10 618 tonnes d'une valeur de ................. Fr.   99 066
```

Dépenses annuelles pour les institutions en faveur des ouvriers. — La récapitulation des sommes consacrées annuellement par la Compagnie d'Aniche aux institutions en faveur de son personnel, fournit les résultats suivants :

Cotisation à la caisse de secours, y compris l'abandon des amendes . . . . Fr.   47 666

Perte d'intérêts sur les cités ouvrières. 90 000

Charbon accordé gratuitement au personnel pour son chauffage   66

Pertes d'intérêts sur avances pour construction de maisons, achat de mobilier, etc., capital employé à la construction d'écoles, etc. Subventions pour églises, écoles, etc. Secours extraordinaires à des ouvriers malades ou blessés ou dans le besoin. Supplément de pensions à de vieux ouvriers, à leurs veuves, etc. Gratification de Sainte-Barbe aux employés, etc. . . .   42 500

Ensemble. . . . . Fr.   279 232

Le personnel occupé par la Compagnie comprenant 3500 employés et ouvriers, ce chiffre de 279 232 francs correspond à environ 80 francs de supplément de salaire annuel.

Les chiffres donnés ci-dessus n'ont pas besoin de commentaire. Ils disent suffisamment la manière dont la Compagnie d'Aniche se comporte envers ses ouvriers.

Elle ne fait, du reste, que ce que font toutes les Compagnies houillères du nord de la France, et particulièrement la Compagnie d'Anzin.

Cette Compagnie, dans une Notice publiée à l'occasion de l'Exposition de 1878, établit qu'en 1877 elle a dépensé pour les institutions fondées en faveur de ses ouvriers 1 301 679 fr. 70.

Une enquête faite en 1871 par les membres de la Société de l'Industrie minérale, district du Nord, et dont j'eus l'honneur d'être nommé rapporteur, a établi également que, pendant l'année 1869, 17 autres houillères du Nord et du Pas-de-Calais, occupant 16 523 ouvriers, et produisant 2 755 000 tonnes de houille, avaient consacré 1 432 874 fr. 49, en subventions de toutes sortes aux institutions créées par elles en faveur de leurs ouvriers.

ANNEXE

ANNEXE

PUITS

EXÉCUTÉS PAR LA COMPAGNIE DES MINES D'ANICHE.

N° 1. **Fosses de Fressain.** — Deux fosses ouvertes en 1773 à l'angle du bois de Fressain, près du trou de Foret exécuté précédemment; — de forme carrée de 6 pieds 1/2 de côté; — abandonnées en 1774 à une faible profondeur.

2. **Fosse de Monchecourt.** — Proche la chapelle qui est sur le chemin qui conduit de Villers à Marcq, entre Fressain et Monchecourt; ouverte en 1774; abandonnée en 1777 à 152 mètres de profondeur, après exécution de galeries dans le rocher; — reprise en 1837 par la Compagnie de Monchecourt qui a exécuté deux galeries : une au nord de 71 mètres, et une au sud de 60 mètres, dans des schistes verdâtres qui ne peuvent être rapportés au terrain houiller; — abandonnée en 1839.

3. **Saint-Mathias.** — Ouvert en 1777, abandonné par suite d'inondation en 1786, repris en 1804; — n'a donné qu'une faible production. Ce puits servait à l'épuisement avec 8 pompes, dont 6 dans la fosse et 2 dans une bure, mues par un balancier. — Abandonné en 1840, après exécution d'un serrement.

Profondeur du puits......	205 mètres	
» du bure......	71	»
Profondeur totale........	276 mètres.	

4. Sainte-Catherine. — Ouvert en 1777; — découvre la houille en septembre 1778; — abandonné en 1786 par suite d'inondation; — repris en 1804; — a produit une assez grande quantité de houille relativement; — abandonné en 1840. — Profondeur, 350 mètres.

5. Saint-Laurent. — Ouvert en 1779; — abandonné en 1786; — n'a servi qu'à l'épuisement; — profondeur 248 mètres. C'est sur cette fosse que fut montée, en 1780, la première machine à feu d'Aniche. Elle fut fournie par Dorzé de Boussu pour le prix de 45 000 livres.

6. Sainte-Thérèse. — Ouvert en 1779; — abandonné en 1786; — n'a presque rien produit. — Profondeur, 200 mètres.

7. Sainte-Barbe. — Ouvert en 1786; — découvre le charbon en 1787; — entre en extraction en 1788; — abandonné et noyé en 1793 pendant l'invasion des Autrichiens; — repris au bout d'un an; — donna des bénéfices en 1796. On y établit une machine à rotation pour l'extraction en 1810. Le plus productif des anciens puits.

Exploitation abandonnée en 1840, à 350 mètres de profondeur; — consacré ensuite à l'épuisement avec une machine de Cornouailles jusqu'en 1850, époque à laquelle cette fosse fut comblée après exécution d'un serrement.

8. Saint-Vaast. — Ouvert en 1786; — on y monte une machine à feu en 1789; — n'a jamais servi qu'à l'épuisement. En 1840, on élevait l'eau de 350 mètres au moyen de 11 pompes en répétition, dont 7 placées dans le puits de Saint-Vaast, 2 dans le puits de Sainte-Barbe, et 2 dans une bure. Le mouvement était donné aux pompes de Sainte-Barbe par 3 balanciers de 6^m,60 et aux pompes de la bure par un autre balancier. — Abandonné en 1840 après serrement. — Profondeur, 230 mètres.

9. Sainte-Hyacinthe. — Ouvert en 1793; — suspendu par l'invasion des Autrichiens; — repris en 1799; — atteint la houille à 74 toises en 1800; — suspendu à diverses reprises et définitivement abandonné en 1840, à la profondeur de 273 mètres; — n'a produit que fort peu, — 150 000 tonnes environ.

La section de cette fosse dans le cuvelage était rectangulaire. C'est sur cette fosse que fut établie, en 1802, la première machine à vapeur d'extraction de Périer.

10. Aglaé. — Ouvert en 1798. — Abandonné en 1799 à une faible profondeur, par suite de l'abondance des eaux, que l'on n'épuisait qu'à l'aide d'une machine à carré mue par des chevaux.

11. La Paix. — Ouvert en 1815. — Le niveau fut difficile à passer. Il était traversé, lorsque, en 1816, l'éclat d'une pièce de cuvelage mena instantanément son inondation. Comme il n'y avait pas de machine à feu, on ne put épuiser la fosse, qui fut abandonnée à 80 mètres de profondeur. On y avait dépensé 122 817 francs. On perça à côté la fosse l'Espérance.

Nota. — Toutes les fosses précédentes étaient de forme carrée, sauf Sainte-Hyacinthe qui était rectangulaire.

12. L'Espérance. — Ouvert en 1817 à côté de *la Paix*. Terrain houiller à 184^m,87. — Abandonné en 1850, après exécution d'un serrement. — Profondeur, 333 mètres.—A produit assez abondamment, environ 450 000 tonnes. Première fosse d'Aniche dans laquelle on ait appliqué au cuvelage la forme octogonale.

13. Fosse de Mastaing. — 1835. — Le 31 mars 1837, était arrivée à la profondeur de 143^m,50.

On a fait 109 mètres de galerie au sud, 82 mètres en direction de l'est et 108^m,50 au nord. On était persuadé d'atteindre la houille d'un jour à l'autre ; mais cette espérance fut déçue : on était en pleine formation dévonienne. Les galeries donnaient de l'eau, surtout celle du nord, cependant en petite quantité, puisqu'on les épuisait avec des tonnes manœuvrées par un manége à chevaux.

14. D'Août. — Ouvert en 1836 ; — a été approfondi jusqu'à 357 mètres, mais tombé sur des terrains brouillés n'est entré en extraction qu'en 1845, et n'a produit que jusqu'en 1860, en tout 200 000 tonnes. Les couches rencontrées appartenaient au faisceau des anciennes fosses. On l'abandonne, après exécution d'un serrement, en 1871.

15. La Renaissance. — Ouvert fin septembre 1839 ; — mis en exploitation en 1841.

En 1862, par suite d'une rencontre d'eau dans une galerie au nord, l'extraction y a été abandonnée, et le puits a servi à l'épuisement et à l'aérage.

Depuis 1872, cette fosse, garnie d'une chemise en fonte dans le cuvelage, guidée et surmontée d'un sas à air, est utilisée pour l'aérage, la descente et la remonte des ouvriers de Saint-Louis et Fénelon. — Profondeur, 347 mètres.

15 *bis*. Saint-Louis. — Ouvert en 1843 ; — atteint le terrain houiller à 156 mètres ; — entré en exploitation en 1845, n'a cessé de produire. C'est le puits des Mines d'Aniche qui a été le plus productif, sous le double rapport de la quantité de houille extraite et du bénéfice réalisé. — Profondeur, 420 mètres.

16. Fénelon. — Ouvert en 1847 ; — première application des cages ; — mis en extraction en 1849 ; — profondeur, 420 mètres ; — a exploité au sud des couches de charbon à 18 à 20 pour 100 de matières volatiles, aujourd'hui abandonnées en profondeur à cause de leur irrégularité ; — exploite actuellement les couches de houille sèche.

17. Trainel. — Ouvert en 1848 ; — terrain houiller à 123 mètres ; — en 1850 on rencontre de l'eau dans des grès, et on est obligé de monter une machine d'épuisement à traction directe de 60 chevaux ; — les eaux diminuent petit à petit, et en 1856 on peut les épuiser avec les tonnes.

L'extraction y est suspendue depuis 1876 ; — sert à l'aérage ; — profondeur, 278 mètres.

18. Gayant. — Une première fosse fut ouverte près de Douai en 1852 ; elle ne put dépasser, à cause de l'abondance des eaux, la profondeur de

20 mètres ; — une deuxième fosse fut ouverte à côté, et l'action de deux machines d'épuisement permit de passer le niveau ; — atteint le terrain houiller à 156 mètres ; — entre en exploitation en 1855 ; — gisement riche, quoique coupé par deux grandes failles ; — a produit depuis l'origine 1 461 000 tonnes de houille. — Profondeur, 320 mètres.

19. L'Archevêque. — Ouvert en 1855, sur Aniche au midi de Trainel ; — rencontre le terrain houiller à 126 mètres ; — exploite actuellement toutes les veines du faisceau de houille sèche, et dans de bonnes conditions de régularité ; — profondeur, 336 mètres.

20. Notre-Dame. — Ouvert en 1856, à l'ouest de Gayant ; — entre en exploitation en 1859 ; — le terrain houiller y a été rencontré à 167^m,90, et il va en s'enfonçant vers l'est ; — fosse riche et très-productive ; — a fourni jusqu'à ce jour 1 465 000 tonnes de houille. — Profondeur actuelle, 286 mètres.

21. Sainte-Marie. — Ouvert en 1857 sur Auberchicourt ; — ne rencontre le terrain houiller qu'à 232 mètres ; — entre en exploitation en 1861. — Profondeur, 354 mètres.

En 1868, le cuvelage en bois qui règne sur 92 mètres de hauteur, donne beaucoup d'eau ; — on le revêt d'une chemise en fonte sur 30^m,60.

On y a installé une traction mécanique en 1876.

22. Dechy. — Ouvert en 1860 ; — atteint le terrain houiller à 180^m,60 ; — entre en exploitation en 1862 ; — exploite le même faisceau que les fosses Gayant et Notre-Dame ; — approfondi à 315 mètres.

On y a installé une traction mécanique en 1877.

Le cuvelage en bois qui règne sur 90 mètres a dû être remplacé sur 18^m,55 de hauteur par de la fonte en 1876.

23. Saint-René. — Ouvert en 1866 sur le faisceau de Douai ; — terrain houiller à 172 mètres ; — approfondi à 260 mètres ; — entre en exploitation en 1869.

Une galerie au sud, arrivée actuellement à 615 mètres du puits, a découvert 4 couches nouvelles, dont le charbon tient 28 à 29 pour 100 de matières volatiles, tandis que les couches exploitées jusqu'alors dans la division de Douai ne tenaient que 18 à 25 pour 100 de matières volatiles.

24. Bernicourt. — Au nord de Gayant. — Premier puits ouvert en 1866 ; — suspendu en novembre 1867 ; — repris en 1872. Une machine puissante ne put épuiser les eaux au delà de 28 mètres. On y applique le procédé Kind-Chaudron, des éboulements se produisent ; — on est obligé d'abandonner ce puits et d'en ouvrir un deuxième à côté, qui est creusé jusqu'à 90 mètres par le procédé Kind-Chaudron.

Terrain houiller à 152^m,65 ; — profondeur 312 mètres ; — entre en exploitation en 1877.

La machine d'extraction est du système Schulzer-Martin.

25. Fosses de Roucourt. — Deux puits ouverts en 1875 ; — cuvelés sur 73 mètres de hauteur ; — niveau donnant peu d'eau ; — tourtia à 164 mètres ;

— au-dessous on rencontre des terrains remaniés, composés de fragments de grès, de schistes rouges, verts, à angles arrondis, puis des brèches formées de morceaux calcaires également arrondis et réunis par un ciment calcareux.

Les puits sont approfondis à 203 mètres, et sont toujours dans les mêmes terrains; — on y a installé une perforation mécanique et ouvert des galeries qui ne sont pas encore sorties de ces terrains remaniés; mais les indications d'un sondage au sud, et celles de Saint-René, ne laissent pas de doute sur la réussite de ces fosses.

Résumé. — Ensemble des puits ouverts par la Compagnie d'Aniche de 1773 à 1877, 30, dont 8 n'ont pas abouti, 3 ont servi à l'épuisement et 19 ont été utilisés pour l'extraction.

La profondeur de ces 30 puits, mis bout à bout, est égale à une colonne de 7135 mètres ou de près de 2 lieues de hauteur.

SONDAGES

EXÉCUTÉS PAR LA COMPAGNIE DES MINES D'ANICHE.

N° 26. Sondage de l'angle du Bois de Fressain. — 1773 ; — a été poussé à 400 pieds (130 mètres).

C'est près de ce sondage que furent ouvertes, en 1773, les premières fosses de la Compagnie.

27. Sondage de la colline de Monchecourt. — 1774.

28. Sondage du Hot des Horbettes, entre Fressain et Bugnicourt. — 1774.

29. Sondage du Puits du Moulin, entre Fressain et Monchecourt. — 1774.

30. Sondage près le Pont de la Chaussée de Marchiennes, contigument au vieux chemin de Douai, passant d'Abscon à Aniche. — 1777.

31. Sondage près le cimetière de la ville de Bouchain. — 1777.

32. 1er Sondage de Vitry. — 1781.

33. Sondage de Rieulay. — 1796. — Donna une source d'eau jaillissante, qui fit imposer la Compagnie à une contribution de 100 francs par an par la commission de desséchement de la vallée de la Scarpe.

34. 2e Sondage de Vitry. — 1804. — Abandonné à 56 toises (109 mètres) sans avoir rencontré les dièves.

35. 3e Sondage de Vitry. — 1806. — Poussé à 375 pieds (122 mètres).

36. Sondgae de Noyelles-sous-Bellonne. — 1779.

37. Sondages de Faumont, Raimbeaucourt, Raches et Coutiches. — 1809.

On exécute 31 trous, dont le plus profond était de 69 pieds (22 mètres), et le moins profond de 20 pieds (6^m,50), sur l'étendue d'une lieue.

Terrains tertiaires ; — sables mouvants.

A Faumont, on trouva de la terre noire ou terre-houille.

38. Sondage à Étrun. — Lieu dit *Camp de César*, non loin du confluent de la Sensée et de l'Escaut ; — sorti des morts terrains vers 116^m,35 ; — a été arrêté à la suite d'accident à 135^m,60 dans un grès grisâtre très-dur, dans lequel on ne faisait que 2 à 3 pouces par 24 heures; — 1827.

39. Sondage de Férin. — A l'intersection des routes de Douai à Cambrai et de Douai à Bapaume, près le village de Férin; — commencé le 1er mai 1833.

Traversa au-dessous de la craie des argiles noirâtres du gault, qu'on prit pour des schistes houillers, et dans lesquelles on trouva quelques parcelles de houille.

Abandonné à 632 pieds (210 mètres), dans un terrain très-dur n'ayant aucun rapport avec le terrain houiller.

40. Sondage de Masny. — Vis-à-vis le Moulin; — 1834; — atteint le rocher à 173 mètres.

41. Sondage de l'intersection des routes de Bouchain à Douai et à Marchiennes. — 1834. — On crut y avoir trouvé le terrain houiller; — erreur.

42. Sondage d'Azincourt. — A environ 1500 mètres au nord du précédent. — 1834. — On crut aussi y avoir trouvé le terrain houiller; — erreur; — sorti du tourtia à 110 mètres; — pénètre ensuite de 10 mètres dans des rocs et quérelles.

43. Sondage de la verrerie Drion. — 1834. — N'a pas donné de résultat; — terrain dévonien à 133 mètres: — a pénétré de 10 mètres dans des schistes rouges et noirs. — Profondeur totale, 143 mètres.

44. Sondage près la ferme Lestoquoy. — 1834. — On crut avoir trouvé le terrain houiller à 116 mètres; — erreur; — c'était du terrain dévonien.

45. 1er Sondage sur Somain. — A. — Ouvert en avril 1839; — rencontre le terrain houiller à 129 mètres; — découvre une veine de 0^m,89 en juillet 1839 à 136 mètres, profondeur à laquelle il est abandonné. — C'est près de ce sondage qu'a été ouverte la fosse de la Renaissance, en septembre 1839.

46. 2e Sondage sur Somain. — B. — A 600 mètres au nord de la fosse la Renaissance; — 26 juin 1840; — abandonné dans le grès vert à 121^m,56.

47. 3e Sondage sur Somain. — C. — A 460 mètres au nord du 2e; — 16 juin 1840; — rencontre le terrain houiller à 116 mètres, et puis une couche de houille à 136 mètres; — arrêté à 160 mètres.

48. 4e Sondage sur Somain. — B *bis.* — Ouvert en décembre 1840 à 100 mètres au nord du sondage **B**; — Arrêté dans le terrain houiller à 152 mètres; — a rencontré à 128 mètres une petite veine de 0^m,45.

49. Sondage sur Aniche. — D. — 1841; — au nord-est de la fosse d'Aoust. — Abandonné à 160 mètres, par suite d'éboulements, sans avoir atteint le tourtia.

Nota. — Ces cinq derniers sondages étaient tubés dans la craie, et n'avaient plus que 0^m,10 de diamètre dans le terrain houiller.

50. 1er Sondage de Waziers. — 1851. — Découvre une veine de houille grasse de 0ᵐ,70 à 156 mètres. — C'est près de ce sondage qu'a été ouverte la fosse Gayant.

51. 2ᵉ Sondage de Waziers. — 1855. — Rencontre le terrain houiller à 174 mètres; — abandonné à 199 mètres. — C'est près de ce sondage qu'a été ouverte la fosse Notre-Dame.

52. Sondage de Dechy. — Sur la route de Douai, à l'entrée du village; — 1858-59; — atteint le terrain houiller à 150ᵐ,37; — abandonné à 190 mètres, après rencontre d'une petite veine de houille.

53. Sondage de Roucourt. — 1874. — Rencontre le terrain houiller parfaitement caractérisé à 160 mètres; — des carottes de 0ᵐ,20 et 0ᵐ,30 de longueur, ramenées au jour, présentent un caractère ne laissant pas de doute à cet égard; l'inclinaison des strates est de 21°; — abandonné à 181 mètres à la suite d'accident.

Résumé. — Ensemble des sondages exécutés par la Compagnie d'Aniche de 1873 à 1877 : 28, sans compter une foule de petits sondages d'exploration de faible profondeur, entrepris de 1800 à 1835 dans les environs de Douai, de Faumont, etc.

PUITS ET SONDAGES

EXÉCUTÉS PAR LA COMPAGNIE D'AZINCOURT FORMÉE PAR LA RÉUNION DES QUATRE SOCIÉTÉS DE RECHERCHES D'AZINCOURT, CARETTE ET MINGUET, D'ETRŒUNGT ET D'HORDAIN.

PUITS.

54. Fosse Saint-Édouard. — Ouverte fin 1838 par la Société d'Azincourt à 300 mètres au sud d'un sondage, exécuté contre le chemin d'Aniche à Azincourt, qui avait trouvé le terrain houiller à 125^m,38 et une veine de charbon à 139^m,48.

Extrait et vend du charbon en août 1840.

Travaux suspendus et repris différentes fois.

Profondeur, 458 mètres.

55. Fosse des Lillois. — Ouverte en 1838 par la Société d'Hordain ; — arrêtée dans le niveau.

56. Fosse d'Etrœungt. — Ouverte en 1838 ; — rencontre le calcaire carbonifère, puis le terrain houiller à une faible distance par une bowette au nord, et même plusieurs veines.

Comblée en 1840. — Inclinaison, 60°.

57. Fosse Sainte-Marie. — Ouverte en 1841 ; — terrain houiller à 132 mètres ; — sert actuellement à l'aérage ; — a très-peu produit ; — a atteint des bancs coquilliers dans une bowette au midi.

Profondeur, 250 mètres.

58. Fosse Saint-Auguste. — Ouverte en 1846 ; — terrains brouillés ; travaux suspendus et repris différentes fois. — Profondeur, 430 mètres.

59. Fosse Saint-Roch. — Ouverte en 1858 ; — terrain houiller à 144 mètres. — Profondeur, 301 mètres.

En exploitation.

Résumé. — La Compagnie d'Azincourt a creusé 6 puits ; — 2 ont été comblés : — un sert à l'aérage ; — 2 sont en ce moment en exploration, et un seul est en exploitation.

SONDAGES.

Société d'Hordain-sur-Escaut.

60. Premier sondage sur Abscon, près du pavé de Marchiennes. — 1837. — On y constate le charbon sur $0^m,40$ à 466 pieds 11 pouces et à 61 pieds sous le tourtia.

61. Deuxième sondage sur Abscon. — 1838; — poussé à 140 mètres; — rencontre une veine de $0^m,65$.

C'est près de ce sondage qu'a été ouverte la fosse des Lillois, qui n'a jamais passé le niveau.

62. Sondage à l'intersection des routes de Marchiennes et Bouchain. — 1838; — poussé à 135 mètres; — sorti du tourtia à 100 mètres; — rencontre des schistes et des grès verdâtres.

63. Sondage contre la route de Valenciennes à Cambrai, près Bouchain. — Tourtia à 84 mètres; — terrains rouges de 86 à 96 mètres; — 1838.

Société d'Azincourt.

64. Sondage contre le chemin d'Aniche à Azincourt. — Atteint le terrain houiller à $125^m,38$ et recoupe une veine de charbon de $0^m,67$ suivant la verticale à $139^m,48$; — 1838.

La fosse Saint-Édouard a été ouverte à 300 mètres au sud de ce sondage.

Société Carette et Minguet.

65. Sondage sur Abscon, près la route de Marchiennes, à 165 mètres au sud de la fosse des Lillois; — 1838.

A 149 mètres, ramène une certaine quantité de charbon.

66. Sondage sur Émerchicourt. — 1839; — exécuté par une Société Laurent et Bernard, qui paraît s'être fondue avec la Société Carette et Minguet.

Tombe sur le calcaire à 126 mètres et y reste jusqu'à 184 mètres, profondeur à laquelle il est abandonné.

Société d'Etrœungt.

67. Sondage sur Aniche. — 1838; — rencontre le tourtia mélangé de charbon à $121^m,50$; — puis 3 veines de charbon de $0^m,70$ à $122^m,53$, de $0^m,53$ à $128^m,42$ et de $0^m,65$ très-beau charbon, plus bas.

68. Sondage sur Auberchicourt. — Terrain houiller à 142 mètres; — arrêté à 217 mètres; — 1838.

Compagnie anonyme d'Azincourt.

69. Sondage Saint-Roch. — 1855; — rencontre le terrain houiller à 144^m,25; — continué jusqu'à 207^m,24 et abandonné sans avoir rencontré la houille.

70. Sondage Saint-Michel. — 1856; — au sud du précédent; — rencontre le terrain houiller à 147^m,75; — abandonné à 176^m,13 sans avoir trouvé autre chose que des traces de houille; — terrains verticaux.

71. Sondage Saint-Pierre. — 1857; — au midi du précédent; — rencontre le terrain houiller à 145^m,10; — arrêté à 146^m,85 à la suite d'accident.

72. Sondage Saint-Martin. — 1857; — au sud-ouest de la fosse Saint-Roch; — a atteint le terrain houiller à 174 mètres, et une couche de houille à 176 mètres; — abandonné à 185^m,30.

73. Sondage Saint-Mathieu, au nord-ouest de Saint-Roch; — 1857; — a atteint le terrain houiller à 149^m,25, et un peu plus bas une veine de houille de 0^m,37 de hauteur verticale; — abandonné à 199^m,14.

74. Sondage Saint-Louis, au sud-ouest du sondage de Saint-Martin; — 1858; — rencontre le terrain houiller à 146^m,25; — abandonné à 153^m,60, sans avoir rencontré de charbon.

75. Sondage de Férin. — A l'intersection des routes de Férin à Dechy et à Gœulzin; — 1860; — abandonné à 210 mètres dans le terrain négatif; — rencontre le grès vert à 171 mètres.

76. Sondage sur Monchecourt. — 1875; — à 1000 mètres au sud de la fosse Saint-Roch; — arrêté à 165 mètres par suite d'accident; — et bien que la Compagnie ne le dise pas, on peut supposer que l'on y a rencontré le terrain dévonien.

77. Sondage Saint-Thomas. — 1858; — abandonné dans la craie à 54 mètres; — sur Gœulzin; — près du sondage de la Compagnie Legrand, n° 88.

78. Sondage sur Arleux. — 1860; — tentative sans résultat pour reprendre le sondage n° 81 exécuté par la Société du Nord et de l'Aisne en 1838, et qui était tombé sur le grès rouge à 135 mètres.

Résumé. — Ensemble des sondages qui sont exécutés par les Sociétés qui ont constitué la Compagnie anonyme d'Azincourt, et par cette dernière : — 19 sondages.

SONDAGES ET PUITS

EXÉCUTÉS PAR DIVERSES SOCIÉTÉS AU MIDI DE LA CONCESSION D'ANICHE.

Société du Nord et de l'Aisne.

79. Premier sondage au sud-ouest de Roucourt, à 1200 mètres au nord-est de la fosse de Cantin, près de la limite sud de la concession d'Aniche; — a donné des résultats incertains; — on a fait 20 mètres au-dessous du tourtia; — schistes grisâtres et noirâtres; — peu de grès; — 1838.

80. Deuxième sondage à un kilomètre au nord-ouest de Cantin, sur la route de Douai. — Comme le premier, a donné des résultats incertains; — 1838; — terrain rouge, disent les ouvriers.

81. Troisième sondage à 2 kilomètres au sud-ouest de Cantin, non loin d'Arleux, sur le bord du canal de la Sensée; — est tombé sur les grès rouges à 135 mètres; — 1838; — en 1860, la Compagnie d'Azincourt fait, sans résultat, une tentative pour le reprendre.

82. Fosse de Cantin. — Ouverte en 1839, à 30 mètres de la route de Douai, du côté du canal de la Sensée et à 500 mètres du village; — on a trouvé, dit-on, le terrain dévonien à 165 mètres; — on a pénétré de 14 mètres dans le rocher et fait quelques mètres de galeries; — le rocher donnait de l'eau.

On y avait monté une machine Cornouailles.

Les travaux étaient encore en activité fin avril 1840.

Société de Monchecourt.

83. Sondage sur Monchecourt. — Sur la route de Villers-au-Tertre; — résultats inconnus; — 1837.

84. Sondage sur Erchin. — Résultats inconnus; — 1837.

85. Puits de Monchecourt. — A repris en 1837 le deuxième puits de la Compagnie d'Aniche ouvert en 1774; — on y a exécuté deux galeries dans le rocher, une au nord de 71 mètres, une autre au sud de 60 mètres dans des schistes verdâtres qui ne peuvent être rapportés au terrain houiller; — abandonné en 1839.

Le niveau fut passé sans le secours d'une machine d'épuisement.

Société d'Erchin.

86. **Sondage d'Auberchicourt.** — 1838; — rencontre une passée de 0^m,30, à la profondeur de 146 mètres.

87. **Fosse d'Erchin.** — Ouverte en 1838; — arrêtée en 1839 à 101^m,50; — elle était alors de 13 mètres dans les dièves; — on fit un sondage au fond; — rencontra le tourtia à 144 mètres; — fut poussé à 157^m,50 du jour; — rencontra des schistes houillers et deux passées charbonneuses, mais ces résultats n'ont pas été constatés officiellement.

Société Legrand.

88. **Sondage de Gœulzin.** — 1860; — à 100 mètres du point choisi quelques jours plus tard par la Compagnie d'Azincourt, sur le chemin de Gœulzin à Roucourt (voir n° 77); — aurait été arrêté à 150 mètres dans des schistes houillers, sans avoir rencontré la houille (douteux).

89. **Sondage de Bugnicourt.** — 1858.

Société d'Aubigny-au-Bac.

90. **Premier sondage à Aniche,** près du chemin de Marquette; — 1838; — on prétend y avoir trouvé une veine de 0^m,47.

91. **Deuxième sondage sur Aniche.** — Également sur le chemin de Marquette. — 1838; — on prétendait y avoir trouvé la houille entre 120 et 121 mètres, mais il est probable qu'on était alors dans la formation crétacée.

Société de Bouchain.

92. **Sondage à Bouchain,** près de la route de Douai. — 1837; — on crut y avoir atteint le terrain houiller, caractérisé par la présence de quelques fragments de houille; — erreur.

93. **Fosse de Bouchain,** près du sondage précédent. — Pénètre de 13 mètres dans des schistes rouges et bleus; — on pratique un sondage au fond du puits, de 20 mètres, qui traverse les mêmes terrains.

94. **Sondage de Wavrechain-sous-Faux.**

95. **Sondage à Wasnes-au-Bac.**

96. **Sondage de la verrerie d'Aniche.** — Au voisinage des routes de Douai et d'Emerchicourt à Abscon; — à 100 mètres au sud du sondage n° 43 exécuté par la Compagnie d'Aniche.

1838; — atteint à 127^m,66 des grès et schistes verts; — il y pénètre jusqu'à 133^m,88; — ces terrains ne peuvent guère être rapportés à la formation houillère.

Société Mathieu.

97. Sondage Saint-Ruffin. — 1861; — à 1100 mètres au sud du clocher de Monchecourt; — on prétend y avoir trouvé le terrain houiller à 132 mètres; — ce résultat paraît plus que douteux; — abandonné à 150 mètres.

98. Sondage sur le chemin d'Emerchicourt à Marcq. — 1861; — n'a pénétré qu'à 60 mètres de profondeur.

Société Havez et Lecellier.

99. Sondage de Bugnicourt. — 1761; — 52 toises (101 mètres).

100. Sondage à Marcq. — 1761; — 50 toises (98 mètres).

Sociétés diverses.

101. Sondage de la distillerie de Corbehem. — Exécuté par M. Lefebvre dans la cour de son usine; — a atteint le terrain rouge.

102. Premier sondage de Lambres. — Exécuté par la Compagnie du Midi de l'Escarpelle en 1854; — a été abandonné à 55 mètres.

103. Deuxième sondage de Lambres, sur le chemin de Lambres à Brebières; — 1876; — Compagnie du Couchant d'Aniche; — simulacre de recherches.

104. Sondage de Brebières. — Vers 1837; — il paraît constant qu'on y a trouvé le terrain rouge.

105. Sondage de Marcq. — Compagnie Bonvarlet; — 1860; — paraît avoir été poussé jusqu'au terrain dévonien.

Société Boca.

106. Sondage sur Arleux. — 1836.

107. Sondage sur Tortequenne. — 1837.

---

108. Fosse de la Compagnie de Douchy. — 1838.

109. Fosse de la Compagnie d'Anzin. — 1838.

Résumé. — Ensemble des puits et sondages exécutés par diverses Sociétés au midi de la concession d'Aniche : — 6 puits, 25 sondages.

PUITS ET SONDAGES

EXÉCUTÉS PAR DIVERSES SOCIÉTÉS A L'OUEST DE LA CONCESSION
D'ANICHE.

Société Willaume-Turner, puis Havez-Lecellier.

110. Fosse d'Équerchin. — Ouverte en 1752. Suspendue à la suite de rupture de cuvelage, en 1755, puis reprise ; abandonnée dans le rocher en 1758, après exécution de plusieurs galeries. Avait atteint 85 T. de profondeur (165 mèt.). 400 chevaux auraient, dit-on, été usés au mouvement des machines, et on aurait dépensé 253 704 francs.

Reprise par une compagnie Salmon dite d'Équerchin en 1838. Rencontre le tourtia à 140ᵐ,50. On reprend les galeries. Les terrains inclinés à 35° appartiennent nettement à la formation dévonienne (V. n° 133).

111. Sondage à Brebières. — Sur la rive gauche de la Scarpe. 1758. Poussé à 54 toises (105 mètres).

112. Sondage à Lambres. — Sur la rive gauche de la Scarpe, 1760. Poussé à 60 toises (117 mètres).

113. Sondage à Vitry. — Sur la rive gauche de la Scarpe. 1761. Poussé à 61 toises (119 mètres).

114. Premier sondage à Rœux. — Sur la rive gauche de la Scarpe. 1759. 54 toises (105 mètres).

115. Deuxième sondage à Rœux. — Sur la rive gauche de la Scarpe, 1761, 54 toises (105 mètres).

116. Sondage à Fampoux. — Sur la rive droite de la Scarpe, 1761. 54 toises (105 mètres).

117. Sondage à Monchy-le-Preux. — Sur la rive droite de la Scarpe. 1761. 55 toises (107 mètres).

118. Sondage à Pelve. — Sur la rive droite de la Scarpe. 1761. 47 toises (92 mètres)

119. Fosse à Fampoux. — A l'ouest de Rœux. 1761. 30 toises (58 mèt.).

120. Première fosse à Rœux. — 1760. 16 toises (31 mètres).

121. **Sondage à Plouvain.** — 1758. 53 toises (103 mètres).

122. **Deuxième fosse à Rœux.** — 1760. Tourtia à 111 mètres, dit-on·

Société Boca.

123. **Premier sondage à Pelves.** — 1835.

124. **Deuxième sondage à Pelves.** - 1836.

125. **Fosse de Pelves.** — 1836.

126. **Sondage de Monchy-le-Preux,** — 1837. Tourtia à 121 mètres.

127. **Fosse de Monchy-le-Preux.** — 1839. Abandonnée à 31 mètres.

128. **Sondage de Feuchy.** — 1836.

129. **Sondage de Saint-Laurent-Blangy.** — 1834.

129 *bis*. **Sondage de Vis.** — 1835. Parcelles de houille dans le tourtia. Puis schistes et grès dévoniens.

Société Mesmes.

130. **Sondage près de la fosse de Monchy-le-Preux.** — 1806.

131. **Fosse de Monchy-le-Preux.** — 1806-1812.

Tourtia à	140^m, »
Tourtia	1 40
Terre noire vitriolique	4 60
Schistes et grès	20 »
Profondeur totale	172^m, »

On fit des galeries au nord et au sud sur 40 mètres environ. Reprise par une société artésienne en 1838.

Société du duc de Guines.

Constituée le 29 août 1782. Contrat semblable à celui d'Aniche : 24 sous, dont 2 sous 6 deniers ne faisant pas fonds.

MM. Ruyant de Cambronne, marquis de Jumelles, Dupont de Castille, marquis d'Aoûst, Béranger, Hackett, Estoret, sociétaires d'Aniche, étaient également sociétaires-fondateurs de la Société du duc de Guines.

Libotton, ancien directeur d'Aniche, était directeur de la Société du duc de Guines.

Cette compagnie concourait pour le prix de 200 000 francs, institué par les États d'Artois pour la découverte de la houille dans la Province.

132. **Fosse de Tilloy.** — 1788. Profondeur, 175 mètres. A atteint le rocher et y a pénétré de 23 mètres. On y a exécuté deux galeries de 55 mètres au nord et au sud.

L'inclinaison du rocher était de 20° vers le sud.

Le 6 floréal an VIII (1800), on décide de conserver le gardien déjà établi près des agrès de l'entreprise à Tilloy, et on appelle 50 francs au sol pour le payer et pourvoir aux frais d'experts relatifs à l'estimation de l'actif et du passif, en exécution de la loi du 17 frimaire.

Société Salmon dite d'Équerchin.

133. **Fosse d'Équerchin.** — Ancienne fosse n° 110, ouverte en 1752, par la Compagnie Willaume-Turner, et reprise en 1838. Rencontre le tourtia à 140^m,50. On reprend les galeries. Les terrains inclinés de 35° appartiennent nettement à la formation dévonienne.

134. **Fosse de Brebières.** — 1838.

135. **Sondage d'Équerchin.** — Près de la fosse, ouvert en 1873. Rocher à 142 mètres. Abandonné en 1876 à 590 mètres. Est resté constamment dans le terrain dévonien.

Société du Midi de l'Escarpelle.

137. **Premier sondage à Courcelles.** — A 200 mètres de la concession de Dourges et 150 mètres de celle de l'Escarpelle. 1859. Terrain houiller à 144^m,50. Profondeur atteinte, 232 mètres. Traversa plusieurs veines de houille.

138. **Deuxième sondage à Courcelles.** — A 350 mètres de la concession de Dourges et 500 mètres de celles de l'Escarpelle. 1859. Terrain houiller à 137 mètres. Abandonné à 169 mètres.

139. **Troisième sondage à Courcelles.** — A 60 mètres de la concession de Dourges. 1860. Terrain dévonien à 185 mètres. Abandonné à 300 mètres dans le même terrain.

140. **Fosse de Courcelles.** — 1861. Suspendue à la faible profondeur de 27 mètres.

141. **Sondage à Cuincy.** — 1869. Abandonné à 190 mètres.

Société de Courcelles-lez-Lens.

Substituée aux droits des Sociétés du Midi de l'Escarpelle et du couchant d'Aniche.

142. **Sondage de Cuincy.** — A 200 mètres à l'Est du Clocher. 1875. Grès et schistes dévoniens. Sorti de la craie à 193 mèt. Poussé à 473^m,50.

143. Sondage près de Beaumont.— En 1876, est entré dans le calcaire carbonifère à 143 mètres, et il y a été poursuivi au moins jusqu'à 235^m,60 (1).

144. Fosse de Courcelles. — Commencée en 1867 par la Compagnie du Midi de l'Escarpelle, est tombée sur le calcaire carbonifère, puis a atteint, par une bowette au nord, le terrain houiller et plusieurs veines de houille. Profondeur, 272 mètres, dont 30 mètres dans le terrain houiller, brouillé et irrégulier. Aussi la Société a-t-elle obtenu une concession en 1877.

Société du Couchant d'Aniche.

145. Sondage de Cuincy. — 1875. A été poussé au moins à 130 mètres.

146. Sondage de la porte d'Équerchin. — 1866. Rencontre le calcaire carbonifère à 251 mètres. Abandonné à 253 mètres.

Sociétés diverses.

147. Sondage de Courcelles. — A l'intersection de la route de Douai à Béthune avec le chemin qui conduit d'Équerchin à Courcelles, par le sieur Dellisse-Engrand. 1857. Rencontre à 140 mètres des schistes argileux, noirs, auxquels succèdent à 146 mètres des grès quartzeux blanchâtres.

148. Sondage près de Drocourt. — Au sud de la concession de Dourges, sur Hénin-Liétard, à 100 mètres au-dessus de la Chapelle, qui forme un des points limites de la concession, sur la route d'Arras à Hénin-Liétard. 1558. Société Calonne. A été poussé à 187 mètres dans un terrain schisto-calcaire.

149. Sondage à 500 mètres du précédent. — Le long de la même route, 1858, par une Société rivale.
La Société Calonne a, dit-on, acquis le droit de continuer ce sondage.

150. Sondage de Drocourt. — 1875. Compagnie de Vimy. Rencontre le terrain dévonien à 137 mètres, puis le terrain houiller à 362 mètres. Est continué jusqu'à 507 mètres, et traverse plusieurs couches de houille à 31 pour 100 de matières volatiles.
Le résultat obtenu a fait accorder à la Compagnie de Vimy, le 22 juillet 1878, une concession de 2544 hectares.

151. Sondage sur Hénin-Liétard. — Compagnie Leclercq. Terrain dévonien à 143 mètres. Continué à 200 mètres.

152. Sondage de Beaumont. — Compagnie de Courrières. Terrain dévonien à 130 mètres.

---

(1) Août 1878. Ce sondage vient d'atteindre le terrain houiller à 450 mètres de profondeur, après avoir traversé 307 mètres de calcaire et de grès dévoniens.

153. Sondage sur Beaumont.— Compagnie Béthunoise. Terrain dévonien à 137 mètres.

154. Sondage sur Rouvroy. — 1856. Compagnie Béthunoise.

155. Sondage sur Rouvroy.— 1856. Compagnie de Méricourt. Terrain dévonien à 139 mètres. Poussé à 235 mètres.

156. Sondage de Méricourt. — Compagnie de Méricourt. Schistes dévoniens.

157. Sondage de Méricourt. — Compagnie de Vimy. Dévonien à 150 mètres. Puis terrain houiller à 441ᵐ,50. Abandonné à 515ᵐ,75. A recoupé un peu de charbon.

158. Sondage d'Acheville. — Compagnie de Méricourt. 1854. Schistes rouges.

159. Sondage d'Arleux en Gohelle. — 1873. Compagnie de Vimy. Dévonien à 136 mètres. Poussé à 259 mètres.

Compagnie des Mines de l'Escarpelle.

160. Fosse de l'Escarpelle, n° 1. — Ouverte en 1847. Près du sondage exécuté en 1846. Rencontre la houille en avril 1839 à 159 mètres.
En exploitation.

161. Fosse de Leforest, n° 2. — Ouverte en 1851. Rencontre le terrain houiller à 156 mètres.
En exploitation.

162. Fosse de Dorignies, n° 3. — Ouverte en 1856. Rencontre le terrain houiller à 216 mètres. Niveau difficile.

163. Fosse n° 4. — Ouverte en 1865. Rencontre le terrain houiller à 232 mètres. Deux puits abandonnés à 24 mètres, à cause de l'énorme affluence d'eau.
On y applique, pour la première fois, dans le Nord, le système *Kind-Chaudron*. 1 puits d'extraction, 1 puits d'aérage. Profondeur, 340 mètres. Exploite le faisceau de la fosse Gayant de la Compagnie d'Aniche. Très-riche et très-productive. Entrée en exploitation en 1872.

164. Fosse n° 5. — Ouverte en 1876. Creusée par le système *Kind-Chaudron*. Le cuvelage descend jusqu'à 122 mètres. Atteint le terrain houiller à 210 mètres.

165. Sondage de l'Escarpelle. — 1846. Atteint le terrain houiller à 154 mètres et une veine de 0ᵐ,85 à 159ᵐ,10. C'est près de ce sondage qu'a été ouverte la fosse n° 1.

166. Sondage de Leforest. — 1847. Terrain houiller à 157 mètres.

167. Sondage de Roost-Warendin. — 1848. Terrain houiller à 167 mèt. Assez grande épaisseur de terrains tertiaires.

168. Sondage à Flers. — Sur la route de Douai à Béthune. 1850. Atteint le calcaire à 141 mètres.

169. Sondage près du Fort de Scarpe. — 1847. Terrain houiller à 157 mètres.

170. Sondage d'Auby, dit du Moulin. — 1854. — Calcaire à 158 mèt. Poussé à 174 mètres.

171. Sondage du Pont d'Auby. — 1854. — Terrain houiller à 153 mèt.

172. Premier sondage nº 6, de Dorignies ou du Polygone. — Abandonné en 1850 à 253^m,50. Avait atteint le terrain houiller à 232^m,79. Une première veine à 239^m,75 et une deuxième à 247^m,85.

173. Sondage d'Évin. — 1849. — Terrain houiller à 160 mètres. Profondeur totale, 177 mètres.

174. Sondage à Moncheaux. — 1855. — En dehors de la concession. Rencontre le terrain négatif. Calcaire à 185 mètres. Poussé à 191 mètres.

174 *bis*. Deuxième sondage de Dorignies. — 1855, près la fosse nº 3. A atteint le terrain houiller à 215 mètres. Poussé à 239 mètres.

Résumé. — La Compagnie de l'Escarpelle a exécuté 5 puits, 12 sondages.

---

175. Sondage d'Auby. — 1838. — Exécuté par la *Compagnie d'Hasnon*. Abandonné dans la craie à 140 mètres, par suite d'accident.

SONDAGES ET PUITS

EXÉCUTÉS PAR DIVERSES SOCIÉTÉS AU NORD DE LA CONCESSION D'ANICHE.

Compagnie des Canonniers, puis Société de Marchiennes.

176. Premier sondage à Flers. — A 5 kilomètres au N. O. de Douai. 1835. Abandonné à 206^m,43 dans le tourtia par suite d'éboulement.

177. Deuxième sondage à Flers. — 1850. — Abandonné à 82^m,50, à la suite de l'octroi de la concession de l'Escarpelle.

178. Premier sondage de Raches, près la rive gauche de la Scarpe. — 1835. Abandonné à 186^m,96. Se trouvait encore dans les dièves? Eau jaillissante.

179. Premier sondage du Parterre de l'Abbaye, au nord de Marchiennes. — 1834. — Abandonné à 137^m,28, dans les dièves?

180. Deuxième sondage, près du précédent.— 1835.—A 134^m,88, est arrivé sur des couches inclinées appartenant à la formation houillère qu'il a traversée sur 27^{m}90. A 4^m,33 au-dessous du tourtia, a recoupé une passée charbonneuse. Arrêté à la suite d'éboulements.

181. Sondage du Charlot, au N. E. des deux précédents. — 1835. — Arrêté dans le tourtia à 132^m,64.

182. Sondage des Trois-Pucelles, sur la route de Marchiennes à Orchies.— 1835. — A 137^m,80, entre dans des schistes considérés comme appartenant au calcaire carbonifère. Arrêté à 141^m,32.

183. Deuxième sondage, à peu de distance au S. O. du précédent, sur la gauche de la route de Marchiennes à Orchies. — 1837. — Profondeur, 151^m,25. A traversé 13^m,65 de bancs siliceux, très-durs, verticaux presque. Calcaire carbonifère.

184. Sondage de la Motte. — Poussé à 163^m,69. A atteint le terrain houiller à 129^m,31. Schistes siliceux, parfois très-durs, sur 36^m,38.— 1836.

185. Troisième sondage de l'Abbaye. 1837 — Atteint le terrain houiller à 131^m,58. Abandonné à 151^m,30 dans des schistes très-durs, sans avoir découvert le charbon.

186. Fosse de Marchiennes. — Commencée le 19 juin 1838. Atteint le terrain houiller à 129^m,41 en septembre 1844. A été approfondie à 195^m,31.

Sable mouvant traversé par une tour en maçonnerie jusqu'à 12 mètres.— Craie rencontrée à 37^m,36.

Accrochage à 178^m,31. Bowette nord de 200 mètres. N'a trouvé qu'une passée et des terrains appartenant à la partie inférieure du terrain houiller, inclinés de 30 à 50°. Bowette sud de 450 mètres, a recoupé 4 veines n'en formant réellement que 2 par suite des plis des terrains, de 0^m,40, dans lesquelles on a fait une petite exploitation qui a produit 42 458 hectolitres, vendus au prix moyen de 1 franc. Abandonnée en 1850. Charbon de qualité très-inférieure.

187. Sondage de Vred.— 1839.— *Compagnie parisienne.* De 134^m,50 à 180 mètres, argiles schisteuses plus ou moins compactes. De 170 à 180 mètres, quelques lits de phtanite de 8 à 10 centimètres. Arrêté à 186^m,69 dans le calcaire. A donné une source jaillissant abondamment. On présume que les couches étaient presque verticales. Tourtia à 134^m,50.

188. Deuxième sondage de Raches, dit du Pont-Baillon, à 800 mèt. au S.-E. du clocher de Raches. — 1856.—Rencontre une couche de houille de 0^m,74 à 212 mètres. A été poussé à 360 mètres dans le terrain houiller. A rencontré le terrain houiller à 152^m,50. Jusqu'à 207 mètres, terrain incliné à 45°, puis à peu près vertical.

189. Sondage d'Anhiers, non loin du Pont de Lallaing. — 1856.—Rencontre une veine de 1^m,20 à 272 mètres, mais réduite à 0^m,40 à cause de l'inclinaison. Poussé à 331^m,95.

A rencontré le terrain houiller à 111^m,75.

190. Sondage de Flines. — Rencontre le tourtia à 162^m,66 et à partir de 163^m,66 le calcaire alternant avec des schistes. Abandonné à 166^m,11.

191. Sondage du Sec Marais, non loin de la limite de Bouvignies. — 1838. — Abandonné à 135^m,82.

SONDAGES

EXÉCUTÉS AU NORD DE LA CONCESSION D'ANICHE PAR DIVERSES SOCIÉTÉS.

192. Sondage du Pont de Lallaing.— Exécuté en 1839 par M. Laurens de Doullens. A été poussé jusqu'à 148^m,33 et a rencontré des terrains analogues à ceux atteints à Vred par la Compagnie Parisienne, n° 187.

193. Sondage du Buverlot, près Varlaing.— 1786. — Sehon-Lamand. Poussé à 186 pieds (60 mètres). Abandonné à la suite de rupture d'outils restés dans le trou.

194. Fosse du Buverlot. — 1786.— Sehon-Lamand, 49 pieds (17 mèt.)' Sables mouvants.

195. Sondage à Marchiennes. — 1752.— Compagnie Willaume-Turner. pénètre à 250 pieds (80 mètres).

196. Fosse à Marchiennes. — 1752. — Compagnie Wuillaume-Turner. Abandonnée dans les sables mouvants.

Société de Saint-Hubert.

197. Premier sondage du Buverlot. — 1838.— Arrêté à 140 mètres par suite d'accident.

On a prétendu y avoir traversé une couche de houille de 0^m,40 à 129 mètres. Très-douteux.

198. Deuxième sondage du Buverlot. — A 4^m,50 du précédent. N'a pas rencontré de charbon, mais des schistes noirs et des phtanites bien caractérisés, qu'on ne rencontre pas dans le terrain houiller riche (M. Lorieux).

199. Sondage à Varlaing. — Sur la rive gauche du chemin de Buverlot à Varlaing.

Poussé à 234 mètres. On affirme qu'il a recoupé une veine de houille à 200 mètres. M. Lorieux n'a vu retirer du trou qu'une terre noire renfermant quelques parcelles de charbon.

200. Sondage de Bouvignies. — M. Lorieux y a reconnu des schistes noirs et des grès appartenant à la partie tout à fait inférieure du terrain houiller.

201. Sondage de Brillon. — A eu un résultat tout à fait pareil au précédent. Pas de charbon.

Société Parisienne.

202. Sondage du Bassin.— 1838.— Tout près de Marchiennes. Atteint le terrain houiller à 128^m,66, et y pénètre de 38 mètres sans trouver le charbon. Eau jaillissante.

Compagnie Douaisienne.

203. Sondage de Raches. — 1855. — Terrain houiller à 152 mètres. Abandonné à 243 mètres sans trouver trace de houille, mais seulement des schistes noir foncé.

204. Sondage de Montécouvé. — 1856. — Terrain houiller à 155 mèt. Abandonné à 211 mètres. Pas de traces de houille.

Compagnie de Pont à Raches.

205. Sondage d'Anhiers. — 1876. Terrain houiller à 152 mètres. Poussé à 199 mètres.

206. Sondage de Lallaing. — 1877. — Rencontre l'eau jaillissante à 35^m,41, le terrain houiller à 152 mètres. Poussé à 250 mètres, aurait rencontré plusieurs veines.

TRAVAUX

Compagnie des mines d'Anzin.

207. Fosse la Pensée, à Abscon. — Ouverte en 1822. — A exploité un faisceau de houilles grasses, actuellement épuisé. Sert à l'aérage depuis un certain nombre d'années.

208. Fosse Saint-Marc. — Ouverte en 1836. — Terrain houiller à 104 mèt. Après l'abandon des travaux sur le faisceau de houille grasse, a été réorganisée et exploite aujourd'hui les couches de houille sèche reconnues par la fosse Casimir-Périer.

209. Fosse Jennings. — Ouverte en 1837. — Ne sert plus qu'à l'aérage.

210. Fosse Casimir Périer. — Ouverte en 1856. — Terrain houiller à 113 mètres. Exploite le faisceau de houille sèche d'Aniche. En grande production.

211. Sondage de Fenain. — Terrain houiller à 115 mètres. A trouvé la houille.

212. Sondage d'Erre. — 1874. — Terrain houiller à 113 mètres. A rencontré la houille.

APPENDICE

Figure 3.

Machine d'Hallette de 1840.

Figure 4 et 5.

Plan et élévation de la machine Schulzer-Martin, montée sur la fosse Bernicourt, de la Compagnie d'Aniche, en 1877.

# PIÈCES JUSTIFICATIVES

PIÈCES JUSTIFICATIVES

N° 1.

Biographie et États de services militaires du Marquis de Trainel.

De Trainel (Claude-Constant-Juvénal de Harville des Ursins, marquis), fils d'Esprit et de Louise-Madeleine Le Blanc.

1723 — le 12 mars — Né à Versailles.

1738 — le 23 décembre — Mousquetaire.

1740 — le 11 juin — Capitaine au régiment Dauphin, cavalerie.

Il commande cette compagnie à l'armée qui passa l'hiver de 1741 à 1742 en Westphalie, sous les ordres du maréchal de Maillebois.

1742 — le 9 août — Colonel d'un régiment d'infanterie de son nom.

Il le commande la même année à l'armée de Flandre qui se tient sur la défensive. En garnison pendant la campagne de 1743 à l'armée de Flandre, sous le maréchal de Saxe, et qui couvrit les siéges de Menin, d'Ypres et de Furnes, et soutint le camp de Courtray pendant le reste de la campagne.

En 1744, à la bataille de Fontenoy, aux siéges des villes et citadelles de Tournay, de Dendermonde, d'Audenarde et d'Ath en 1745, à la bataille de Raucoux, puis à l'armée de Provence au mois de décembre 1746. Il fut employé avec son régiment à la garde des ponts sur le Var, depuis le mois de juin 1747 jusqu'au mois d'août, et resta à Monaco pendant le reste de la campagne.

1748 — 1er janvier — Brigadier.

Il fut employé à l'armée d'Italie qui ne fit aucune opération à cause de la paix.

Il passa avec son régiment à l'île Minorque au mois d'avril 1756. Il servit avec la plus grande distinction au siége et à l'assaut du fort Saint-Philippe de Mahon.

1756 — 25 juillet — Maréchal de camp.

Il se démit alors de son régiment.

1757 — 15 juin — Employé à l'armée d'Allemagne ; il concourut à la prise de plusieurs villes de l'Électorat de Hanovre ; — Continua d'être employé à la même armée en 1757 et 1758. Il se trouva cette année à la bataille de Crewel, et l'année suivante à celle de Minden. Quelques jours après cette action, il se distingua à l'arrière-garde de l'armée dont il conduisait la gauche et soutint les efforts des ennemis qui furent battus par le comte de Saint-Germain.

Il a fait encore la campagne de 1760 en Allemagne.

1762 — 25 juillet — Lieutenant général.
1777 — 28 août — Gouverneur d'Huningue.
1778 — 1er juin — Employé en Normandie et en Bretagne..
1779 — 25 août — Commandeur de Saint-Louis.
1781 — 25 août — Grand'croix.
1793 — .... — Décédé.

(Archives du Ministère de la Guerre : — Chronologie historique militaire
de Pinart, 1763.)

N° 2.

Contrat d'Association pour les Fosses de Villers-au-Tertre (Société d'Aniche) du 11 novembre 1773.

Acte de Dépôt en minute du 7 novembre 1809.

Pardevant Custers et son collègue, notaires impériaux résidents à Douay, ressort de la Cour d'appel séant en cette ville soussignés.

Est comparu M. Léandre-Mathias-Joseph Estoret, avocat, caissier de la Compagnie des mines à charbon d'Aniche, lequel a déposé pour minute à M. Custers l'un desdits notaires, pour lui en être délivré et à tous autres qu'il appartiendra, toute expédition authentique, l'un des originaux en triple du Contrat d'association pour l'exploitation et extraction de charbon dans les terres de Villers-au-Tertre, Bugnicourt, Monchecourt et Fressin, passé sous seing-privé à Valenciennes, Douay et Bouchain respectivement le onze novembre mil sept cent soixante-treize, entre MM. Detrainel, Vitalis, Dehault, Remy, Remy-Desjardins, Bérenger, De Wavrechin, Ruyant de Bernicourt, Ruyant de Cambronne, Desvignes, Varlet, Dusart, Jean-Baptiste Desvignes, C. M. Desvignes, de Sainte-Aldegonde et son épouse, A. J. Tréca et Lanvin, qui ont tous signé audit acte, qui a été enregistré à Douay le vingt-quatre novembre mil sept cent quatre-vingt-douze, par Dhardiviller au droit de six livres et contient neuf pages écrites sur papier à la Tellière, dont chacune a été à la vue desdits notaires, paraphée par ledit Estoret, qui a certifié l'acte véritable et signé à la fin à la suite des signatures, à côté de la mention de l'enregistrement.

Dont acte requis et octroyé après que l'acte déposé a été paraphé par ledit Custers, notaire, au haut et au bas de chaque page, pour eux, assurer le contexte et la teneur et obvier aux variations.

Fait à Douay le sept novembre mil huit cent neuf, et ledit sieur Estoret a signé avec nous notaires après lecture, au présent auquel l'acte déposé sera annexé pour ne faire qu'un ensemble.

Enregistré à Douay le sept novembre mil huit cent neuf, folio 92, verso case 2 du 93e volume. Reçu un franc, le décime ensuite (signé) illisiblement.

Suit la teneur de l'annexe.

En conséquence de la lettre adressée à Monsieur Tabourreau, Intendant de la Province du Haynaut, par Monseigneur Bertin, Ministre des mines et minières de France;

en datte du 15 septembre 1773, qui autorise mondit sieur Taboureau de délivrer une permission à M. le Marquis de Trainel d'exploiter provisoirement pendant un an les mines de charbon qu'il a découvert dans ses terres de Villers-au-Tertre, de Bugnicourt, Monchecourt et Fressin, chatellenie de Bouchain; et de l'ordonnance rendue par ledit Seigneur Intendant le 19 du même mois, et d'ailleurs l'espérance que l'on a d'après la parole du Ministre donnée à M. le Marquis de Trainel d'obtenir un octroy pour la recherche et exploitation du charbon de terre, non-seulement dans les quatre terres cy-dessus nommées, mais encore dans les territoires et terrains adjacents qui procureront une exploitation d'une étendue plus considérable.

Nous soussignés, sommes convenus de nous associer pour ladite exploitation et extraction de charbon, au gain et à la perte comme s'en suit :

ARTICLE PREMIER.

La présente Société sera composée de vingt-cinq sous, dans lesquels il y aura deux sous six deniers qui ne feront point de fonds, et vingt-deux sous six deniers qui devront fournir à ceux qui seront délibérés comme cy-après.

ARTICLE DEUX.

Des deux sous six deniers qui ne seront point soumis à faire fonds, il en appartiendra à M. le Marquis de Trainel comme obtenteur de l'octroy, et en considération de ce qu'il veut bien ne point exiger de droit d'entre cens, au cas que l'on extraye du charbon dans les quatre terres dont il est Seigneur haut justicier, comprises dans la démarcation du terrein, pour lequel on espère obtenir l'octroy un sou quatre deniers

	Sous.	Deniers.	Demi.	Sous.	Deniers.
et demi, cy................	1	4	1/2		
A M. Desvignes père, en reconnaissance de son travail, voiages, etc., quatre deniers et demi, cy...............	»	4	1/2		
A une ou deux personnes qui seront choisies pour mondit Sieur Marquis de Trainel, pour le bien de la chose commune sans être tenue à les nommer, six deniers, cy.......	»	6	»	2	6
Et les trois deniers restants à la disposition de mondit Sieur Marquis de Trainel et les directeurs, pour une personne utile à la Compagnie, cy....................	»	3	»		

ARTICLE TROIS.

Quoique les deux sous six deniers cy-dessus ne soient pas tenus de fournir aux avances, il est néanmoins convenu qu'en cas de réussite de l'entreprise, les fonds qui auront été faits par les autres associés pour raison desdits deux sous six deniers seront retirés, à proportion de ce que chacun y aura contribué sur les bénéfices résultant de l'entreprise .mais à raison de la moitié seulement par chaque année, c'est-à-dire que dans le cas où il y aurait un divident du bénéfice, à raison de mille livres au sou, il n'en pourra être retenu que cinq cent livres pour la restitution des avances : et les autres cinq cent livres seront payés aux copropriétaires desdits deux sous six deniers, ce qui sera suivi de même jusqu'à l'entière restitution desdittes avances

Cy.............. 2 6

	Sous.	Deniers.
Cy-devant..............	2	6

ARTICLE QUATRE.

Au cas contraire de perte et de non réussite dans laditte entreprise, les copropriétaires desdits deux sous six deniers ne seront tenus à aucune restitution, pour raison des avances faittes par les autres associés, à telle somme qu'elles puissent monter....................

ARTICLE CINQ.

Les autres vingt-deux sous six deniers, composant le surplus de laditte Société, appartiendront :

	Sous	Deniers
A Madame la Comtesse de Harville, un sou......................	1	»
A M. le Comte de Belzunce, trois deniers........................	»	3
A M. le Comte de Sainte-Aldegonde, un sou....................		
A Madame la Comtesse de Sainte-Aldegonde, six deniers.........	1	6
A MM. De Bernicourt et Cambrone, à Douay, un sol, cy............	1	»
A M. De Vitallis, commandant de Bouchain, deux sous six deniers, cy.	2	6
A M. Remi Dumainil, six deniers.........		
A M. Remi Desjardins, six deniers................. à Douay...	1	»
A M. Defienne de Sautrecourt, six deniers......................	»	6
A M. De Berenger, six deniers....................		
A M. Dulongpret de Vavrechin, six deniers.......... à Douay...	1	»
A M. Dehault, mayeur de Bouchain, un sou......................	1	»
A M. Dusart, trésorier de la ville de Valenciennes, un sou.........	1	»
A M. Desvignes père à Valenciennes, trois sous...................	3	»
A M. Gannan, négociant à Dunkerque, six deniers...............	»	6
A M. et Mlle Delfosse frère et sœur, à Saint-Omer, neuf deniers....	»	9
A M. Desvignes, greffier du Magistrat de Valenciennes, un sou neuf deniers..	1	9
A M. Mathias Desvignes, fermier à Hordain, un sou trois deniers...	1	3
A M. Lenvin, fermier à Fressin, trois deniers.....................	»	3
A M. Tresca, fermier à Monchicourt, six deniers, cy...............	»	6
A M. Varlet, trois deniers, cy..................................	»	3
Il a été tenu en réserve pour des personnes connues d'une partie de la Compagnie, et dont les noms et intérêts seront repris à la suite du présent contrat, trois sous six deniers, cy..........................	3	6
	25	»

ARTICLE SIX.

Le nombre des Directeurs de la Compagnie sera de huit, non compris M. le Marquis de Trainel, qui assistera aux délibérations toutes et quantes fois il trouvera convenir.

Savoir:

MM. De Berenger. — Dehault. — Desvignes père. — Dusart. — Desvignes, greffier. — Mathias Desvignes.— Lenvin.

Et le huitième sera choisi par les sept Directeurs cy-dessus.

ARTICLE SEPT.

Les assemblées et les délibérations de la Compagnie ne pourront être tenues et prises en moindre nombre que cinq des Directeurs, après néanmoins qu'ils auront été tous convoqués.

ARTICLE HUIT.

Les délibérations prises par cinq des Directeurs au moins auront la même force que si elles avaient été prises par tous lesdits Directeurs, et seront les résolutions signées par eux, quand même il y aurait contrariété d'avis.

ARTICLE NEUF.

En cas de mort, d'éloignement ou de renonciation de l'un des Directeurs, il sera remplacé à la pluralité des voix des Directeurs restants.

ARTICLE DIX.

Ils auront la liberté de délibérer des fonds nécessaires à l'entreprise, de nommer un caissier, et autres employés et ouvriers, ordonner tous les achapts, les ouvrages et générallement toutes les choses nécessaires au bien de l'entreprise ; ils seront aussi chargés de l'audition des comptes, et des gratifications utilles au bien de la Compagnie, et les comptes par eux signés et arrêtés, tant en recette qu'en dépense ne pourront être contestés par qui que ce soit.

ARTICLE ONZE.

Mais pour les choses plus importantes, telles que le choix d'un Directeur des ouvrages, d'un receveur ou contrôlleur, l'ouverture d'une ou plusieurs fosses, établissements de machines à feu, et abbandon d'une fosse ouverte, les délibérations devront être prises et signées par ledit Seigneur Marquis de Trainel et les huit Directeurs : et s'il y en avait quelqu'un qui par incommodité ou autre empêchement ne puisse se rendre à l'assemblée, on lui en demandera son avis par écrit, lequel vaudra comme s'il y avait été présent.

ARTICLE DOUZE.

Les délibérations pour faire des fonds d'avance ne pourront être plus hautes qui de mille livres de France au sou ; les fonds en seront remis au caissier dans trois semaines au plus tard, à compter du jour de l'avertance à chaque intéressé obligé à faire des fonds ; ainsi la délibération de mille livres au sou ne fera qu'un fonds de caisse de vingt-deux mille cinq cents livres à cause des deux sous six deniers qui ne doivent pas faire d'avance ; et à défaut de faire les fonds à temps, les Directeurs seront autorisés de les poursuivre, ou d'en prendre à intérêt aux dépens du défaillant ; et si lesdits intéressés étaient en défaut de fournir aux fonds délibérés dans le terme de trois mois, il sera libre à la Compagnie représentée par ses Directeurs de reprendre ledit intérêt, ou de le céder à qui et aux conditions qu'elle trouvera convenir avec perte des fonds faits par le défaillant pourvu néamoins deux avertances préalables, non compris la lettre d'avis de la délibération.

ARTICLE TREIZE.

Il sera libre à chacun des intéressés dans la dite Compagnie reconnu ou Croupier de vendre son intérêt à qui il trouvera convenir et quand il le jugera bon, pourvu néanmoins si c'est un Croupier d'en faire l'offre à celui de qui il tiendra ledit intérêt ou de l'offrir à la Compagnie, si le cédant l'exige, et si c'est un associé connu il lui suffira de l'offrir à Messieurs les Directeurs, pour être repris par tous les intéressés connus et assemblés, si bon leur semble ou l'abbandonner, ce qui devra se faire en dedans le terme d'un mois.

ARTICLE QUATORZE.

Il sera encore libre à chacun des associés de quitter la Compagnie et son intérêt en totalité ou en partie, en perdant les fonds qu'il y aura exposé à dûe concurrence, et jusqu'au jour de son abbandonnement, et en payant sa cotte part des dettes qui se trouveront contractées par la Société au moment de son abbandon.

ARTICLE QUINZE.

Les Directeurs s'assembleront deux fois le mois dans l'endroit qu'ils auront choisi, et plus souvent si les besoins de la Compagnie l'exigent.

ARTICLE SEIZE.

Tous les intéressés connus auront droit d'avoir inspection des comptes de la Compagnie au bureau et sans déplacer, et les Croupiers ne pourront s'addresser qu'à leurs cédants pour avoir connaissance du divident, suivant la feuille qui leur sera donnée.

ARTICLE DIX-SEPT.

Les Directeurs ne prendront aucun frais de voiages ni vacations, mais seulement ceux de nourriture et de voiture.

ARTICLE DIX-HUIT.

Il a été convenu que la Compagnie ne pourra faire des fosses dans l'intérieur du château, jardin et parc, et au cas que l'on viendrait à établir des fosses à Villers, on ne pourra le faire qu'à cinquante toises de distance de l'enclos.

Ainsy fait, arrêté, convenu et signé en triple, dont l'un pour M. le Marquis de Trainel ; l'autre pour le bureau ; et le troisième pour M. Desvignes père, après lecture à Valenciennes, Douay et Bouchain respectivement le onze novembre mil sept cent soixante-treize.

> *Signé :* Vitalis, Remy, Dehault, Rémy Desjardins, Bérenger, De Wavrechin, Ruyant de Bernicourt, Ruyant de Cambrone, Desvignes, Trainel, Varlet, Dusart, J.-B. Desvignes, C.-M. Desvignes, le Comte de Sainte-Aldegonde Noircarmes, Duhamel, Comtesse de Sainte-Aldegonde, A.-J. Tréca, Lanvin, Remy.

Enregistré à Douay le vingt-quatre novembre mil sept cent quatre-vingt-douze, reçu six livres à la charge de faire timbrer.

Signé : Dhardiviller.

Certifié véritable par moi soussigné au désir de l'acte de dépôt fait du présent au notaire Custers, de la résidence de Douay, cejourd'huy à Douay le sept novembre mil huit cent neuf.

Signé : Estoret.

Des trois sols six deniers qui ont été tenus en réserve par le présent contrat, la Compagnie en a rendu aux personnes suivantes :

	Sols.	Deniers.
A M. le Comte de Nédonchel, six deniers, cy....................	»	6
A M. Taaff, major du regiment irlandais de Dillon, trois deniers, cy.	»	3
A M De Gheugnies, de Condé, six deniers, cy.....................	»	6
A M. Dehault, pour deux personnes connues de la Compagnie, neuf deniers, cy.......	»	9
A M. Pierre Desvignes, quatre deniers, cy........................	»	4
A M. Quenneson fils, à Bugnicourt, trois deniers, cy.............	»	3
A M. Dumont fils, à Bouchain, quatre deniers, cy................	»	4
A M. le Baron de Nédonchel, trois deniers, cy...................	»	3
Cy....	3	8

	Sols.	Deniers.
Cy-devant........	3	2

Signés : Dehault, De Gheugnies de Quiévy, le Comte De Nédonchel, Dumont de Beaufort, Taaff, Quenneson.

Nota. Des quatre deniers restants, deux ont été cédés à M. De Montchevreuil, demeurant à Paris, par la délibération du 13 décembre 1778
quittes de toutes mises jusqu'au dit jour, moyennant la somme de
10 000 liv., cy... »   2

Les deux autres deniers ont été donnés au Sieur Castille, receveur
particulier desdites fosses par ladite délibération, aux conditions portées par sa commission, cy..................................... »   2

                                                   3   6

Collationné la présente copie de son original administré et rendu ; trouvé icelle
y concorder par les Notaires publics, résidants à Douay, soussignés, le 25 floréal de
l'an III de la République (mai 1795).

                                   Signés : CUSTERS, ANDRÉ.

N° 3.

Première concession de trente ans accordée à la Compagnie du Marquis de Trainel, le 10 mars 1774.

EXTRAIT DES REGISTRES DU CONSEIL D'ÉTAT DU ROI.

Sur la requête présentée au Roi étant en son Conseil, par le Marquis de Traisnel,
contenant qu'il est propriétaire de plusieurs terres à clochers dans la province du
Haynaut François, entre Bouchain et Douay, animé encore plus du bien public que
de son intérêt particulier, il a formé le dessein, d'y ouvrir et exploiter, sous le bon
plaisir de Sa Majesté, des fosses à charbon. Il a même déjà fait sonder le terrein, jusqu'à près de quatre cent pieds de profondeur, et il s'est mis en état d'ouvrir deux
fosses pour exploiter les veines qui s'y rencontrent, et a commencé les approvision-
nemens nécessaires pour cet objet, ce qui a déjà constitué le suppliant dans une dépense de plus de cent mille livres, ainsi qu'il résulte du procès-verbal qui a été dressé
par le sieur subdélégué au département de Bouchain, et qui est joint à la présente
requête ; mais une entreprise de cette importance, et les risques qui en sont inséparables procureroient infailliblement la ruine du suppliant, s'il n'y étoit expressément
autorisé par Sa Majesté, et si Elle n'avoit la bonté d'ôter à ses voisins, jaloux de sa
découverte, l'envie et le pouvoir de lui nuire en les empêchant de former de pareils
établissemens dans une distance capable de préjudicier à ceux du suppliant. Il est
notoire que les autres mines de charbon de terre du Haynaut François situées près
de Valenciennes, et Condé, peuvent à peine fournir à la moitié de la consommation
et du débit de cette espèce de denrée, d'où il résulte qu'il est de l'intérêt de l'État
qu'elles soient multipliées, puisque de pareils établissemens réunissent le double
avantage de faire subsister beaucoup d'ouvriers, et d'empêcher l'argent du royaume
de passer à l'étranger : le terrein dans lequel le suppliant demande la permission
d'exploiter des mines de charbon est situé entre la rivière de la Sensée, et de la

Scarpe : il est borné à l'est par la chaussée de Marchiennes et celle de Bouchain, à l'ouest par la Sensée et le canal qui conduit à Douay, au nord par la Scarpe, et au midi par la Sensée, suivant le plan joint à la présente requête, ce plan qui est extrêmement exact, présente une démarquation beaucoup moins étenduë que celle accordée à la Compagnie d'Anzin, ce qui fait espérer au suppliant, que Sa Majesté ne fera aucune difficulté de lui accorder la permission qu'il demande, requéroit, à ces causes, qu'il plût à Sa Majesté, lui accorder le privilége exclusif d'exploiter pendant cinquante années, à compter du premier janvier 1776, lesdites mines de charbon de terre qui se trouvent, et pourront se trouver comprises dans ledit terrein, situé entre les rivieres de la Sensée et de la Scarpe, borné à l'est par la chaussée de Marchiennes et celle de Bouchain, à l'ouest par la Sensée et le canal qui conduit à Douay, au nord par la Scarpe, et au midi par la Sensée, exempter les charbons qui en proviendront de tous dixiémes, vingtiémes, centiémes, droits d'entrée et de sortie, et de toutes autres impositions quelconques pendant ledit espace de cinquante années, ordonner que le Suppliant et Compagnie, jouiront des mêmes franchises et priviléges que ceux accordés à ladite Compagnie d'Anzin, aux offres par le Suppliant et Compagnie de se conformer aux arrêts et réglemens du Conseil, concernant l'exploitation des mines de charbon; enjoindre au Sr. Intendant du Haynaut et Cambresis, de tenir la main à l'exécution de l'arrêt qui interviendra.

Vû ladite requête, signée Bellart avocat du suppliant, ensemble le plan énoncé en la présente requête y joint, ensemble l'avis du Sieur Intendant, et Commissaire départi en la province de Haynaut : ouï le Rapport, le Roi étant en son Conseil, a accordé et accorde au Sr. Marquis de Traisnel, ses hoirs ou ayant cause, la permission exclusive d'exploiter pendant trente années à compter du premier janvier 1775, les mines de charbon de terre qui se trouvent et pourront se trouver comprises dans le terrein, situé entre les rivieres de la Sensée et de la Scarpe, borné à l'est par la chaussée de Marchiennes et celle de Bouchain, à l'ouest par la Sensée et le canal qui conduit à Douay, au nord par la Scarpe, et au midi par la Sensée, ordonne Sa Majesté, que ledit Sr. Marquis de Traisnel, ses successeurs ou ayant cause, ensemble ses commis préposés et ouvriers, employés à l'exploitation desdites mines, jouiront de tous les priviléges, franchises et exemptions, dont jouissent et doivent jouir les entrepreneurs et ouvriers des mines, à la charge par lui de se conformer aux arrêts et réglements du Conseil, concernant l'exploitation des mines de charbon, et en outre de dédommager préalablement de gré-à-gré, ou à dire d'experts, les propriétaires des terreins qu'il pourra endommager, et encore de payer annuellement la somme de quatre cent livres, pour l'entretien de l'École des Mines, entre les mains du Trésorier général des Écoles Vétérinaires; enjoint Sa Majesté au Sr. Intendant, et Commissaire départi en la province de Haynaut, de tenir la main à l'exécution du présent arrêt, lui attribuant à cet effet, toutes Cour, Jurisdiction et connoissance en premiere instance, sauf l'appel au Conseil, et icelle interdit à ses autres Cours et Juges.

Fait au Conseil d'État du Roi, Sa Majesté y étant, tenu à Versailles, le dix mars mil sept cent soixante-quatorze.

Signé : BERTIN.

LOUIS, par la Grâce de Dieu, Roi de France et de Navarre, à notre Amé et Féal, Conseiller en nos Conseils, Maître des Requêtes ordinaires, de notre Hôtel, le Sr. Taboureau, Intendant et Commissaire départi pour l'exécution de nos ordres en la généralité du Haynaut, salut; nous vous mandons et ordonnons par ces présentes, signées de notre main, de procéder à l'exécution de l'arrêt ci-attaché sous le contre-scel de notre Chancellerie, cejourd'hui rendu en notre Conseil d'État, Nous y étant, pour les causes y contenues. Commandons au premier notre Huissier, ou Sergent sur ce requis, de signifier ledit arrêt à tous qu'il appartiendra, à ce que personne n'en ignore, et de faire pour son entière exécution, et de ce que vous ordonnerés en conséquence tous actes et exploits nécessaires, car tel est notre plaisir.

Donné à Versailles le dixième jour de mars l'an de grâce, mil sept cent soixante-quatorze, et de notre règne le cinquante-neuvième.

Signé : LOUIS.

Et plus bas : Par le Roi,

    Signé : BERTIN.

Louis-Gabriel Taboureau, Chevalier, Seigneur des Réaux, Conseiller du Roi en ses Conseils, Maître des Requêtes ordinaires de son Hôtel, Intendant de justice, police et finances de la province du Haynaut, Pays d'entre-Sambre, Meuse et d'outre-Meuse, Cambray et Comtée de Cambresis, Bouchain, St. Amand, Mortagne et leurs dépendances.

Vû le présent arrêt et commission sur icelui; nous ordonnons qu'il sera exécuté selon sa forme et teneur.

Fait le vingt-sept avril mil sept cent soixante-quatorze.

Signé : TABOUREAU.

Par Monseigneur :
    ROULLIN.

L'an mil sept cent soixante-quinze le   je Huissier royal de la subdélégation de Bouchain soussigné, à la réquisition de Monsieur le Marquis de Traisnel, Lieutenant général des armées du Roi, et Compagnie, en exécution de l'arrêt du Conseil d'État, commission expédiée sur icelui, et l'attache de Monsieur Taboureau, Intendant de la province du Haynaut, etc. ci-dessus, ai signifié et délivré copie dudit arrêt, de ladite commission et attache à

parlant à

    pour qu'il n'en ignore, les jour, mois et an que dessus.

N° 4.

LETTRES PATENTES DU ROI

Qui autorisent les gens de main-morte des Pays-bas François à prêter à constitution de rente au Marquis de Traisnel et à ses Associés, la somme de cinq cens mille livres.

Données à Versailles le 12 mars 1779.

Registrées en Parlement le 17 avril 1780.

LOUIS, par la grâce de Dieu, Roi de France et de Navarre, à tous ceux qui ces présentes Lettres verront; Salut. Notre cher et bien amé le Sr. Marquis de Traisnel Nous a fait exposer qu'un arrêt rendu au Conseil d'État le 10 mars 1774, lui a accordé la permission exclusive d'exploiter pendant trente années les mines de charbon de terre qui se trouvent en Haynaut, dans l'espace borné à l'est par la chaussée de Marchiennes et celle de Bouchain, à l'ouest par la Sensée et le canal qui conduit à Douay, au nord par la Scarpe, et au midi par la Sensée : qu'il a besoin pour cette exploitation, qui n'importe pas moins à la province qu'à lui-même, d'une somme de cinq cens mille livres ; et qu'il espéroit que Nous autoriserions volontiers les gens de main-morte des Pays-bas François à la lui prêter à constitution de rente : à quoi ayant égard, et voulant favorablement traiter l'exposant, A ces causes, et autres à ce Nous mouvant, de l'avis de notre Conseil et de notre Grace spéciale, pleine Puissance et Autorité royale, Nous avons permis, et par ces présentes, signées de notre main, permettons aux établissemens de main-morte des Pays-bas François, de prêter à constitution de rente à l'exposant et à ses associés, la somme de cinq cens mille livres : Voulons qu'il puisse être affecté et hypothéqué à la sûreté, tant de ladite somme, que des intérèts qui auront été stipulés pour icelle, autant d'immeubles qu'il en faudra pour répondre du tout ; à l'effet de quoi, il sera passé tous actes et contrats nécessaires, que Nous avons dès-à-présent validés et validons, pour, par les gens ou communautés de main-morte qui auront prêté à l'exposant et à ses associés la totalité ou partie de ladite somme de cinq cens mille livres, jouir pleinement de l'effet des arrangemens qu'ils auront pris avec lui par lesdits actes, sans pouvoir être inquiétés, sous prétexte des dispositions, tant de la Déclaration du 9 juillet 1738 et de l'Édit du mois d'août 1749 concernant les gens de main-morte, que de tous autres réglemens, qui pourroient être à ce contraires ; de l'effet desquelles dispositions Nous les avons expressément exceptés par cesdites présentes, mais pour ce regard seulement, et sans que cela puisse tirer à conséquence. Si donnons en mandement à nos amés et féaux les gens tenans notre Cour de Parlement de Flandres, et à tous autres nos Officiers et Justiciers qu'il appartiendra, que ces présentes ils aient à faire registrer, et du contenu en icelles faire jouir et user lesdits Corps ou Communautés de main-morte qui lui auront prêté la totalité ou seulement partie de ladite somme de cinq cens mille livres, pleinement et paisiblement ; cessant et faisant cesser tous troubles et empêchemens, et nonobstant toutes choses à ce contraires : car tel est notre plaisir. En témoignage de quoi, Nous avons fait mettre notre sceau à cesdites présentes.

Données à Versailles, le douzième jour de mars, l'an de grace mil sept cent soixante-dix-neuf, et de notre Règne le cinquième.

Signé : LOUIS.

Et plus bas : Par le Roi,

     Le Prince DE MONTBAREY.

Et scellées du grand sceau en cire jaune.

Enrégistrées au Greffe de la Cour de Parlement ; ouï, et ce requerant le Procureur-général du Roi, pour jouir par les Supplians de l'effet et contenu en icelles, suivant leur forme et teneur, conformément à l'arrêt de cejourd'hui dix-sept avril mil sept cent quatre-vingt.

Signé : PROOST.

N° 5.

Augmentation du périmètre de la première concession le 6 août 1779.

EXTRAIT DES REGISTRES DU CONSEIL D'ÉTAT DU ROI.

Sur la Requête présentée au Roi, étant en son Conseil, par le Sieur Marquis de Trainel, contenant que par arrêt du 10 mars 1774, il lui auroit été accordé la permission exclusive d'exploiter pendant trente années, à compter du premier janvier 1775, les mines de charbon qui pourroient se trouver dans le terrein compris entre les rivières de la Sensée et de la Scarpe, borné à l'est par la chaussée de Marchiennes et celle de Bouchain, à l'ouest par la Sensée et le canal qui conduit à Douay, au nord par la Scarpe, et au midi par ladite Sensée ; qu'après cinq années de travaux les plus dispendieux, ledit Sieur Marquis de Trainel fut assez heureux pour découvrir des veines de charbon exploitables sur le territoire d'Anniche, dépendant de la châtellenie de Bouchain ; mais que telle avantageuse que soit cette découverte, elle deviendroit bientôt infructueuse au grand préjudice du public et du Sieur Marquis de Trainel, si on ne lui accordoit pas une augmentation de démarcation, par la raison que celle qu'il a obtenue par l'arrêt précité, se trouve réduite d'après les recherches inutiles et dispendieuses qu'il a faites dans sa totalité, à une portion de terrein véritablement utile, très-bornée et insuffisante pour y former une exploitation durable et capable de l'indemniser de ses mises et avances faites et à faire ; qu'il devient d'ailleurs indispensable d'assurer à cet établissement un débouché par eau, par le canal de la Sensée, avec la faculté de pouvoir ouvrir des fosses à sa droite et à sa gauche; qu'il seroit au surplus contraire aux principes d'encouragement et de protection particulière que Sa Majesté accorde toujours aux travaux de cette importance, lorsque sur-tout ils annoncent, comme ceux dudit Sieur Marquis de Trainel, une parfaite réussite, que d'exposer ces derniers à être bientôt anéantis par l'établissement d'une nouvelle Compagnie, qui, profitant des découvertes et alignemens dudit Sieur Marquis de Trainel, pourroit tôt ou tard lui ravir le fruit de ses opérations, en établissant et dirigeant ses ouvrages contigument à sa démarcation actuelle, et en lui enlevant son principal débouché et le seul par eau dont il puisse espérer de faire immédiatement usage : de manière que, dans cette position, l'exploitation dudit Sieur Marquis de Trainel devenant isolée et placée dans un point très-resserré entre la Compagnie d'Anzin à l'est, et la nouvelle qui pourroit s'établir à l'ouest, serviroit à peine à fournir aux besoins de quelques villages circonvoisins, et par la suite ledit Sieur Marquis de Trainel se verroit forcé à tout abandonner et de supporter une dépense très-considérable, qu'il se trouveroit avoir sacrifiée en pure perte. Requéroit à ces causes, à ce qu'il plût à Sa Majesté lui accorder une augmentation de démarcation conforme au plan joint à ladite requête, laquelle en conséquence seroit bornée à l'est par la chaussée de Marchiennes à Bouchain, et celle de Bouchain à Cambray, au midi par le grand chemin de Cambray à Arras. jusques vers le village de Monchy-le-Preux, à l'ouest par une ligne directe à tirer dudit chemin de Cambray à Arras, et à diriger sur les clochers dudit Monchy-le-Preux et de Gavrelle, jusqu'à la chaussée de Douay à Arras, au nord par ladite chaussée de Douay à Arras, depuis ledit Gavrelle jusqu'à Douay, et par la Scarpe depuis cette dernière ville jusqu'à Marchiennes, pour, par ledit Sieur Marquis de Trainel, ses hoirs ou ayant-causes et Compagnie, jouir dans cette nouvelle démarcation des mêmes prérogatives, privilége, permission exclusive, et autres droits exprimés par ledit arrêt du 10 mars 1774. Vû ladite requête, le plan y joint, ledit arrêt du Conseil du 10 mars 1774, ensemble les avis des Sieurs de Calonne et Senac de Meilhan, Intendans et Commissaires départis dans les provinces de Flandres, Artois, Haynaut et Cambresis; ouï le rapport, le Roi étant en son Conseil, a accordé et accorde audit Sieur Marquis de Trainel, ses hoirs ou ayant-causes, une augmentation de démarcation telle qu'elle se trouve figurée au plan joint à ladite requête, lequel demeurera annexé à la minute du présent arrêt, pour y avoir recours au besoin : veut en conséquence et ordonne Sa Majesté que l'ensemble de la totalité de la démarcation dudit Sieur Marquis de Trainel soit et demeure à l'avenir bornée à l'est par la chaussée de Marchiennes à Bouchain, et celle dudit Bouchain à Cambray, au midi par le grand chemin de Cambray à Arras jusques vers le village de Monchy-le-Preux, à l'ouest par une ligne directe à tirer dudit chemin de Cambray à Arras, et à diriger sur les clochers dudit Monchy-le-Preux et de Gavrelle jusqu'à la chaussée de Douay à Arras, au nord par ladite chaussée de Douay à Arras, depuis ledit village de Gavrelle jusqu'au dit Douay, et par la Scarpe depuis cette derniere ville jusqu'à Marchiennes, sans néanmoins que ledit Sieur Marquis de Trainel ni tous autres entrepreneurs de mines qui pourront s'établir aux environs, puissent approcher leurs travaux de plus de six cens toises des susdites limites : entend Sa Majesté, que dans la totalité de sa nouvelle démarcation, ledit Sieur Marquis de Trainel, ses hoirs, ayant-causes et Compagnie, jouissent des mêmes priviléges, prérogatives, permission exclusive, franchises, exemptions et autres droits exprimés par ledit arrêt du 10 mars 1774, et pendant la durée du terme y spécifié, aux charges, clauses et conditions y rappellées : enjoint Sa Majesté aux Sieurs Intendans et Commissaires respectivement départis dans les provinces du Haynaut, Cambresis, Flandres et Artois, de tenir chacun pour ce qui les concerne la main à l'exécution du présent arrêt; leur attribuant à cet effet, Sa Majesté, toute Cour, Jurisdiction et connoissance en premiére instance, sauf l'appel au Conseil, et icelle interdit à ses autres Cours et Juges.

Fait au Conseil d'État du Roi, Sa Majesté y étant, tenu à Versailles le 6 août 1779.

Signé : BERTIN.

LOUIS, par la grace de Dieu, Roi de France et de Navarre, à notre amé et féal Conseiller en nos Conseils, Maître des requêtes ordinaire de notre Hôtel, le Sieur Senac de Meilhan, Intendant et Commissaire départi pour l'exécution de nos ordres en la généralité de Haynaut; Salut. Nous vous mandons et ordonnons, par ces présentes, signées de notre main, de procéder à l'exécution de l'arrêt ci-attaché sous le contre-scel de notre Chancellerie, cejourd'hui rendu en notre Conseil d'État, Nous y étant, pour les causes y contenues. Commandons au premier notre Huissier ou Sergent sur ce requis, de signifier ledit arrêt à tous qu'il appartiendra, à ce que personne n'en ignore, et de faire pour son entiere exécution, et de ce que vous ordonnerez en conséquence, tous actes et exploits nécessaires : car tel est notre plaisir.

Donné à Versailles, le sixiéme jour d'août, l'an de grace, mil sept cent soixante-dix-neuf, et de notre règne le sixiéme.

Signé : LOUIS.

    Et plus bas : Par le Roi,

    Signé : BERTIN.

Gabriel Senac de Meilhan, Chevalier, Seigneur de Varennes, Maison-Rouge, Fief du Bourg et autres lieux, Conseiller du Roi en ses Conseils, Maître des requêtes honoraire de son Hôtel, Intendant de Justice, Police et Finances de la province du Haynaut, pays d'Entre-Sambre, Meuse et d'Outre-Meuse, Cambray et Comté de Cambresis, Bouchain, Saint-Amand, Mortagne et leurs dépendances.

Vû le présent arrêt et commission sur icelui, Nous ordonnons que ledit arrêt sera exécuté selon sa forme et teneur.

Fait le vingt-cinq septembre mil sept cent soixante-dix-neuf.

Signé : SENAC DE MEILHAN.

Par Monseigneur,

Signé : GUÉHÉNEUC.

L'an mil sept cent soixante-dix-neuf, le

je

Huissier Royal de la Subdélégation de Cambray, soussigné, à la réquisition de Monsieur le Marquis de Trainel, Lieutenant-Général des armées du Roi, et Compagnie, en exécution de l'arrêt du Conseil d'État, Commission expédiée sur icelui, et l'attache de Monsieur Senac de Meilhan, Intendant de la province du Haynaut etc., ci-dessus, ai signifié et délivré copie dudit arrêt, de ladite Commission et attache à

parlant à

pour qu'il n'en ignore, les jour, mois et an que dessus.

N° 6.

Titre de part d'intérêt de 1841.

MINES D'ANICHE,

ARRONDISSEMENT DE DOUAI, DÉPARTEMENT DU NORD.

SOCIÉTÉ constituée le 11 Novembre 1773, pour l'Exploitation du Charbon de Terre.

Concession accordée primitivement par arrêts du Conseil du Roi, en date des 10 Mars 1774 et 6 Août 1779. — Réglée définitivement à **six lieues carrées**, conformément à la loi du 28 Juillet 1791, par arrêté des Administrateurs du département du Nord, en date du 6 Prairial an IV (25 Mai 1796), approuvé par le Directoire exécutif le 4 Messidor an V (22 Juin 1797).

EXTRAIT D'INSCRIPTION AU LIVRE DES ACTIONNAIRES.

N°

F

Nous soussignés, Directeurs de la Compagnie des Mines d'Aniche, certifions que

M

inscrit au livre des Actionnaires pour   deniers

ou   Actions,

Aniche, le

Les Directeurs de la Compagnie,

Vu :
L'Agent Général,

N° 7.

Titre de part d'Intérêt actuel.

COMPAGNIE
DES
MINES D'ANICHE,

Constituée

par acte de Société du 11 Novembre 1773,
pour l'Exploitation du Charbon de Terre.

Concession

*Accordée primitivement par Arrêts du Conseil du Roi,
en date des 10 Mars 1774 et 6 Août 1779 ; réglée définitivement à **six lieues carrées**, conformément à la
loi du 28 juillet 1791, par arrêté des Administrateurs
du département du Nord, en date du 6 Prairial an IV
(25 Mai 1796), approuvé par le Directoire exécutif
le 24 Messidor an V (22 Juin 1797).*

Délibération

du

F°

Douzième de denier.

Aniche, près Douai (Nord), le

M

M

*J'ai l'honneur de vous informer que, par délibération de
Messieurs les Directeurs, en date du
vous avez été inscrit au Livre des Sociétaires comme propriétaire
d* **DOUZIÈME DE DENIER**

*Agréez, je vous prie, M
l'assurance de ma parfaite considération.*

L'Agent Général :

N° 8.

Proposition du Sieur Quennesson, de faire exploiter la fosse Sainte-Thérèse à son compte pendant six mois. Avis du Marquis de Trainel.

A MESSIEURS,

MESSIEURS LES DIRECTEURS DES FOSSES A CHARBON D'ANICHE.

Supplie très humblement le sieur Quennesson demeurant a Bugnicourt, et represente qu'ayant été decidé dans votre Assemblée du seize du présent mois, que la fosse a charbon appellée Sainte-Thérèse devait etre annéantie, qu'en conséquence il desireroit qu'il vous plaise lui accorder la permission de la faire exploiter a son compte pendant six mois.

Qu'aussitot que cela sera accordé il sera fait une estimation des ustencils et agrès attachés à laditte fosse, pour les rendre a la fin du terme cy-dessus dans tel etat qu'ils seront trouvés, ou d'en payer la moins valeur, de meme qu'etre remboursés du surplus si l'estimation faite a l'expiration dudit terme était plus forte que celle faite au commencement de cette entreprise, offrant a cet effet pour caution le Sieur Lanvin de Fressain, associé et directeur desdites fosses.

Qu'en accordant au suppliant la permission qu'il demande, cela poura procurer a la Société des éclaircissements nécessaires dans ces occurences.

Ce faisant, etc.

<table>
<tr><td>Signé : LANVIN.</td><td>Signé : QUENNESSON.</td></tr>
</table>

Nous, Marquis de Trainel, sommes d'avis d'accepter la proposition du Sieur Quennesson étant avantageux à la Compagnie de retrouver la fosse Sainte-Therese dans six mois, au cas que leurs ouvrages au nord n'aie pas tout le succès qu'il en espere.

En foy de quoy Nous avons signe le present avis pour valloir autant que de raison.

A Villers, ce 19 décembre 1781.

Signé : TRAINEL.

———————

N° 9.

Arrêt du Conseil d'État du 9 mars 1784, prorogeant de trente ans la durée des priviléges des 10 mars 1774 et 6 août 1779.

Sur la Requête présentée au Roy en son Conseil par le Marquis de Traisnel, contenant que par arrêt du Conseil du 10 mars 1774, Sa Majesté lui a accordé et à ses hoirs et ayant-cause, la permission exclusive d'exploiter pendant trente années, à compter du 1er janvier 1775, les mines de charbon de terre découvertes et à découvrir dans le terrain situé entre les rivières de la Sensée et de la Scarpe, etc.

Que par autre arrêt du Conseil du 6 août 1779, Sa Majesté a accordé au supliant une augmentation de démarcation telle qu'elle se trouvait figurée au plan joint à

la

Requête, en conséquence a ordonné que l'ensemble de la totalité de cette démarcation serait et demeurerait à l'avenir bornée, etc.

Que la Compagnie d'Anzin a obtenu une extension de son privilége, pendant trente années, à compter de l'expiration du précédent.

Requéroit à ces causes le supliant qu'il plut à Sa Majesté lui accorder et à sa Compagnie une pareille prorogation de privilége que celle que vient d'obtenir la Compagnie d'Anzin, non-seulement pour recouvrer les avances énormes faites par le supliant, mais pour assurer le succès de l'extraction que la dizette de bois rend très intéressante.

Vu ladite Requête, ensemble l'avis du Sieur Intendant et Commissaire départi en la province de Haynaut, ouï le rapport du Sieur Decalonne, Conseiller ordinaire au Conseil royal, controlleur général des finances.

Le Roy en son Conseil a accordé et accorde au supliant, ses associés, hoirs ou représentans pour trente années, à compter de l'expiration du précédent privilége la prorogation d'icelui à l'effet par le supliant de continuer exclusivement à tous autres l'exploitation des mines de charbon de terre, suivant la démarcation détaillée dans l'arrêt du Conseil du six août mil sept cent soixante-dix-neuf, et à la charge de se conformer dans son exploitation aux articles deux, dix et onze de l'arrêt du Conseil du quatorze janvier mil sept cent quarante-quatre, et aux dispositions de celui du dix-neuf mars mil sept cent quatre vingt trois, concernant l'exploitation des mines de charbon comme aussi à la charge de dédommager préalablement à l'amiable ou à dire d'experts convenus ou nommés d'office par le Sieur Intendant et Commissaire departi en la province de Haynaut, les propriétaires des terreins qu'ils pourront endommager par leurs travaux, et en outre de loger, entretenir et instruire un élève de l'École des mines, lorsque Sa Majesté jugera à propos d'en envoyer un sur ladite exploitation et d'adresser tous les ans l'état de leurs travaux, l'exposé des difficultés qu'ils ont éprouvées pour les établir, les moyens qu'ils ont employés pour les vaincre, l'état de la quantité des matières qu'ils auront extraites, des ouvriers qu'ils y auront employés et de ceux qui se seront distingués en annonçant le plus de talents, à défaut de quoi ladite concession sera et demeurera révoquée en vertu du présent arrêt et sans qu'il en soit besoin d'autre à cet égard, Ordonne Sa Majesté que les entrepreneurs et ouvriers desdittes mines jouiront des priviléges et exemptions accordées aux mineurs par les Édits, Déclarations et Arrêts et Réglemens relatés en l'arrêt du Conseil des onze juillet mil sept cent vingt-huit. Évoque Sa Majesté à Soi et à son Conseil les contestations nées ou à naître, pour raison de l'exploitation desdites mines et icelles circonstances et dépendances a renvoyé et renvoye pardevant ledit Sieur Intendant et Commissaire departi en la province du Haynaut, pour les juger en première instance et sauf l'appel au Conseil, lui attribuant à cet effet toute Cour et Jurisdiction qu'elle interdit à ses autres Cours et Juges.

Fait au Conseil d'État du Roy tenu à Versailles le neuf mars mil sept cent quatre-vingt quatre.

Collationné avec paraphe.

Signé : HUGUES DEMONTARAN.

N° 10.

**Réponse du Sieur Motte aux articles du Mémoire demandé
par Messieurs les Directeurs des Fosses d'Aniche à l'assemblé
du 6 de juin 1786.**

ARTICLES DU MÉMOIRE DEMANDÉ PAR MESSIEURS LES DIRECTEURS.

Article 1er. L'état dans lequel il a trouvé les fosses et les ouvrages a son arrivé.
— A mon arrivé aux fosses d'Anniche, j'ay trouvé des fosses mal arrangées du cuvellage sans renvoye quand on voulait brondir au ferme tout le cuvellage était en mouvement. Les ouvrages mal faits par des cheminées sans airage en hauteur monté de 60 toises.

De ce qu'il a fait depuis, des veines qu'il a reconnües exploitable et non exploitable. — J'ay fait chasser dans la petite veine 20 toises du coté du soleil couchant, en dessus d'un crain a 40 toises du niveau de la fosse dite l'ancienne. C'était plus tot un remontage de mauvais terrein du fond que crain, au dessus j'ay laissé la veine a sa qualité, au levant j'ay persé un crain de 5 toises vers le haut des cheminées, j'y ait fait monter deux tailles dans ladite veine qui est bien reglée au levant et au couchant. Poursuivant la boite du nord a 6 toises de la petite veine on a coupée une passée dans du mauvais terrein, huit toises plus avant une autre passé en noireur et sans charbon, 6 toises encore plus au nord une veine d'un pied bien reglée entre deux rocs et très-belle. A 8 toises de cette veine est une veine de 4 paulmes dite le petite Rolant portant bon toit et exploitable. Encore a 8 toises de la précédente est la veine Sainte-Barbe de 6 paulmes avec bon toit, à l'éxcéption qu'il ne se trouve point véritablement de meure comme ailleure. Cette veine promet beaucoup principalement au nord.

De leur qualité, des crains s'il s'en est trouvé et de leur épaisseurs. — La petite veine a 3 paulmes, la veine a terre a 6 paulmes dont la moitié est en charbon, elle n'est point exploitable ; le petit Rolant a 4 paumes et celle dite Sainte-Barbe a 6 paumes, la veine du Boeure un pied avec du faut mure qu'on faisoit passer pour du charbon. J'ay fait exploiter au fond du Bure. Je lai mis a fin des deux cotés elle n'a rien vallue en aucune endroit, nous avons exploités la petite veine par une vallée au fond du Bure, il ne c'est pas trouvé de veine du fond, on a déliberé de faire une deuxième vallée, il n'y avoit plus de veine du fond, de sorte qu'il n'y a rien que du mauvais terrein.

De la situation dans laquelle étoit la fosse de Sainte-Therese et de la machine a feu avant l'abbandon. — La fosse de Sainte-Therese étant très mauvaise par la quantité de trouses a picoter dont il s'en est trouvé 15. Si prés les unes des autres que certaines trouses étoient a 6 pieds les unes des autres, de façon que le cuvellage étoit tout etort et beaucoup de mauvais bois, quand à la veine je n'y ait vu que du mauvais terrein tout brouillé ; pour trouver les deux dernières veines du nord, il auroit fallut reboiter au moin 100 toises avec les 40 toises de faites et 40 toises de voye a l'acrochage. Avant l'abandon de la machine a feu, elle servoit a tirer les eaux de la communication de la fosse de Sainte-Therese et de Saint-Mathias ; mais pour avoir les pompes déhors, il a fallut faire une digue dans la communication de Sainte-Therese, sans cela les eaux auroient montées si rapidement que l'on n'auroit pas pû avoir toutes les pompes dehors.

De ce qui a empechez de faire les serremens qu'on avoit délibéré et ordonné de faire. — Pour faire un serrement il falloit aller a 60 toises dans la communication pour avoir une querelle qui n'étoit point encore solide, par le premier evenement de la machine a feu, la voie a ecroulée qui étoit faite dans une passée, il y avoit six ouvriers pour la refectionner, quand on a proposé le serrement il n'y avoit que 40 toises de raccommodé, — la voïe vas en descendans, il falloit mener les eaux sur Saint-Mathias, je suis persuadé qu'il falloit plus de 6 mois pour la raccommoder ; la machine a feu est devenu peut forte, elle a été cinq semaines jour et nuit sans avoir les eaux aplates comment faire un serrement, lon doit juger qu'il faut du tems et du terrein solide. Il ne se trouve point une place a choisir dans le meilleure endroit de tous les travaux ; il faut pour faire une operation comme cela qu'il n'y auroit point de boite au midy et au nord, n'y au levant n'y au couchant pour recouper les travaux que l'on veut renfermer.

Quel fut la cause que la fosse de Saint-Mathias et la vieille fosse ont étés inondées, quétant convenu luimeme que l'on pouvoit tirer du charbon avec benefice par la galerie du nord. — La fosse de Saint-Mathias et l'ancienne fosse ont été inondées quand les eaux ont montées a la machine a feu de 15 toises par une boite sur le soleil de dix heures de 100 toises de longueur aux quel on a trouvé le canister, et une chasse qui s'est fait, plus une boite au nord de 80 toises. Et les autres trous que l'on ne déclare point. Tous le terrein du midy n'est point dans le cas de tenir les eaux a cause qu'il n'est point reglez.

Quel inconvenient il trouve a desecher les dites deux fosses pour extraire du charbon, ce qu'il estime que cela pourroit couter, y compris les refections qu'il y auroit a faire, tant dans les boites qu'aux acrochages, en y détaillant avec la plus grande étendue toutes les circonstances. — Au premier évenement de la machine a feu nous avons étés un mois que les puteurs remontoient par Saint-Mathias, lon ne pouvoit point descendre du feu a 8 toises bas. Comment poser des pompes et remedier au déffaut, — et des frais considérables pour le raprofondir et faire une boite de 45 toises   de l'ancienne fosse un quernez jusqu'a la petite veine, je ne repont point des fosses lon a arraché tout le peut de charbon proche des acrochage, principalement a la vieille fosse dont on a monté des cheminées de 22 toises proche de la fosse, pour aller au bout. Lairage ne sera jamais bon. Laire sera coupé par la veine du Boucre, par la petite veine et par celle a terre ; les vents ne seront jamais fraiche et rien de pied a prendre, si non des mauvais accidents quoi qu'ayant une machine a feu plus forte, un éboulement pourra la perir ainsy que tous les autres ouvrages s'ils étoient communiqués.

Je veut conserver ma reputation jaimeroit que vous consultier des bons sujets. Il vous dirons de ne point gater du bon pour du mauvais.

Déclarer l'avantage ou le désavantage d'avaller les deux nouvelles avalleresses ; et si on déséchoit les anciens ouvrages s'il faudroit les avallers toutes deux.— Si on veut faire un ouvrage solide il faut nécessairement deux fosses, un airage dans un coin peut servir pour aprofondir ; mais nous sommes surs d'exploiter des nouvelles veines qui pourroit donner de l'eau. Avec deux fosses on a de laisance, on peut tirer a deux, ou les raprofondis a tour, on les boites, on les tires d'embaras ; quand on aura chassé sur les deux cotés alors une est suffisante, quand les vents sont contraire il faudroit abandonner l'ouvrage. Vous devez savoir par Sainte-Therese les embaras que lon a eut.

N° 11.

Procès avec le Comte de Sainte-Aldegonde. Jugement du 31 décembre 1789.

EXTRAIT DES REGISTRES DE LA CHAMBRE DES VACCATIONS DU PARLEMENT.

Entre Messire Philippe Louis Maximilien Ernest Marie, Comte de Sainte Aldegonde Noircarmes, demeurant en son chateau de Riculey, appellant de la sentence renduë par les officiers de la prevoté royale de Bouchain, le vingt neuf septembre mil sept cent quatre vingt sept, intimé sur l'appel incident cy après et signiffié d'une part: Les Dirrecteurs et Interessés en l'entreprise des charbons Société du Marquis de Traisnelle et Compagnie, poursuite et diligence du Dirrecteur Caissier de la ditte Société, intimés incidemment, appellant de la ditte sentence par Requete presentée a la cour le onze janvier mil sept cent quatre vingt huit et poursuivant l'exécution de l'arret de la ditte Cour, du vingt deux février de la ditte année d'autre part.

Vu la ditte requete larret rendu sur icelle le dit jour onze janvier, le dit arret dudit jour vingt deux février les procès verbaux de comparution tenus en conséquence par le Conseiller rapporteur les quatorze mars et quatre avril de la ditte année mil sept cent quatre vingt huit, vingt un mars, huit et dix huit avril, premier, dix-huit may et vingt-neuf décembre de la presente année, et tout ce qui a été dit produit par les parties ensemble, les pièces en première instance, Ouï le Rapport de Messire Charles Joseph de Wery conseillier, tout considéré.

La Chambre sans s'arretter à la ditte sentence, faisant droit par jugement nouveau, condamne le dit De Sainte Aldegonde au payement des mises deliberés depuis et inclus le vingt six octobre mil sept cent quatre vingt six, et aux intérets des dittes mises en déduisant sur icelles par les dits dirrecteurs et intéressés tout ce que le dit de Sainte Aldegonde justifiera avoir payé a compte, déclare que dans le cas ou le dit de Sainte Aldegonde seroit en defaut de satisfaire aux mises dont il s'agit, dans le terme de trois mois, a compter du jour de la signiffication du présent arret peremptoirement, il sera censé avoir usé de la liberté accordée par l'article quatorze du contrat de Société du onze novembre mil sept cent soixante treize, dont il s'agit. Le condamne. au dit cas au payement des dettes contractées par la ditte Société, lors de la première sommation faite au dit de Sainte Aldegonde, le dix mars mil sept cent quatre vingt sept, et ce au prorata de son interet dans la dite Société, condamne le dit de Sainte Aldegonde aux dommages et interets, depuis la demande judiciaire et en tous les depens.

Fait a Douay, en la Chambre des vaccations du Parlement, le trente un decembre mil sept cent quatre vingt neuf.
    Collationné.

Signé : LEPOINE.

N° 12.

**Renonciation par Madame veuve Bousez, du 26 janvier 1790
à la propriété de 1 et 1/2 denier dans la Compagnie d'Aniche.**

Pardevant les notaire Royal et jurés de cattels a Valenciennes soussignés.

Comparue Madame Marie Claire Joseph Deletourre, veuve de M. Charles Josse, Joseph Bousez, avocat en Parlement, maitre particulier des eaux et forest, demeurante en cette ville, laquelle en conformité des propositions par elle faite à Messieurs les interessés dans l'extraction des mines a charbon d'Aniche, par eux accepté le dix sept decembre dernier a déclaré de ceder transporter a la dite Compagnie acceptant pour elle M. Pierre Charles Dehault de Lassus, demeurant a Valenciennes, pour ce comparant, et a ce autorisé par la délibération sus datté, dont copie par extrait cy vu lu demeurera annexée aux présentes un denier et demi d'interet dans la dite entreprise dont jouissoit feue M. Bousez son marit, et comme il en a joui subrogeant la ditte Compagnie en son lieu et place et en touts ses droits, a charge de la tenir quitte et garanti comme par ses presentes, mon dit Sieur De Hault de Lassus, aud. nom l'acquitte et garantie de la part des dettes dans la ditte entreprise, a cause dudit interest sans quelle puisse en etre inquieté ni recherché dans aucuns tems.

Et a tout ce que dessus et de rendre fraix a deffaut, les parties se sont obligés respectivement, informa par foy ayuwet et lettres sur XX sols tÿ de peine, serment, etc.

Fait et passé a Valenciennes ce vingt-six janvier mil sept cent quatre-vingt-dix après lecture, signés Deletourre, veuve Bousez, De Hault de Lassus, C. J. Crautz et J. P. J. Crautz et J. P. J. Postiau, not. — etc.

Collationnée par le notaire Royal soussigne.

Signé: J. P. J. Postiau.

———

N° 13.

**Arrêté du Représentant du Peuple Berlier, du 6 brumaire an III
(octobre 1794), accordant à la Société des fosses à charbon
d'Aniche un nouveau secours de 10000 livres.**

Égalité.

A Lille, le 6 Brumaire, 3e année de la République française une et indivisible.

Le Représentant du Peuple envoyé dans les départements du Nord et du Pas de Calais.

Vu la demande du citoyen Estoret, caissier de la Société des fosses à charbon d'Aniche, tendante à un nouveau secours provisoire de 10000 livres pour faire face aux dépenses journalières que nécessite le travail de ces fosses.

Considérant que sans ce nouveau secours cet établissement d'une utilité reconnue ne peut se soutenir, ce qui priverait la République d'une ressource qu'il est important de lui conserver.

Arrête que le Receveur du District de Douay mettra à la disposition du citoyen Estoret, une somme de dix mille livres, laquelle somme le dit citoyen Estoret sera tenu de reverser dans la caisse du district de Douay, avec celle de dix mille huit cent trois livres six sols huit deniers, qu'il a déja touchée en vertu de mon arrêté du 12 vendémiaire, lorsque le Comité des secours de la Convention nationale aura accordé à cet établissement les secours qu'il en attend.

Signés : T. Berlier,

Et J. C. Gillotte, *secrétaire.*

Pour copie conforme :

> *Signés :* Devintchieux, *président.*
> Et Gauthier, *secrétaire général.*

N° 14.

Procès-verbal de l'estimation de l'actif et du passif de la Société des Mines d'Aniche du 20 germinal an III (avril 1795).

L'an III de la République française, le 20 germinal, nous soussignés Jean Étienne Voisin, architecte, et Pierre Joseph Gaulois, marchand de charbon, tous deux demeurant en la commune de Douay, experts nommés par le citoyen Jamart, directeur de l'agence nationale des droits d'enregistrement, timbre et domaines au département du Nord, suivant la commission qu'il nous en a donné le 12 du présent mois germinal, à l'effet de procéder à l'estimation de la masse de l'actif et du passif de l'entreprise des mines à charbon de terre d'Aniche, district de Douai, en exécution de la loi du 17 frimaire dernier, d'une part.

Hypolite Joseph Dorzée, entrepreneur de machines à feu, demeurant à Hornu, près Mons, et Léandre Mathias Joseph Estoret, caissier de l'entreprise des dites mines à charbon d'Aniche, demeurant en ladite commune de Douay, tous deux aussi experts nommés par la généralité des associés de ladite entreprise, en leur assemblée tenue à Aniche le 18 ventôse dernier, à l'effet ci-dessus, d'autre part.

Nous nous sommes transportés audit Aniche, où nous étant réunis en la maison de direction de l'entreprise des dites mines, avons procédé à l'opération dont il s'agit en présence du citoyen Jean Charles Quenneson, cultivateur, demeurant à Bugnicourt, directeur et intéressé en la dite entreprise, ainsi qu'il suit :

. . . .

Total du passif de cet établissement porte la somme de sept cent soixante-six mille six cent soixante-deux livres, dix-huit sols, onze deniers, cy... 766 662 £ 18ˢ 11ᵈ

Total de l'actif dudit établissement, porte la somme de trois cent quarante-quatre mille soixante-dix-neuf livres, cy...... 344 079 £ » »

Partant le passif dudit établissement des mines à charbon d'Aniche excède l'actif de la somme de quatre cent vingt-deux mille cinq cent quatre-vingt-trois livres, dix-huit sols, onze deniers, cy . . . . 422 583 £ 18ˢ 11ᵈ

Sur quoi il faut ajouter les frais d'expertise qui, aux termes
de l'article 7 de ladite loi du 17 frimaire dernier, doivent être
pris sur la masse de la Société, la somme de deux mille cent
cinquante livres, compris les frais de bureau et de commis, cy.   2 150 £   »   »

Partant, le passif dudit établissement porte, déduction faite
de l'actif, la somme de quatre cent vingt-quatre mille sept cent
trente-trois livres, dix-huit sols, onze deniers, cy...........   424 733 £ 18 ͤ 11ᵈ

Maintenant, il nous reste à fixer la portion de dettes qui incombe à la charge de la République pour les parts des émigrés
qu'elle représente dans cette entreprise. Pour y parvenir, nous
nous sommes fait représenter la liste des stipulations d'intérêts
de la société, composée de vingt-cinq sols, dont trois sols six
deniers et demi ne sont point sujets à faire fonds. Les vingt-
un sols cinq deniers et demi restant se divisent entre trente-
huit actionnaires pour un intérêt plus ou moins fort : d'après
les renseignements qui nous ont été donnés par les intéressés
sur les lieux et les employés de cet établissement, les ci-après
dénommés se trouvent émigrés ou absens, savoir :

Lovencourt, gendre du citoyen Sainte Aldegonde, par cession
de son beau-père, avait quatre sols d'intérêts dont ce dernier
était originairement propriétaire d'un sol et les trois sols restant lui provenant de différentes acquisitions, cy...........   4 ͤ   »

Wavrechin avait sept deniers et demi dont il était originai-
remént propriétaire, cy.............................   »   7ᵈ 1/2

Dupont de Castille, par cession de Desvignes père, de Valenciennes, avait six deniers, cy.......................   »   6ᵈ

Hackett, cessionnaire de Dupont Dogimont qui avait acquis
dudit Desvignes, de Valenciennes, avait dans ladite Société un
denier, cy.......................................   »   1ᵈ

Cordiez de Caudry avait sept deniers, dont quatre deniers
par cession de feu Pierre Desvignes, et trois deniers par cession du lieutenant-colonel Taff, cessionnaire de feu de Villedieu
qui en était originairement propriétaire, cy.................   »   7ᵈ

Les héritiers de Vitalis, de Bouchain, avoient un sol trois deniers ....   1 ͤ   3ᵈ

Plaisant, dit Duchateau, par cession de feu Vitalis de Bouchain, avait un denier et demi, cy ....   »   1ᵈ 1/2

Les enfants d'Aoust, dit Jumelles, avoient deux sols, dont
un sol provenait d'acquisition des héritiers de Vitalis, neuf deniers de feu Desvignes père, de Valenciennes, et trois deniers
de Deffennes de Sautricourt, cy........................   2 ͤ   »

Dehault, de Bouchain, au lieu de Dehault de Lassus, son
père, avait neuf deniers par cession de Montmarqué, cy......   »   9ᵈ

Estoret père, par cession de Mathias Desvignes, d'Hordain,
avait six deniers, cy................................   »   6ᵈ

Mathias Desvignes, fermier à Hordain, avait encore dans ladite Société six deniers, cy...........................   »   6ᵈ

Delachartre, de Paris, par cession du sieur Trwon, avait un
denier et demi, cy.................................   »   1ᵈ 1/2

Denédonchel avait trois deniers dont il étoit originairement

propriétaire, cy..	»	3 d
Dellennes de Sautricourt avait trois deniers dont il était aussi originairement propriétaire, cy...........................	»	3 d
Gannan, de Dunkerque, était aussi originairement proprié-taire de trois deniers, cy.................................	»	3 d
Total des parts des émigrés ou absents, porte onze sols neuf deniers et demi, cy	11 s	9 d 1/2
Pour lesquelles la République, représentant les actionnaires émigrés ou absents, doit supporter dans la masse du passif pour les intérêts respectifs desdits émigrés ou absents, la somme de deux cent trente-trois mille trois cent quatre-vingt-dix-sept li-vres, neuf sols, dix deniers, cy...........................	233 397 £	9 s 10 d

N'ayant plus rien à comprendre au présent procès-verbal que nous affirmons sin-cère et véritable, nous l'avons clos et arrêté et l'avons fait double pour que l'un soit déposé à l'administration du district de Douay, et l'autre entre les mains de la Compa-gnie.

Fait à Douay le 16 floréal, 3me année républicaine.

Ont signé : Voisin, Gantois, H. I. Dorzée, Estoret, Quenneson.

N° 15.

Arrêté du Directoire du département du Nord du 3 fructidor an III (août 1795), autorisant le district de Douai à donner à la Société des Mines d'Aniche acte de cession et abandon de toutes les pro-priétés de l'établissement.

Sur la demande faite par les associés de l'entreprise des extractions de charbon de terre aux fosses d'Aniche, demandant acte de cession et abandon de toutes les pro-priétés de la part de la République, à la charge par eux d'acquitter tous les créan-ciers.

Les avis et décision qui suivent ont été rendus.

Vu par nous administrateurs composant le Directoire du département du Nord, la pétition et demande faite par les associés de l'entreprise des extractions du charbon de terre aux fosses d'Aniche, tendant à ce que le district de Douai soit par nous auto-risé à leur donner acte de cession et abandon de toutes les propriétés de la Société, à la charge par eux d'acquitter tous ses créanciers conformément à l'état du passif arrêté et signé par les experts nommés conformément à l'article 5 de la loi du 17 fri-maire; vu aussi l'état de passif et de l'actif de ladite Société dressé par lesdits experts du 16 floréal dernier, duquel il résulte que le passif excède l'actif de 424 733 £ 18 s 11 d et que la République doit, à cause des actionnaires émigrés qu'elle représente, suporter dans ce passif 233 397 £ 9 s 10 d. Vu encore les différentes pièces justificatives jointes audit procès-verbal d'estimation établissant la hauteur des em-

prunts qui ont été faits pour activer cet établissement; les lois des 17 frimaire et
26 ventôse dernier; l'avis du district de Douai, après avoir pris celui du procureur-
général syndic.

Considérant qu'il résulte des pièces ci-devant rappelées que la République n'a rien
à prétendre dans l'actif de l'établissement de commerce dont s'agit, puisque le passif
excède de beaucoup cet actif. Considérant que les actionnaires présents en France
demandent à rester seuls chargés de ce passif.

Nous, administrateurs susdits, autorisons le district de Douai à donner aux pétitionnaires acte de cession et abandon de toutes les propriétés dudit établissement,
à la charge par eux d'acquitter la totalité des créances qui existent à sa charge,
et en outre de l'entretenir en activité, conformément à l'article 4 de la loi du 17 frimaire.

Fait à Douai, en la séance publique du Directoire du département du Nord, le
trois fructidor, troisième année républicaine. Présents : les citoyens Duhot, président; Dekytspotter, Courtecuisse, Laurent, administrateurs; Warenghien, procureur-général syndic, et Lagarde cadet, substitut du secrétaire général.

N° 16.

**Arrêté du District de Douai du 22 fructidor an III (septembre 1795)
cédant aux associés de l'entreprise de l'extraction du charbon de
terre aux fosses d'Aniche toutes les propriétés de cet établissement.**

Le procureur syndic a remis sur le bureau l'arrêté du département du Nord du
trois fructidor de la présente année, par lequel il a été arrêté que la présente administration était autorisée à donner aux associés de l'entreprise de l'extraction du
charbon de terre aux fosses d'Aniche, acte de cession et abandon de toutes les propriétés de cet établissement, à la charge par eux d'acquitter la totalité des créances
qui existent à sa charge et en outre de l'entretenir en activité.

Conformément *à l'article 4 de la loi du dix-sept frimaire dernier*.

Le Directoire, en exécution de cet arrêté, ouï le procureur syndic, cède aux associés
de l'entreprise de l'extraction du charbon de terre aux fosses d'Aniche toutes les propriétés de cet établissement, à la charge par eux d'acquitter la totalité des créances
qui existent à sa charge, ainsi que de l'entretenir en activité.

En conformité de l'article 4 de la loi du dix-sept frimaire présente année.

Fait à Douai, en la séance publique du Directoire du district, le vingt-deux fructidor, 3ᵉ année républicaine.

Signés : DUMOULIN.   P. A. M. BUTRUILLE.

N° 17.

Abandon par Mme veuve Le Boulanger d'Ostraerde de 6 deniers, en payant à la Compagnie 39 766£ 13ˢ 9ᵈ pour sa quote-part des dettes.

Assemblée du 22 floréal an III (avril 1795).

Il a été fait lecture de deux lettres de la citoyenne veuve Le Boulanger d'Ostraerde demeurant à Lille, intéressée dans l'entreprise pour 6 deniers, en date du 27 germinal et 10 floréal derniers, par lesquelles elle propose l'abandon de son intérêt au profit de la Société, et demande une modération sur sa quote-part des dettes contractées jusqu'à ce jour par la Compagnie à laquelle elle est tenue en vertu du contrat de Société.

Attendu que par la délibération du 18 ventôse dernier prise par la généralité des associés, les intéressés, restés en France, se sont chargés pour leur compte de la masse de l'actif et du passif de la Société, délibéré de n'accepter l'abandon proposé par la dite citoyenne veuve Le Boulanger d'Ostraerde qu'en payant sa quote-part des dettes contractées jusqu'à ce jour par la Compagnie proportionnément aux 9ˢ 8ᵈ qui restent sujets à faire fonds, et en perdant par elle les fonds qu'elle y a exposés conformément à l'article 14 du contrat de Société.

Assemblée du 15 thermidor, 3ᵉ année républicaine (2 août 1795).

Lecture a été faite de la lettre écrite au caissier de la Compagnie le 30 messidor dernier au nom de la veuve Boulanger, laquelle déclare de vouloir quitter totalement et sans réserve la Société, ne vouloir aucune subrogation, demande purement et simplement une décharge de son abandonnement en conformité de l'article 14 du contrat de Société, et offre en conséquence de remettre 39 766£ 13ˢ 9ᵈ pour la quote-part de ses 6 deniers d'intérêt, avec sa mise en numéraire.

Il a été délibéré d'accepter le désistement de la dite veuve Boulanger et les offres faites par elle moyennant quoi elle sera et demeurera déchargée de toute obligation relative à la dite Société:

N° 18.

Réduction de la concession à six lieues carrées, conformément à la loi du 28 juillet 1791.

Extrait du registre aux arrêtés de l'administration du département du Nord.

Vu par nous, administrateurs du département du Nord, la lettre du ministre de l'intérieur, du 14 ventôse dernier, rappelant l'exécution des dispositions de la loi du 28 juillet 1791 (v. s.), portant que les administrations du département sont autorisées à opérer la réduction des mines dont l'étendue excéderait une surface de six lieues carrées ;

Les titres de concession de la Société des Mines d'Aniche, par lesquels on voit qu'il lui a été anciennement accordé toute l'étendue du terrain compris entre la chaussée de Marchiennes à Bouchain, etc.;

Notre circulaire en date du 7 germinal dernier, tendant à procurer tous les renseignements nécessaires pour opérer avec connaissance de cause ;

La réponse des associés aux Mines d'Aniche, de laquelle il résulte que pour parvenir à la réduction exigée par la loi, ils ont fait choix des limites les plus avantageuses à leur établissement, qui consistent dans la démarcation du terrain qui est compris entre la rivière de la Scarpe, etc., le tout formant une étendue vérifiée de six lieues carrées ;

Vu aussi le plan dressé en cette conformité et déposé en nos bureaux ;

Après avoir reconnu et vérifié les localités ;

Ouï le commissaire du Directoire exécutif ;

Nous, administrateurs susdits, avons arrêté et arrêtons que les limites de l'exploitation des Mines d'Aniche restent fixées, à l'est, par la chaussée de Marchiennes à Bouchain, depuis Marchiennes jusqu'à 460 toises au midi de la rive droite du vieux chemin qui conduit de Douai à Valenciennes ; au midi, par une ligne droite qui part de ce dernier point (460 toises), se dirige sur le clocher d'Erchin et se prolonge sur celui de Brebières jusqu'au chemin de Douai à Arras ; à l'ouest, par le dit chemin d'Arras à Douai jusqu'à cette dernière ville, et de ce point en suivant la rive droite de la Scarpe jusqu'au Pont-à-Raches ; au nord, en suivant la dite rive droite de la Scarpe, du Pont-à-Raches jusqu'à Marchiennes, laquelle concession ainsi limitée ne présente qu'un ensemble de six lieues carrées, aux termes de la loi du 28 juillet 1791 (v. s.) précitée.

Fait en séance du six prairial an IVᵉ de la République, présents les citoyens Laurent président; Dumoulin, Lorain, E. Démoustier, administrateurs; Groslevin, commissaire du Directoire exécutif; Pallette, secrétaire par ordre.

Extrait des registres du Directoire exécutif du 4ᵉ jour du messidor
an V de la République française, une et indivisible.

Le Directoire exécutif, vu le rapport du ministre de l'intérieur, approuve l'arrêté de l'administration du département du Nord, en date du 6 prairial an IVᵉ, fixant la nouvelle démarcation de la concession de la mine de houille d'Aniche, réduite à six lieues carrées, conformément à la loi sur les mines du 28 juillet 1791.

Le présent arrêté ne sera point imprimé.

Pour expédition conforme,

Signé : CARNOT, président.

Par le Directoire exécutif, le secrétaire général,

Signé : LAGARDE.

Pour copie conforme, le ministre de l'intérieur,

Signé : BENEZECH.

Le chef de la division des bureaux publics,

Signé : CADET CHACUBUIE.

N° 19.

Prospectus de la vente de la moitié des actions qui composent la Société des Mines à charbon d'Aniche,

SITUÉES SUR LA CHAUSSÉE QUI CONDUIT DE DOUAI A BOUCHAIN.

Formation et organisation de la Société. — La Société pour la recherche et l'extraction du charbon minéral, à Aniche, s'est formée le 11 novembre 1773.

Cette Société sera composée, à l'avenir, de 50 sols qui appartiendront à un certain nombre d'actionnaires.

Dans les 25 sols d'intérêts, 2 sols 6 deniers ne font point de fonds; le surplus doit fournir aux mises délibérées.

Démarcation actuelle de l'exploitation. — La démarcation de cette exploitation s'étendoit à l'est jusqu'à la chaussée de Marchiennes à Bouchain, et celle de Bouchain à Cambrai; au midi jusqu'au grand chemin de Cambrai à Arras, vers le chemin de Monchipreux; à l'ouest jusqu'à la chaussée de Douai à Arras, sur la ligne dudit Monchipreux et Gavrelle; au nord jusqu'à ladite chaussée de Douai à Arras, depuis le village de Gavrelle jusqu'à Douai; et jusqu'à la rivière de Scarpe, depuis cette dernière ville jusqu'à Marchiennes. Aujourd'hui cette démarcation est restreinte dans un espace de six lieues carrées, dont le choix a été laissé aux actionnaires.

Découvertes et fécondité des mines. — La Société d'Aniche, après avoir ouvert successivement plusieurs fosses sans beaucoup de fruits, et après avoir foré dans différents endroits, a fixé un établissement au village d'Aniche, où elle a fait la découverte d'un grand nombre de corps de veines de charbon qu'elle exploite présentement avec tant de succès, que le produit de l'extraction par une seule fosse, a été souvent porté à 69 800 quintaux de charbon par décade, malgré tout le désavantage qui résulte de l'extraction par une seule ouverture.

Qualité du charbon. — Le charbon que l'on tire de ces mines est de la meilleure qualité connue dans les Pays-Bas : sa qualité surpasse celle des charbons d'Angleterre et d'Irlande. Les tallendiers et les maréchaux-experts s'en servent utilement dans leurs fourneaux. On l'emploie avec le même avantage pour la cuite de la bierre, des briques et de la chaux; pour la fonte de toute sorte de métaux, pour les verreries et surtout pour le chauffage des pays environnants.

Avantages de la situation des fosses. — Les procès-verbaux de visites desdites mines, tenus à différentes époques par les citoyens *Baillet* et *Cavillier*, inspecteurs des mines de la République, attestent la vérité de ces diverses assertions, et ajoutent que les fosses d'Aniche sont, pour le commerce, dans une situation plus favorable que celles d'Anzin près de Valenciennes, parce qu'elles sont plus à portée des rivières de l'Escaut et de la Scarpe, par lesquelles on peut communiquer aux différents canaux qui traversent les départements du Nord et du Pas-de-Calais jusqu'à la mer.

Moyens d'amélioration. — Ces ingénieurs des mines invitent la Compagnie à ouvrir de nouvelles fosses; et c'est, en effet, le seul moyen de rendre leur exploitation véritablement fructueuse pour les actionnaires, et utile aux intérêts de la chose publique.

Mais le séjour de l'ennemi sur le territoire d'Aniche, a occasionné à cette Société une perte de 325 000 livres et plus, dont on leur fait espérer une indemnité.

Après la retraite de l'ennemi, la Compagnie a dû exposer des sommes considérables pour tirer les eaux que l'inaction de la machine à feu avoit laissées dans les ouvrages : dix mois d'un travail opiniâtre suffirent à peine à les épuiser. Il fallut rétablir presque toutes les galeries pour mettre les veines en état d'extraction.

État de situation. — La moitié des fonds avancés jusqu'à ce jour par les anciens associés, est au sol de 21 500 livres.

L'état actuel de toutes les dettes et emprunts de la Compagnie, est de 508 375 livres 9 sols 3 deniers.

L'indemnité que lui fait espérer le Gouvernement, est de 325 000 livres, dont elle a reçu 46 000 à compte.

La valeur des agrets de l'établissement, d'après le procès-verbal d'estimation, du 20 germinal an III, tenu à la requête du directeur de l'Agence nationale des Domaines au département du Nord, monte à la somme de 344 079 livres.

Le débit de la vente du charbon extrait est prompt et facile.

Cet état de situation, des pertes et des dépenses aussi considérables, d'autres motifs encore fondés sur les circonstances du tems, ont déterminé les actionnaires à chercher dans le doublement de leur Société, les moyens de subvenir aux frais qu'exigeront les nouvelles ouvertures. En conséquence, ils ont résolu de mettre en vente la juste moitié de leurs intérêts, aux conditions suivantes :

Savoir :

1° Les acquéreurs verseront dans la caisse de la Compagnie la moitié seulement des fonds avancés jusqu'à ce jour par les anciens associés : l'autre moitié demeurera au profit des acquéreurs.

2° Ces fonds seront employés à faire ouvrir différentes fosses, afin de rendre l'exploitation plus fructueuse et de donner une plus grande latitude au commerce du charbon.

3° Les nouveaux associés devront accepter le contrat de Société, du 11 novembre 1773, et se soumettre, comme les anciens associés, au payement des emprunts et dettes de la Compagnie.

4° Il sera choisi, tant par les anciens associés que les acquéreurs, de nouveaux directeurs au nombre de huit, dont quatre seront pris parmi les anciens, et les quatre autres parmi les nouveaux associés ; lesquels directeurs formeront le Comité d'administration.

5° Le nombre des directeurs étant alors de huit, sans y comprendre l'héritier ou successeur du citoyen de Traisnel, les délibérations prises par cinq au moins, auront la même force et seront exécutoires, comme si elles avoient été signées par tous les directeurs, sauf les exceptions portées au contrat de Société.

6° Dans le cas de partage des opinions, le directeur le plus âgé aura la voix prépondérante.

N° 20.

Demande à l'administration centrale du département du Nord de confirmation de la cession de l'an III et, en tant que besoin, d'un nouvel acte d'abandon.

Aux Citoyens administrateurs composant l'administration centrale
du département du Nord.

Vous exposent les intéressés en l'entreprise des mines à charbon d'Aniche que, par arrêté du 22 fructidor an III, l'administration du ci-devant district de Douay, en exécution d'un arrêté de la présente administration du 3 du même mois, a cédé aux exposans toutes les propriétés de cet établissement dévolues à la République par l'émigration de plusieurs de leurs co-intéressés, à la charge par eux d'acquitter la totalité des créances qui existoient à sa charge, ainsi que de l'entretenir en activité, en conformité de l'article 4 de la loi du 17 frimaire de ladite année III°.

Que quelques-uns de ces prévenus d'émigration sont rentrés en France par le bénéfice de certaines lois qu'ils se sont crus favorables, et sont rentrés en possession de leurs intérêts dans ladite entreprise, ont même fourni leurs parts des fonds délibérés pour son alimentation.

Qu'ils ont été obligés de repartir pour les pays étrangers, en exécution de la loi du 19 fructidor an V, et de laisser encore leurs parts sur les bras des exposants.

Qu'en conséquence ceux-ci sont redevenus au même point qu'ils étoient avant le retour desdits prévenus d'émigration, et ont dû, en conséquence, se comporter comme cessionnaires de leurs parts dans cette dite entreprise.

Que cependant on a insinué aux exposans une certaine crainte sur la force actuelle de cette cession qu'on pourroit regarder comme anéantie par la réadmission desdits prévenus d'émigration au nombre des actionnaires, et qu'en conséquence il serait intéressant que la présente administration voulut bien confirmer l'arrêté d'abandon de l'an III, et même en porter un nouveau, en temps que de besoin.

Que rien ne peut détourner la présente administration de rendre ce nouvel arrêté, puisque les choses sont au même point qu'en l'an III ; que le passif excède toujours de beaucoup l'actif, et qu'il n'y a que l'espérance d'un avenir plus heureux qui puisse engager les exposans à avancer toujours de nouveaux fonds pour l'entretien de cet établissement dont le public tire un aussi grand avantage.

A ces causes, les exposants s'adressent avec confiance à vous, citoyens administrateurs.

A ce qu'il vous plaise, en confirmant l'arrêté d'abandon de l'an III, leur céder de nouveau, en tant que de besoin, toutes les propriétés de l'établissement de l'extraction du charbon de terre aux fosses d'Aniche, à la charge par eux de continuer d'acquitter la totalité des créances qui existent à la charge de cet établissement, ainsi que de l'entretenir en activité, en conformité de l'article 4 de la loi du 17 frimaire an III.

Salut et respect.

Signé : DÉPRETZ, fondé de pouvoirs.

N° 21.

Arrêté du 29 fructidor an VII (septembre 1799) des administrateurs du département du Nord autorisant l'administration municipale de Lewarde à donner à la compagnie d'Aniche acte d'abandon et de nouvelle cession des intérêts des émigrés.

Vu par nous, administrateurs du département du Nord, la pétition des intéressés de l'entreprise des mines à charbon d'Aniche, ayant pour objet d'obtenir la confirmation de l'arrêté du ci-devant district de Douai du 22 fructidor an III, pris en conséquence de celui porté par l'administration du département le 3 du même mois, et au besoin une cession nouvelle des droits dévolus à la République par l'émigration de plusieurs associés, à la charge par les pétitionnaires d'acquitter la totalité des dettes contractées par cet établissement et de le tenir en activité, conformément au vœu de l'article 4 de la loi du 17 frimaire an III;

L'avis de l'administration municipale du canton de Lewarde du 19 messidor an VII;

Celui du commissaire près notre administration du 18 de ce mois; revu les arrêtés des 3 et 22 fructidor prérappelés, ensemble le procès-verbal d'estimation de l'actif et du passif de ladite Société en date du 16 floréal an III.

Considérant qu'il résulte de la pétition ci-dessus énoncée que plusieurs émigrés, dont les intérêts avaient été cédés à leurs co-associés restés en France, ont été réintégrés dans leurs droits et ont même fourni leurs parts dans la continuation des travaux que cet établissement exige. Que par cela seul le premier abandon a cessé d'exister à leur égard, et que par une conséquence ultérieure ayant dû quitter le territoire de la République, en exécution de la loi du 19 fructidor an V, leurs droits sont dévolus à la République dont les agents ne peuvent aliéner les biens que dans les formes voulues par les lois.

Considérant que si l'intérêt de la République exige qu'aucune cession de ses biens ne soit consentie que d'après une estimation faite sans fraude et dans les formes légales, la tranquillité des intéressés eux-mêmes ne le veut pas moins.

Considérant enfin qu'il demeure constant que le passif de cette Société excède toujours de beaucoup son actif, et qu'une évaluation particulière le prouvera évidemment.

Nous, administrateurs susdits, avons autorisés et autorisons l'administration municipale du canton de Lewarde à donner aux pétitionnaires acte d'abandon et de nouvelle cession des intérêts des émigrés sortis du territoire de la République, en vertu de la loi du 19 fructidor précitée, d'après estimation et conformément aux dispositions de la loi du 17 frimaire an III, et à charge par eux d'acquitter la totalité des créances qui incombent à cet établissement de commerce.

Fait à Douai, en séance du 29 fructidor, VII année républicaine; présents, les citoyens Tresca, Baudelet, présidents; Collier, Landa, M. Blanpain, administrateurs; Gautier, secrétaire en chef, qui ont signé.

N° 22.

Extrait du procès-verbal de l'estimation de l'actif et du passif de l'entreprise des mines d'Aniche du 29 brumaire an VIII (novembre 1799).

Nous, François Chartier, directeur de la verrerie à Douai, et Michel Berteuil, inspecteur des travaux de desséchement de la vallée de la Scarpe, experts nommés par le citoyen Souhait, directeur de l'Agence nationale des droits d'enregistrement, timbre et domaine du département du Nord.

Romain Grimbert, ingénieur des ponts et chaussées du département du Nord à Douai, Milliot, contrôleur au bureau des fosses à Aniche, tous deux experts nommés par la généralité des associés des mines d'Aniche.

Avons procédé au toisé, mesurage et estimation nécessaires à l'estimation de la masse de l'actif et du passif de l'entreprise desdites mines, et d'après calculs faits suivant les nouvelles mesures républicaines, et monnaies de francs et centimes, avons trouvé ainsi qu'il suit :

ACTIF DE L'ÉTABLISSEMENT.

Pompe à feu de la fosse dite de Saint-Vaast...............................	22 742 fr.
Fosse d'extraction en activité dite de Sainte-Barbe.....................	6 424 »
Fosse que l'on perce, dite de Sainte-Hyacinthe........................	17 218 »
Ouvrages abandonnés.	
Bâtiments de la fosse Aglaé..	2 160 »
Fosses Thérèse, Mathias et anciennes, pour mémoire................	» »
Objets en magasins et sur les chantiers..........................	2 275 »
Objets divers..	4 417 »
Chevaux, 54...	2 920 »
Objets de consommation	1 340 »
Charbon extrait, néant, mémoire.................................	» »
Bâtiments de l'établissement....................................	5 180 »
Crédits résultant des mises délibérées..........................	2 041,67
Dû par l'expatrié Dehault de Lassus, ancien caissier, par arrêté de compte du 13 décembre 1790, 23 631 £ 0ˢ 1ᵈ, à porter pour mémoire à cause de l'insolvabilité reconnue dudit	» »
Excédants de recettes sur les dépenses des comptes des receveurs.....	2 121,53
Total de l'actif.........	68 839,20

PASSIF DE L'ÉTABLISSEMENT.

Avance du caissier, d'après compte...............................	1 146,62
Emprunts en rentes héritières....................................	401 922 »
Emprunts en billets payables à terme............................	47 037,76
Cours de rentes et intérêts de billets..........................	17 996 »
Fermages, arrentements et indemnités...........................	400 »
Pensions, appointements et quinzaines des ouvriers..............	4 380 »
Objets de consommation dûs	4 787,93
Objets des bois dûs...	18 217,19
A reporter......	495 887,50

Report......	495 887ᶠ 50
Objets des fers dûs..	2 078,50
Objets divers dûs...	2 529,53
Total du passif........	500 495,53
Partant le passif excède l'actif de........................	431 656,33
A quoi il faut ajouter les frais d'expertise................	950 »
	432 606 33

Maintenant, il nous reste à fixer la portion des dettes qui incombe à la charge de la République pour les parts des émigrés ou réputés tels qu'elle représente dans cette entreprise. Pour y parvenir, nous nous sommes faits représenter l'acte des stipulations d'intérêts de la Société composé de 25 sols, dont 2ˢ 6ᵈ ne sont pas sujets à faire fonds.

Des 22ˢ 6ᵈ restants, 1ˢ 6ᵈ 1/2 ont été retraits ou abandonnés à la Compagnie. Le surplus consistant en 20ˢ 11ᵈ 1/2 se divisent entre 38 actionnaires pour un intérêt plus ou moins fort.

D'après la liste des actionnaires et les renseignements qui nous ont été donnés par les intéressés sur les lieux et les employés de cet établissement, les ci-après dénommés se trouvent ou émigrés, ou en réclamation, savoir :

Les enfants d'Aoust, dit Jumelles

. . . .

Total des émigrés ou réputés tels dans les actions faisant fonds, porte	12ˢ 6ᵈ 1/2
Dans les actions sans faire fonds..............................	1ˢ 4ᵈ

La République, représentant les intéressés émigrés ou réputés tels, devrait donc supporter dans la masse de l'excédant du passif ci-dessus pour les intérêts respectifs desdits émigrés ou réputés tels, dans les actions sujettes à faire fonds, partant 12ˢ 6ᵈ 1/2 à l'encontre des intéressés restants, dont les actions sujettes à faire fonds ne montent qu'à 8ˢ 5ᵈ, la somme de 258 875 francs 85 centimes.

N'ayant plus rien à comprendre au présent procès-verbal que nous affirmons sincère et véritable, nous l'avons clos et arrêté et l'avons fait en triple pour que l'un soit déposé à l'administration municipale du canton de Lewarde, un autre entre les mains de la Compagnie, et le troisième au directeur de l'Agence nationale des droits d'enregistrement et domaines nationaux du département du Nord.

Fait et clos à Douai le 29 brumaire de l'an VIII de la République.

Signé: F. CHARTIER-BERTEUIL,
GOMBERT-MILLIOT.

N° 23.

Acte de l'Administration municipale du canton de Lewarde du 24 frimaire an VIII (décembre 1799) d'abandon et de nouvelle cession à la Compagnie d'Aniche des intérêts des émigrés.

Vu par nous administrateurs municipaux du canton de Lewarde, la pétition des intéressés en l'entreprise des mines à charbon d'Aniche, tendant à obtenir la confirmation de l'arrêté du ci-devant district de Douai, du 22 fructidor an III, pris en conséquence de celui porté par l'administration du département le 3 du même mois, et au besoin une cession nouvelle des droits dévolus à la République par l'émigration de plusieurs associés, à la charge par les pétitionnaires d'acquitter la totalité des dettes contractées pour cet établissement et de le tenir en activité conformément au vœu de l'article 4 de la loi du 17 frimaire an III;

L'arrêté de l'administration centrale du 29 fructidor dernier, ensemble le procès-verbal d'estimation de l'actif et du passif de ladite Société, en date du 14 brumaire dernier.

Considérant qu'il demeure constant que le passif de cette Société excède infiniment son actif.

Après avoir ouï le commissaire du Gouvernement.

Nous administrateurs susdits, en vertu de l'arrêté précité de l'administration centrale, donnons aux intéressés en l'entreprise des mines à charbon d'Aniche, acte d'abandon et de nouvelle cession des intérêts des émigrés sortis du territoire de la République, en vertu de la loi du 19 fructidor an V, à charge par lesdits intéressés d'acquitter la totalité des créances qui incombent à leur établissement, et de le maintenir en activité conformément aux dispositions de la loi du 17 frimaire an III.

Fait à Lewarde, en séance du 24 frimaire an VIII de la République française, une et indivisible.

Signé : Fauqueux, président ; J. Héroguez, A. Parent, Quennesson, P.-J. Wiart, Momal, F. Rincheval, G. Leduc, administrateurs ; Lévêque, commissaire du gouvernement, et Souilliard, secrétaire.

Pour expédition conforme :

Signé : Momal, adjoint municipal, Souillard, secrétaire.

N° 24.

Arrêté du 13 nivôse an VIII (janvier 1800) de l'administration centrale du département du Nord, portant approbation de l'acte de l'administration municipale du canton de Lewarde.

Vu par nous, administrateurs provisoires du département du Nord, la lettre de l'administration municipale du canton de Lewarde, du 4 courant, en envoi de son arrêté pris le 24 frimaire précédent, en conséquence de celui de nos prédécesseurs du 29 fructidor an VII, et du procès-verbal d'estimation du 14 brumaire suivant, duquel il résulte qu'il demeure constant que le passif de la Société des mines d'Aniche excède infiniment son actif.

Revu l'arrêté de nos prédécesseurs du 29 fructidor précité.

Après avoir entendu l'administrateur remplissant les fonctions de commissaire provisoire du gouvernement.

Considérant que l'arrêté du 29 fructidor ci-dessus rappelé, subordonnant l'autorisation donnée à l'administration municipale du canton de Lewarde pour l'acte d'abandon au résultat du procès-verbal d'estimation contenant l'actif et le passif, ne peut rigoureusement être considéré que comme un avant faire droit.

Que d'après ce principe il importe à la sûreté des droits des intéressés de confirmer l'arrêté de l'administration municipale du canton de Lewarde, du 24 frimaire dernier.

Considérant aussi qu'aucune disposition de la loi du 17 frimaire an III, n'interdit à l'autorité supérieure l'approbation d'un acte administratif de l'autorité subalterne et que cette approbation, fût-elle même surabondante, ne peut vicier la nature de l'acte confirmé.

Nous, administrateurs provisoires susdits, avons approuvé et approuvons l'arrêté de l'administration municipale du canton de Lewarde, du 24 frimaire dernier, qui donne aux intéressés, en l'entreprise des mines à charbon d'Aniche, acte d'abandon et de nouvelle cession des intérêts des émigrés, sortis du territoire de la République, en vertu de la loi du 19 fructidor an V.

Fait à Douai, en séance du treize nivôse an VIII de la République française. Présents : les citoyens Mellez, président ; Prisette, E. Desmoutier, administrateurs provisoires ; Gautier, secrétaire en chef.

Pour extrait conforme :

Pour le secrétaire en chef : Signé,

N° 25.

Liste de MM. les intéressés et nombre de leurs actions avant et après le partage de celles des émigrés.

	Avant.	Après.
MM. Bourré.........	»ˢ 1ᵈ 1/2	»ˢ 4ᵈ
Cavilier.........	» 3	» 8
Lanvin.........	» 3	» 8
D'Harville.........	» 9	2 »
De Traisnel.........	» 6	1 4
Dumont.........	» 4	» 10 2/3
De Rochambeau.........	» 1 1/2	» 4
De Suzan.........	» 6	1 4
Quenneson.........	» 6	1 4
A reporter.......	3ˢ 4ᵈ	8ˢ 10ᵈ 2/3

Report.......	3ˢ	4ᵈ	8ˢ	10ᵈ 2/3
Carry Célestin..	»	1 1/2	»	4
Berthemy...	»	1 1/2	»	4
Corbinaud..	»	1 1/2	»	4
Becourt..	»	3	»	8
Remy Dumesnil.....................................	»	4 1/2	1	»
Cambronne...	1	1	2	10 2/3
Briffeuil...	»	3	»	8
De Gricourt..	»	3	»	8
De Cuzey..	»	4	»	10 2/3
De Forceville......................................	»	1 1/2	»	4
Hennet...	»	6	1	4
D'Août..	»	1 1/2	»	4
Delbeck..	»	3	»	8
Mustelier..	»	3	»	8
Monchevrel..	»	11	2	5 1/3
	8ˢ	5ᵈ	22ˢ	5ᵈ 1/3
Il restait à la masse une action indivisible de....			»	» 2/3
Total...............			22ˢ	6ᵈ »

Faisant fonds.

Actions partagées.

Actions retraites par la Compagnie...................	14ˢ 1ᵈ....	1ˢ	4ᵈ 1/2
Actions des émigrés................................		12	8 1/2
Total................		22ˢ	6ᵈ »

Ce qui fait bien 14 sols 1 denier à partager entre 8ˢ 5ᵈ ainsi que cela a été fait, à raison de 1ᵈ 2/3 par denier, le 13 septembre an VIII.

Il restait à la masse 2/3 d'action faisant fonds, plus 10 actions non faisant fonds retraites par la Compagnie, plus celles des émigrés montant à 11 actions. Total 21.

N° 26.

Motifs qui doivent engager la Compagnie d'Aniche à placer une machine à tirer du charbon sur une de ses fosses (la fosse Sainte-Hyacinthe).

Savoir :

Pour tirer jour et nuit il faut à cette fosse : 24 chevaux pour tirer et 2 de relais, qui, à 30 sols par jour, font par an...................	14.235£ »
Quatre palfreniers pour les soigner...............................	1.460 »
Pour renouvellage de chevaux, cinq pendant l'année à 150£..........	750 »
Pour les harnais et ferrements pendant l'année....................	500 »
Total......................	16.945£ »

Nota. — L'on ne comprend pas, dans ce calcul, les dépenses qu'il en coûte pour les médicaments, et celles que l'on fait dans les courses pour l'achat des fourrages et des avoines, le transport des magasins aux écuries, les dépenses de construction et d'entretien des magasins de fourrages et d'avoine.

L'on suppose que l'on peut tirer à l'avaleresse, pendant les 24 heures, 130 paniers de 7 mannes, tant en charbon que terre et eau.

Une machine à extraire du charbon coûterait...................... 20.000£ »

Pour son entretien, elle consommerait 24 mannes de charbon sale par
   jour, ce qui fait pour 300 jours ouvrables......................... 5.400£ »

Et pour 65 jours de fêtes et dimanches, 12 mannes par jour, qui ferait.. 585 »

Pour deux tiseurs à 24 sols par jour.............................. 876 »

                    Total...................... 6.861£ »

Les machinistes remplaceraient les chasseurs de chevaux.

OBSERVATIONS.

La dite machine pourrait enlever en 24 heures, 160 paniers de 7 mannes de charbon et si l'on voulait obtenir le même produit avec les chevaux, il faudrait en augmenter le nombre et dans le même rapport, la dépense qui serait comme 160 est à 130, c'est-à-dire de ci.. 20.855£ »

En distrayant cette somme de celle d'achat de la dite machine à 20 000£
   et celle de 6861£ pour son entretien pendant l'année, faisant ci....... 26.861 »

                    Il reste............ 6.006£ »

Il faut en retrancher encore le produit que l'on obtiendrait de la vente
des chevaux à 48 chaque fait.................................... 1.248 »

Resterait donc à débourser pour la première année................ 4.758£ »

Pour lesquels on obtiendrait des termes et l'on aurait chaque année une dépense
   de 6861£ cy... 6.861£ »

Au lieu de celle de cy... 20.865 »

Ce qui ferait un bénéfice annuel de....... .... 13.994£ »

J'ai supposé qu'il en coûterait d'entretien pour la dite machine 6861£ par année, dont 5985£ pour sa consommation en charbons, mais il faut considérer que pour son aliment cette machine ne demande que du charbon, pour lequel l'on n'est pas obligé de tirer des fonds dehors de la caisse, et quand elle ne marcherait pas elle ne coûterait rien, tandis que les chevaux coûtent autant en ne travaillant pas qu'en travaillant. Il faut encore examiner que l'on n'est pas exposé au feu dans ces sortes de machines, comme dans les écuries où l'on tient toujours de la chandelle allumée pendant la nuit.

On propose d'envoyer à Paris une personne pour parler à M. Perrier au sujet de la machine et pour solliciter près du ministre la nouvelle concession. Cet objet doit se faire le plus tôt possible.

N° 27.

Lettre du général comte d'Harville par laquelle il acquiesce à la proposition de la société de prendre la dénomination de Compagnie d'Harville.

A Paris, le 2 juillet 1808.

A Messieurs les Administrateurs et à Messieurs les Actionnaires et intéressés, composant la Compagnie des fosses à charbon en extraction, sur le territoire de la commune d'Aniche, département du Nord.

Messieurs,

M. Javon, mon fondé de pouvoir, à son retour de l'assemblée du 20 de juin dernier, remet sous mes yeux l'extrait de la délibération prise l'année précédente qui exprime, d'une manière bien sensible, la considération, le respect, la reconnaissance, l'attachement et le dévouement que Messieurs les Administrateurs, Actionnaires et intéressés, composant l'assemblée du dit jour, ont conservés à défunt mon respectable père.

Vous avez déjà reçu à cet égard, Messieurs, l'expression de ma vive reconnaissance.

Quant aux choses flatteuses, qui me sont relatives, et qui sont exprimées dans ce même extrait de la délibération, je n'ai dû y répondre qu'après avoir reçu un nouveau témoignage de la confiance générale ; bien disposé à soutenir, et à servir de mes moyens, une association aussi digne, aussi bien composée, et dont l'importance accroît chaque année; j'ai senti que mon dévouement et mon intention seraient faibles, si l'offre agréable pour moi de voir porter mon nom à l'Association, n'était pas accompagnée, avec le vœu de tous, d'une confiance dont je me crois digne, par mon attachement au pays, aux hommes distingués qui s'y trouvent, et au souverain que je tiens à honneur de servir.

Je vous prie, Messieurs les Administrateurs, de vouloir bien faire connaître de la manière qui vous paraitra la plus convenable, à Messieurs les actionnaires et intéressés, que je serai flatté que l'Association des fosses à charbon en extraction sur la commune d'Aniche, porte le nom d'Harville, en les assurant que je m'occuperai avec zèle et suite, des objets importants au succés desquels une bonne et sage administration a droit de prétendre.

J'ai l'honneur d'être, avec une haute considération, Messieurs, votre très-humble et très-obéissant erviteur.

Le général A. D'HARVILLE, sénateur, comte de l'Empire,
décoré du Grand-Aigle de la Légion d'honneur,
Chevalier d'honneur de Sa Majesté l'Impératrice et
Reine, titulaire de la Sénatorerie de Turin.

N° 28.

Biographie et états de services militaires du général d'Harville.

HARVILLE (LOUIS-AUGUSTE-JUVÉNAL DES URSINS, COMTE D').

1749. — 23 avril. Né à Paris.

1766. — 25 novembre. Rang de sous-lieutenant dans les carabiniers.

1770. — 22 février. Capitaine au régiment royal Champagne, cavalerie.

1770. — 29 juin. Guidon des gendarmes d'Orléans.

1773. — 17 mai. Guidon des gendarmes écossais, avec rang de mestre de camp.

1773. — Gentilhomme d'honneur du comte d'Artois.

1776. — 24 février. Sous-lieutenant.

1779. — 18 janvier. 1er lieutenant des gendarmes anglais.

1784. — 1er janvier. Brigadier et capitaine-lieutenant des gendarmes de la Reine.

1786. — 14 mai. Major de la gendarmerie.

1788. — 9 mars. Maréchal de camp.

1788. — 1er avril. Commandant une brigade de troupes à cheval en Champagne.

1792. — 6 février. Lieutenant général, employé à l'armée du Nord.

Il salua avec enthousiasme l'ère de rénovation politique qui commença aux États généraux et suivit la cause de la liberté avec autant de courage que de dévouement. En 1791, l'Assemblée constituante reçut son serment de fidélité.

Après le 10 août, Mme d'Harville avait écrit à l'Assemblée législative une lettre qui fut lue dans la séance du 4 septembre, par laquelle elle s'engageait à élever douze enfants jusqu'à l'âge de seize ans et à leur donner tous les moyens de choisir un état.

Le comte d'Harville venait d'être nommé commandant d'un camp retranché sous Valenciennes. Il fit ensuite avec distinction toutes les campagnes de la Belgique, sous les ordres de Dumouriez.

1793. — 1er juin. Suspendu.

Il fut traduit avec Dumouriez au tribunal révolutionnaire, accusé qu'il était d'avoir participé à sa défection.

Renvoyé devant le Comité de salut public, le comte d'Harville fut accusé par Robert, puis défendu par Guillemard et Camille Desmoulins, qui lui firent obtenir sa liberté.

An III. — 28 ventôse. Réintégré dans son grade à l'armée de Sambre-et-Meuse.

1795. — Il commandait la cavalerie sur le Mein.

An IV (1798). — 9 pluviôse. Inspecteur général des troupes à cheval de Sambre-et-Meuse.

An VIII (1800). — Ventôse. Commandant des troupes de réserve au camp de Dijon.

An IX. — 21 ventôse. Sénateur.

An XII. — 9 vendémiaire. Membre de la Légion d'honneur.

— — 25 prairial. Grand officier.

1805. — 9 juin. Grand aigle.

An X. — 27 brumaire. Retraité.

An XII. — 5 vendémiaire. Pourvu de la Sénatorerie de Turin.

Premier écuyer de l'impératrice Joséphine, il accompagna cette princesse dans ses différents voyages à Aix-la-Chapelle, en Italie et à Munich.

1806. — Signe dans cette dernière ville le contrat de mariage du prince Eugène.

1806. — Grand commandeur de l'ordre de Wurtemberg.

1814. — 4 juin. Pair de France.

Il ne siége pas longtemps dans la Chambre héréditaire. Abreuvé d'amertume et de dégoûts, en butte aux poursuites de créanciers inexorables qui firent saisir ses meubles, vendre ses propriétés, et qui l'aurait fait incarcérer sans l'inviolabilité attachée à la pairie.

1815. — Le comte d'Harville termina sa carrière avec la réputation d'un homme plein d'honneur, de franchise et de générosité.

(Archives du ministre de la guerre. Fastes de la Légion d'honneur.)

N° 29.

Arrêté du Conseil de préfecture du département du Nord, du 10 juillet 1811, rejetant une demande de MM. Cordier en revendication des intérêts de leur père.

Le Conseil de préfecture, vu la réclamation des sieurs Jean-Baptiste et Hyacinthe Cordier, tendante à faire déclarer que les actes administratifs du canton de Lewarde, en date du 24 frimaire an VIII, et de l'administration du département du Nord, en date du 13 nivôse suivant, qui donnent aux intéressés en l'entreprise des mines à charbon d'Aniche, acte d'abandon et de nouvelle cession des intérêts des émigrés sortis du territoire de la République, en vertu de la loi du 19 fructidor an V, n'ont eu ni pu avoir l'effet de priver le sieur Cordier père de son intérêt dans lesdites mines, non plus que celui d'en investir ses co-associés, attendu qu'il est constaté par le certificat de non-inscription sur la liste des émigrés, délivré le 19 germinal de l'an IX par le préfet du département du Nord, que feu leur père n'a pas émigré, et qu'il a dû en conséquence d'autant plus conserver ses intérêts dans cette entreprise qu'il en a rempli les fonctions de directeur postérieurement à l'arrêté du ci-devant district de Douai en date du 22 fructidor an III, relatif au premier abandon de l'espèce dont il s'agit.

Vu les moyens de défense des associés en l'entreprise des mines à charbon d'Aniche, par lesquels ils exposent que les diverses pièces produites par les sieurs Jean-Baptiste et Hyacinthe Cordier pour prouver que feu leur père n'a pu être prévenu d'émigration, n'empêchent pas la réalité de son émigration, qui est prouvée par l'établissement du séquestre sur ses biens et la vente de son mobilier ;

Vu le certificat de non-inscription sur la liste des émigrés des noms de Charles-Augustin-Hyacinthe Cordier, délivré par le préfet du département du Nord et autres pièces ayant pour objet de prouver que ledit Cordier n'était pas prévenu d'émigration ;

Vu la lettre du receveur des domaines au Cateau, en date du 21 juin dernier, par laquelle ce receveur certifie que le séquestre a été mis sur les biens de M. Hyacinthe Cordier, ci-devant seigneur de Caudry, à cause de son émigration ;

Vu l'extrait du registre de recettes des revenus des biens d'émigrés et du produit des ventes de leur mobilier, constatant qu'il a été versé, le 28 fructidor de l'an II, dans la caisse du receveur des domaines nationaux au bureau du Cateau, la somme

de 989 £ 10° pour le montant de la vente du mobilier de l'émigré Cordier, ci-devant
seigneur de Caudry;

Vu le procès-verbal du 14 brumaire et jours suivants de l'an VIII, relatif à l'estimation de la masse de l'actif et du passif de l'entreprise des mines à charbon d'Aniche, et rédigé en vertu de l'arrêté de l'administration centrale du département du
Nord, en date du 29 fructidor de l'an VII, rendu en exécution de la loi du 17 frimaire
an III, dans lequel procès-verbal on a fixé la portion des dettes incombant à la charge
de la République, pour les parts des émigrés ou prévenus tels, qu'elle représentait
dans cette entreprise, et où le sieur Cordier, comme prévenu d'émigration, a été
repris pour sept deniers dans l'intérêt de la Société composé de vingt-cinq sous;

Vu les arrêtés de l'administration du canton de Lewarde du 24 frimaire an VIII et
de l'administration centrale du département du Nord du 13 nivôse suivant, lesquels
après avoir rappelé le procès-verbal sus-énoncé, donnent aux intéressés en l'entreprise des mines à charbon d'Aniche acte d'abandon et de nouvelle cession des intérêts des émigrés sortis du territoire de la République, en vertu de la loi du 19 fructidor an V;

Considérant qu'il résulte du séquestre établi sur les biens de feu Hyacinthe Cordier et de la vente de son mobilier, qu'il a été prévenu d'émigration, et que les sieurs
Jean-Baptiste et Hyacinthe Cordier ne prouvent pas aujourd'hui que le séquestre ait
été levé sur ses biens avant l'époque du 24 frimaire an VIII;

Considérant que les actes administratifs du 24 frimaire an VIII et 13 nivôse suivant
sus-énoncés, n'ont eu pour objet que le procès-verbal d'estimation de la masse de
l'actif et du passif de l'entreprise des mines à charbon d'Aniche, et l'abandon en conséquence au profit des associés républicoles en cette entreprise des intérêts que le
sieur Cordier et autre prévenus d'émigration y avaient,

Arrête que la demande des sieurs Jean-Baptiste et Hyacinthe Cordier, en réintégration dans les intérêts que feu leur père avait dans la Société de l'entreprise des
mines à charbon d'Aniche, ne peut être accueillie.

Fait en séance ce 10 juillet 1811. Ont signé :

E. Desmoutier, — Aronio.

———

N° 30.

**Demande au Préfet de la remise de la redevance proportionnelle des
années 1817 et 1818, motivée sur l'accident arrivé à la fosse de
la Paix.**

Aniche, le 10 juin 1817.

A Monsieur le comte de Rémusat, préfet du Nord.

Monsieur le Préfet,

Les administrateurs des Mines d'Aniche prennent la confiance de vous exposer que
le 15 décembre 1814 ils ont fait commencer l'ouverture d'un puits destiné à extraire
du charbon.

Ils ont eu à vaincre un niveau d'eau de 40 toises qui a nécessité une dépense de
cent mille francs.

Le 16 mars dernier, au moment où l'on espérait suivre l'approfondissement sans avoir à craindre le niveau qui était maintenu, un éclat s'est détaché d'une pièce de cuvelage dans la partie inférieure; en vingt minutes l'eau s'est remise de niveau avant que l'on puisse raccommoder ou replacer l'éclat qui était sauté.

Une dépense de 80 000 francs est maintenant indispensable pour faire l'acquisition d'une machine à épuisement.

Nous venons avec confiance en vous demandant la remise de la taxe proportionnelle due par la mine pour les années 1817 et 1818, réclamer l'application de l'article 38 de la loi du 21 avril 1810. Ce sera une faible indemnité de la perte que nous éprouvons.

Nous avons l'honneur d'être avec respect,

Les administrateurs des mines d'Aniche,

Signé : ALB. DESVIGNES, A. LANVIN, REMY DE LASSUS, ESTORET.

N° 31.

Pièce qui paraît être un rapport de M. Renard aux régisseurs de la Compagnie d'Anzin, au sujet du projet d'acquisition, en 1819, des Mines d'Aniche.

MINES D'ANICHE.

RÉSUMÉ.

Des travaux.

Puits d'extraction. — D'après le rapport des mineurs d'Anzin, on voit que l'exploitation des mines d'Aniche est bornée à deux puits : Sainte-Catherine et Sainte-Barbe ;

Que ces deux puits sont épuisés de mine jusqu'à une assez grande profondeur, et que le fond est submergé ;

Que celui de Sainte-Barbe, si rétréci d'ailleurs, et où les niveaux paraissent ne pas être retenus, a besoin d'une réparation particulière dont on ne peut estimer la dépense au-dessous de 25 000 francs, sans préjuger encore la question de savoir si cette réparation est praticable, ci.. 25 000^f »

Le rapprofondissement de ces deux puits, le renouvellement du cuvelage, qui est indispensable, l'épuisement des eaux du fond qu'il faut opérer, exigeront au moins... 75 000 »

Et comme ces travaux ne peuvent être entrepris qu'avec le secours d'une pompe à feu volante, les autres machines d'épuisement étant déjà assez chargées, c'est une acquisition à faire qui coûtera.............. 60 000 »

Fosses abandonnées. — Cette pompe volante devient indispensable aussi pour faire des serrements aux puits Saint-Laurent, Sainte-Thérèse et Sainte-Hyacinthe, abandonnés sans qu'on ait pris la précaution de retenir les eaux des niveaux supérieurs, dépense évaluée à 15 000 francs au moins par chaque puits... 45 000 »

Avalleresses. — Il faut achever les avalleresses de la Paix et de l'Espérance, remettre du cuvelage neuf là où il doit être renouvelé, travail qui pourra coûter.. 20 000 »

A reporter........ 225 000^f »

Report...... 225 000ᶠ »

Pompes à feu. — Il en existe trois sur l'établissement ;
Savoir :

Celle de 44 pouces sur l'avalleresse l'Espérance, celle de même diamètre sur le puits Saint-Mathias, et celle de 60 pouces sur le puits Saint-Vaast.

La première est bonne et bien en état.

La seconde ne vaut que la ferraille, et son puits est si délabré qu'il faut le réparer du haut en bas, y renouveler le cuvelage en entier, etc., de sorte que si une machine à feu sur ce puits est indispensable, et on doit le croire puisqu'elle ne se repose jamais, il faudra s'en procurer une toute neuve, qui, avec les réparations du puits, son rapprofondissement jusqu'au niveau où devront être portés ceux de Sainte-Catherine et de Sainte-Barbe exigeront une mise de fonds d'environ.................. 175 000 »

Quant à la troisième, il faut observer que le cylindre est chambré, le puits dans un état pitoyable et extrêmement rétréci par des fourreaux, que le cuvelage ne vaut rien et que les eaux du niveau coulent en entier avec impétuosité dans une ouverture qu'elles se sont faites derrière le cuvelage ; enfin on estime que le volume des eaux qui passent ainsi, occuperait à lui seul la machine à feu pendant dix à douze heures par jour.

Cet état de choses nécessite ici l'acquisition d'un nouveau cylindre, la réparation du puits, si toutefois cette opération pouvait être entreprise avec succès, car il n'est pas certain que le terrain qui sert de digue aux eaux ne fléchirait pas étant trop trempé, le renouvellement du cuvelage à neuf et le rapprofondissement du puits jusqu'au niveau où devront arriver ceux de Sainte-Catherine et Sainte-Barbe, dépense que l'on peut, sans exagération, porter à.. 115 000 »

515 000ᶠ »

pour se procurer quatre puits d'extraction, dont deux, ceux de Sainte-Catherine et Sainte-Barbe, se trouveront plus qu'à moitié épuisés.

Des Produits.

Extraction. — Pendant la première quinzaine d'octobre 1819, qui est celle que les agents de la Compagnie d'Anzin ont été à même de vérifier sur les lieux, on a extrait

Savoir :

A Sainte-Catherine...... 1378 tonneaux, dont 292 de terre.
A Sainte-Barbe......... 1311 — — 95 —

2689 tonneaux, dont 387 de terre.
A distraire, les..... 387 de terre.

Reste............. 2302 tonneaux, qui font 11 510 hectolitres.

Recette. — On retire environ le douzième de gros, ci. 960 hectol.
que l'on vend au prix de 3 francs, ci .... 2 880ᶠ »
Un huitième de sale, ci..................... 1 440 —
au prix de 75 centimes, ci..................... 1 080 »
Le reste, en moyen, est de..................... 9 110 —
au prix de 1ᶠ,75, ci................................ 15 942 50

Total......... .... 11 510 hectol. 19 902ᶠ 50

Dépense. — Pendant la même quinzaine, on a dépensé,

Savoir :

En salaires..	9 645ᶠ	79
En consommation de 2784 hectol. de charbon.........	4 872	»
En chandelles, de 440 kilogrammes.............	704	»
En comble, de 2000...............	800	»

A quoi il faut bien ajouter, par supposition :

La nourriture et entretien des chevaux............................	400	»
La consommation en Bois de charpente............................		
Cordages.............................		
Tonneaux.............................		
Mannes et Paniers........................	1 500	»
Cuirs.................................		
Cuivre...............................		
Fer..................................		
Poudre...............................		

Le service des intérêts de la dette :

Contributions et Redevances..................		
Réparations de bâtiments....................	800	»
Objets divers............................		
Total...........................	18 721ᶠ	79

Bénéfice. — La recette étant de................................	19 902	50
La dépense de	18 721	79

La recette aurait donc excédé la dépense, pendant la première quinzaine d'octobre 1819, de **1 180ᶠ 71**

Reste à savoir maintenant si les trois dernières sommes portées en dépense par supposition ne sont pas trop faibles, et si pendant l'été on extrait autant que pendant l'hiver ; d'ailleurs on doit présumer que ce bénéfice peut difficilement suffire aux réparations qu'exigent constamment les puits et les machines à vapeur, lorsque l'on considère la triste situation dans laquelle ils se trouvent.

Bien qu'après avoir fait la mise de fonds de 515 000 francs, cet établissement soit réparé et puisse offrir alors quatre fosses en extraction (encore rien ne prouve positivement que les avalleresses de la Paix et l'Espérance deviendront productives), il faudra d'abord prélever l'intérêt de cette somme sur les bénéfices que l'on ne peut supposer à Aniche, atteindre le taux présumé d'une mine ordinaire, vu la profondeur où on est obligé de s'établir, et les crains qu'il faut à chaque instant percer.

De l'Avoir.

Valeur. — La Compagnie d'Aniche élève son inventaire à une somme de 1 356 088 fr. 84 cent. ; mais d'après l'évaluation de nos mineurs, qui en ont examiné scrupuleusement les articles, ce serait beaucoup, attendu qu'il y a plusieurs objets qui ne peuvent être évalués que comme matériaux à démolir, d'y attacher un prix de.. 800 000ᶠ »

En déduisant sur cette valeur, 1° les dettes contractées par la Compagnie, y compris ce qu'elle peut devoir pour fournitures courantes, une somme de .... 300 000 » } 815 000 »
  2° La mise de fonds à faire, de...... .... 515 000 » }

Il résulte bien positivement que cet établissement n'est pas au niveau de ses affaires.

Et si nous ajoutons les froissemens des changemens qu'il faudra opérer dans son régime administratif, le traitement des ouvriers affectés de l'asphyxie lente, la destruction de la cause de cette maladie, dont il convient de s'occuper sans retard, en pratiquant d'autres conduits d'airage, dépense que l'on ne pourrait maintenant apprécier; enfin la transaction par laquelle il faudra bien finir avec les associés émigrés, on verra que cette entreprise présente plus de chances à courir aujourd'hui que si elle se trouvait à nud.

Considérations.

Première. — Nous venons de voir qu'il fallait, pour essayer de mettre en produit les mines d'Aniche, dépenser une somme plus forte que l'établissement n'offre de valeur; c'est-à-dire que pour avoir quatre fosses, dont deux presque épuisées et deux autres dont le succès est incertain, il y aurait à débourser autant d'argent que s'il s'agissait d'attaquer pour la première fois une concession.

Et vous dira-t-on, qu'il existe sur cet établissement quelques machines et des bâtimens qui peuvent encore servir; or, la valeur de ces matériaux ne peut compenser les produits que donneraient les fosses Sainte-Catherine et Sainte-Barbe, si elles étaient vierges. Et puis de quelle utilité seraient ces bâtimens et ces machines s'il fallait abandonner cette entreprise, ou en reporter les travaux plus loin. Dans le premier cas les machines n'auraient d'autre valeur que celle de la ferraille, et dans les deux cas la plupart des bâtimens deviendraient plus à charge qu'à profit.

Deuxième. — Des pourparlers ont eu lieu entre quelques administrateurs d'Anzin et d'Aniche pour arriver à un traité entre les deux Compagnies.

Anzin demandait l'abandon de la moitié au moins des actions, une régie composée en nombre égal d'administrateurs, la prépondérance en cas de partage dans les opinions et la direction exclusive. A ces conditions, Anzin se chargeait de verser et d'employer 300 000 francs en travaux, ou bien à faire l'acquisition en totalité de l'entreprise.

Aniche, par une délibération prise en assemblée générale des 25 et 26 octobre 1819, donna la préférence à la seconde proposition, sous la réserve de laisser aux sociétaires la faculté de rester actionnaires pour le prix qui leur reviendrait de leurs actions.

Ce n'est donc plus que sous le point de vue d'acquérir la totalité de l'établissement d'Aniche, que la Compagnie d'Anzin doit en calculer les prix, les conditions et les chances.

On ne sait si les associés d'Aniche demanderont la somme de 1 356 000 francs, montant de leur inventaire, croyant même à ce prix abandonner pour rien et le droit de concession et le fruit de la découverte.

Si telle est la prétention de cette Compagnie, la négociation entamée doit être rompue, sans autres explications. Demandera-t-elle 500 000 francs, à quoi se réduisent ses valeurs d'après notre évaluation, en laissant à la charge de la Compagnie d'Anzin les 300 000 francs de dettes?

Cependant quelques-uns de ces administrateurs ne portent le prix du denier qu'à 1000 et 1200 francs, de sorte qu'avec une somme de 300 à 360 000 francs on achèterait toutes les actions et, par conséquent, toute l'entreprise. On serait chargé à la vérité de 300 000 francs de dettes, ce qui n'occasionnerait pas moins encore un déboursement de 600 à 660 000 francs, avant d'avoir employé un centime en travaux.

Dans la supposition que l'on pourrait remettre cet établissement à flots avec 300 000 francs, la Compagnie d'Anzin les avait offerts, car elle ne pouvait soupçonner l'état déplorable dans lequel il se trouve, elle devenait propriétaire de la moitié des actions, en courant la chance de verser en outre 150 000 francs pour sa part dans les dettes, dans le cas où les produits n'auraient pu suffire à leur extinction, toutefois elle n'exposait réellement que la somme de 450 000 francs.

Mais lorsqu'il est démontré :

1° Qu'il n'est aucun espoir de produits qu'après une mise de fonds de..   515 000ᶠ   »

° Qu'il faudrait se charger d'une dette de...........................   300 000   »

3° Transiger avec les anciens associés, en supposant l'abandon de 37 deniers 1/2 qu'il faudrait leur faire, et que l'on ne peut évaluer plus bas
qu'au taux auquel ils se vendent aujourd'hui......................   45 000   »

" Faire les frais de la destruction de l'asphyxie lente et de ses causes,
dépense estimée par aperçu..................................   40 000   »

On voit que sans stipulation d'aucune somme, pour prix d'achat, il faudrait s'attendre à un débours de.................................   900 000ᶠ   »

Capital qui s'accroîtrait d'un intérêt annuel de 54 000 francs, jusqu'à ce que les produits deviennent assez forts pour couvrir ces intérêts chaque année, époque aussi éloignée que la certitude d'un bénéfice quelconque.

La Compagnie d'Anzin, de même que les associés d'Aniche qui seraient disposés à courir la chance avec elle, d'après ce triste tableau, devront y réfléchir plus d'une fois.

Dans le cas où on en viendrait pourtant à réaliser un traité quelconque, il serait nécessaire de faire examiner préalablement, par des jurisconsultes, jusqu'à quel point les tuteurs d'associés en âge de minorité pourraient y prendre part.

N° 32.

**Lettre du Vicomte de Caze, annonçant qu'il renonce
à donner suite à sa proposition d'acquérir les Mines d'Aniche.**

Arras, le 1ᵉʳ juin 1829.

Monsieur Schacher, Agent général de la Compagnie des Mines d'Aniche.

Par la lettre que vous m'avez écrite le 23 du mois dernier, vous me priez de vous transmettre, avant la prochaine Assemblée générale de MM. les Actionnaires des Mines d'Aniche, une réponse définitive sur ce que je compte faire relativement à l'acquisition des Actions qui m'avaient été proposées ; à ce sujet, je dois vous rappeler le résultat des divers entretiens que j'ai eus avec vous, et qui me portent de nouveau à vous faire connaître que je ne pourrais devenir propriétaire principal de ces Mines, qu'autant que des minerais de fer me donneraient la certitude qu'une quantité notable d'hectolitres de houille, dont on ne peut trouver le débit, serait consommée par des hauts fourneaux. Les recherches que vous avez ordonnées jusqu'à présent ne m'ayant encore nullement fixé à cet égard, je ne puis, tant que ces recherches ne seront pas plus avancées, prendre de détermination relativement à l'acquisition d'actions dont je serais actuellement propriétaire sans les difficultés qu'a élevées en Assemblée des Administrateurs, M. Lefebvre.

Ainsi, monsieur, nous devons, MM. les Actionnaires et moi, rester toujours dans la position où nous nous trouvons depuis cette Assemblée, c'est-à-dire parfaitement libres de faire ce qui conviendra le plus à nos intérêts réciproques.

J'ai l'honneur, etc.

Signé : Vicomte de Caze.

———

N° 33.

Circulaire de M. Schacher, relative aux espérances que l'on fonde sur la Fosse de Mastaing, et donnant des renseignements curieux sur la situation de l'industrie houillère en général, et des Mines d'Aniche en particulier.

Aniche, le 24 décembre 1836.

Je ne veux pas laisser finir l'année, sans vous donner un détail des travaux de la nouvelle fosse.

Elle est maintenant poussée à la profondeur de 345 pieds ; les eaux sont retenues par un cuvelage solide, et le reste est maçonné du haut en bas ; de façon que, par la suite, il n'y aura presque plus de réparations à faire, comme cela arrive tous les jours dans nos vieilles fosses, où les terrains mobiles sont retenus par des planches qui, ordinairement, pourrissent dans cinq à six mois, et dont le remplacement devient extrêmement coûteux pendant un laps de temps d'environ cinquante ans, durée ordinaire d'une fosse.

Nous avons soigneusement évité les fautes qui ont été faites à l'avalement des autres fosses, et nous avons profité des nouvelles lumières que la science a acquises depuis.

Pendant ces travaux, nous ne sommes pas tombés immédiatement sur une veine, ce qui n'est pas étonnant, attendu que le terrain est droit, et que dans cet état nous ne pourrons prendre les veines que vers leurs pieds ; tandis que s'il était plus ou moins incliné, on le couperait plus ou moins vite, suivant l'inclinaison. Cependant, depuis deux jours, le terrain s'incline un peu, et si cette pente s'améliore encore, nous pourrons espérer de découvrir bientôt quelque chose.

Le Tourtia, ou terrain qui précède le rocher dans lequel se trouve le charbon, commence à 315 pieds ; nous sommes donc avancés de 40 pieds dans le terrain houiller, composé de rocher et de quérelles, les dernières étant une pierre plus dure que le grès, il faut les faire sauter par la poudre.

Nous avons déjà rencontré des parcelles de charbon, grosses comme un grain de blé, par-ci, par-là, dans les pierres du rocher, et nous regardons cela comme des indices sûrs d'une bonne réussite : d'autant plus que tous les terrains que nous avons parcourus, sont de la plus grande beauté.

En attendant, pour établir une exploitation qui en vaille la peine, nous approfondirons encore de 50 à 60 pieds, et si, dans cet espace nous ne tombons pas sur les veines, nous commencerons alors à faire des galeries aux quatre points cardinaux, où nous rencontrerons indubitablement les veines, s'il y en existe.

Soyez persuadés, messieurs, que nous poussons ce travail avec toute l'activité possible. Nous y avons placé les meilleurs ouvriers, et ils travaillent vraiment avec zèle et courage ; car ils sentent aussi bien que nous-mêmes le besoin d'une nouvelle fosse.

Les dépenses que nous avons faites jusqu'au 30 novembre s'élèvent à 89 492 fr. 77 c., machines et manége compris, et vous trouverez que nous y avons porté des soins, quand vous saurez que nos anciennes fosses ont toujours coûté de 280 à 350 000 francs, et que les machines et manége qui sont à déduire de la dépense ci-dessus, font un objet de 16 000 francs, puisque, plus tard, ils seront employés à un autre avalement : de façon que j'estime que la véritable dépense de la nouvelle fosse, toute finie, ne passera pas 90 000 francs, au pis aller.

Avec les ouvriers, en général, nous avons continuellement le même embarras, car plus ils gagnent d'argent, plus ils sont mutins. Malheureusement, nous n'y voyons pas de remède : c'est du mal même que doit ressortir l'antidote. Deux causes principales, d'ailleurs, empêchent d'y porter remède : l'une, c'est l'esprit du temps ; l'autre, ce sont les nouveaux établissements qui nous entourent, et qui ont continuellement des émissaires en route pour embaucher les ouvriers.

Le charbon se vend bien ; c'est dommage que nos veines ne répondent pas au désir que nous avons d'en extraire beaucoup.

L'extraction va toujours en diminuant, et les dépenses augmentent par la longueur des galeries. C'est un événement que j'ai prévu depuis longtemps, et sur lequel je me suis expliqué dans tous mes rapports.

Heureusement que le mal n'est pas sans remède, et que la nouvelle fosse, si elle réussit, comme nous n'en doutons plus, parera à tout cela, et donnera encore de grands bénéfices ; attendu que le charbon sera de plus en plus recherché, à cause du grand développement que prend l'industrie dans le nord et partout ailleurs.

<hr>

N° 34.

Extrait d'un arrêt de la Cour royale de Douai du 10 janvier 1839 confirmant un jugement du tribunal civil de Douai qui annule comme illégale la nomination des Directeurs de la Compagnie d'Aniche faite en novembre 1837.

. . . .

Point de droit. — *Primo.* Le retrait des deniers vendus ne peut-il être exercé que par l'Assemblée générale des sociétaires, ou peut-il l'être par les Directeurs seulement ?

Secundo. Comment l'offre doit-elle être faite pour faire courir le mois donné pour le retrait ?

Tertio. Pouvait-on opposer à l'action le défaut de qualité des Directeurs, et cette exception est-elle justifiée ?

Quarto. Le sieur Blouart était-il recevable à demander reconventionnellement que les appelants fussent déclarés sans droit ni qualité à s'arroger le titre de Directeurs et tenus de remettre les titres et papiers au siége de la Société ?

Quinto. Cette demande était-elle fondée ?

Sexto. Le marquis d'Août devait-il être distingué des autres appelants, et le jugement pouvait-il être confirmé à son égard ?

. . . .

En ce qui touche le retrait des quatorze actions acquises de Lebrun par Blouart.

Attendu qu'en admettant que l'article 13 des statuts de la Compagnie des mines d'Aniche ait été interprété par l'usage de telle manière que les Directeurs aient pu seuls, et sans le concours de la Compagnie, exercer provisoirement le retrait des actions vendues, ou y renoncer, le retrait dont il s'agit dans la cause serait encore inespérant comme n'ayant pas été réalisé en temps utile; qu'en effet le même article 13 porte qu'en cas de vente de son intérêt par l'un des associés, il lui suffira de l'offrir à MM. les Directeurs pour être repris ou abandonné par les associés, ce qui devra se faire dans le délai d'un mois;

Attendu qu'il résulte des documents du procès, et notamment d'une lettre de l'agent général représentant la Société, en date du 27 juillet 1837, enregistrée, qu'à cette époque une copie de l'acte de cession faite à Bleuart par Lebrun avait été déposée au siège de la Compagnie d'Aniche avec déclaration de la vente, et qu'il a été d'autant plus loisible aux Directeurs de se conformer dans le mois aux dispositions précitées de l'article 13, que dans la lettre en question l'agent général dit avoir donné connaissance de la cession aux sieurs Lanvin et Desvignes, directeurs;

Attendu que pour mettre la Compagnie en demeure d'exercer le retrait, les statuts n'exigent pas que la cession soit notifiée aux Directeurs par exploit d'huissier; que pour satisfaire à l'esprit comme à la lettre de l'article 13, il suffit qu'il soit constaté que l'offre a été transmise, et une copie de l'acte de vente déposée au siège de la direction; que dans l'usage il n'a jamais été procédé autrement;

Attendu que l'offre faite par Bleuart et Lebrun à la direction d'Aniche se trouvant constatée dès le 27 juillet 1837, le retrait pour être valable devait être opéré dans le mois; que néanmoins il n'a été exercé que le 26 novembre suivant, ce qui le rend sans effet; que par suite et faute de retrait régulier dans le délai prescrit, Bleuart est resté dûment intéressé dans la Compagnie des mines d'Aniche; qu'il a pu en conséquence exercer tous les droits inhérents à la qualité d'associé, et que les intervenants ont pu également se joindre à lui dans l'instance, afin d'appuyer ses prétentions en ce qui touche la qualité des nouveaux Directeurs, contestée soit par voie de défense à l'action principale, soit par voie de demande reconventionnelle;

Attendu que l'article 9 des statuts qui porte que, en cas de nomination de l'un des Directeurs, il sera remplacé à la pluralité des voix des Directeurs restants, ne concerne évidemment que les retraites accidentelles et isolées et ne s'applique pas au cas où la majorité du Conseil est démissionnaire; qu'il doit alors en être immédiatement référé à une assemblée générale des actionnaires, afin qu'ils nomment eux-mêmes leurs délégués;

Attendu que de fait la majorité des Directeurs était démissionnaire le 22 novembre 1837, et que ceux qui restaient n'étaient plus au nombre de cinq, exigé par les articles 7 et 8 pour la validité des délibérations; que par suite c'est indûment que les appelants ont été élus Directeurs soit ledit jour, soit dans des séances subséquentes;

Adoptant au surplus les motifs des premiers juges:

Attendu, toutefois, quant au marquis d'Aoûst, que sa nomination, bien antérieure au 22 novembre 1837, est régulière et n'est pas contestée par les intimés,

La Cour, sans s'arrêter aux conclusions principales et subsidiaires des appelants dont ils sont déboutés, met l'appellation à néant; ordonne que le jugement dont est appel sortira effet; dit néanmoins en ce qui touche le marquis d'Aoûst qu'il conservera le titre et les attributions de directeur de la compagnie des mines d'Aniche; condamne les appelants à l'amende et aux dépens de la Cour d'appel.

Ainsi jugé et prononcé en audience publique tenue par la deuxième chambre civile de la Cour royale de Douai le jeudi 10 du mois de janvier 1839.

N° 35.

Circulaire relative à l'émission à 10000 francs l'un de 70 deniers à prendre dans les 110 rentrés à la Compagnie par suite de retraits.

Aniche près Douai (Nord), le 24 août 1844.

M

Les actionnaires de la Compagnie d'Aniche, réunis en assemblée générale le 12 août 1844, ont été informés par MM. les Directeurs qu'ils avaient décidé que la dette résultant des prêts et ouverture de crédit faits à la Société serait remboursée au moyen d'appels de fonds successifs, jusqu'à concurrence de fr. 4000 par chaque action faisant fonds, et qu'en compensation de ce nouveau sacrifice, prenant en outre en considération les avantages que tous les actionnaires en général doivent en retirer. MM. les Directeurs avaient aussi décidé qu'il serait délivré par chaque action soumise à ces appels un titre de 2/5 d'action, faisant fonds, à prendre sur celles appartenant à la Société, par suite de retraits. MM. les Directeurs ont ajouté qu'ils avaient ajourné l'exécution de cette décision jusqu'après l'assemblée générale, afin d'avoir l'avis des sociétaires sur un autre mode de remboursement qui, moins absolu que celui-ci, avait l'avantage, tout en atteignant également le but proposé, de ne pas contraindre à de nouveaux déboursés ceux qui préféreraient s'en abstenir.

Ce projet, qui consiste à réaliser le prix d'une partie des actions retraites, qui alors seraient remises en circulation au moyen d'une soumission volontaire à laquelle les sociétaires reconnus seraient seuls admis à prendre part, ayant été unanimement accueilli par l'assemblée générale, la décision suivante a été prise, sans infirmer, en tant que besoin, la précédente.

Article 1er. — 70 actions à prendre sur celles retraites sont émises par voie de soumission, à raison de fr. 10 000 l'une.

Article 2. — A partir de ce jour, et jusqu'au 30 septembre inclusivement, chaque sociétaire aura la faculté de soumissionner soit pour tel nombre qu'il voudra de ces 70 actions, soit pour 2/5 d'action par chacune de celle qu'il possède.

Article 3. — Les sociétaires reconnus pourront seuls soumissionner.

Article 4. — Le montant de chaque soumission sera soldé aux époques ci-après et sans intérêts :

Le 31 octobre 1844, 1/7.

Le 31 janvier 1845, 1/7.

Le 30 avril   »   1/7.

Le 31 juillet   »   1/7.

Le 31 octobre   »   1/7.

Le 31 janvier 1846, 1/7.

Le 30 avril   »   1/7.

Tout paiement fait tardivement ne sera admis qu'autant que les intérêts dus pour le retard seront joints au capital.

Article 5. — Si un sociétaire désire devancer ces époques, il lui sera tenu compte de l'intérêt à raison de 5 p. % l'an.

Article 6. — Les soumissions devront être adressées à M. l'agent général, qui en accusera réception.

Article 7. — Si le nombre des actions soumissionné est supérieur à 70, il y aura répartition proportionnelle entre les soumissionnaires au prorata de l'intérêt qu'ils possèdent déjà; néanmoins, il ne sera pas fait de réduction sur les soumissions qui ne dépasseront pas un nombre égal à 2/5 d'actions, par chacune de celles pour lesquelles les souscripteurs soumissionnaires sont reconnus.

Article 8.—Si le nombre des actions soumissionnées est inférieur à 70, pourvu, néanmoins, qu'il soit d'environ les 2/3 de ce nombre, les soumissions seront admises et le surplus des actions, jusqu'à concurrence de 70, restera à la disposition des Directeurs pour être placé par leurs soins au mieux des intérêts de la Compagnie, mais sans que dans aucun cas le prix puisse être inférieur à fr. 10 000.

Article 9. — Dans le cas où les soumissions n'atteindraient pas environ les 2/3 des actions remises en activité, elles seraient considérées comme nulles et la dette serait réduite par appels de fonds, avec distribution d'actions, ainsi qu'il a été précédemment expliqué.

Article 10. — En cas de répartition des actions soumissionnées, le fractionnement sera évité, autant que possible, en retranchant ou ajoutant les fractions pour compléter l'entier.

Article 11. — Il sera délivré à chacun des ayants droit une promesse d'action qui sera échangée contre un titre régulier, immédiatement après le paiement total du prix de la soumission.

La promesse d'action donnera au titulaire les mêmes droits que le titre, sous la réserve de ceux de la Société, en cas de non-acquittement de la totalité du prix de la soumission ; dans ce cas, le soumissionnaire, un mois après une sommation préalable, sans résultat, sera déchu de ses droits, avec perte des fonds par lui faits.

MM. les Sociétaires ont reconnu que ce mode offrait l'avantage de donner satisfaction à tous les intéressés, quelle que soit la position que chacun d'eux désire avoir dans la Société. Ainsi, ceux qui préfèrent que la réduction de la dette ait lieu sans leur participation, c'est-à-dire sans avoir de nouveaux déboursés à faire, s'abstiendront de soumissionner. D'un autre côté, ceux qui désirent conserver leur position actuelle, comparativement au nombre d'actions en circulation, ne le pouvant qu'en acquittant la part que leurs actions doivent dans la dette sociale, devront soumissionner pour 2/5 d'action par chacune de celles qu'ils possèdent.

Enfin, ceux qui désirent profiter de l'occasion et des conditions favorables qui sont offertes aux sociétaires pour augmenter leur intérêt auront la faculté de soumissionner pour tel nombre d'actions qu'ils jugeront convenables.

Tous les intéressés se trouvant placés dans l'une des trois catégories ci-dessus, chacun conservant son libre arbitre, nul ne peut se plaindre d'une mesure qui, en définitive, assure à tous une part égale dans la répartition des bénéfices, proportionnellement à l'intérêt engagé.

Deux exemplaires de cette circulaire sont adressés à chaque sociétaire, l'un pour être conservé, l'autre, après que l'obligation ci-dessous aura été remplie, pour être envoyé à M. l'agent général.

SOUSCRIPTION.

Je soussigné
propriétaire de   actions de la *Compagnie des Mines*
d'Aniche, demeurant à
souscris aux clauses et conditions qui précèdent, pour *
                                        actions ou deniers de la dite Compagnie, à prendre sur les 70 actions faisant fonds, qui sont remises en circulation par décision de MM. les Directeurs.

Fait à   le

* Exprimer en toute lettre la fraction ou l'entier pour lequel on souscrit.

N° 36.

Circulaire relative à la répartition d'une obligation en complément de dividende.

Aniche, le 25 mars 1856.

Les importants travaux qu'exécute la Compagnie des mines d'Aniche, pour développer la production de sa riche concession, absorbent une partie notable de ses bénéfices annuels. MM. les Directeurs, voulant faire supporter à l'avenir une partie des charges que s'impose le présent pour augmenter les produits et les bénéfices de l'entreprise, ont pris, à la date du 10 décembre 1855, la délibération suivante :

« Il sera délivré, par chaque denier, une obligation au porteur, émise au taux de six cents francs, rapportant un intérêt annuel de trente francs, et remboursable à sept cent cinquante francs. Cette obligation fera partie d'une série de deux cent soixante obligations semblables, qui seront remboursées par voie de tirage au sort, et en douze années, commençant le 15 janvier 1862 pour finir le 15 janvier 1873. »

En conséquence de la délibération ci-dessus de MM. les Directeurs, j'ai l'honneur de vous informer que je fais déposer chez M   , banquier à   , pour vous être délivré, contre récépissé, dès le prochain,   obligation   de 750 francs qui vous revien   pour les   deniers inscrits à votre nom sur les registres des sociétaires des mines d'Aniche.

Veuillez agréer, M   l'expression de mes sentiments très-distingués et dévoués.

L'ingénieur gérant,

N° 37.

Extrait d'un arrêt de la Cour d'appel de Douai, du 1er mars 1862, qui réforme un jugement du Tribunal civil de Douai, condamnant la Compagnie d'Aniche à remettre aux héritiers du baron de Nédonchel les dividendes revenant à des actions confisquées par la République comme biens d'émigrés.

. . . .
. . . .

Point de droit :

Devait-on, réformant le jugement, déclarer les intéressés non recevables, en tous cas mal fondés dans leurs demandes, fins et conclusions?

Devait-on, dans tous les cas, dire leur demande repoussée par l'exception de la prescription?

Devait-on, au contraire, confirmer le jugement?

Quid de l'amende et des dépens?

. . . .

Attendu qu'il résulte des documents produits au procès qu'en 1789 Alexandre, baron de Nédonchel, demeurant au Jolimetz, près le Quesnoy, était propriétaire de trois deniers de la Compagnie des mines d'Aniche soumis aux appels de fonds, et de trois autres deniers de la même Compagnie ne faisant pas fonds;

Qu'il est établi par un extrait dûment certifié du premier supplément à la liste générale des émigrés de la République, dressée en exécution de l'article 29, § 2, section v, de la loi du 25 juillet 1793, qu'Alexandre Nédonchel, ex-seigneur de la municipalité de Jolimetz, district du Quesnoy, a été inscrit sur cette liste en vertu d'un arrêté du 20 août 1793, qui a constaté son émigration;

Que suivant décision du 22 fructidor an III, le directoire du district de Douai a cédé aux associés de l'entreprise de l'extraction du charbon de terre aux fosses d'Aniche toutes les propriétés de cet établissement, à la condition par eux d'acquitter la totalité des créances qui existaient à sa charge, et, en outre, de l'entretenir en activité;

Que cette cession a eu lieu conformément à l'article 4 de la loi du 17 frimaire an III, après une expertise contradictoire, et en vertu de l'autorisation accordée le 3 fructidor précédent par les administrateurs du directoire du département du Nord;

Que cette cession a eu pour effet de saisir la Compagnie des mines d'Aniche de la propriété de tous les deniers faisant fonds ou ne faisant pas fonds, qui avaient appartenu aux associés émigrés et qui avaient été confisqués au profit de l'État, en exécution de la législation de cette époque;

Que dès ce moment la Compagnie des mines d'Aniche est devenue propriétaire incommutable des trois deniers sans faire fonds et des trois deniers faisant fonds qui avaient été la propriété d'Alexandre, baron de Nédonchel, et qui avaient été confisqués au profit de l'État par suite de l'inscription de cet associé sur la liste des émigrés;

Que vainement les intimés contestent l'émigration d'Alexandre, baron de Nédonchel;

Que les documents produits au procès, et notamment la demande d'une indemnité pour cause d'émigration formée en 1825, démontrent l'émigration de l'auteur des intimés;

Que d'ailleurs l'inscription de ce dernier sur la liste des émigrés et l'absence de radiation ne permettent pas la contestation sur la réalité de l'émigration du baron de Nédonchel;

Que les intimés ne critiquent pas avec plus de succès la validité de la cession du 22 fructidor an III;

Qu'en effet, cette cession a été précédée de toutes les formalités voulues par la loi du 17 frimaire an III, qu'elle a été acceptée par la Compagnie des mines d'Aniche, que cette acceptation résulte notamment de la notification de la cession au conseil des mines;

Attendu, au surplus, que le 24 frimaire an VIII, l'administration municipale de Lewarde a donné aux intéressés de l'entreprise des mines à charbon d'Aniche acte d'abandon et de nouvelle cession des intérêts des émigrés sortis du territoire de la République, en vertu de la loi du 19 fructidor an V, à charge par lesdits intéressés d'acquitter la totalité des créances qui incombaient à leur établissement, et de la maintenir en activité conformément aux dispositions de la loi du 17 frimaire an III;

Que cette décision a été rendue après une expertise contradictoire, en vertu de l'autorisation accordée par l'administration du département du Nord, le 29 fructidor an VII, et a été approuvée par la même administration départementale le 13 nivôse an VIII;

Que ce nouvel abandon a confirmé en tant que de besoin les effets de la cession de l'an III, et a rendu inattaquable la translation de la propriété des deniers ayant appartenu aux associés émigrés et attribués à la Compagnie des mines d'Aniche;

Attendu que les intimés ne revendiquent pas la propriété des trois deniers faisant fonds ayant appartenu à leur auteur avant son émigration; qu'ils se bornent à réclamer la propriété des trois deniers qui n'étaient pas soumis aux appels de fonds;

Que les faits et les principes ci-dessus rappelés démontrent que leur action en revendication est mal fondée;

Attendu, au surplus, que leur demande devrait être repoussée par l'exception de prescription;

Qu'en effet, si primitivement la possession des mines d'Aniche était précaire et ne pouvait servir de base à la prescription, les cessions de l'an III et de l'an VIII ont interverti le titre de la possession des appelants;

Que dès ce moment leur possession a réuni les conditions exigées par la loi pour pouvoir prescrire;

Que l'article 2238 du code Napoléon n'exige pas que le titre qui a interverti la possession soit notifié au véritable propriétaire;

Que le législateur a soigneusement distingué l'interversion et la contradiction du titre;

Que depuis l'an VIII, jusqu'au jour de l'assignation, il s'est écoulé plus de trente ans;

Que la lettre écrite le 15 fructidor an XIII par Desvignes, l'un des administrateurs de la Compagnie d'Aniche, n'a pas eu pour effet de suspendre ou d'interrompre la prescription;

Que, d'une part, cette lettre ne contient pas la reconnaissance du droit de l'auteur des intimés, et que, d'un autre côté, Desvignes n'avait pas qualité pour faire une pareille reconnaissance,

La Cour met le jugement dont est appel au néant, déclare les intimés non recevables et mal fondés dans leurs demandes, fins et conclusions, et les condamne aux dépens des deux instances;

Ordonne la restitution des amendes consignées;

Ordonne la distraction des dépens au profit de l'avoué Huret, qui affirme les avoir avancés.

Ainsi jugé et prononcé en audience publique tenue par la deuxième chambre civile de la Cour impériale de Douai, le 1er mars 1862, où étaient présents : MM. Dumont, *président;* Benoist, Lenglet, Lagarde, Daman, Bottin, Danniaux, Decaudavaine, *conseillers;* Preux, *avocat général,* et Broutin, *commis greffier assermenté.*

En marge de la minute de l'arrêt qui précède se trouve transcrite la relation du receveur de l'enregistrement, dont la teneur est ainsi conçue :

Enregistré à Douai le 11 mars 1862, f° 122, case 3. Reçu dix francs, décime un franc.

Signé : REBOUSSIN.

N° 38.

Circulaire adressée aux Actionnaires de la Compagnie des Mines d'Aniche à l'occasion de l'anniversaire séculaire de la fondation de la Société.

Aniche (Nord), le 7 juin 1873.

COMPAGNIE DES MINES D'ANICHE, 11 NOVEMBRE 1773.

M

Le Contract de Société de la Compagnie des Mines d'Aniche porte la date du 11 novembre 1773.

Notre Société compte donc un siècle d'existence.

Nous avons pensé que le fait si rare de l'anniversaire séculaire de la fondation d'une entreprise industrielle ne devait pas passer inaperçu, et qu'il devait être marqué par un témoignage de reconnaissance, d'abord, envers Dieu, qui dispense toute réussite, tout succès, puis, envers les collaborateurs qui ont contribué par leur travail à la prospérité de la Compagnie, et enfin envers tous nos coassociés qui, par leur confiance, nous ont mis à même de mener à bien une œuvre dont nos prédécesseurs avaient longtemps désespéré.

Commencés en 1773, les travaux de la Compagnie d'Aniche n'aboutirent à la découverte de la houille qu'en 1778.

L'exploitation ne produisit aucun résultat pendant 70 ans.

Les Sociétaires, sous le coup d'appels de fonds fréquemment renouvelés, ne touchèrent pendant cette longue période que sept dividendes, montant ensemble à fr. 536 par denier.

A partir de 1846 seulement, la distribution de dividende devient régulière.

D'abord, de fr.   300 »   par denier, elle s'élève :
à fr.   600 »   en 1847,
»   800 »   » 1850,
»   3.000 »   » 1855,
»   4.560 »   » 1860,
»   5.640 »   » 1866,
»   9.480 »   » 1872.

La production des Mines d'Aniche, qui, jusqu'en 1844, était restée comprise entre

20.000 et 35.000 tonnes, monte successivement :
en 1845, à   65.000 tonnes,
»   1850, » 107.000   »
»   1855, » 220.000   »
»   1860, » 290,000   »
»   1865, » 438,000   »
»   1872, » 570,000   »

D'après les ventes déclarées à la Compagnie, le prix moyen du denier était,

en 1840, de fr.   8,000 »   Il s'élève successivement
» 1845, à »   12,000 »
» 1850, » »   16,000 »
» 1855, » »   68,000 »
» 1860, » »   77,000 »
» 1870, » »   98,000 »
» 1872, » »   136,000 »

Les dernières ventes déclarées se sont faites à 15,000 fr. le douzième, soit 180,000 fr. le denier.

Les actions entre les mains des Sociétaires représentent aujourd'hui un capital de plus de 45 millions.

Dans les 30 dernières années la Compagnie a consacré 12 millions à l'exécution de travaux neufs, et à la constitution d'un matériel, d'un outillage et d'un fonds de roulement en rapport avec les nécessités d'une grande entreprise.

Ces quelques chiffres suffisent pour indiquer la marche qu'a suivie notre entreprise pendant le siècle qui s'est écoulé depuis sa fondation et justifient, pensons-nous, les décisions que nous avons prises à l'occasion de l'anniversaire séculaire de cette fondation, et qui recevront, nous l'espérons, votre approbation.

1° Un dividende extraordinaire de fr. 200, par douzième de denier, soit en totalité de fr. 620,000, sera réparti entre les Sociétaires.

2° Une somme de fr. 100,000 sera employée en gratifications aux employés et ouvriers, suivant leurs services et les années qu'ils ont passées dans l'établissement, en dons aux bureaux de bienfaisance, aux églises et aux écoles des principales communes habitées par le personnel de la Compagnie.

3° Le lundi, 9 juin, tous les travaux seront suspendus. Il sera célébré des services religieux auxquels assisteront les directeurs, employés et ouvriers.

4° Un témoignage particulier de satisfaction sera donné à M. VUILLEMIN, ingénieur-directeur de la Compagnie, qui, par son concours actif et dévoué à nos intérêts pendant 28 années, a contribué aux résultats obtenus ; mais l'Administration ne répondrait pas au sentiment unanime de MM. les Actionnaires, si M. VUILLEMIN ne trouvait pas ici l'expression publique de leur reconnaissance.

Veuillez agréer, M.   . l'expression de nos sentiments les plus distingués et dévoués.

DE CHATENAY, LALLIER, DE LAYENS, DEJARDIN,
H. BERNARD, MINANGOY, DE SESSEVALLE.

N° 39.

Placard affiché sur les Chantiers pour informer le personnel des décisions prises en sa faveur à l'occasion de l'anniversaire séculaire de la fondation de la Société.

COMPAGNIE DES MINES D'ANICHE.

Avis.

La Compagnie des Mines d'Aniche a été fondée en 1773.

Elle compte donc un siècle d'existence.

Messieurs les Directeurs veulent, à l'occasion de l'anniversaire séculaire de la fondation de la Société, donner au personnel attaché à l'entreprise un témoignage de satisfaction de ses services.

Ils ont décidé qu'une somme de cent mille francs serait répartie en gratifications aux employés, aux ouvriers, proportionnellement à leurs services et aux années qu'ils ont passées dans l'entreprise.

Cette répartition se fera en même temps que la paye de la deuxième quinzaine de mai.

Le lundi, 9 juin, tous les travaux chômeront.

Des services religieux seront célébrés à dix heures du matin dans les églises d'Auberchicourt, Aniche, Somain, Bruille, Rieulay, Sin, Waziers, Dechy, Guesnain et Pecquencourt, pour remercier Dieu et appeler sa bénédiction sur les travaux des Mines d'Aniche.

Tous les ouvriers de la Compagnie sont invités d'une manière spéciale à assister avec leurs chefs à ces services religieux dans leur église respective.

Aniche, le 26 mai 1873.

L'ingénieur administrateur :

VUILLEMIN.

N° 40.

Allocutions des employés et ouvriers aux Directeurs de la Compagnie des Mines d'Aniche à l'occasion de l'anniversaire séculaire de la fondation de la Société.

ALLOCUTION DE M. NOEL AU NOM DES EMPLOYÉS.

Messieurs les Directeurs,

Permettez au vétéran des employés de la Compagnie de vous complimenter au nom de mes camarades sur les résultats que l'entreprise doit à votre si sage et si habile administration, et de vous remercier en même temps du bienveillant intérêt que vous avez toujours témoigné à vos modestes collaborateurs, intérêt dont vous venez de leur donner une nouvelle preuve.

Nous formons les vœux les plus sincères pour vous voir tous, Messieurs, présider longtemps encore à la direction d'une Société dont les intérêts ne sauraient se trouver entre de plus dignes mains, et nous vous prions de vouloir bien compter sur la continuation de notre entier dévouement.

ALLOCUTION DU MAÎTRE PORION MAROQUIN AU NOM DES CHEFS-OUVRIERS ET OUVRIERS.

Messieurs les Administrateurs,

Je viens au nom du personnel ouvrier vous remercier de la généreuse initiative que vous avez prise à son égard pour fêter le centième anniversaire de la fondation des Mines d'Aniche.

Ce n'est pas sans un certain sentiment de fierté que nous nous voyons au service d'une Société qui compte cent ans d'existence et que le développement toujours croissant de ses travaux a placée au premier rang parmi les houillères françaises.

Les débuts de l'entreprise ont été difficiles, nous le savons tous, et les plus âgés d'entre nous ont gardé le souvenir de toutes les vicissitudes par lesquelles elle a dû passer à son origine : mais aujourd'hui que le succès est venu couronner les efforts persévérants d'une administration sage et paternelle, secondée par une direction habile, vous avez tenu à prouver une fois de plus tout l'intérêt que vous portez à cette nombreuse population ouvrière qui vous doit déjà tant et qui, grâce à vous, est entrée en jouissance des avantages et des conditions de bien-être qui lui sont assurés aujourd'hui.

Notre conduite et notre dévouement aux intérêts qui nous sont confiés seront dans l'avenir le meilleur gage de notre gratitude, et la Providence, qui bénit les entreprises vraiment grandes et utiles, continuera à veiller sur nos travaux.

N° 41.

Description des travaux de creusement en 1733 de la fosse du Pavé, à Anzin, d'après le « Journal Économique de l'année 1735. » Tome IV, page 82.

« On commença donc à Anzin par ouvrir la terre et faire un puits rond de 9 pieds de diamètre ; on le creusa de 10 toises et l'on se contenta d'y faire une muraille de briques pour contenir les terres ; car à cette profondeur on n'avait point encore trouvé d'eau.

« Ayant ensuite sondé le terrain, on s'assura qu'on pouvait, sans craindre les eaux, creuser encore 6 toises.

« Au moment que l'on était près de trouver les eaux, on établit sur le haut de cette fosse une puissante machine à pompes, et on y en mit deux de fer qui bientôt commencèrent à jouer.

« Le lendemain matin, les pompes ne pouvant évacuer les eaux à cause de leur trop grande abondance, il fallut établir une troisième pompe du haut en bas, et augmenter le nombre des chevaux.

« Il fallut deux jours pour poser et établir cette troisième pompe ; le troisième, elle alla fort bien ; les eaux baissèrent, et on se disposa à travailler au fond.

« Dans douze heures on creusa 3 pieds de plus ; mais les eaux étant devenues trop abondantes, il fallut établir une quatrième pompe. Cette quatrième pompe en exigea trois dont chacune montait l'eau au tiers de la hauteur. Il y eut donc alors douze pompes, savoir : huit pour les deux répétitions des pompes des dix premières toises, et quatre pour 12 pieds qu'on avait enfoncés depuis le commencement du niveau ; il fallut s'occuper pendant deux jours à cette nouvelle réparation.

« Les pompes étant en très-bon état, les eaux furent rendues basses et les ouvriers allèrent travailler au fond ; mais deux heures après ils furent obligés de remonter, parce que ayant donné atteinte à une grande coupe, les eaux dégorgeaient avec impétuosité dans les puits. Alors le jeu ordinaire des quatre pompes ne fut plus suffisant ; il fallut faire doubler le pas aux chevaux et changer les seaux ; enfin, après deux heures de cet épuisement, les ouvriers recommencèrent à travailler au fond ; mais à peine furent-ils à l'ouvrage, qu'un chevron de la machine cassa ; il fallut vitement remonter. Malgré toute la diligence possible, il se passa trois heures avant que la machine fût en état de se mouvoir ; mais pendant cet intervalle les eaux vinrent à leur niveau. Il fallut remédier à cet accident par un redoublement de travail et d'attention.

« Six heures après, les ouvriers descendirent dans le puits ; mais il tombait, de tous côtés, une si grande quantité d'eau, qu'ils ne savaient où placer les chandelles destinées à les éclairer dans ce sombre séjour. Pendant qu'ils cherchaient à s'arranger, on s'aperçut qu'il y avait deux seaux des pompes supérieures qui étaient trop faibles ; il fallut les changer et les eaux montèrent de 4 pieds.

« Ce nouvel épuisement fait, on allait se mettre à l'ouvrage lorsque la machine s'arrêta tout à coup, parce qu'un cheval tomba mort ; il fallut vitement le remplacer, et pendant cette interruption les eaux montèrent de 2 pieds. On fit un nouvel épuisement ; bientôt après, il fallut changer tous les seaux des pompes qui étaient trop faibles, et les eaux montèrent de 6 pieds.

« Après quatre heures de travail, les pompes eurent besoin d'être allongées. Pendant cette suspension, les eaux montèrent de 6 pieds. Nouvel épuisement pendant quatre heures. Bientôt après on donna atteinte à de nouvelles coupes ; il fallut établir une pompe de plus et donner huit jours de relâche aux chevaux, qui étaient exténués et épuisés de fatigue.

« Lorsque les chevaux furent en état de travailler, il y eut six pompes de front d'établies, c'est-à-dire dix-huit corps de pompe. On attela douze chevaux à la fois ; comme l'épuisement était prêt à finir, il se cassa un œillet du balancier ; il fallut le réparer et recommencer l'ouvrage.

« Enfin, on creusa pendant deux fois vingt-quatre heures, sans accidents ; mais tout à coup, on ouvrit une source qui jaillit abondamment, et qui fit monter les eaux, malgré les six pompes de front et les chevaux qui allaient bon train.

« Tels ont été les travaux continuels qu'il a fallu accomplir, pour donner 22 toises de profondeur à la fosse. De là jusqu'à 36 qu'il faut creuser pour parvenir au premier banc de bleu-marne, il reste encore 14 toises ; à quoi ajoutant 3 toises qu'il faut pénétrer dans le bleu-marne avant de cuveler, on aura encore 17 toises à creuser.

« Ainsi l'ouvrage déjà fait n'était rien en comparaison de celui qui restait à faire ; car tout le monde conçoit qu'à mesure qu'on descend plus avant dans la terre, les sources sont en plus grande quantité et plus abondantes[1].

« Nous ne finirions point, si nous voulions rapporter jour par jour ce qui s'est passé jusqu'à la découverte de la mine de charbon qu'on cherchait.

1. C'est une erreur.

« Le puits étant entièrement creusé, on parvint à réformer les eaux, en établissant quatre pièces de bois de chêne de 8 à 10 pouces carrés aux quatre carrés de la fosse ; on les fit joindre d'une manière si juste et si ferme que les eaux ne sauraient transpirer par derrière ; ensuite on mit un second rang de semblables planches, et on continua à monter ce bâtiment avec de larges madriers de bon bois de chêne de 6 pouces d'épaisseur, garnis avec de la mousse, du mortier de chaux et de cendre par derrière ; le tout fut élevé au-dessous du niveau des eaux.

« Cette enceinte achevée, on laissa rasseoir pendant quelques jours les couvertures de mortier de chaux et de cendre que l'on avait mis par derrière, ensuite on retira le peu d'eau qui s'était amassé, et on eut soin de calfeutrer exactement toutes les jointures, comme celles d'un bateau. Ainsi l'eau ne pouvant plus pénétrer dans ce cuvelage, il demeura à sec et l'on put y travailler en sûreté.

« La fosse d'Anzin, dont nous venons de donner ici la relation, fut commencée le 26 août 1733 et on ne fit la découverte du charbon que le 24 juin 1734.

« Cette fosse achevée, il fallut en construire tout de suite une autre ; car il en faut au moins deux pour pouvoir exploiter une mine. La première sert à faire l'extraction du charbon ; on se sert de la seconde pour soustraire les eaux et renouveler l'air.

« Telle est la longue manœuvre par laquelle on parvient à creuser des fosses au charbon dans le Hainaut français. Elles coûtent ordinairement soixante ou soixante-douze mille livres. On peut encore juger par là de la difficulté qu'il y a à les creuser et à les revêtir. »

Suite du journal des travaux faits dans le Hainaut français, pour la découverte et l'exploitation des mines de charbon de terre.

« Nous avons déjà fait connaître les travaux qu'exige l'ouverture d'une fosse. En creusant à 10 toises de profondeur, on ne trouve point de source ; mais on est fort incommodé des eaux dans les terres les plus basses, qu'il faut enlever pour atteindre jusqu'au banc de bleu-marne ; ces eaux sont ce qu'on appelle le premier niveau. Voilà où nous en sommes demeurés dans la première partie de ce journal. Le banc de bleu-marne a 9 pieds d'épaisseur ; par-dessous on trouve une pierre grise fêlée à qui on donne un second niveau d'eau, et qui est aussi, difficile à traverser que le premier.

« Vient ensuite le deuxième bleu-marne, qui couvre un autre banc de terre grise de 8 à 9 pieds d'épaisseur, plein de coupes, et qui renferme ce qu'on appelle la forte toise, c'est-à-dire un torrent qui jaillit avec la plus grande impétuosité. Les premiers bouillons de ce torrent étant épuisés, les eaux s'affaiblissent.

« Sous ce troisième niveau, on trouve le reste des bleus-marnes ; elles couvrent un banc de diève qui est une terre glaise impénétrable à l'eau, d'environ 11 toises d'épaisseur. Cette partie de l'ouvrage est la moins embarrassante et la moins dispendieuse, parce que les ouvriers peuvent s'y dispenser de pomper.

« Après la diève, suit une épaisseur de 8 pieds de terre verte pesante, sans coupe, et qui couvre un banc de pierre ; c'est là où se terminent les 34 toises de terre qu'il y a depuis la surface jusqu'à la tête des rochers.

« En découvrant ce rocher, on trouve enfin les veines de charbon plus ou moins pures et plus ou moins abondantes. Comme on a eu soin d'établir un cuvelage très-solide tout autour de la fosse, on s'y trouve à l'abri des eaux, et l'on peut suivre, sans risques, les différentes veines et les exploiter. »

TABLE DES MATIÈRES

TEXTE

IV. — 1793-1800.

V. — 1800-1810.

VI. — 1810-1820.

VII. — 1820-1830.

VIII. — 1830-1839.

XIII. — 1873-1878.

XIV. — Gisements.

XV. — Méthodes d'exploitation.

XVI. — Puits.

XVII. — Machines d'épuisement.

XVIII. — Machines d'extraction.

XIX. — Autres progrès successifs réalisés dans les houillères.

XX. — Ouvriers. — Salaires.

XXI. — Prix de vente des houilles.

XXII. — Production des mines d'Aniche.

XXIII. — Dépenses de premier établissement.

XXIV. — Prix de revient.

XXV. — Institutions en faveur des ouvriers.

ANNEXE

PUITS ET SONDAGES EXÉCUTÉS DANS LA CONCESSION D'ANICHE ET SUR SON POURTOUR.

PIÈCES JUSTIFICATIVES

N° 1 à 41

FIN DE LA TABLE DES MATIÈRES.

[20 768] — TYPOGRAPHIE LAHURE

Rue de Fleurus, 9, à Paris.